U0202617

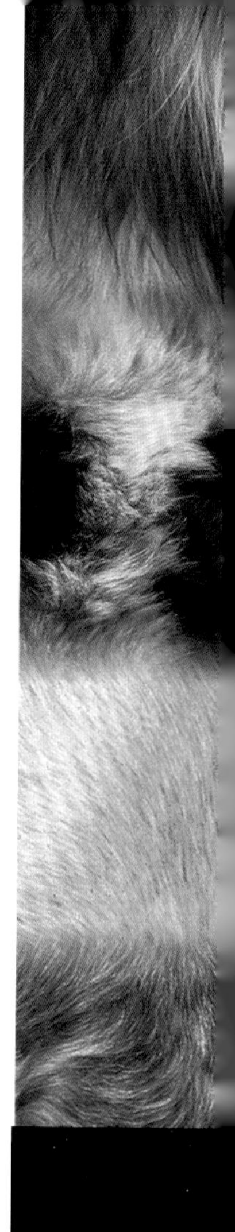

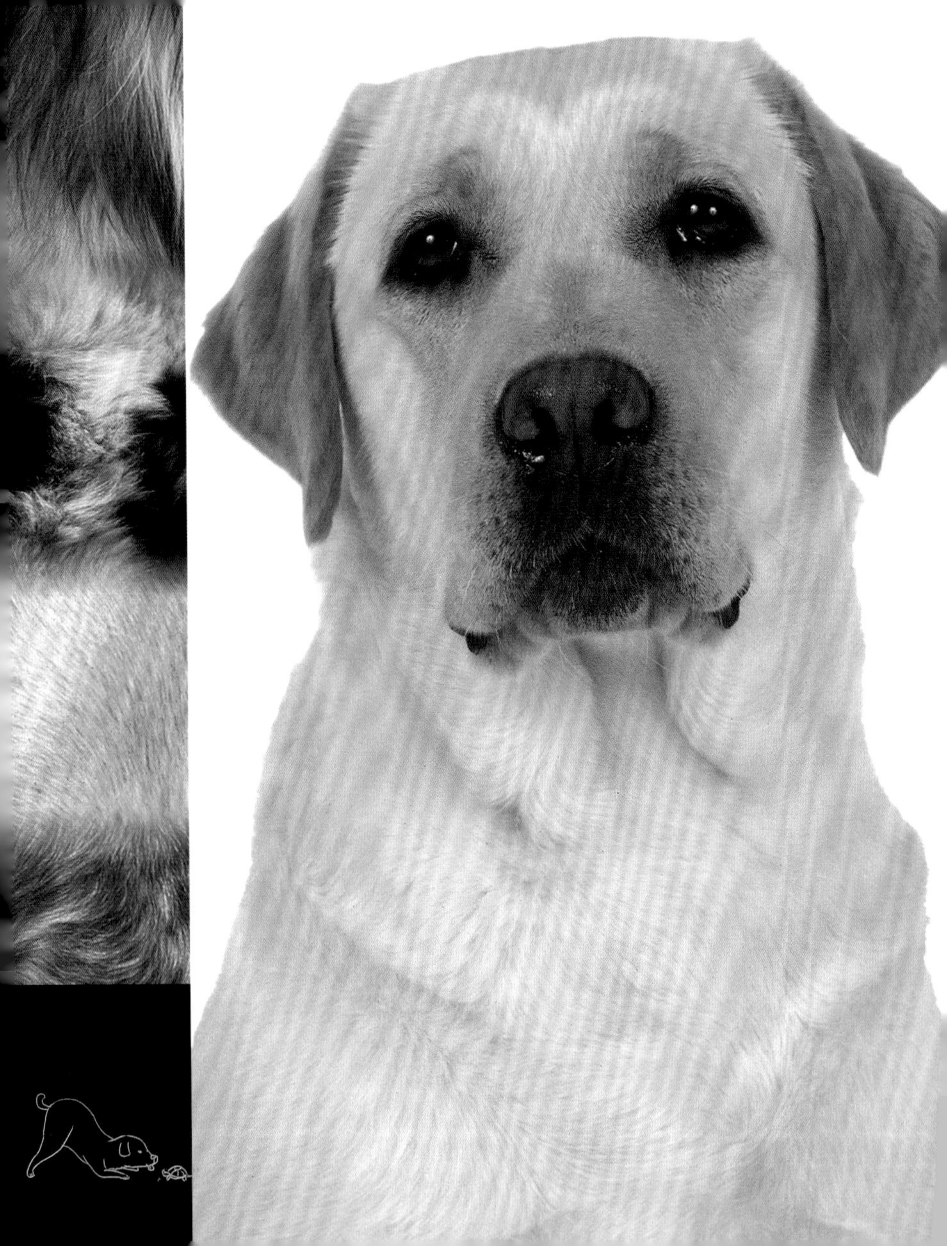

名犬百科

Dogalog

[英] 布鲁斯·费格尔 著　曹中承 译

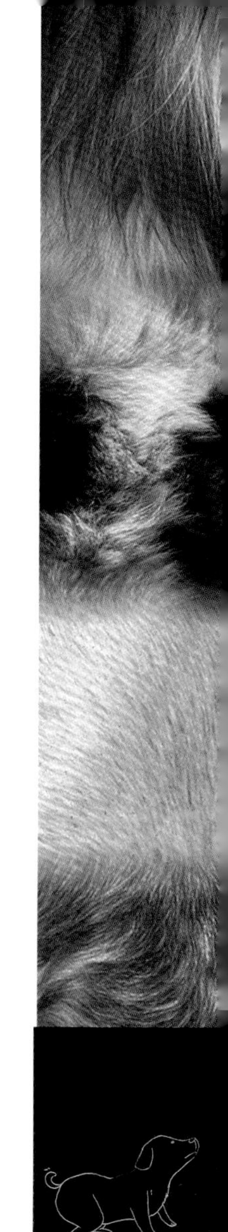

上海文化出版社

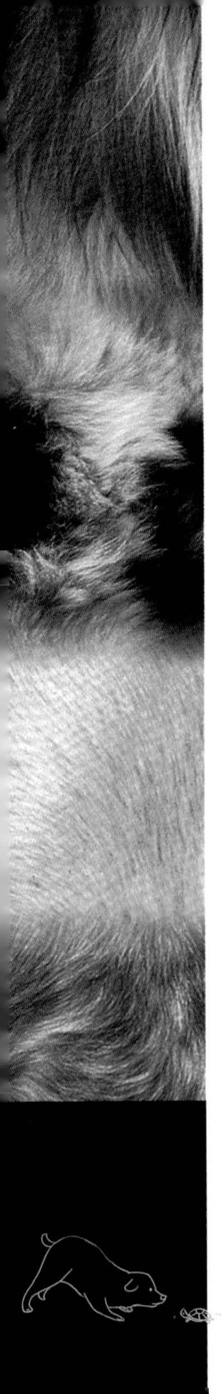

图书在版编目（CIP）数据

DK名犬百科 / (英) 布鲁斯・弗格尔著；曹中承译
. -- 上海：上海文化出版社, 2018.6（2023.3重印）
ISBN 978-7-5535-1257-0

Ⅰ. ①D… Ⅱ. ①布… ②曹… Ⅲ. ①犬 – 世界 – 普及
读物 Ⅳ. ①S829.2-49

中国版本图书馆CIP数据核字(2018)第107550号

图字：09-2018-473号

出 版 人　姜逸青
责任编辑　王茗斐　任　战
装帧设计　王　伟

书　　名　DK名犬百科
作　　者　(英) 布鲁斯・弗格尔
译　　者　曹中承
出　　版　上海世纪出版集团
　　　　　上海文化出版社
地　　址　上海市闵行区号景路159弄A座3楼
邮政编码　201101

发　　行　上海文艺出版社发行中心
　　　　　上海市闵行区号景路159弄A座2楼206室　www.ewen.co
邮政编码　201101
印　　刷　鸿博昊天科技有限公司
开　　本　889×1194 1/40
印　　张　10.8
版　　次　2018年8月第一版 2023年3月第六次印刷
书　　号　ISBN 978-7-5535-1257-0/S.008
定　　价　88.00元

敬告读者　本书如有质量问题请联系印刷厂质量科
电　　话　010-87563888

For the curious
www.dk.com

目录 CONTENTS

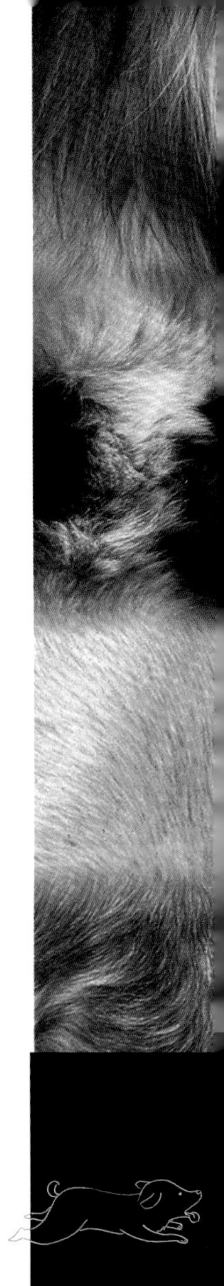

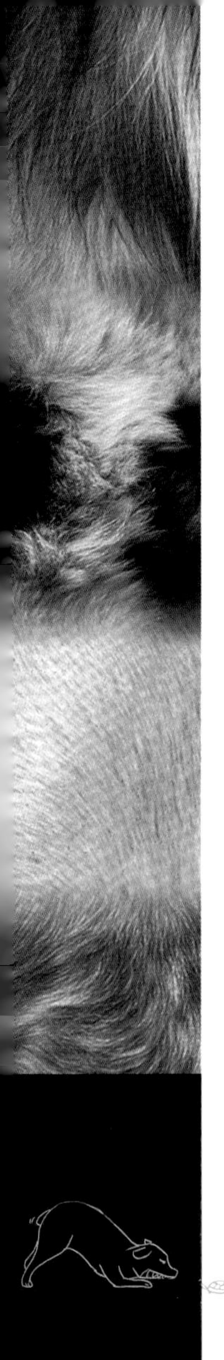

选择育种

狗品种的多样性归功于培育者的高超技巧。一些特征诸如：较小或者较大的体型、速度、气味追踪、畜群守牧、社交亲和性以及对人类的依赖性等，早在5000年前就开始被有意培养。随后“狗的猎取行为”如：指示、定位、寻回等，赋予狗一个新的角色。今天，大多数的狗都是为了趋合养犬俱乐部标准培训出来的，它们和它们的祖先看上去已经大相径庭了。

形态和行为

在古代，狗通常被驯养用作某种工作用途——看门吠叫，或者保护领地及牲畜不被掠夺。由于不具备遗传学知识，狗的饲养者们通过让具有共性的狗交配来获得特定行为或者体型。让大型公狗和大型母狗交配，以获得体型更大的后代；让两只会警戒吠叫的狗交配来提高看门狗的能力。通过选择育种，种群开始融合——北方和高山地带的狗身上覆盖着浓密、厚实的毛保存热量，而中东、北非、印度及东南亚的狗则多为短毛以利散热。种群多样化适应了不同的气候和地形，而且通过选

寻血猎犬

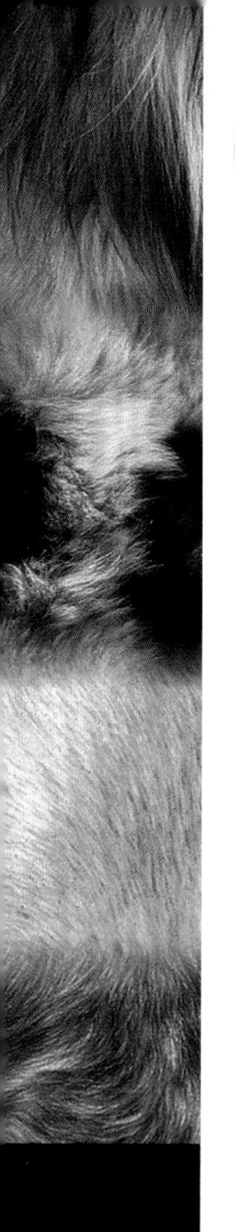

卡地更威尔士柯基犬

择育种产生了很多外观和能力相似的种类。以狩猎为乐的皇室以他们的猎犬为荣，他们在关注猎犬的捕猎能力和性情的同时也同样注意通过育种改进它们的外观。富有的地主和贵族们以此为时尚，许多贵妇人，尤其在中国、日本、法国、西班牙和意大利，习惯让小型犬当伴侣宠物。人们培育它们则是为了毛的质地、颜色、体型及亲近个性。

养犬俱乐部的角色

到19世纪中期，欧洲上流社会中很多人都拥有经过选择育种的狗。在早期的狗展中，展出了一大群没有明确定义的“品种”。1873年，在英国成立了一个养犬俱乐部，其出版的种犬登记册包含了四千多只狗的家谱并将之分成40个品种。在接下来的数年中，许多国家也相继成立了养犬俱乐部。他们一致决议，狗展必须根据养犬俱乐部定下的规则举行，所有的狗参展前都必须登记注册。这条准则在未来对狗的品种发展和界定狗的品种定义，即为养犬俱乐部认可，意义深远。为了与认可的品种标准保持一致，展出的狗经常通过选择育种来突出某些已无功用的特征。例如斗牛犬(Bulldog)有个非常显眼的脑袋，其原来的功用是引诱公牛。而现在，为了在狗展上胜出，斗牛犬被刻意培育来得到一颗越来越大的脑袋，以至于许多斗牛犬不得不剖腹生产。另一些品种通过繁育来达到其标准毛长和毛质。如此，阿富汗猎犬曾是一种独立的山地猎犬，如今它拥有一身奢华的毛，却不再拥有追击瞪羚和狼的本领了。

合理培育

背离狗的本来面目培育可以突出狗的某些特征，比如短吻、明显的面部褶皱或短小弯曲的腿。如果将其放归自然，凭借培育后狗的活力和能力，恐怕狗就要渐渐灭绝了，因为这些特性使狗无法与更强有力的动物竞争。尽管如此，当自然认为是一个“错误”的时候，人类反倒可能认为那是“令人向往”的。按照人类繁育标准培育出来的狗本身就有缺陷甚至遗传性的疾病，这都是不人道的，所以繁育标准应该修改。现在，许多繁育者已经具有相当的繁殖遗传学知识，他们努力通过对不带遗传疾病的个体进行选择培育，来减少现有问题。繁育者俱乐部也通过复审繁育标准协助消灭品种中存在的负面特性。

凯恩㹴

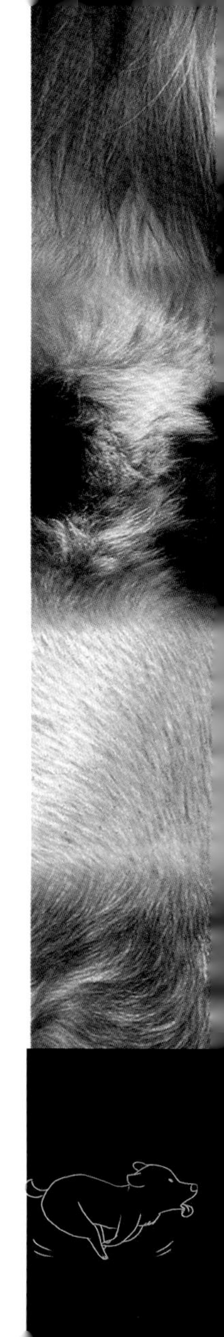

品种登记是如何进行的

早在19世纪晚期，养犬俱乐部和养犬社团已经形成，他们各自都有着狗分类和分组的方法。为了统一这些不同的方法，几个欧洲组织组成了“世界畜犬联盟”(FCI)。其独特的命名方法将所有品种划分为10个大类及众多个子类。原有的犬种俱乐部仍保留各自定义品种标准的权利，但所有隶属于FCI的俱乐部都要向FCI提交其标准以得到国际认可。由于这些标准的解释多样，一些相同品种在不同国家看上去却有很大的差别。本书将以FCI标准为基础，兼顾地域差别，对品种进行介绍。由于FCI的分类比较复杂，我们会对每个品种从种类起源、体态特征和行为特征进行描述，将狗分成8个类别(原始犬类、视觉狩猎犬、嗅觉狩猎犬、尖嘴犬、狸类犬、枪猎犬、畜牧犬和伴侣犬)。一些介于两种之间的品种只能被分别列在不同种类别里。

28 视觉狩猎犬

灵猩 (Greyhound)

凭借着60km/h(37mph)的速度，优雅的灵猩理所当然地成为了世界上最善于奔跑的狗。这种异常温顺的狗用它们的速度和视力来击败对手，无论那是野地里或沙漠中活生生的动物还是狗道上的机器兔子。作为宠物，灵猩总是一个活泼而又悠闲的伴侣。只不过这些已经退出了比赛的家伙，时不时还有追击一切移动物体的欲望。

短而紧致的毛覆盖在弯曲有力的长脖子上

关键要素

起源国：埃及/英国
起源时间：古代
最初用途：大型追猎
现代用途：竞速，追猎，陪伴
寿命：10～12年
体重范围：27～32 kg(60～70 lb)
身高范围：69～76 cm(27～30 in)

白色　红色　红色条纹　黑色条纹　黑色

关于品种的关键要素，包括起源、用途、寿命、别名、体重和身高（以头颈后面、肩膀的最高点计算）

品种毛色的描述

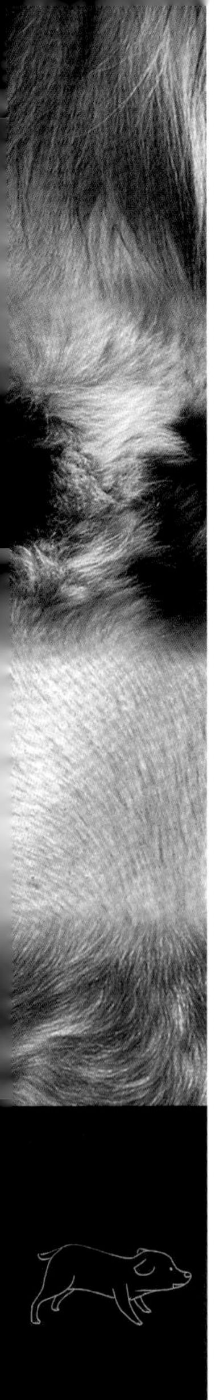

头部图片注解
品种起源、发展和用途
该品种通常使用的名称，并包含该品种的外形、功能、历史和行为等信息
苏格兰㹴 Scottish Terrier
品种显著特征（在书页边上说明）
品种的骨骼构造的形态细节
该品种的标准健康形态图片

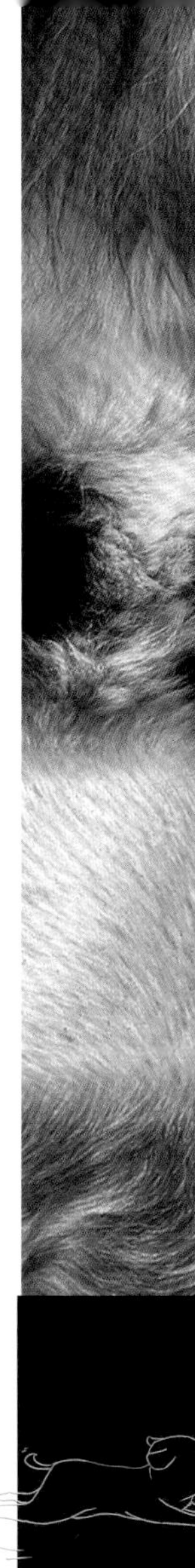

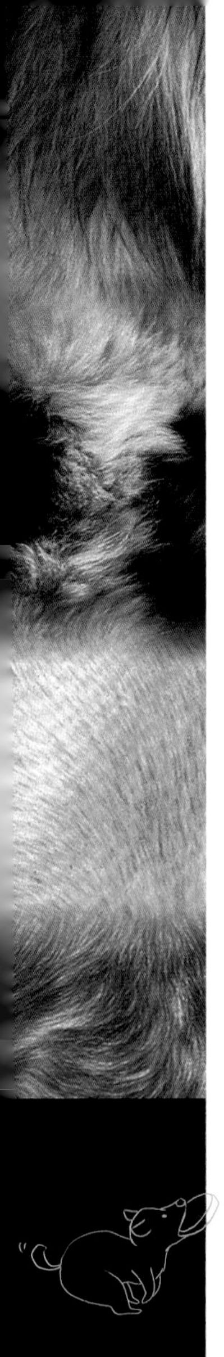

关于毛色色块的解释

狗的毛色非常丰富，简单的一个词往往远不足以描述我们所看到的颜色。本书中出现的每一个色块都代表了一组颜色。色块标签说明了该品种可以出现的毛色。例如："红/棕褐"就是指红色或棕褐色；"黑/棕褐"就是指黑色和棕褐色；而"黄—红"指的是黄中带红。以下列出的是本书所包括的所有颜色范围，一些条目是对特殊品种的特别说明。

多种颜色，或者任何颜色

被毛呈现多种颜色(6种颜色以上)；或是被毛可以呈现任意一种颜色

长 短

奶油色

包括白色、象牙色、浅金黄色、柠檬色、黄色以及黄褐色

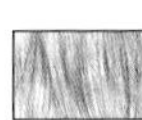

灰色

包括银色、黑色/银色、银浅黄褐色、黄褐色、胡椒色、灰白色、深灰白色、暗蓝灰色、深蓝黑色以及灰色

金色

包括金色、金中带黄色、黄中带金色、黄灰色、杏黄色、杏黄灰色、小麦色、茶色、棕褐色、红黄色、黄白色、深黄色(芥末色)以及黄褐色(沙色)

长 短

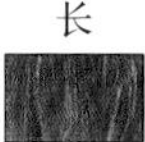

红色

包括红色、茶色、红棕褐色、红宝石色、深栗色、橙色、橙色带菊花青色、栗红棕色、铁锈红/橙色以及赤金色

肝色

包括深红棕色、青铜色以及暗肉桂色

蓝色

包括蓝色、默尔色(灰蓝色夹杂着黑色斑点)以及蓝斑点(夹杂黑色)

长 短

褐色

包括赤褐色(桃木色)、中褐色、深褐色、灰褐色、黑褐色、巧克力色以及深巧克力色

黑色

包括暗黑色、渐黑色；有些品种有着纯黑色的被毛，但吻部周围会随年龄变灰

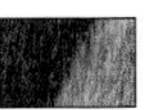

黑色和棕褐色

轮廓分明的两种颜色，产生良好的对比；包括黑色/红色和黑色/栗色

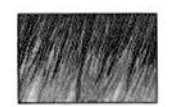
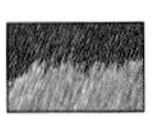

蓝色，带棕褐色斑点

包括蓝色条纹色、蓝黑色和棕褐色

肝色和棕褐色

两种暗红色的结合

金色和白色

包括带柠檬色、金色或橙色斑点的白色；浅黄褐色/白色；也被称为双色

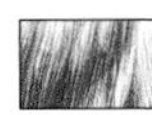

栗色、红色和白色

包括橙色、浅黄褐色、红色、栗色与白色的结合；也被称作布伦海姆(Blenheim)

长 短

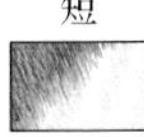

肝色和白色

一种通常与枪猎犬有关的颜色，包括诸如棕色/白色和红棕色的杂合色

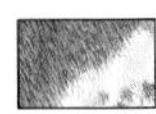

棕褐色和白色

多种狩猎犬常见的一种杂合色

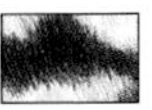

黑色和白色

包括黑色或带白色、杂色、五颜六色的条纹图案

黑色、棕褐色和白色

又称作三色

红色条纹

包括橙色或赤褐色条纹；暗黄色条纹

黑色条纹

包括椒盐色(一种黑色与灰色的结合)、虎斑以及棕色条纹

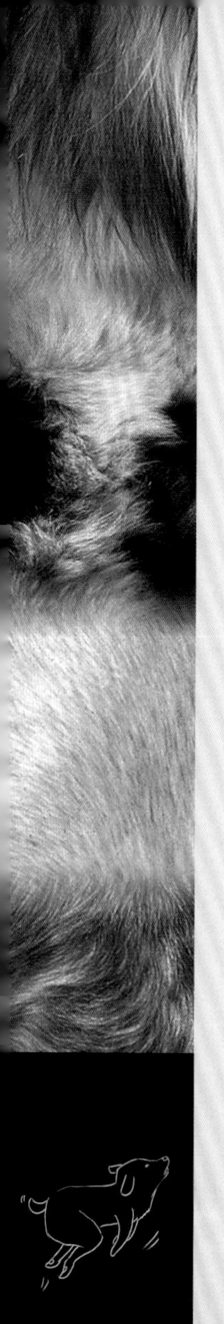

原始犬类

“原始”这样的标签只能被贴在一小群祖先是印度狼的狗身上。尽管和澳洲丁哥这样的野狗同源，它们可是真正纯种原始的(处于驯化的早期或捕获阶段)，而有些品种，如墨西哥无毛犬或巴仙吉狗，已经在人类的影响下发生了戏剧性的变化。

第一次迁移

专家们可以非常确定地告诉我们，早在10000～15000年前，一些野狗就随着流浪的人们散布到了亚洲西南部。至晚在5000年前，狗通过迁移和交易(腓尼基人的狗类交易遍布地中海地区)的方式来到了中东和北非。而记录中最古老的种类——法老王猎犬的画像也在法老王们的墓穴中熠熠生辉。

卡南犬

早期进化

许多原始种类最终都扩展到了非洲腹地。随后，它们一部分向西迁移，另一部分则跟随人类开始了向东的旅程。许多跟着人类一同穿越大陆桥，渡过了今天的白令海峡来到美洲。相当数量的亚洲野狗(pariah)与北美的狼杂交。而化石记录也清楚地表明，类似丁哥的狗最先抵达美国西南部，今天的亚利桑纳州；然后是美洲东南部，即今天的佐治亚州和南加利福尼亚州。至于中南美洲的狗的起源就没那么清

巴仙吉

晰。墨西哥和秘鲁本地的狗可能是亚洲野狗的无毛后代，通过迁移和买卖来到了更南面的南美洲。当然，它们也可能是更晚期欧洲商人带来中南美洲的非洲野狗的后裔。

澳大拉西亚种的起源

经过在东南亚的传播，澳洲野犬大约在4000年前才到达了澳洲。当我们发现一种寄生在澳州有袋类动物的寄生虫同时也感染了一些身在亚洲的野狗时，就不难推断也许是海员们促成了澳洲野犬在澳洲和亚洲的交易。在新几内亚发现的最早的狗化石只有2000多年历史。在太平洋地区的一些部落里，狗被誉为守护神与伴侣。不过在另一些部落里，狗只是被当作食物，甚至是令人讨厌的东西。

自然选择

原始犬类的进化在一定程度上是一个自我驯化的过程。由于生态环境的压力，自然选择了小体型。随着人类居所周围的狗数量不断增加，小型犬需要的食物更少，也就更容易存活。大多数的野狗都很容易被驯化，它们至今仍保持着比较机警的特性，以及冷漠的性格。其中部分品种由于在人类早期育种之前就存在，因而也就缺乏诸如增强的视力、嗅觉捕猎的能力、良好的体能或是友善的性格之类的选择育种拥有的特性。

标准墨西哥无毛犬

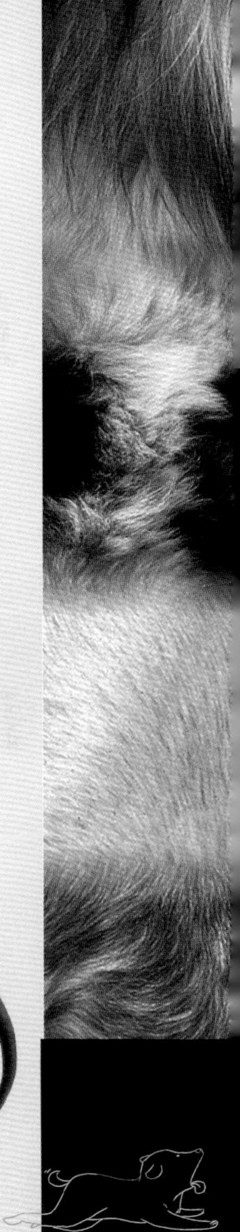

卡南犬 (Canaan Dog)

卡南犬最初由内盖夫沙漠中的贝都因人饲养，作为牧羊犬和警卫犬。20世纪30年代，现代的饲养者发现了卡南犬的多才多艺。“二战”期间，大量的卡南犬被训练为测雷犬；战后，卡南犬甚至被当作导盲犬。如今，卡南犬被应用于放牧、警卫、追踪、搜查及救援。尽管性情比较冷淡，它们仍被认为是一种好的伴侣犬。

关键要素

起源国：以色列

起源时间：古代

最初用途：流浪，食腐

现代用途：家畜守卫，放牧，追踪，搜寻与救援，陪伴

寿命：12～13年

别名：Kelef k'naani

体重范围：16～25 kg(35～55 lb)

身高范围：48～61 cm(19～24 in.)

品种历史

最初，卡南犬作为流浪狗或野狗在中东生活了好几个世纪。20世纪30年代，以色列的犬类专家Rudolphina Menzel博士在耶路撒冷指挥进行了一个选择培育的项目，培育出如今数量繁多、多才多艺的品种。随着数量的不断增加，这种狗已经遍布美国本土。

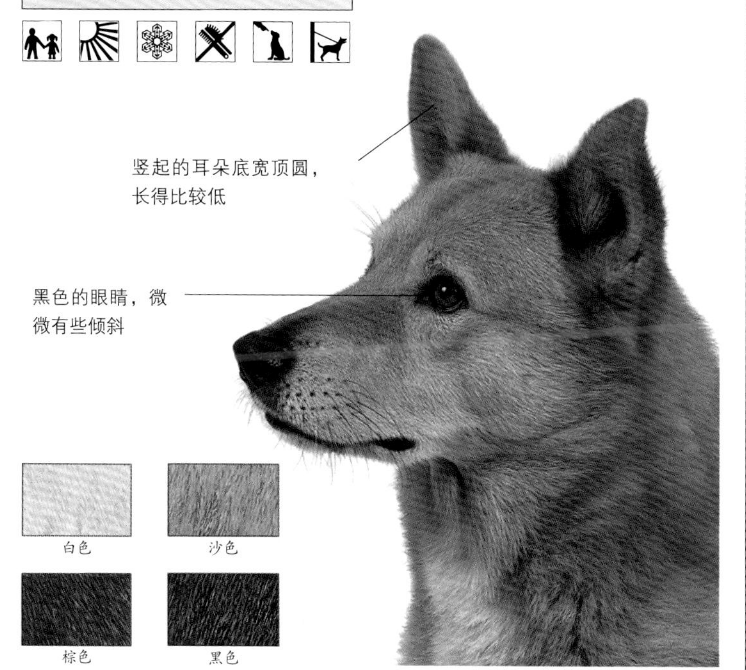

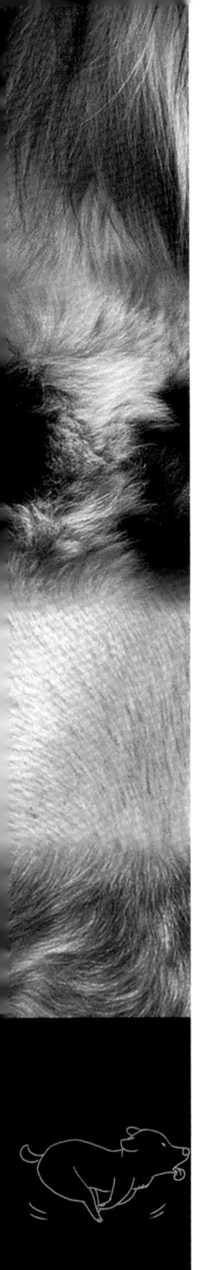

巴仙吉 (Basenji)

这种安静而优雅的狗是一种典型的温带和热带犬种。棕褐的毛色为之提供了良好的伪装，而短毛及皮毛上的白色块则有助它耐热。以上这些因素加上不喜吠叫的特性使巴仙吉成为追踪高手。与其他犬种不同，巴仙吉每年只有一个发情期而不是两个。巴仙吉犬很少吠叫，不过与其说它们吠叫，不如说它们是嚎叫。那听起来就像是阿尔卑斯地区的约得尔歌声(真假嗓音陡然转换)。由于很容易被驯服，它们喜欢在人的周围徘徊。

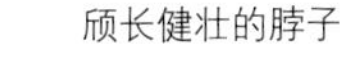

颀长健壮的脖子

关键要素
起源国： 中非
起源时间： 古代
最初用途： 狩猎
现代用途： 陪伴
寿命： 12年
别名： 刚果犬
体重范围： 9.5～11 kg(21～24 lb)
身高范围： 41～43 cm(16～17 in.)

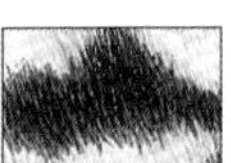

黑色/白色

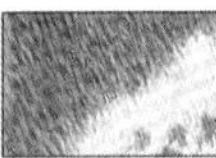

棕褐色/白色

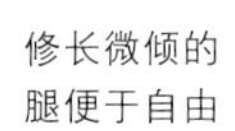

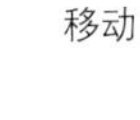

修长微倾的腿便于自由移动

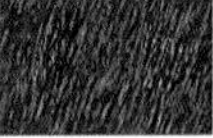

黑色

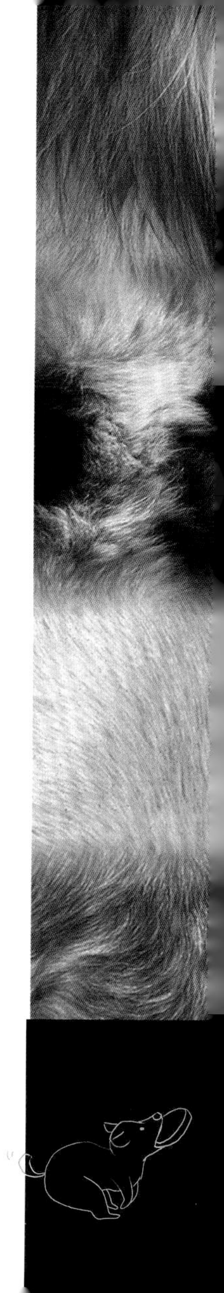

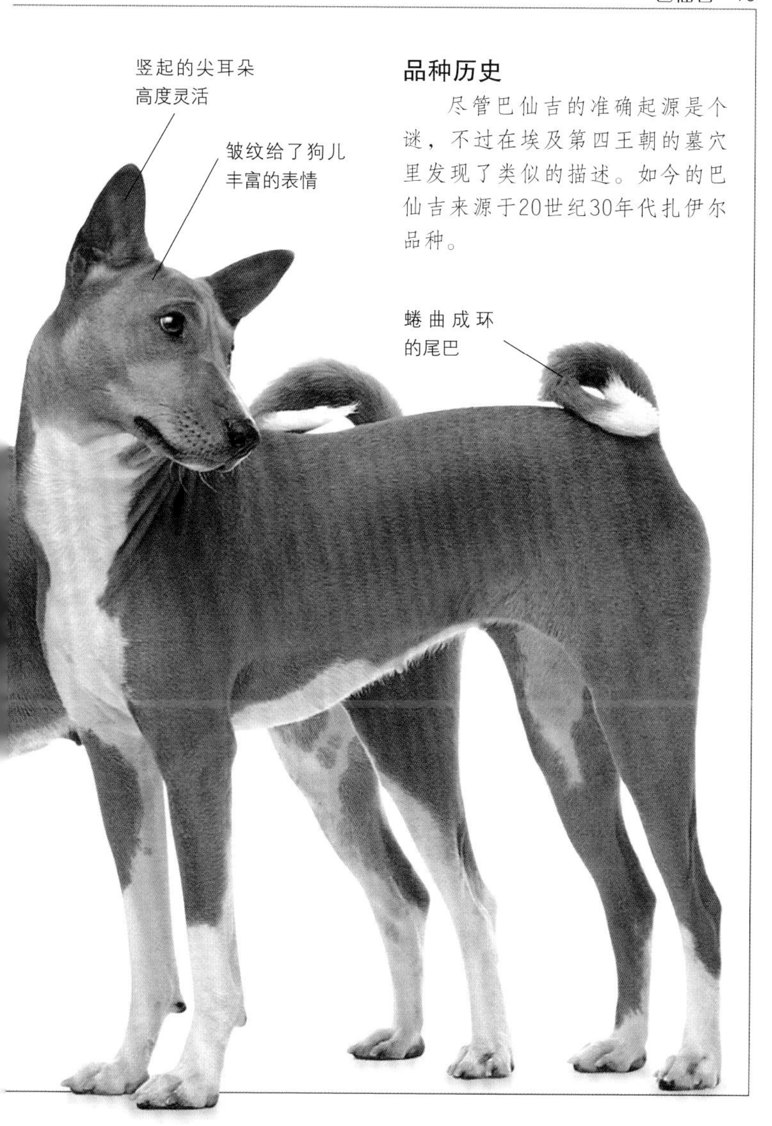

品种历史

尽管巴仙吉的准确起源是个谜，不过在埃及第四王朝的墓穴里发现了类似的描述。如今的巴仙吉来源于20世纪30年代扎伊尔品种。

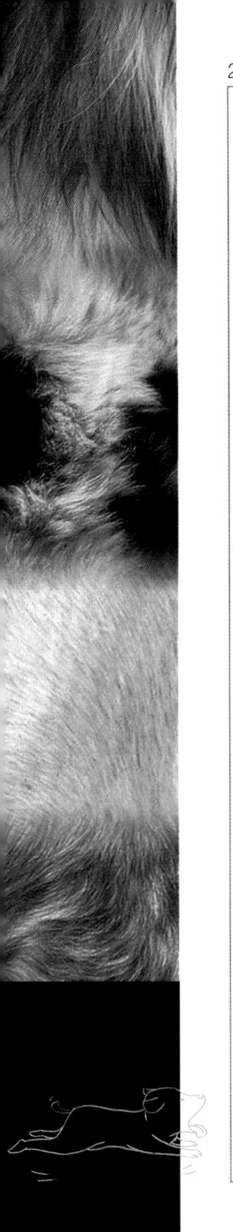

标准墨西哥无毛犬

(Standard Mexican Hairless)

这个品种是如何到达墨西哥的也许仍是个谜团。不过，在古代阿兹特克的废墟中，我们曾发现过一些貌似无毛狗的图案。当然，这只是“貌似”，那些图案可能是本地的其他哺乳动物。不过，看上去阿兹特克人在某一个时期用树脂除去了豚鼠身上的毛，从而“创造”了不少“裸体”动物。遗憾的是，它们都被当作了食物和暖床。这种警觉、活泼且温顺的狗经常被拿来和古代非洲野狗及欧洲狸犬比较。它的身体保留了经典的视觉狩猎犬特征，个性却与猎狐㹴很相似。除此以外，还有玩赏犬和小型犬的变种，后者比标准墨西哥无毛犬更常见。

品种历史

大多数的参考文献都指出，这个无毛品种在西班牙征服时期，即16世纪早期就存在于墨西哥了。很有可能是西班牙商人将其带到中南美洲的。

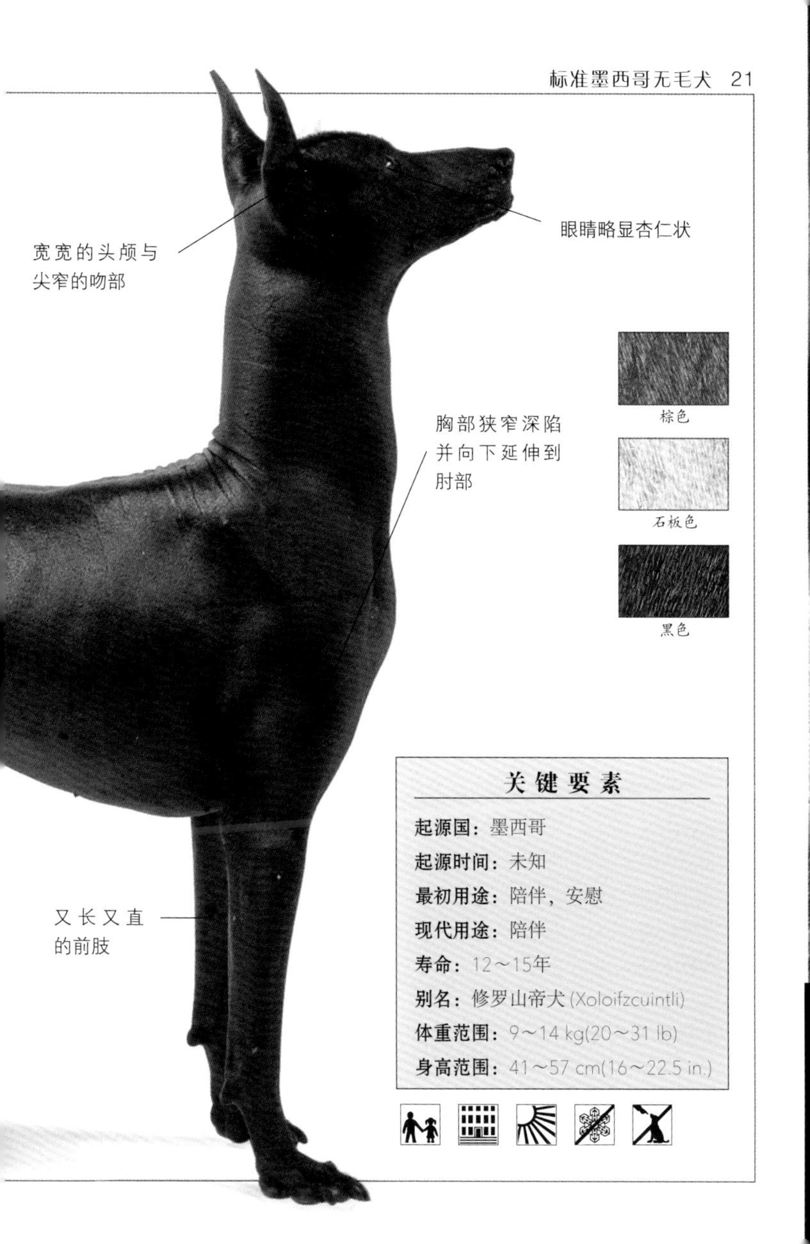

棕色

石板色

黑色

关键要素

起源国：墨西哥

起源时间：未知

最初用途：陪伴，安慰

现代用途：陪伴

寿命：12～15年

别名：修罗山帝犬(Xoloifzcuintli)

体重范围：9～14 kg(20～31 lb)

身高范围：41～57 cm(16～22.5 in.)

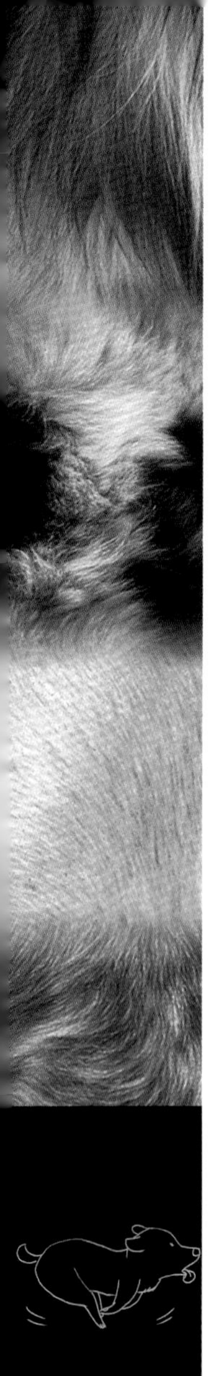

法老王猎犬

(Pharaoh Hound)

残留的骨骸表明，一种类似法老王猎犬的猎狗已经在中东地区生活了至少5000年，在地中海的其余地区也生活了约2000年。它们作为一个独特的品种悠闲地生活在一些相对孤立的地方，诸如马耳他群岛、(西班牙)巴利阿里群岛。最常见的是深沉而华贵的红色法老王猎犬。与它们通过视觉、声音以及嗅觉等多种技巧捕猎相比，灵猩们可就相形见绌了，后者只会依靠视觉。

肩膀线条优美后倾

被毛短而光亮，但有些粗糙，需要稍作梳理

尖端带白色的四肢强壮而坚实；脚掌和爪子色浅

关键要素

起源国： 马耳他

起源时间： 古代

最初用途： 视觉/嗅觉/声音捕猎

现代用途： 陪伴，捕猎

寿命： 12～15年

别名： 猎兔犬 (Kelbtal Fenek)

体重范围： 20～25 kg(45～55 lb)

身高范围： 53～64 cm(12～25 in.)

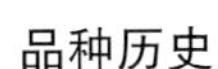

品种历史

优雅、尊贵的法老王猎犬很有可能是居住在阿拉伯半岛的体态小巧轻盈的狼的后裔。大约2000多年前，腓尼基商人将它们带到了马耳他和戈佐群岛。在那里，它们安静而独立地繁衍着。

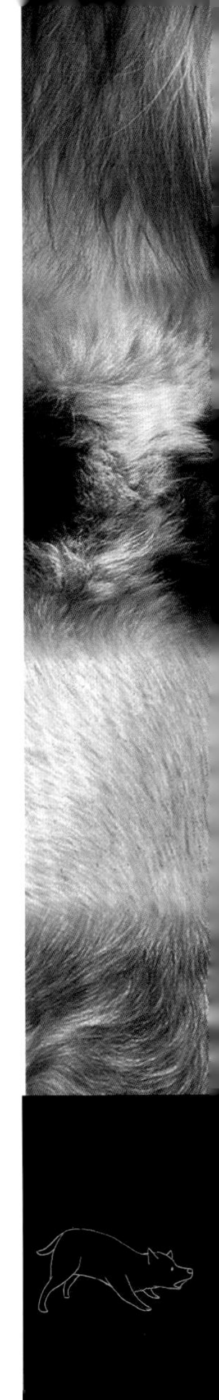

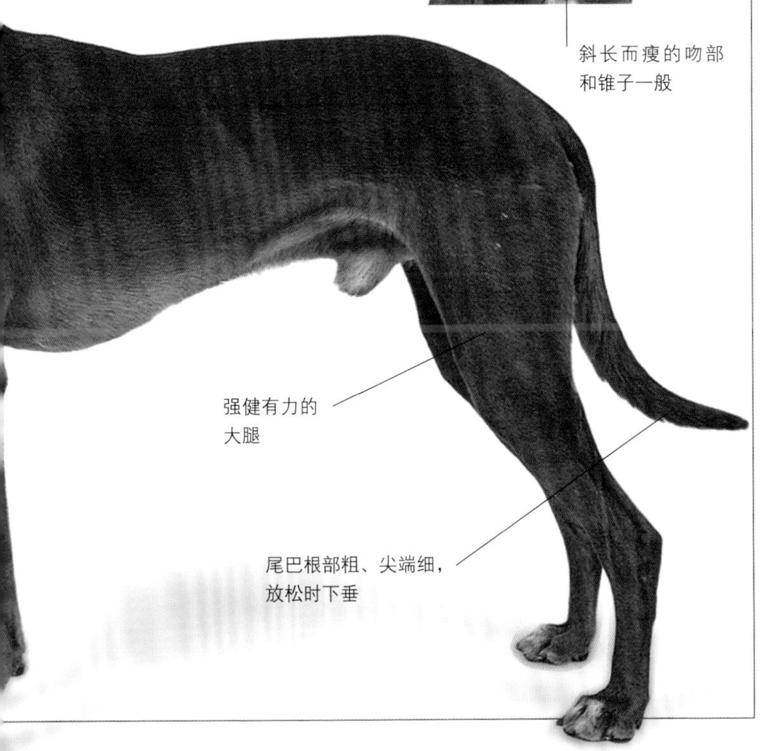

伊比萨猎犬 (Ibizan Hound)

伊比萨猎犬的被毛可以有卷毛、短毛或长毛几种不同的长度，也可以有各种颜色。尽管被冠以伊比萨(巴利阿里群岛中的一个小岛)的名字，这种狗很早以前就已经散布到了西班牙大陆各地。在那里，它们被当作枪猎犬来追踪兔子和野兔。它们对自己的主人亲热、温顺，不过对于陌生人有时却十分敏感。

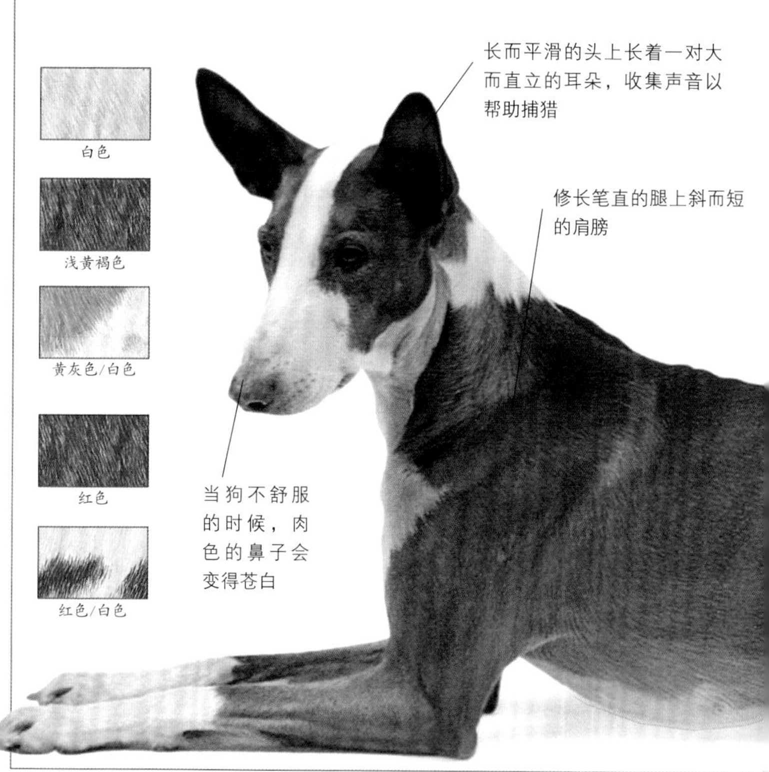

关键要素

起源国：巴利阿里群岛

起源时间：古代

最初用途：视觉/嗅觉/声音捕猎

现代用途：陪伴，寻回，捕猎

寿命：12年

别名：巴利阿里犬(Ca Eibisene, Podenco Ibicenco)

体重范围：19～25 kg(42～55 lb)

身高范围：56～74 cm(22～29 in.)

品种历史

几千年前，商人就把伊比萨猎犬带到了地中海列岛。当它们散布到法国地中海时，称作“Charnique”。

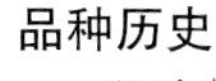

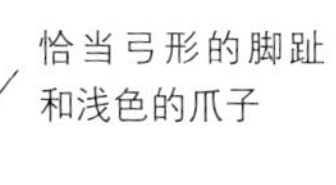

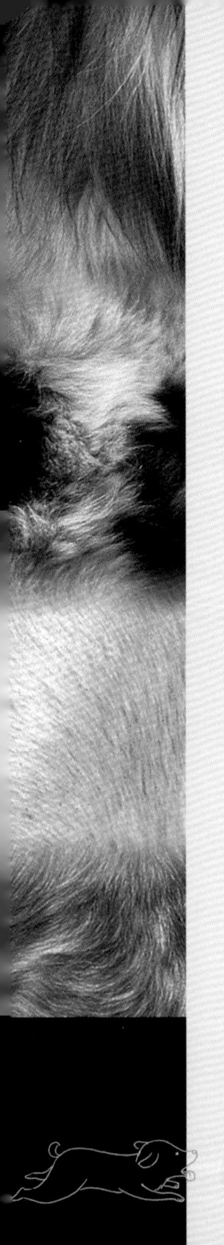

视觉狩猎犬 (Sight Hourds)

它们就是为速度而生，拥有符合空气动力学的完美体格，如同离弦之箭追逐着它们的猎物。视觉狩猎犬绝大多数都有高大、修长、前倾且轻盈的身材，善于奔跑。它们是几千年前就精心选择培育的产物，都来自亚洲西南地区，其中的一部分更是伊比萨猎犬、法老王猎犬之类远古犬种的近亲。

早期繁殖与用途

迄今最早见记录的视觉狩猎犬发源于阿拉伯。萨路基犬和北非猎犬都在那里被选择培育了5000多年，它们跑得比沙漠羚羊还要快。在古代波斯，流线型的萨路基犬曾有16个变种。无独有偶，阿富汗猎犬(包括多个变种)在阿富汗最初也用于狩猎。白天捕猎沙漠狐狸和羚羊，晚上则守卫帐篷。俄罗斯最著名的视觉狩猎犬——优雅的苏俄牧羊犬在沙俄时代也有许多种形态。饲养者们现在正尝试重新培养出那些绝迹的品种。

意大利灵缇

视觉狩猎犬在亚洲更南边的印度也生生不息，直到今天。其中一些有力量的长腿猎犬甚至可以追捕豺狼和野兔。

视觉狩猎犬可能是通过腓尼基商人被引入地中海地区、欧洲和非洲的。灵缇的形象曾在古埃及的墓穴中出现过。它们还曾被培养为一种小型的视觉狩猎犬——意大利灵缇，来作为新的伴侣犬(这可能是一群西班牙商人干的好事)。

在英国的发展

腓尼基人也许在2500多年前就在经商时把猎犬运送到了英伦三岛。在这里，它们接受了选择繁育并与獒犬交配，从而培育出了更强壮、更有力的爱尔兰猎狼

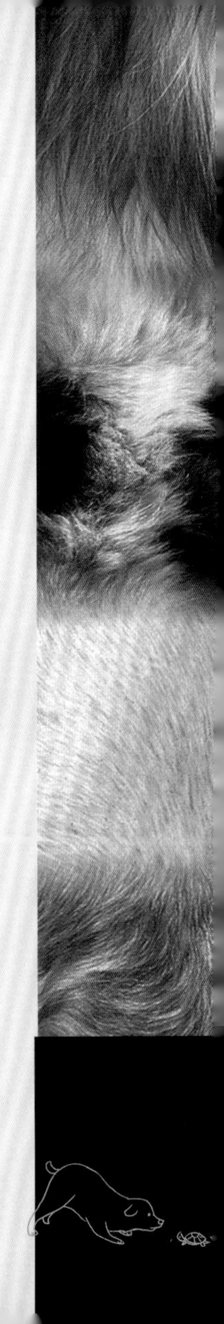

犬——一种贵族视觉狩猎犬。同样，毛色光亮的苏格兰猎鹿犬逐渐成为了高原酋长们最推崇的视觉狩猎犬。而如今纯种的速度之王英国灵猩很可能是由凯尔特人带来英国追击野兔和狐狸的。近来，小灵猩犬和杂种猎犬则始终成为平民们的最佳视觉狩猎犬。几乎所有的视觉狩猎犬都生活在亚洲和欧洲。

凭视力捕猎

尽管现如今，很多视觉狩猎犬已被作为伴侣犬而饲养，在某一时期它们都被养来狩猎。它们在很大程度上依赖视觉来觉察猎物的移动，然后追击、捕获并杀死猎物。

北非猎犬

原教旨主义的伊斯兰社会尽管对狗禁忌，但是视觉狩猎犬是个例外，很可能是因为猎人与他们的狗之间的联系要远早于伊斯兰教。

视觉狩猎犬喜爱运动，需要经常去户外活动。它们性格温顺，但不善言表。它们安静，对孩子而言十分可靠。一些可以作为优秀的警卫犬，但越是纯种的视觉狩猎犬领地意识越差。相比之下，所有的视觉狩猎犬都有追击小动物的本能。

阿富汗猎犬

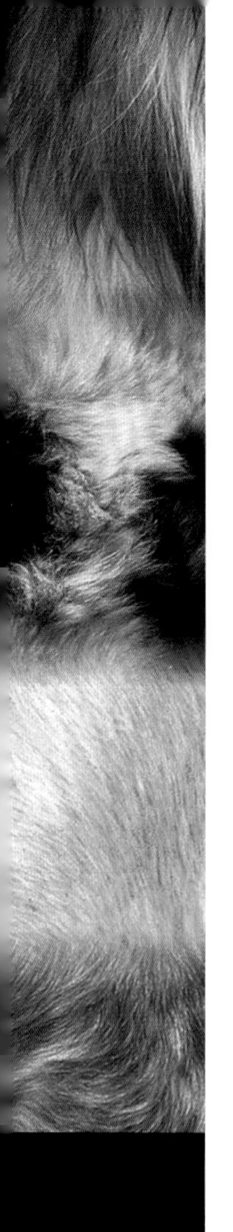

灵猩 (Greyhound)

凭借着60km/h(37mph)的速度，优雅的灵猩理所当然地成为了世界上最善于奔跑的狗。这种异常温顺的狗用它们的速度和视力来击败对手，无论那是野地里或沙漠中活生生的动物还是狗道上的机器兔子。作为宠物，灵猩总是一个活泼而又悠闲的伴侣。只不过这些已经退出了比赛的家伙，时不时还有追击一切移动物体的欲望。

短而紧致的毛覆盖在弯曲有力的长脖子上

白色

黄灰色

红色

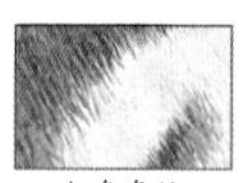
红色条纹

黑色条纹

黑色

关键要素

起源国： 埃及/英国

起源时间： 古代

最初用途： 大型追猎

现代用途： 竞速，追猎，陪伴

寿命： 10～12年

体重范围： 27～32 kg(60～70 lb)

身高范围： 69～76 cm(27～30 in.)

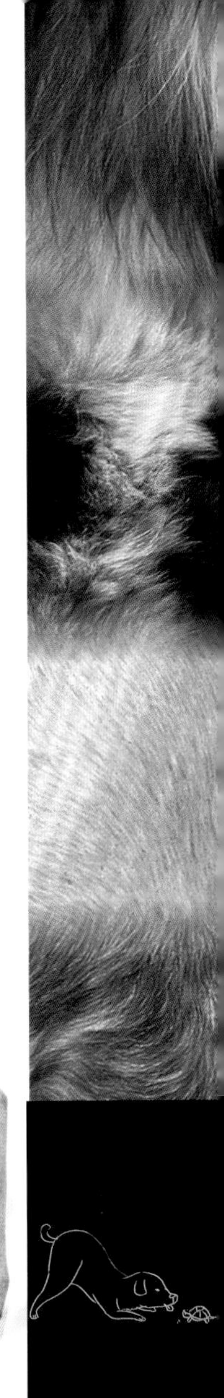

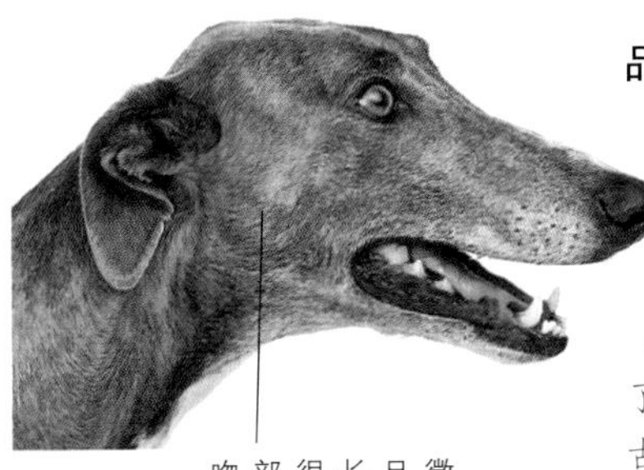

吻部很长且微宽，头颅扁平

品种历史

在埃及古墓中，一块4900多年前的石雕足以说明这种狗的历史渊源。在被输出到西班牙、中国、波斯及其他许多地方以后，灵缇终于在英国变成了今天的模样。它的名字来源于古萨克逊语的“grei”一词，意思是良好或者优美的。

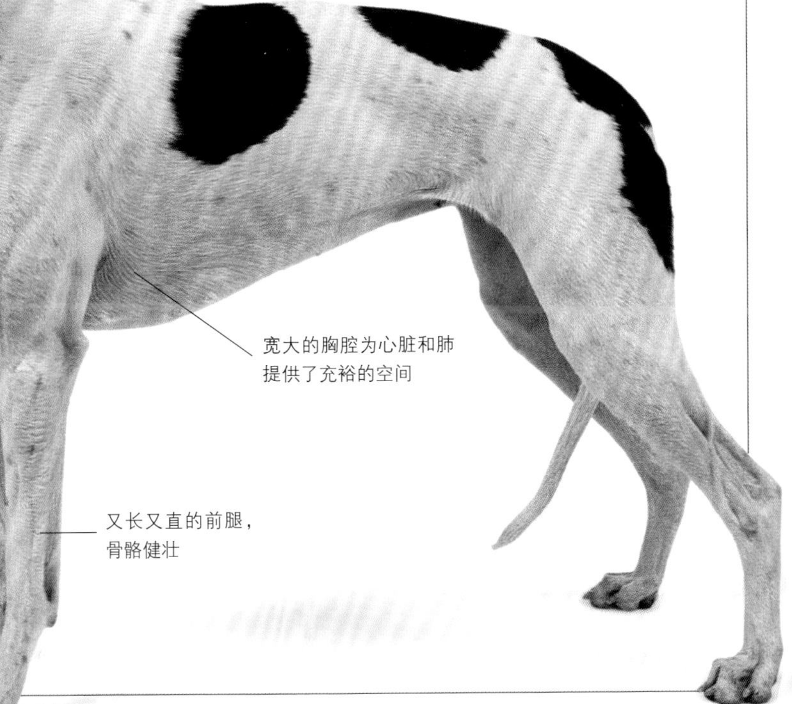

宽大的胸腔为心脏和肺提供了充裕的空间

又长又直的前腿，骨骼健壮

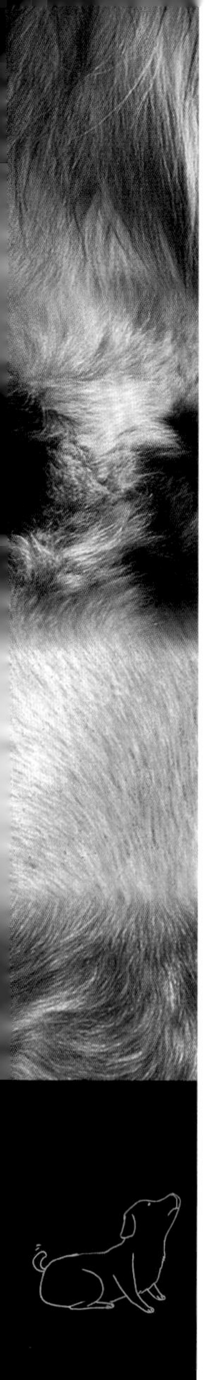

意大利灵猩 (Italian Greyhound)

一种完美的迷你犬。高贵的意大利灵猩陪伴过埃及法老、罗马帝国的统治者以及欧洲无数的君王和王后们。尽管性格上有一点害羞和腼腆，但它们仍然是果敢而又聪慧的狗。加之短而致密的光滑被毛几乎没有异味，对于贵族们而言，它们是再合适不过的伴侣犬了。由于性格随和，意大利灵猩要求不高，不过它们喜欢舒适的生活。尽管它们身形小巧，骨骼纤细，但这个品种的优良天性本身就为爱狗一族们所珍视。

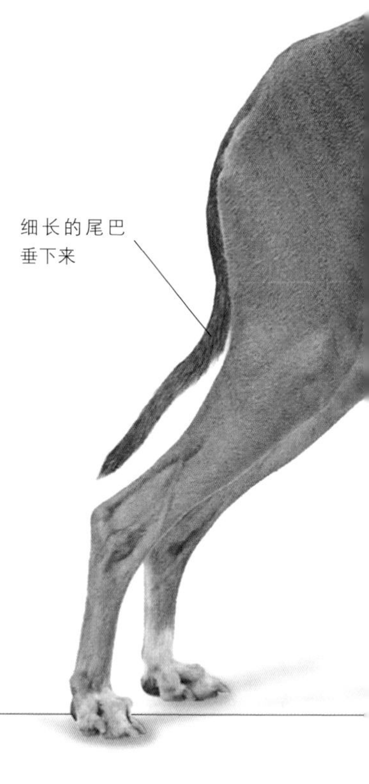

关键要素

起源国：意大利

起源时间：古代

最初用途：陪伴

现代用途：陪伴

寿命：13～14年

别名：Piccolo Levrieri Italiani

体重范围：3～3.5 kg(7～8 lb)

身高范围：33～38 cm(13～15 in.)

品种历史

这种优雅的品种要追溯到古希腊和古埃及时代。作为一种完美的迷你型视觉狩猎犬，毋庸置疑，它们从几千年前就演化自标准型灵缇，并作为伴侣犬而存在。

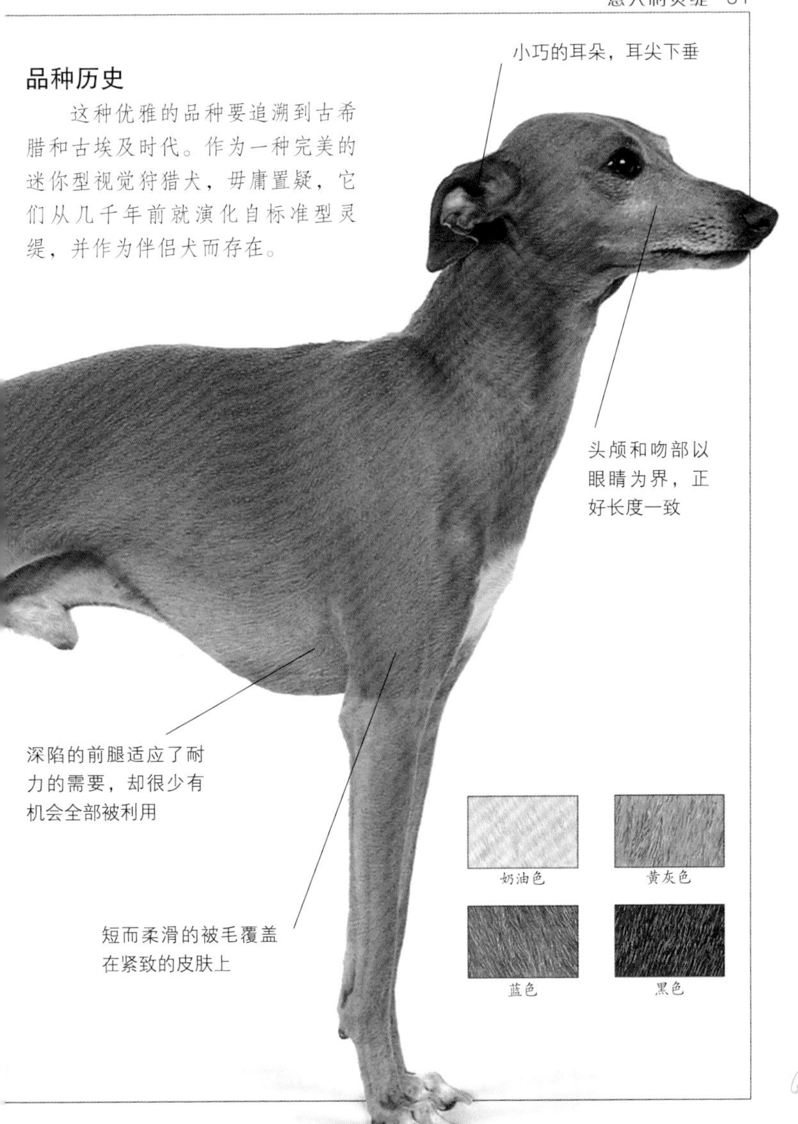

惠比特猎犬 (Whippet)

惠比特猎犬那符合空气动力学的身体似乎天生就是为赛跑而生的。在超短途的比赛中，它的速度甚至可以达到65km/h(40mph)。这种狗一度也被称为“像鞭子一样爆裂”(“SnapDog”)，大概是因为跟鞭子的响声有点渊源吧。在家里，它们表现得温文尔雅，非常乐于蜷缩在沙发和床上。不过一到了户外，它们就会变成强健、无畏而又成功的猎手。这个品种的狗温顺而又亲切，并且有着较长的寿命。它们的皮肤较薄，容易破裂，不过它们的毛几乎不需要梳理。

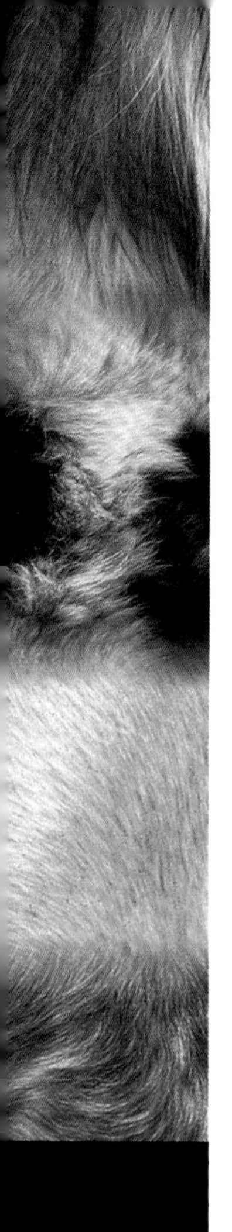

棕色、明亮而又警觉的眼睛，眼神却安静、稳定

任何颜色

关键要素

起源国： 英国

起源时间： 19世纪

最初用途： 追猎，竞速

现代用途： 陪伴，追猎，竞速

寿命： 13～14年

体重范围： 12.5～13.5 kg(27～30 lb)

身高范围： 43～51 cm(17～20 in.)

品种历史

在19世纪，追猎兔子在北部英格兰成为一项很流行的运动。为了提高比赛中猥犬的加速能力，让优秀的追猎猥犬和小型灵猩交配。这样，我们就得到了今天所看到的优雅的惠比特猎犬。

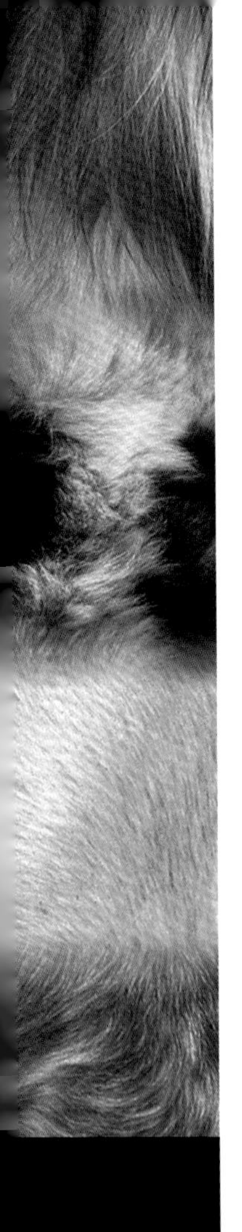

杂种猎犬 (Lurcher)

它们几乎全部生活在英国和爱尔兰，从没有一个特定的品种标准。杂种猎犬在英伦三岛是一种极其常见的狗。历史上，它们是灵猩和柯利犬或者㹴犬交配后的产物，是杂交的结果。如今，繁育已经成为一个更为系统化的行为。杂种猎犬和杂种猎犬的繁育使得它们追猎野兔时的勇猛得以始终存在。有短毛和长毛的品种。它们对人很温顺，是一个顺从的伴侣，但它们活跃的性格和过剩的精力使它们不适合城市的生活。它们是天生的赛跑者，在任何小游戏中都追逐搏杀。

关键要素

起源国： 英国/爱尔兰

起源时间： 17世纪

最初用途： 追猎野兔/兔子

现代用途： 陪伴，追猎

寿命： 13年

体重范围： 27 ~ 32 kg(60 ~ 70 lb)

身高范围： 69 ~ 76 cm(27 ~ 30 in.)

品种历史

由爱尔兰的吉卜赛人和流民在英国和爱尔兰饲养繁育。杂种猎犬的名称“Lurcher”就是从吉卜赛语中“lur”演化而来，意思是“小偷”。短毛的杂种猎犬最令人赞赏，它们是灵猩的后代。不过，它们是被用来偷猎兔子和野兔的。

猎鹿犬 (Deerhound)

当这群优雅温顺的猎犬还只属于苏格兰贵族时，它们被培育用于穿越苏格兰高地茂密的森林追猎鹿群。但到了18世纪早期，随着森林的砍伐、猎枪的引进，它们也渐渐失宠了。如今，这种尊贵的猎犬在南非大量安家落户，反而在苏格兰数量相当少。从外观上看，它们比较像是披上了御寒外套的灵猩。它们由于具有良好的天性，和其他的狗很容易相处。

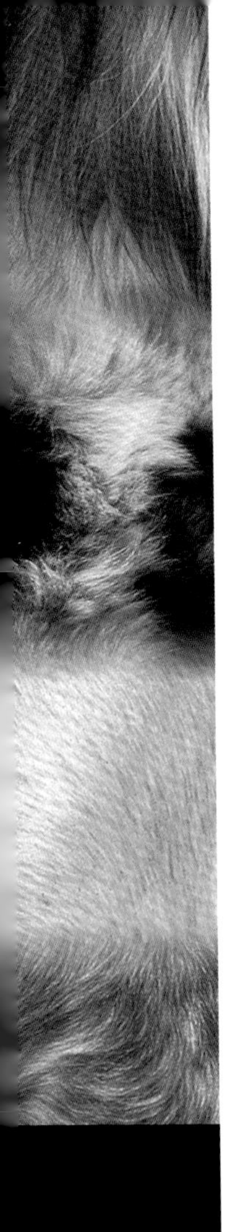

关键要素

起源国： 英国

起源时间： 中世纪

最初用途： 猎鹿

现代用途： 陪伴

寿命： 11～12年

别名： 苏格兰猎鹿犬（Scottish Deerhound）

体重范围： 36～45 kg(80～100 lb)

身高范围： 71～76 cm(28～30 in.)

品种历史

这是一种带着忧郁眼神的猎鹿犬，对它们的记载始于中世纪，苏格兰的首领们将它们用作捕猎。随着1746年部族制度的瓦解，它们的生存受到了严重威胁。直到后来，在一位当地的饲养者Duncan McNeil的努力下，猎鹿犬家族才得以恢复生机。

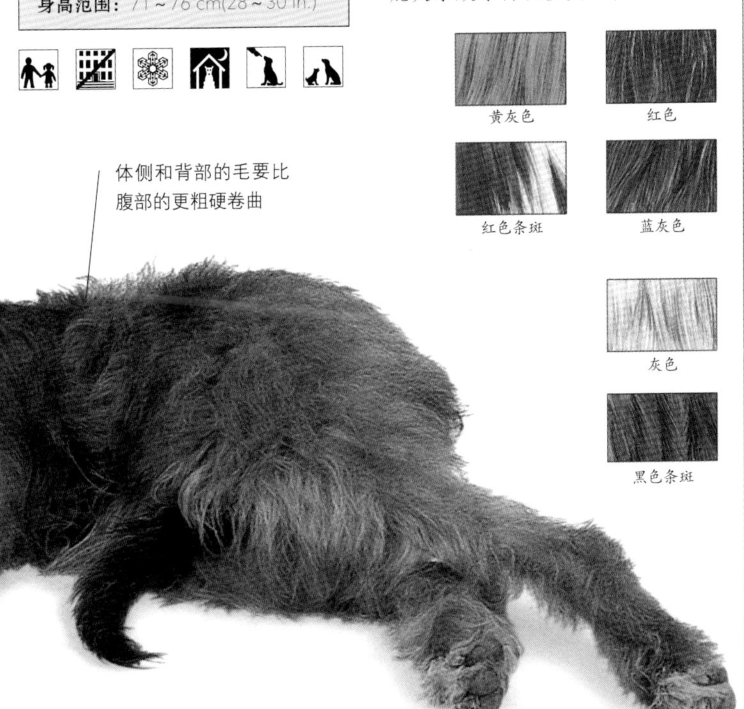

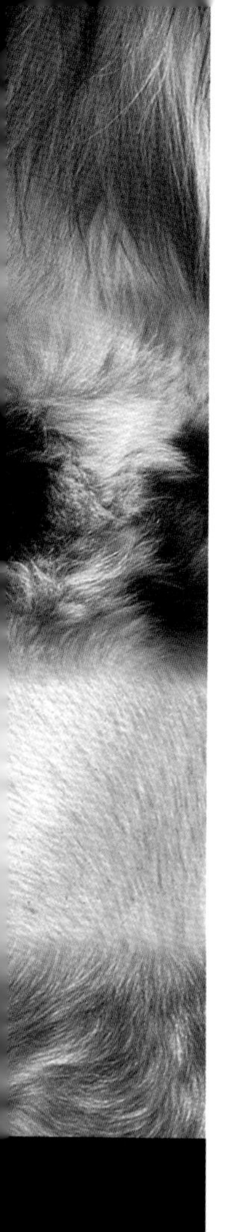

爱尔兰猎狼犬 (Irish Wolfhound)

这种威严的猎犬最早可能是由罗马人运到爱尔兰的，凯尔特人用它们来猎狼。在19世纪后半期，借助具有古代猎狼犬血统的狗，这种猎犬被成功地重新培育。由于热情而又忠诚，现在的猎狼犬是出色的伴侣犬和优秀的警卫犬。不过，由于其体型巨大，需要相当大的空间，它们并不适合城市生活。

头部的被毛粗硬卷曲，尤其是在眼部附近和下颚的毛

强壮的腿和粗壮的腿骨

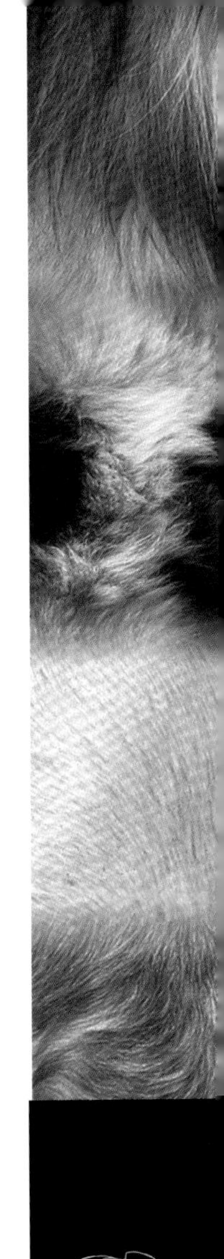

关键要素

起源国： 爱尔兰

起源时间： 古代/19世纪

最初用途： 猎狼

现代用途： 陪伴

寿命： 11年

体重范围： 40～55 kg(90～120 lb)

身高范围： 71～90 cm(28～35 in.)

品种历史

大约2000年前就存在于爱尔兰了，然而19世纪中叶这个名贵的品种濒临灭绝，在英国军官G.A.Graham上校的努力下才得以幸存。

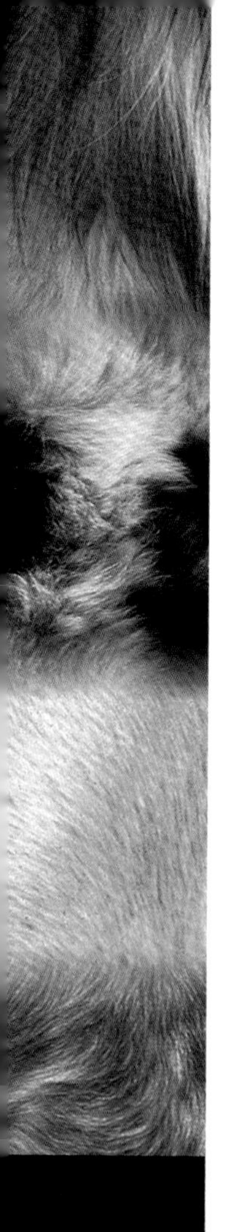

苏俄牧羊犬 (Borzoi)

在俄罗斯，“苏俄牧羊犬”只是对视觉狩猎犬的一种总称。包括泰西犬、泰干猎犬、南俄罗斯草原猎犬和乔泰犬(来自于前苏联)均被认定为苏俄牧羊犬。体形、速度、力量和匀称使它们成为超一流的猎手。猎狼曾经是俄罗斯贵族间一度盛行的一项运动，苏俄牧羊犬成对出击，可以超过绝大多数的狼，从耳后咬住它们，并把它们按在地上。差不多有一个世纪，这种狗在俄罗斯以外的其他地区仅仅被当作伴侣犬培育。随着对狩猎的兴趣逐渐丧失，它们开始变得温驯。现在，对所有年龄的人而言，它们都会是顺从的伴侣犬。

任何颜色

像野兔一样的脚很长，
覆盖着短而浅的毛

关键要素

起源国：俄罗斯

起源时间：中世纪

最初用途：猎狼

现代用途：陪伴

寿命：11～13年

别名：俄罗斯猎狼犬(Scottish Deerhound)

体重范围：35～48 kg(75～105 lb)

身高范围：69～79 cm(27～31 in.)

品种历史

苏俄牧羊犬最早是为了保护主人不被当地的狼袭击而被培育出来的。它们可能传承自萨路基猎犬、灵猩以及一种精干的俄罗斯牧羊犬的变种。

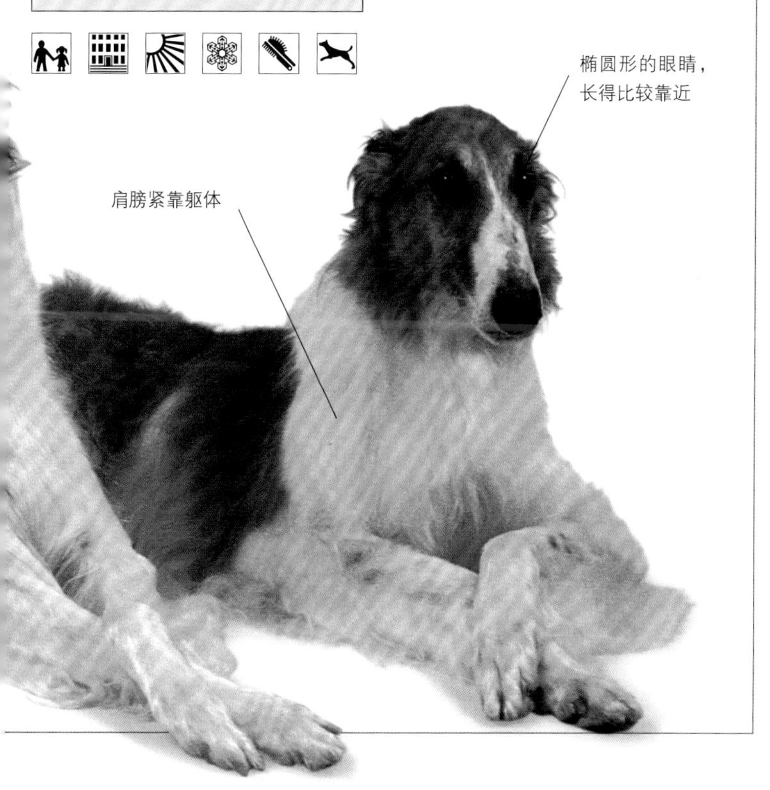

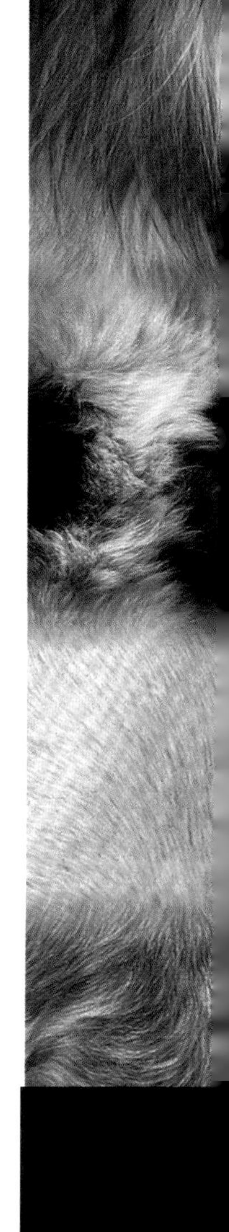

阿富汗猎犬 (Afghan Hound)

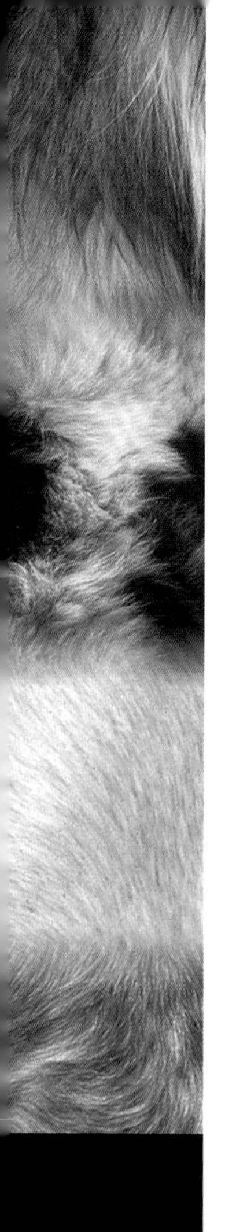

没有任何一个品种能如同阿富汗猎犬般美丽、优雅和高贵。在西方，阿富汗猎犬完全因美丽的外表而被培育，是纯粹的时尚附属品和观赏犬。在阿富汗，这种敏感的动物仍被用来守卫羊群及围猎狼和狐狸。它们纤长厚实的毛发可以抵御北部山区的严寒。作为伴侣犬的阿富汗猎犬必须每天梳理毛发，不然它们的被毛会打结。这种狗有很强的独立个性，因此它们需要从小就悉心饲养，并进行广泛的服从训练。

颈部的毛发渐渐变短并紧贴在背上

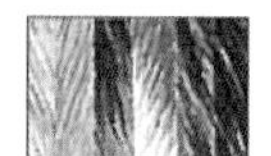

任何颜色

厚厚的毛发盖住强壮的大脚

品种历史

到现在为止，我们也不清楚究竟这种狗是如何从中东来到阿富汗的。它们有三种不同的形态：短毛(类似阿富汗北部的吉尔吉斯泰干犬)、流苏毛(类似萨路基猎犬)以及又长又厚的毛(类似1907年西方发现的第一条山地犬)。

短胸部的毛发纤长且质地柔软

尾形下垂

关键要素
起源国： 阿富汗
起源时间： 古代/17世纪
最初用途： 大型围猎运动
现代用途： 陪伴，警卫，狩猎
寿命： 12～14年
别名： Tazi, Baluchi Hound
体重范围： 23～27 kg(50～60 lb)
身高范围： 64～74 cm(25～29 in.)

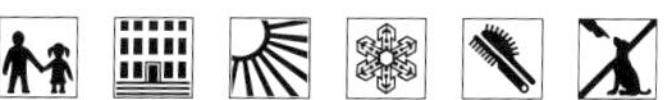

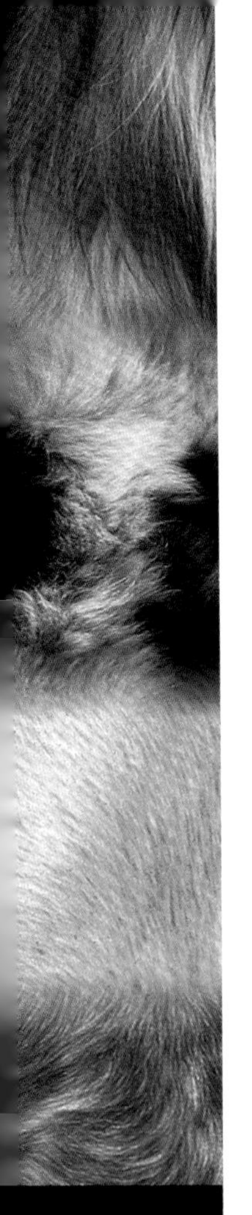

萨路基猎犬（东非猎犬）

(Saluki)

原教旨主义的伊斯兰教徒认为狗是不洁的，不能被饲养在家里，但是他们却把特许给了萨路基猎犬——允许它们生活在一个虔诚的信徒家里。在贝都因人狩猎的时候，他们总是用训练有素的猎鹰向猎物俯冲，降低其速度，然后让萨路基猎犬冲上去捕获猎物。早先，萨路基猎犬在大狩猎前总是被放在骆驼上的，以避免滚烫的沙子灼伤它们的脚。不过时至今日，它们在狩猎前往往被放在车上。

长着长长毛发的耳朵

腿部的肌肉不如灵缇的发达

关键要素

起源国： 中东

起源时间： 古代

最初用途： 捕猎瞪羚

现代用途： 陪伴、追猎野兔

寿命： 12年

别名： 阿拉伯猎犬(Arabian Hound)，瞪羚猎犬(Gazelle Hound),波斯灵缇(Persian Greyhound)

体重范围： 14～25 kg(31～55 lb)

身高范围： 58～71 cm(22～28 in.)

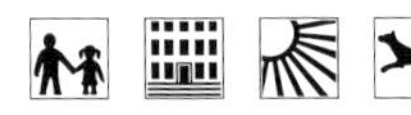

白色、奶油色

红色、金色

黑色/茶色

黄灰色

三色

品种历史

埃及法老们的墓穴中清晰地刻绘出了萨路基猎犬的形象。它们是游牧的贝都因猎人的忠实伴侣。萨路基猎犬很有可能是具有选择繁育历史最长的品种了。

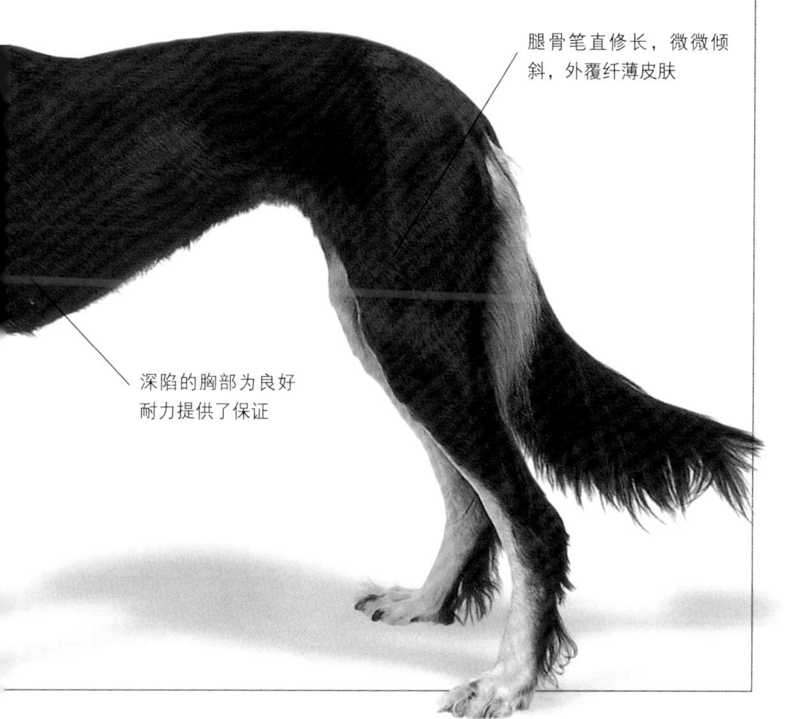

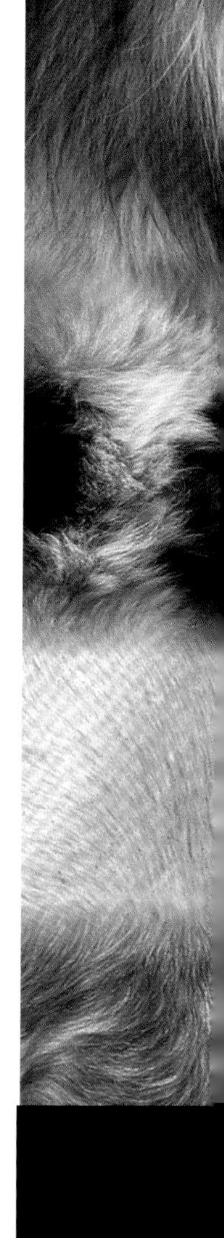

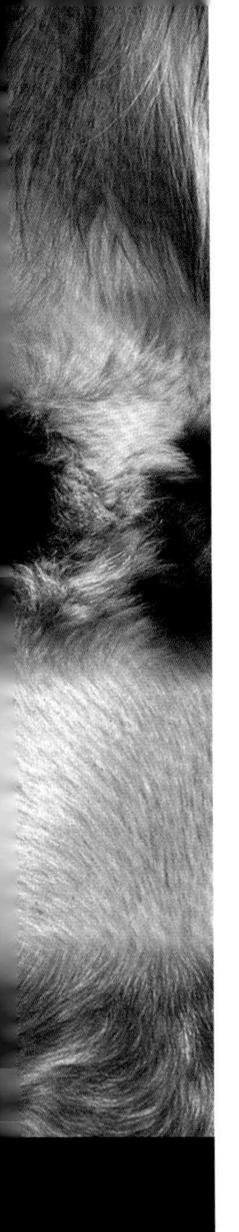

北非猎犬 (Sloughi)

如同萨路基猎犬一样，北非猎犬在它们自己的国度也被当作家庭的一员。甚至在它们死去的时候，家人会为它们默哀。在外形和行为上，北非猎犬和萨路基猎犬极为相似。所不同的只是它们的被毛光滑而致密。在狩猎诸如瞪羚、野兔和耳廓狐的时候，沙色和浅黄褐色的皮毛为其提供了理想的伪装。由于天性警觉，北非猎犬对陌生人可能有攻击性。最好不要将它们和孩子一起放在家中，因为它们的脾气有些神经质。最好还是让它们在安静的氛围中待着比较好。

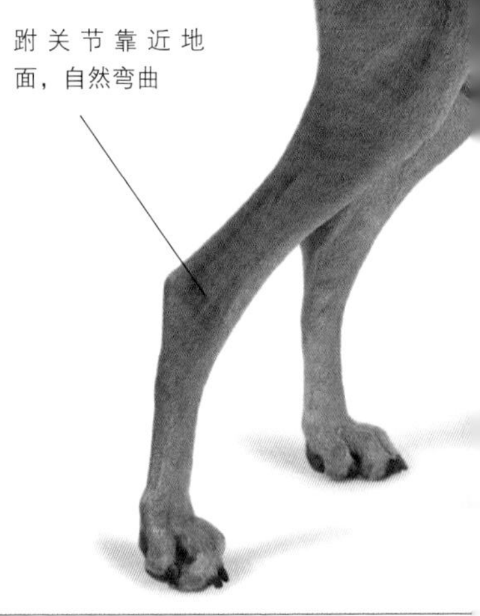

关键要素

起源国： 北非

起源时间： 古代

最初用途： 警卫，狩猎

现代用途： 陪伴

寿命： 12年

别名： 阿拉伯灵猩 (Arabian Greyhound), Slughi

体重范围： 20～27 kg(45～60 lb)

身高范围： 61～72 cm(24～28 in.)

品种历史

北非猎犬可能在1000多年前就陪着阿拉伯游牧民族入侵非洲西北部了。它们可能来自也门的萨罗(Saloug)城。

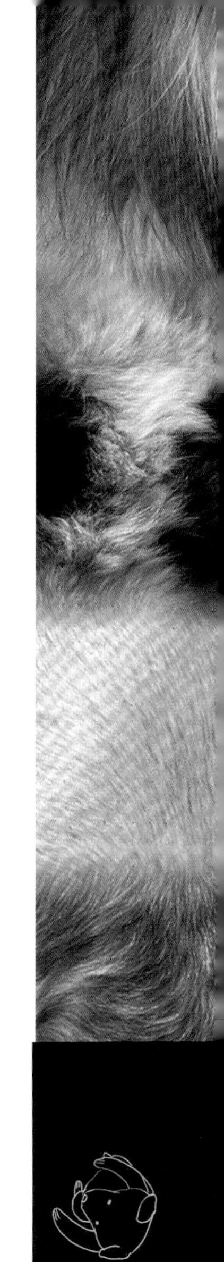

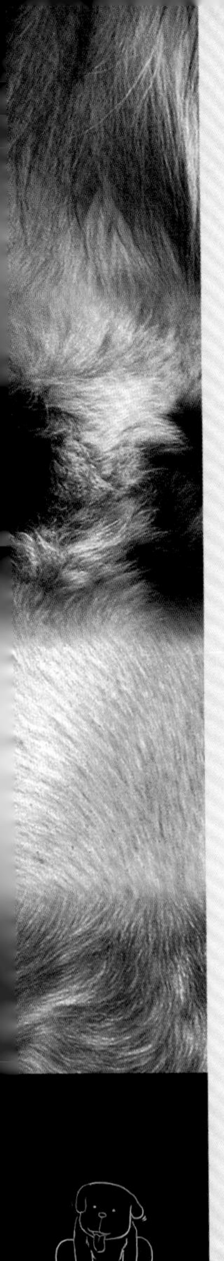

嗅觉狩猎犬 (Scent Hourds)

视觉狩猎犬依靠其锐利的视觉和惊人的速度来捕捉或围困猎物，而嗅觉狩猎犬则是凭借它们的鼻子和坚韧耐力将游戏进行到底，并把猎物带回猎人身边。寻血猎犬鼻黏膜的表面积展开后比其躯体的表面积还要大，这使得它们成为了一流的气味追踪者。与视觉狩猎犬不同，嗅觉狩猎犬追捕猎物的时候可没那么安静。当发现猎物的气味踪迹后，它们会跟着气味一路狂嗥乱吠过去。

狩猎伴侣

没有任何一个国家能像中世纪的法国那样，有效开发培育出那么多种嗅觉狩猎犬。那时候，我们经常能够看到几百甚至一千多条嗅觉狩猎犬在一些法国的庄园和森林里取悦国王和他的朋友们。一些嗅觉狩猎犬毛发柔软，而一些叫做“格里芬”的家伙则长着一身刚毛。还有一些名曰“巴吉度”的小东西，生来就是短腿，据说这样是为了便于猎人徒步跟着它们。

法国也培育出不少大型猎犬，例如“大蓝加斯科涅猎犬”。遗憾的是，其中很多已经极其罕见，甚至早已绝迹。而另一些较小的猎犬或是猎兔犬(诺曼底人用来猎兔)则和巴塞特猎犬(如巴塞特·蓝加斯科涅，巴塞特·法福·德·布列塔尼犬，大型贝吉格里芬凡丁犬

美国猎狐犬

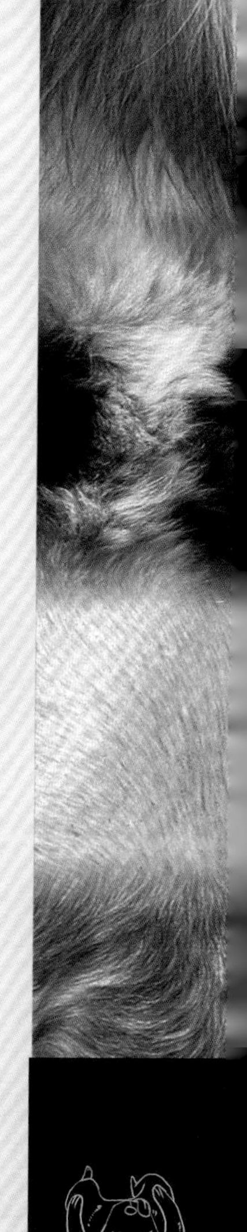

和迷你贝吉格里芬凡丁犬)一同进化。英国贵族定期会购买法国嗅觉狩猎犬。同样，法国的饲养者也会培育出大量的英法嗅觉狩猎犬，且很多品种保存至今。

所有的嗅觉狩猎犬都是为狩猎而生，而并非观赏和慰藉之用。嗅觉狩猎犬的培育工作在英国达到了其顶峰。那时，巴吉度猎犬、猎狐犬、比格猎犬、奥达猎犬与哈利犬一一诞生。这些狗的后裔被带到了美国，成为了美国猎狐犬和几乎所有猎浣熊犬的始祖。

大型贝吉格里芬凡丁犬

特殊技能

在德国，腊肠犬——一种矮小的嗅觉狩猎犬(为得到㹴犬行为而培育)，是和长腿嗅觉狩猎犬杂交而成的。饲养者还培育出了冷搜索猎犬，它们可以追踪几天前的血迹。瑞士的猎人会徒步跟随他们的猎犬，因此他们培育出了短腿的品种。而在奥匈帝国，贵族们都是骑在马背上打猎的，所以长腿山地型猎犬也就应运而生了。挪威、瑞典、芬兰和波兰的饲养者利用中欧和俄国的品种，培养出了一系列优秀的嗅觉狩猎犬。嗅觉狩猎犬一般均为贵族所有，且多存在于欧洲。

大蓝·德·加斯科涅猎犬

致力于工作

嗅觉狩猎犬捕捉气味的能力非常强，它们工作时通常会摇来晃去。它们可不是腿脚不灵才晃悠的。殊不知，它们的长耳朵制造的气流有助于测定气味；而它们湿润的嘴唇也会帮助它们捕捉气味。嗅觉狩猎犬对儿童及其他猎犬都十分可靠。它们既不像㹴犬那么爱秀，也不像伴侣犬那么“热情难挡”，亦不似枪猎犬那么驯服。嗅觉狩猎犬的职责是工作——追踪狐狸的痕迹或是前面猎犬留下的足印。

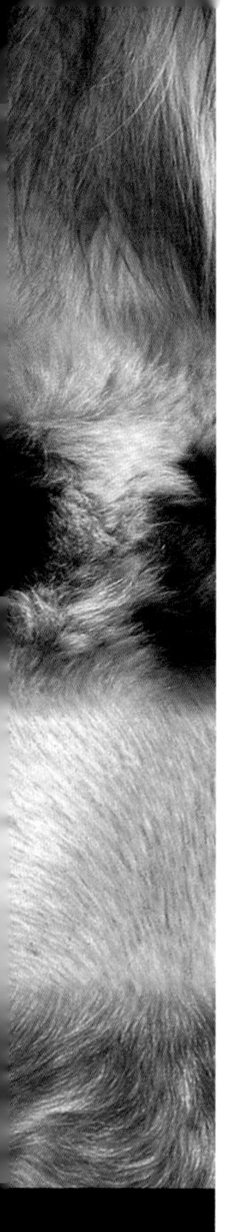

寻血猎犬 (Bloodhound)

在全球，美国猎浣熊犬、瑞士朱拉猎犬、巴西獒犬、巴伐利亚山地猎犬等许多品种都传承着这位古老追踪者的血统。今天，所有的寻血猎犬都是黑褐色、红棕色及栗红色的。但在中世纪，它们还有不少别的单色。在中世纪的欧洲，曾经有白色的变种，被称为“塔尔伯特”。到17世纪，像白色拳师犬和三色巴吉度一样，虽然寻血猎犬的基因已在不同的狗身上得以延续，自己却从一个族群渐渐缩小演变成为一个单一品种。寻血猎犬更善于猎捕而不是捕杀，它们沉迷于追踪“游戏”。因此，它们往往被用于猎捕动物、罪犯、逃跑的奴隶以及找寻失踪的孩子等。如今，这个叫声响亮、工作勤恳的品种成为了追踪者和陪伴者。尽管它们的脾气也十分和蔼可亲，不过这并不意味着它们很容易就会被驯服。

嘴唇低于下颌骨达5厘米

品种历史

几个世纪以来，比利时圣休伯特修道院的僧侣们培养着追踪气味的卓越猎犬。同时，在英国，人们也在培养几乎相同的品种。但这两种品种都有一个共同的来源——它们可能是被从中东归来的十字军战士带回欧洲的。

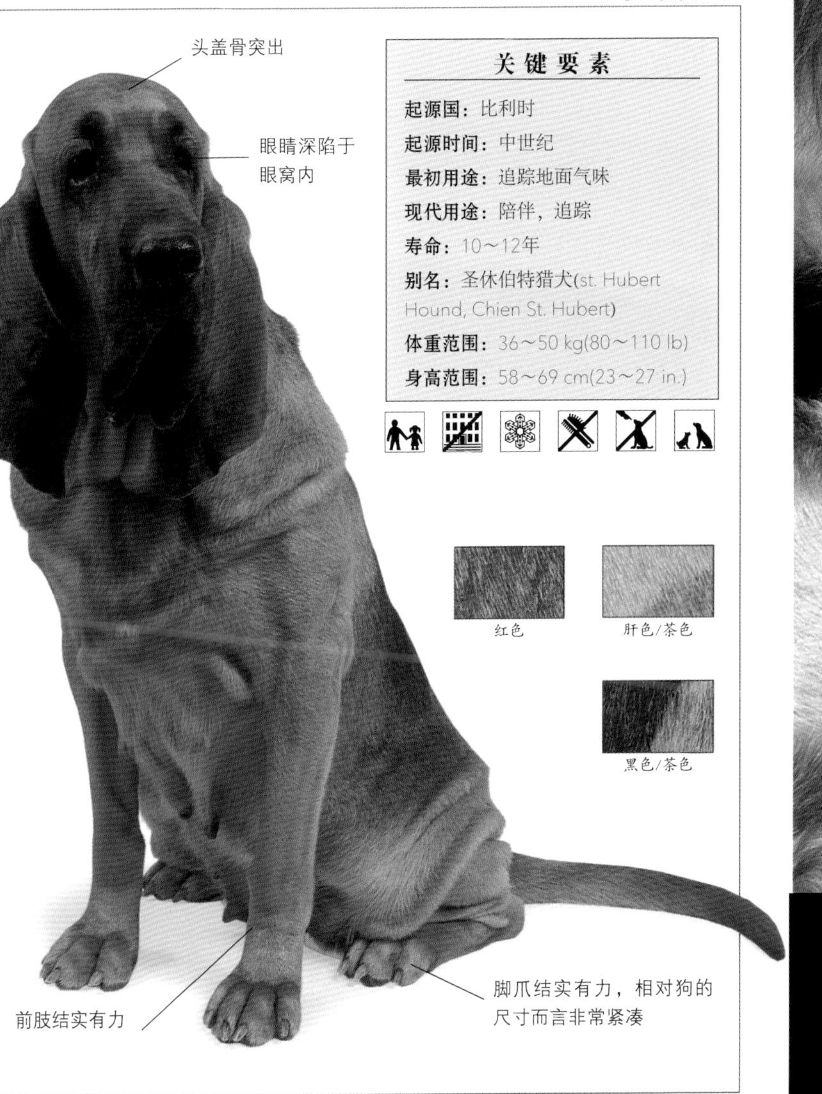

关键要素

起源国：比利时

起源时间：中世纪

最初用途：追踪地面气味

现代用途：陪伴，追踪

寿命：10～12年

别名：圣休伯特猎犬(st. Hubert Hound, Chien St. Hubert)

体重范围：36～50 kg(80～110 lb)

身高范围：58～69 cm(23～27 in.)

红色

肝色/茶色

黑色/茶色

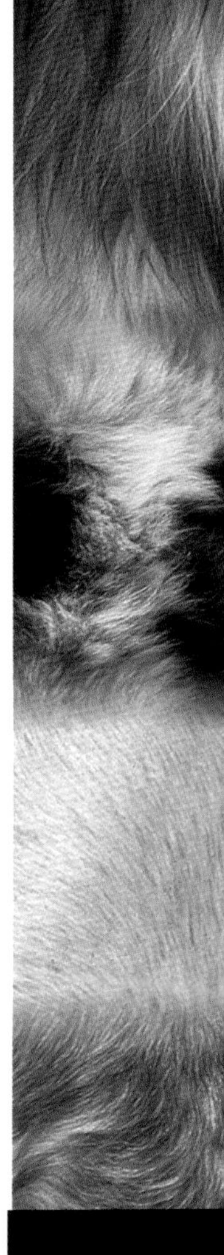

巴吉度猎犬 (Basset Hound)

这是个固执但温柔且善良的家伙，很难想象，它们一度曾是一流的猎犬。它们晃悠着的大耳朵对采集气味有很大的帮助，尤其是在潮湿的清晨。甚至到如今，骨骼较轻、腿稍长、身体较瘦长的巴吉度仍会参与野外追踪。而那些体重偏大、身形较长、较矮的则成为了标准的宠物巴吉度。如今，这种狗已成为了漫画家和广告客户们的最爱。在美国，猎狗弗雷德的形象同加菲猫一样，以搞笑深入人心。

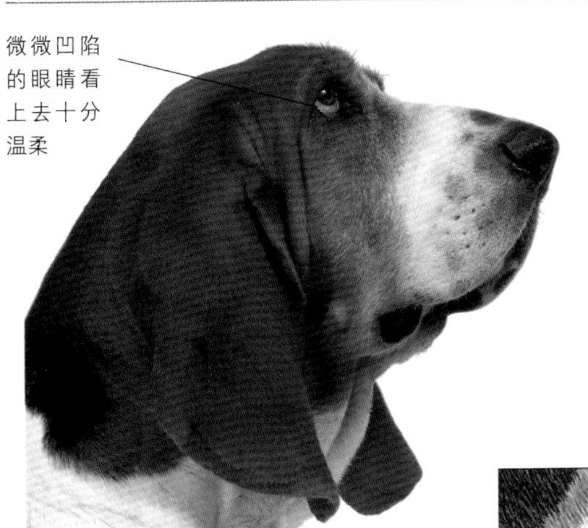

品种历史

巴吉度猎犬可能遗传自“矮小的”寻血猎犬。尽管这个品种起源于法国，现在却在英国和美国十分流行。

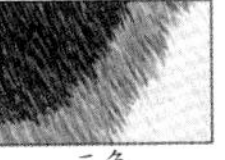
三色

柠檬黄/白色

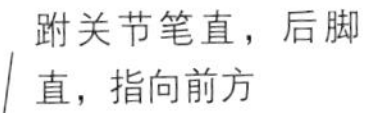

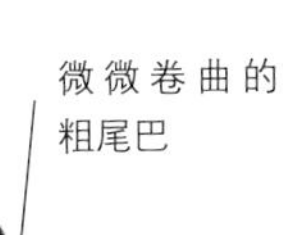

关键要素

起源国： 法国

起源时间： 16世纪

最初用途： 猎捕兔子/野兔

现代用途： 陪伴，捕猎

寿命： 12年

体重范围： 18～27 kg(40～60 lb)

身高范围： 33～38 cm(13～15 in.)

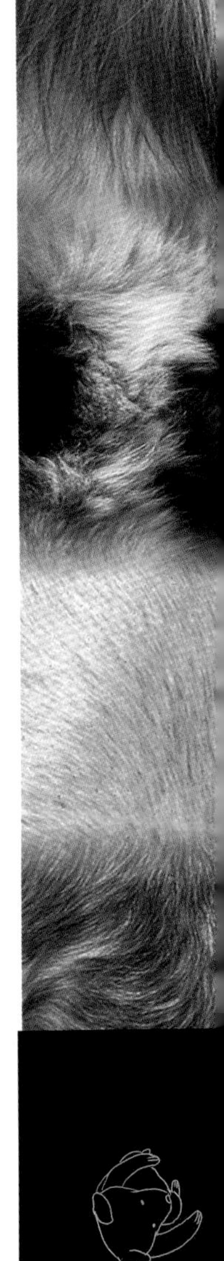

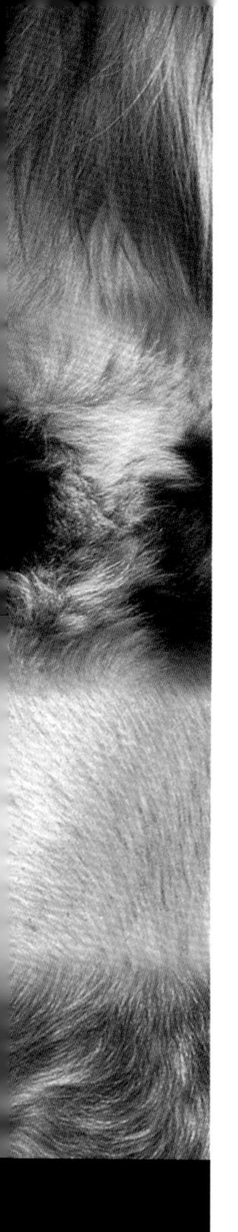

大蓝加斯科涅猎犬

(Grand Bleu de Gascogne)

大蓝加斯科涅猎犬起源于炎热干燥的法国西南部的米迪大区(Midi Region)。自18世纪起，它们开始在美国大量繁殖，所以如今它们在美国的数量反而要比在法国多。不过，无论在大西洋的哪一侧，这种优雅高贵的狗都是被单纯地当作气味追踪的工作犬用。它们的速度并不十分快，却有着惊人的耐力。随着法国境内的狼群几近灭绝，它们的数量也大幅降低。一个世纪前，在法国狗展上展示的是以黑色为基调的大蓝。

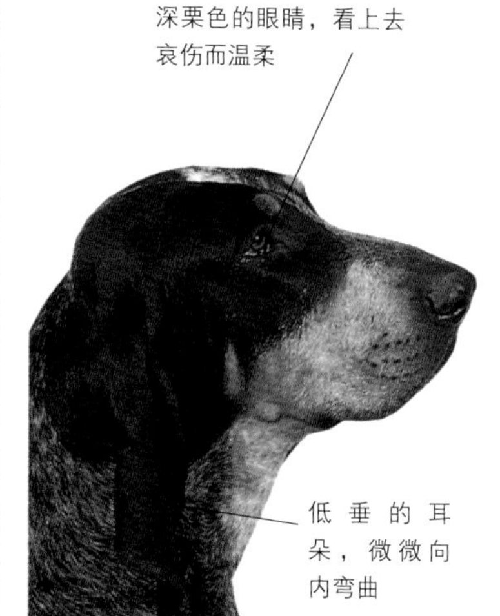

深栗色的眼睛，看上去哀伤而温柔

低垂的耳朵，微微向内弯曲

关键要素

起源国： 法国

起源时间： 中世纪

最初用途： 猎捕鹿/野猪/狼

现代用途： 群猎犬工作，有时也结队

寿命： 12～14年

别名： 蓝色加斯科尼大猎犬(Large Blue Gascony Hound)

体重范围： 32～35 kg(71～77 lb)

身高范围： 62～72 cm(24～28 in.)

品种历史

关于这种古老的狗的起源，甚至可以追溯到腓尼基人带去法国的竞速犬种。它们无疑属于最为古老的犬种之一，只是它们的祖先已无法得知了。

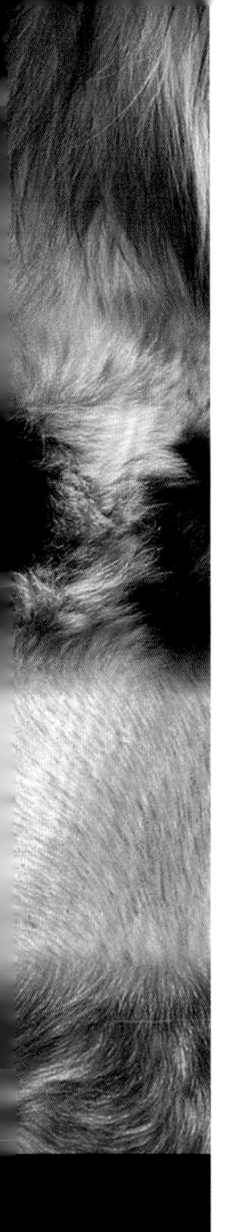

巴塞特·蓝加斯科涅猎犬
(Basset Bleu de Gascogne)

巴塞特·蓝有着漂亮的声音和机敏的鼻子，它们是极为优秀的猎手，同时也是出色的伴侣，既适合在乡村生活，也适合在城镇过日子。让它们驯服并不是什么困难的事情，而且还能训练它们成为出色的警卫犬。由于其被毛比较短，它们对寒冷十分敏感。一些饲养者认为它们在一顿暴饮暴食之后，很容易患胃扭转（一种致命的胃部扭转）。

薄薄的长耳朵折叠着，和它的口鼻一样长

短腿严重影响了狗的奔跑速度

关键要素

起源国：法国

起源时间：中世纪/19世纪

最初用途：枪猎犬

现代用途：陪伴，枪猎犬

寿命：12～13年

别名：蓝加斯科涅·巴塞特猎犬(Blue Gascony Basset)

体重范围：16～18 kg(35～40 lb)

身高范围：34～42 cm(13～16 in.)

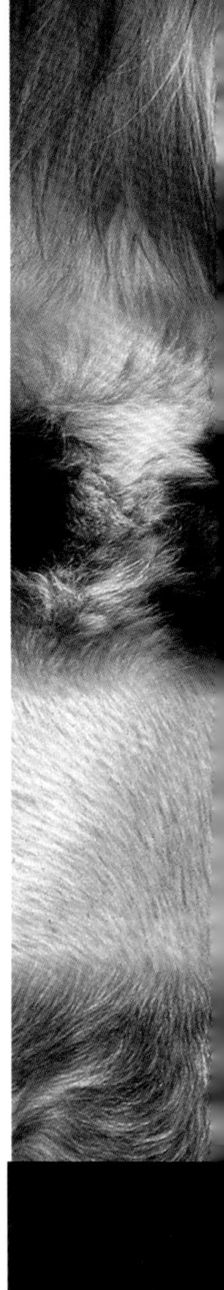

前额较长微曲，额前的两块斑点总是对称的

品种历史

这个品种的真正起源地已无法得知。而今日的巴塞特·蓝加斯科涅猎犬是法国的饲养者Alain Bourbon的心血。他重新创造了这个品种。

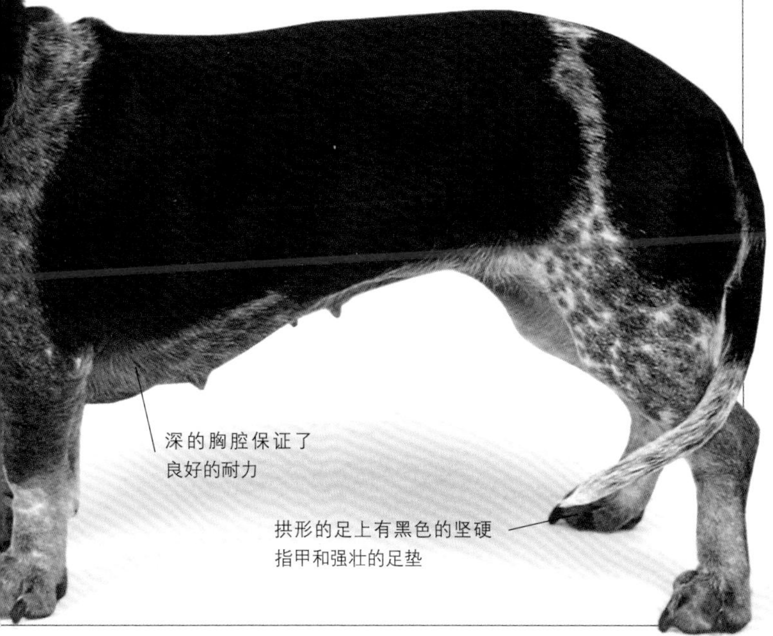

深的胸腔保证了良好的耐力

拱形的足上有黑色的坚硬指甲和强壮的足垫

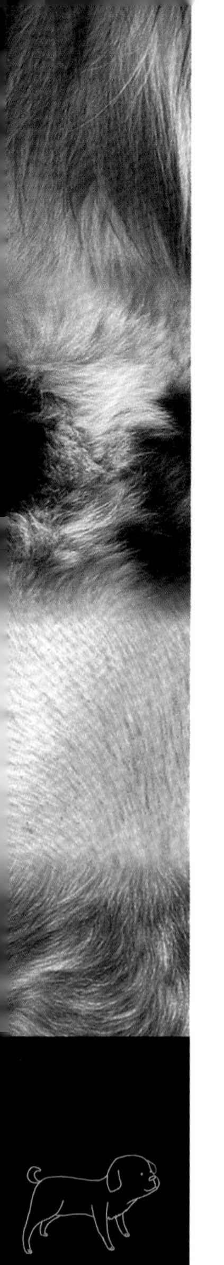

大型贝吉格里芬凡丁犬

(Grand Basset Griffon Vendéen)

相比绝大多数的巴吉度犬，大型贝吉格里芬凡丁犬更高，也更为英俊和独立，它们通常都拥有强烈的自我意识。不可否认，尽管都比较固执，它们仍然是一群热情的狗。相比一般的狗，大型贝吉格里芬凡丁犬并没有特别大的兴趣到处乱咬。它们喜欢独立工作或者团队工作。在得到良好的训练后，它们会成为优秀的兔子或者野兔猎手。如果生活在城市里，这些狗的浓密被毛需要定期经常梳理。

嗅气味的时候，耳朵会垂到鼻尖

笔直、倾斜的肩膀，沉重的骨头外有健壮的肌肉

关键要素

起源国： 法国

起源时间： 19世纪

最初用途： 枪猎犬，追猎野兔

现代用途： 陪伴，枪猎犬

寿命： 12年

别名： 大旺代·格里芬·巴塞特犬(Large Venden Griffon Basset)

体重范围： 18～20 kg(40～44 lb)

身高范围： 38～42 cm(15～16 in.)

品种历史

这种狗是法国饲养者Paul Desamy通过选择培育而得到的。它们的血统在20世纪40年代中期建立。

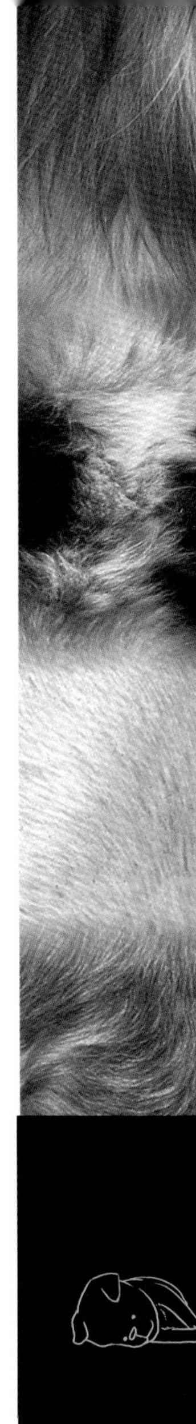

迷你贝吉格里芬凡丁犬

(Petit Basset Griffon Vendéen)

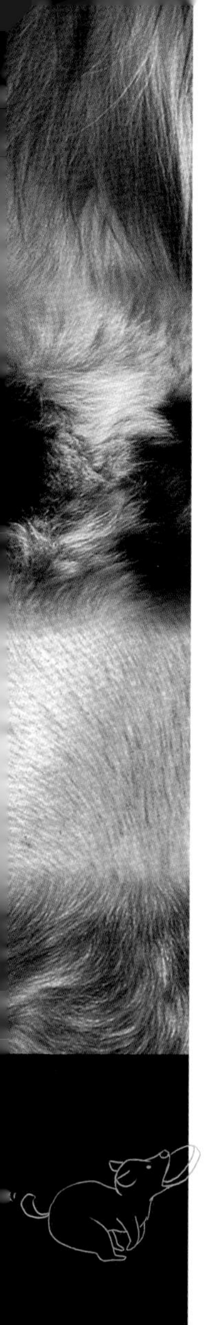

作为格里芬凡丁犬中最常见的品种，小巴吉度在英国、美国及世界其他各地得到了饲养者和拥有者们的青睐。它们拥有真正的巴吉度的体形。但这种警觉、热情的狗时常会受到背痛的侵扰。众所周知，雄性的迷你贝吉格里芬凡丁会相互争斗以得到看护人给予的“最佳猎狗”的称号。相比闷热潮湿的天气，这种长着粗厚长毛的狗显然更喜欢清冷凉爽的天气。

白色

三色

橙色/白色

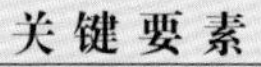

关键要素

起源国： 法国

起源时间： 18世纪

最初用途： 追猎野兔

现代用途： 陪伴，枪猎犬

寿命： 12年

别名： 小格里芬·旺代·巴塞特犬 (Little Griffon Venden Basset)

体重范围： 14～18 kg(40～44 lb)

身高范围： 34～38 cm(13～15 in.)

品种历史

这种小巴吉度的古老祖先来自法国的凡丁大区。1947年，法国饲养者哈拜·代扎米（Abel Desamy）确定了它们特性。

黑色的大眼睛
胸部和大巴吉度
一样深
腿短小但不失
坚定和有力

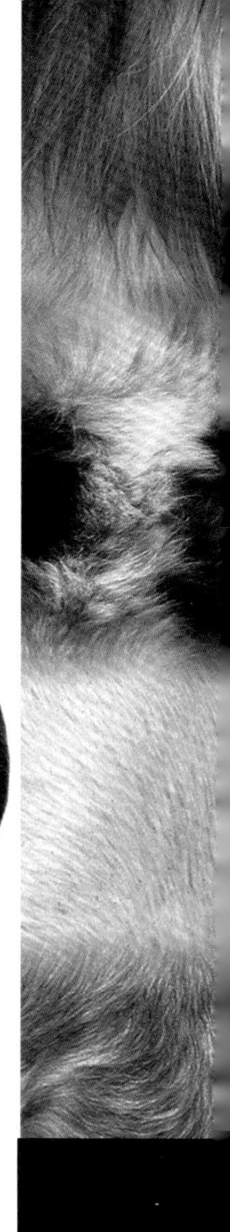

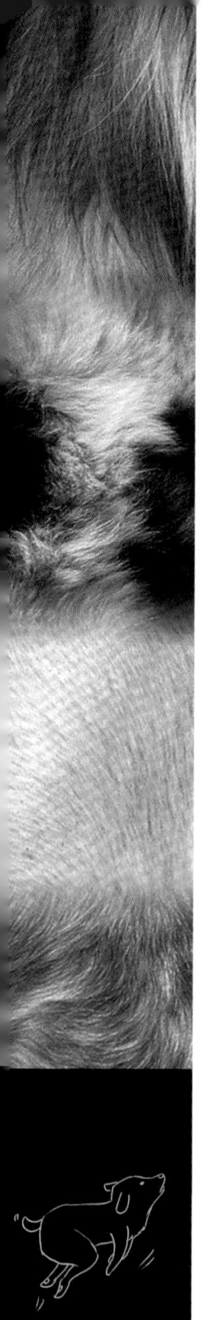

巴塞特·法福·布列塔尼犬

(Basset Fauve de Bretagne)

巴塞特·法福·布列塔尼犬有着长长的身体和短短的腿，是种典型的巴吉度犬。但是，巴塞特·法福的被毛既没有巴吉度猎犬那样光滑，也没有格里芬凡丁那样刚硬。它们长着一身粗硬的短毛。这种坚韧不拔的狗既会用嗅觉跟踪猎物，也会激飞猎物；既能在家中安稳地闲着，也能在复杂的地形中工作。习惯上，这种巴吉度一般四只一组结队狩猎，不过时至今日，它们可能更多的是单独狩猎或者两个一组结伴狩猎。它们十分活跃，且自作主张，这个品种的狗相对于它们的亲戚格里芬·法福(一种在布列塔尼被用于猎狼的古老猎犬)更难以进行服从训练。尽管它们是非常好的伴侣，但和别的狗一样，一直被关在家里或者持续剧烈运动都会让它们不太开心。

关键要素

起源国： 法国

起源时间： 19世纪

最初用途： 小型狩猎

现代用途： 陪伴，枪猎犬

寿命： 12～14年

别名： 黄褐色布列塔尼·巴塞特犬 (Tawny Brittany Basset)

体重范围： 16～18 kg(36～40 lb)

身高范围： 32～38 cm(13～15 in.)

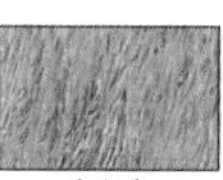

黄灰色

红色

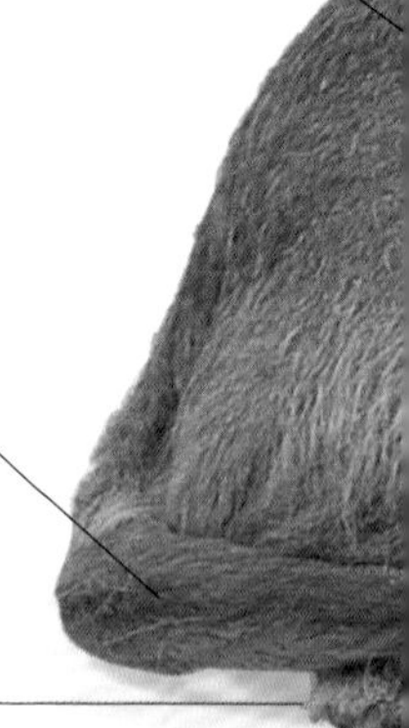

品种历史

由格里芬·法福·布列塔尼犬和凡丁大区的短腿猎犬杂交培育而成。巴塞特·法福·布列塔尼犬除了在英国十分得宠以外，一般只常见于法国。

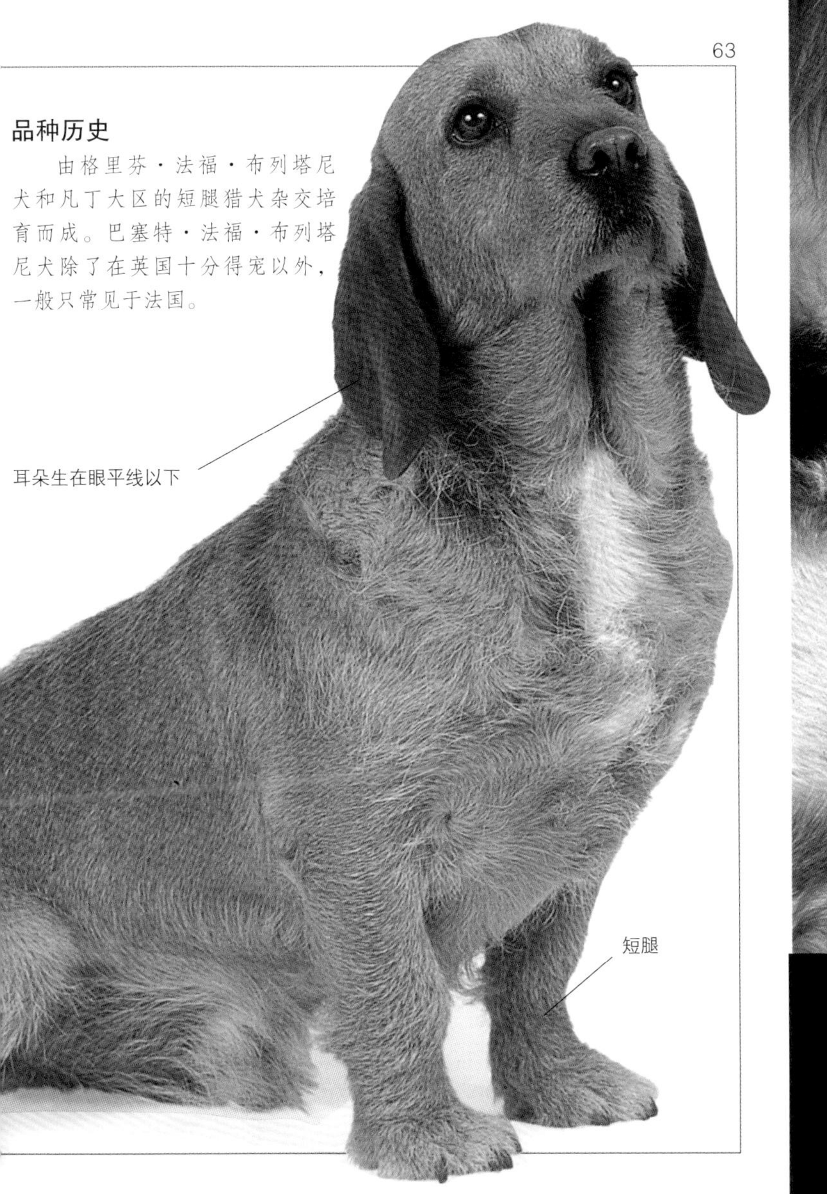

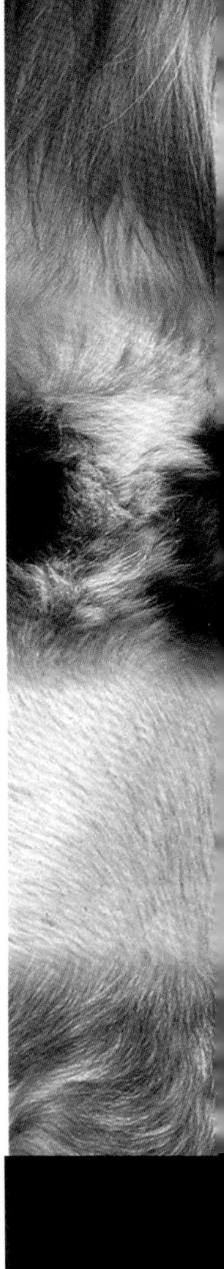

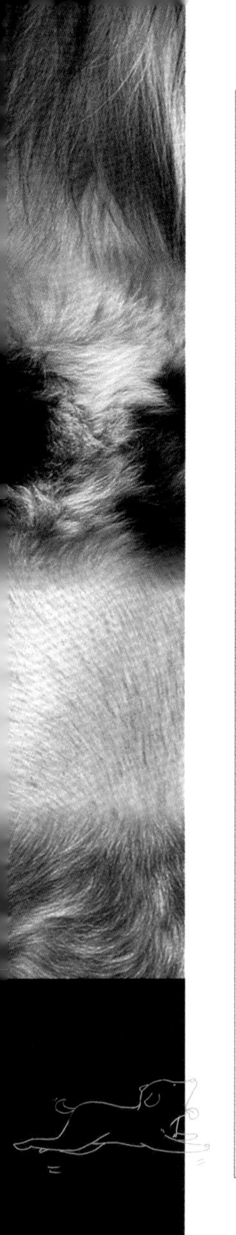

英国猎狐犬 (English Foxhound)

响亮的叫声、敏锐的鼻子、强健的体格以及与其他狗和平相处的能力，这些都是英国猎狐犬的优秀特质。它们的体形和尺寸因来自于英国不同地区而不同。来自约克郡的猎犬速度比较快；而那些来自斯塔福德郡的狗则体形较大，行动较慢，叫声也较为低沉。如今，大多数的英国猎狐犬都有相似的体形和个性。尽管它们很少被作为户内型宠物，但这并不妨碍它们成为优秀的伴侣犬。它们响亮的叫声和警觉的天性还使它们成为很好的警卫犬。它们温和、热情，但又不易驯服。对于狐狸大小的动物，它们怀有强烈本能追捕和猎杀。

关键要素

起源国：英国

起源时间：15世纪

最初用途：猎狐

现代用途：猎狐

寿命：11年

体重范围：25～34 kg(55～75 lb)

身高范围：58～69 cm(23～27 in.)

品种历史

14世纪的英国，猎狐活动渐渐盛行，人们需要有一种快速的猎犬。通过引进法国猎犬和本地猎犬杂交，这种快速、轻巧的猎犬终于诞生了。

双色

三色

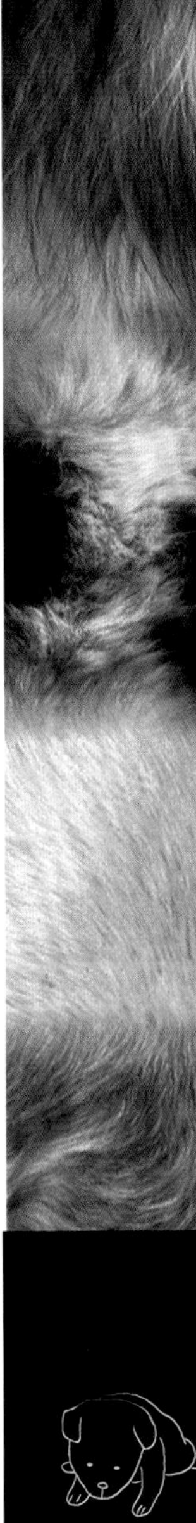

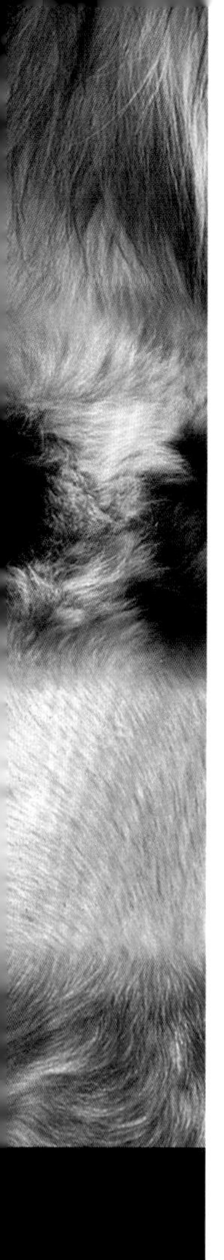

哈利犬 (Harrier)

历史记载告诉我们，一个被称为潘尼斯顿猎犬群的英国哈利犬群早在1260年就存在于英格兰的西南部。而此时，哈利犬在威尔士也同样是很流行的群猎犬。不过，到了20世纪，这个品种在它的祖国反而几近灭绝了。后来，通过引入猎狐犬家族的血统，才使得这种可爱的小东西得以复生。今天的哈利犬的性情是猎狐犬和比格猎犬的成功结合。它们不仅与同类和平相处，与其他狗也处得很好。所以，哈利犬也能成为优秀的伴侣犬。由于它们的体形比猎狐犬小，所以欧洲和北美的人们渐渐倾向于把它们养在家中。

上唇不覆盖下颚

结实的脚

品种历史

早在800年前，在英格兰西南部就已经开始培育哈利犬了。它们可能是寻血猎犬和今天的比格猎犬的祖先结合的后裔。它的名字来自于诺曼底法语“harier”，意思是“猎狗”。现在，在英国和美国，它们再没有灭绝的危险了。

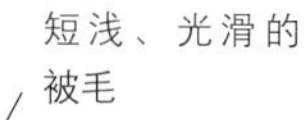

短浅、光滑的被毛

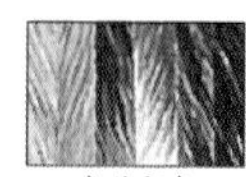

多种颜色

富有表现力的头部不像比格犬那样宽

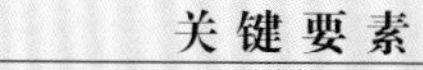

关键要素
起源国： 英国
起源时间： 中世纪
最初用途： 猎兔
现代用途： 猎兔，猎狐，陪伴
寿命： 11～12年
体重范围： 22～27 kg(48～60 lb)
身高范围： 46～56 cm(18～22 in.)

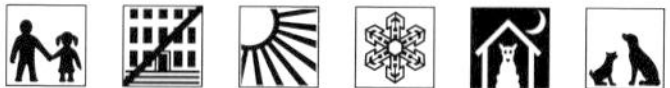

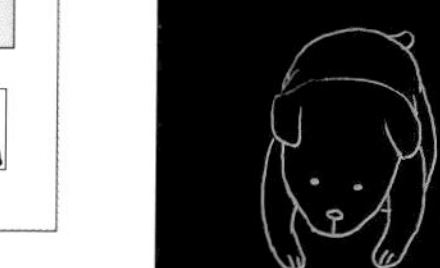

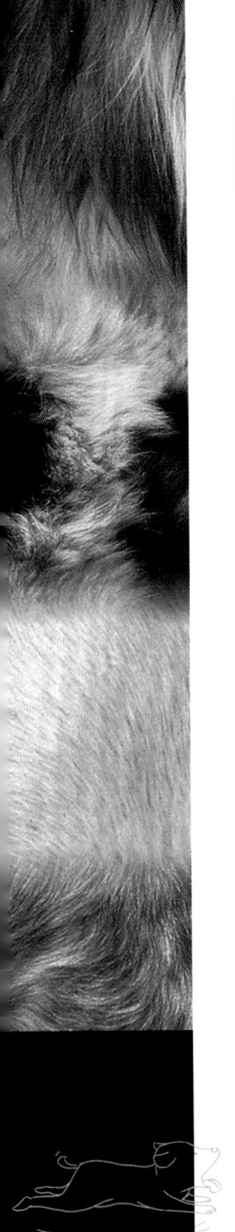

奥达猎犬 (Otterhound)

英国的饲养者们为不同的狩猎活动创造了各不相同的猎犬。比如猎狐有猎狐犬，猎兔有哈利犬，猎野猪有寻血猎犬。奥达猎犬则是为了潜入冰冷的河水，跟随水獭回到巢穴而生的。不过，现在水獭已不再被认为是有害动物，奥达猎犬也就失去了其原有的应用价值。幸运的是，它们性情开朗，喜欢与人类为伴，而且对孩子很好，对其他动物也十分友善。然而，奥达猎犬也会固执地自作主张，尤其是它们看见或者闻到水的时候。

关键要素

起源国： 英国

起源时间： 古代

最初用途： 猎獭

现代用途： 陪伴

寿命： 12年

体重范围： 30～55 kg(65～120 lb)

身高范围： 58～69 cm(23～27 in.)

强有力的后腿

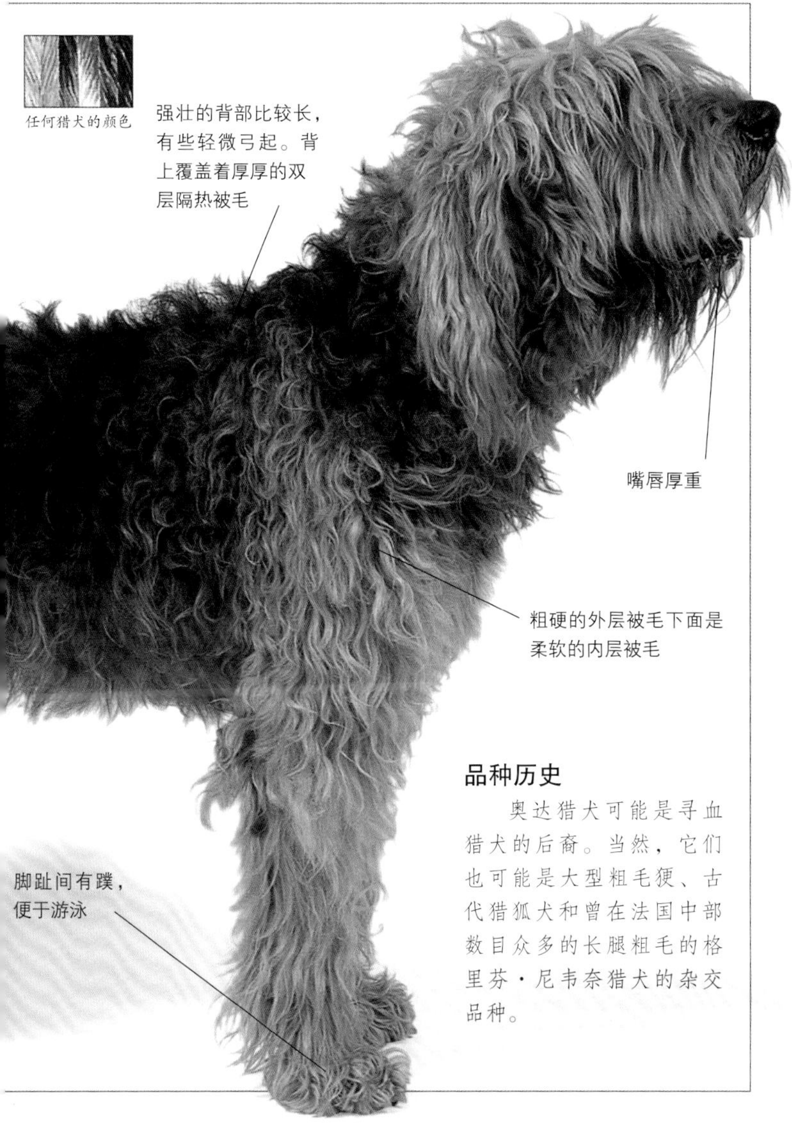
任何猎犬的颜色
强壮的背部比较长，有些轻微弓起。背上覆盖着厚厚的双层隔热被毛
嘴唇厚重
粗硬的外层被毛下面是柔软的内层被毛
脚趾间有蹼，便于游泳

品种历史

奥达猎犬可能是寻血猎犬的后裔。当然，它们也可能是大型粗毛㹴、古代猎狐犬和曾在法国中部数目众多的长腿粗毛的格里芬·尼韦奈猎犬的杂交品种。

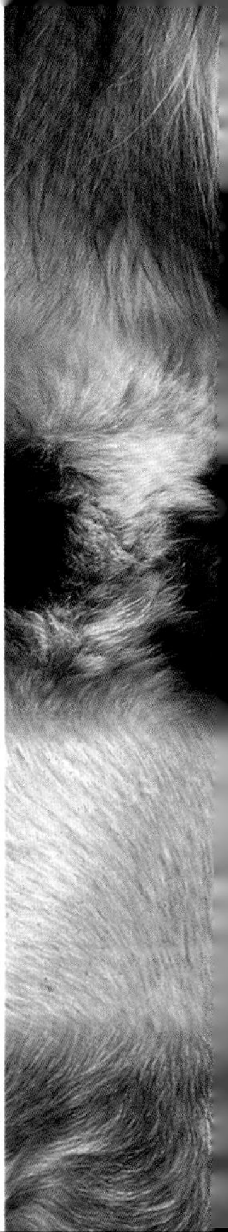

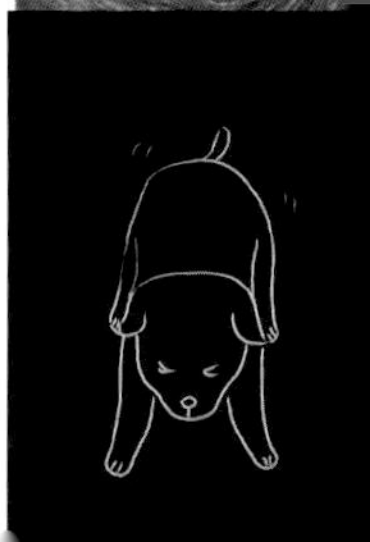

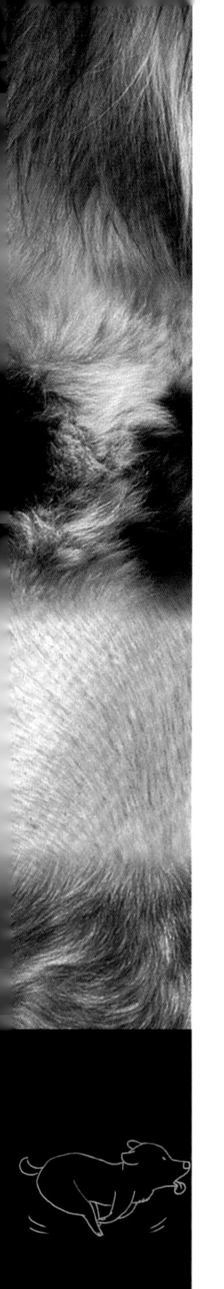

比格猎犬 (Beagle)

尽管比格犬的性格很独立，而且有严重的“漫游”倾向，但它们仍不失为一种广受宠爱的伴侣犬。热情和友善是它们最吸引人的地方。这种性格平静的狗还有个惹人喜爱的重要特征，就是它们拥有优美和谐的“嗓音”。比格的实际体形和外貌在不同的国家会有很大的差别。一些养犬俱乐部通过识别不同体形的各种比格来区分它们。在英国，骑马的猎人曾一度把小型比格犬放在他们的鞍囊里。

任何猎犬的颜色

上唇下垂，
轮廓清晰

关键要素

起源国： 英国

起源时间： 14世纪

最初用途： 猎兔

现代用途： 陪伴，枪猎犬，实地演练

寿命： 13年

别名： 英国比格猎犬((English Beagle)

体重范围： 8～14 kg(18～30 lb)

身高范围： 33～41 cm(13～16 in.)

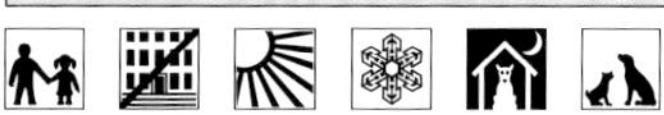

品种历史

比格犬可能是哈利犬和古代英格兰猎犬的后裔。猎兔时能够陪伴徒步猎人的小型猎犬从14世纪起就开始繁衍了。

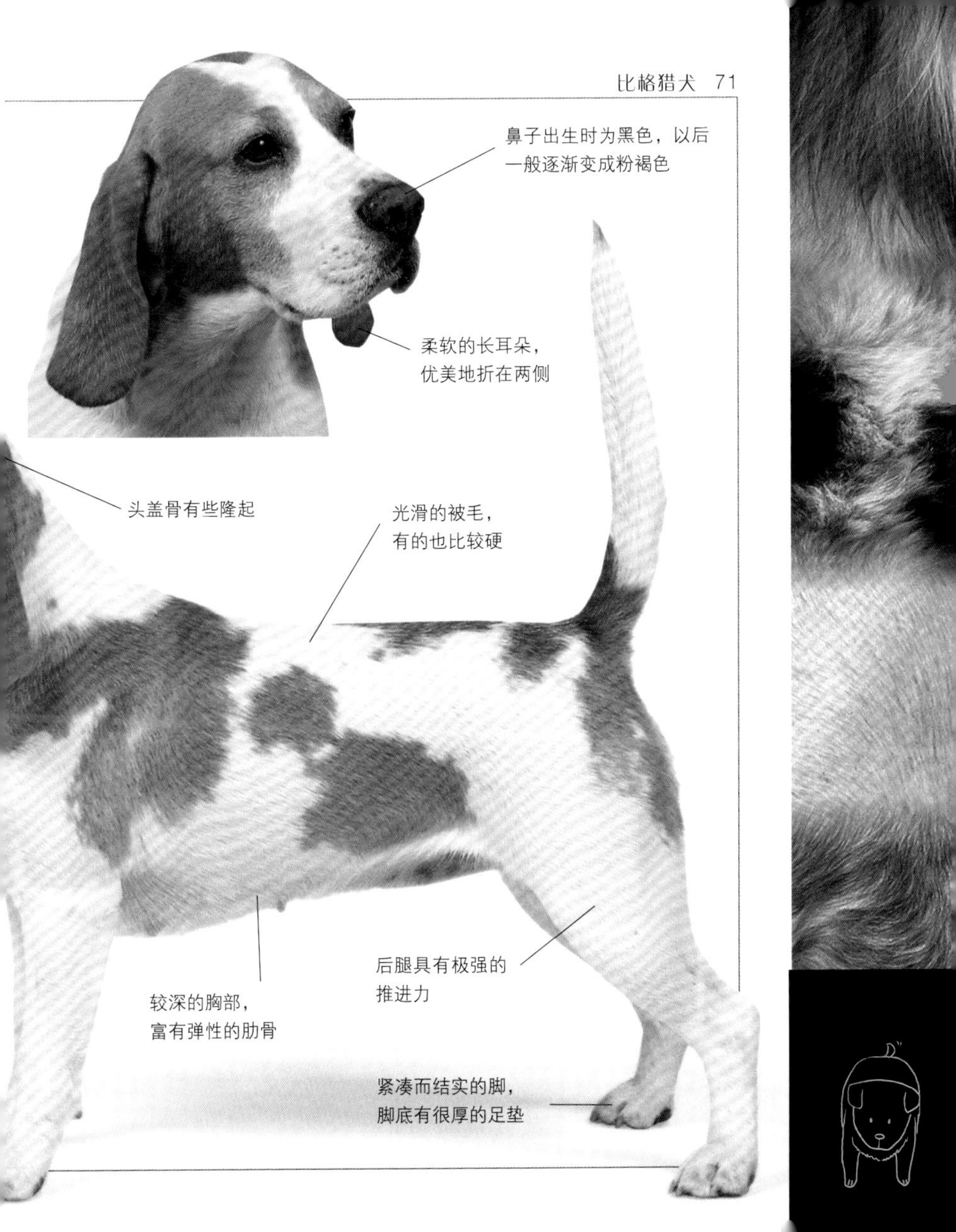
鼻子出生时为黑色，以后
一般逐渐变成粉褐色
柔软的长耳朵，
优美地折在两侧
头盖骨有些隆起
光滑的被毛，
有的也比较硬
后腿具有极强的
推进力
较深的胸部，
富有弹性的肋骨
紧凑而结实的脚，
脚底有很厚的足垫

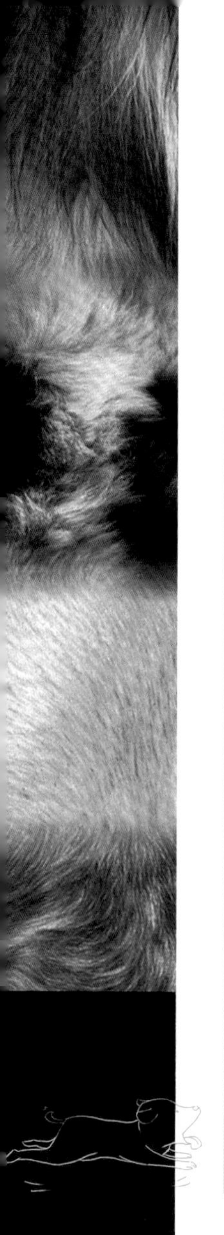

美国猎狐犬

(American Foxhound)

美国猎狐犬要比它们的欧洲兄弟更高，骨骼也较轻，尽管直到20世纪，新的血统才从欧洲引进。工作的时候，它们更倾向于独立行动，而不是群体行动。每只狗都有自己独特的声音，并且喜欢"充老大"。在美国北部，猎狐活动基本遵循了欧洲的方式——白天进行，杀死狐狸。而在南方的州，狩猎可能在白天也可能在晚上，而且不一定会杀死狐狸。

关键要素

起源国： 美国

起源时间： 19世纪

最初用途： 猎狐

现代用途： 猎狐，陪伴

寿命： 11～13年

体重范围： 30～34 kg(65～75 lb)

身高范围： 53～64 cm(21～25 in.)

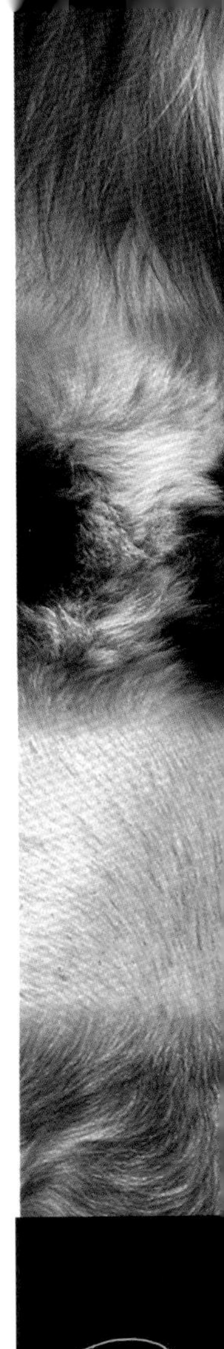

品种历史

1650年，第一群英国猎狐犬从英国出发抵达了美国。同时，凯里比格犬之类的爱尔兰猎犬被爱尔兰移民带到了美国。再加上法国猎犬的帮助，终于培育成了现在我们看到的精干敏捷的美国猎狐犬。

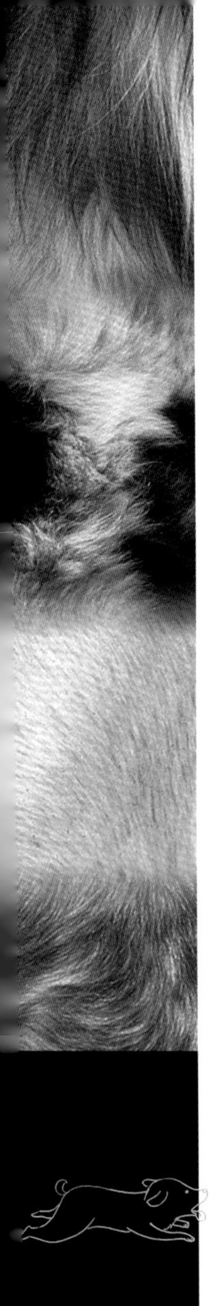

黑褐猎浣熊犬
(Black-and-tan Coonhound)

美国猎浣熊犬是世界上最为专业的品种之一。高度进化的本能会驱使它们循着浣熊、负鼠的气味把猎物赶上树。一旦它们将猎物围困以后，猎浣熊犬会守在树边吠叫，直到猎人们到来。黑褐猎浣熊犬是最常见的猎浣熊犬。它们自信、警觉并且顺从。在梳理毛发时需要特别注意它们的耳朵。另外，它们也需要经常活动。

耳朵位置相当靠后，优雅地下垂着

前腿长且强壮，就像为了长途奔跑和游泳而生

关键要素

起源国：美国

起源时间：18世纪

最初用途：猎浣熊

现代用途：猎浣熊

寿命：11～12年

别名：美国黑褐猎浣熊犬(American Black-and-tan Coonhound)

体重范围：23～34 kg(50～75 lb)

身高范围：58～69 cm(23～27 in.)

品种历史

它们的祖先包括了寻血猎犬、凯里比格猎犬(一种古代爱尔兰猎犬)以及猎狐犬(尤其是18世纪的弗吉尼亚猎狐犬)。这种狗甚至还可能和12世纪的塔尔伯特猎犬(一种寻血猎犬的白色变种)扯上关系。

眼睛上面有棕褐色斑纹

深陷的胸部提供了良好的体能耐久度

这种狗有髋关节发育异常的倾向

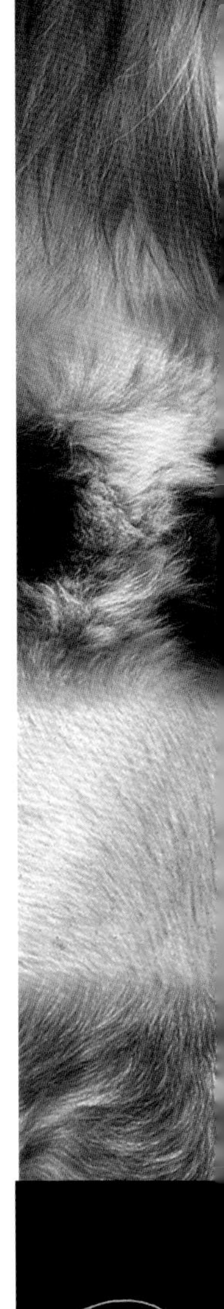

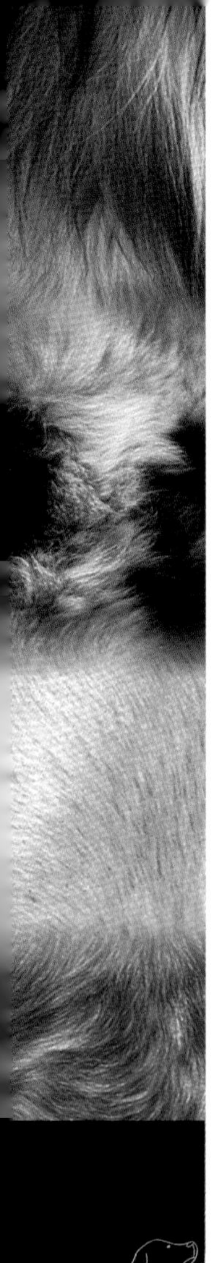

普罗特猎犬
(Plott Hound)

普罗特猎犬被认为是最为坚韧的猎浣熊犬。这种大型的群居犬类由普罗特家族培育了近250年了。在美国东部的阿巴拉契亚山脉、蓝岭地区和大烟山脉，它们被用来猎熊和浣熊。与其他猎浣熊犬响亮的叫声不同，普罗特猎犬有一种奇怪的尖锐叫声。精干的骨骼和结实的肌肉，确保了它们可以日以继夜地工作。它们喜欢狼吞虎咽地解决一大堆食物，这就免不了会受到致命的胃扭转的困扰。在美国南方各州以外的地区，我们很难见到这种狗，而且它们也极少被单独作为伴侣犬饲养。

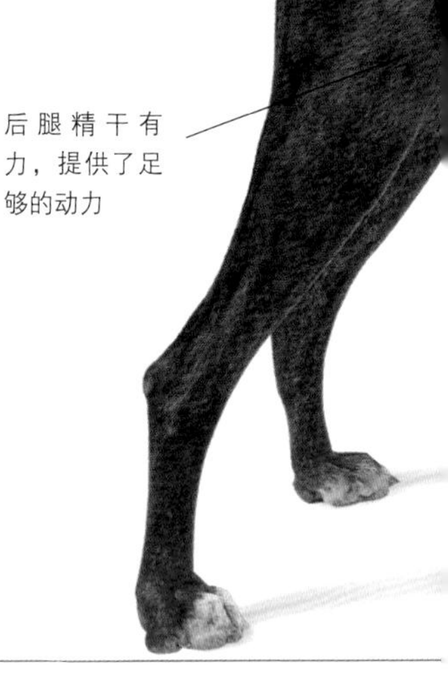

当狗警觉时，尾巴会高举

后腿精干有力，提供了足够的动力

关键要素

起源国： 美国

起源时间： 18世纪

最初用途： 猎熊

现代用途： 枪猎犬，陪伴

寿命： 12～13年

体重范围： 20～25 kg(45～55 lb)

身高范围： 51～61 cm(20～24 in.)

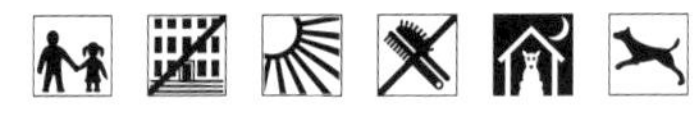
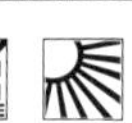

品种历史

唯一一种没有英国血统的美国猎犬。它们的祖先是在18世纪50年代由普罗特家族带到北卡罗来纳的德国猎犬。

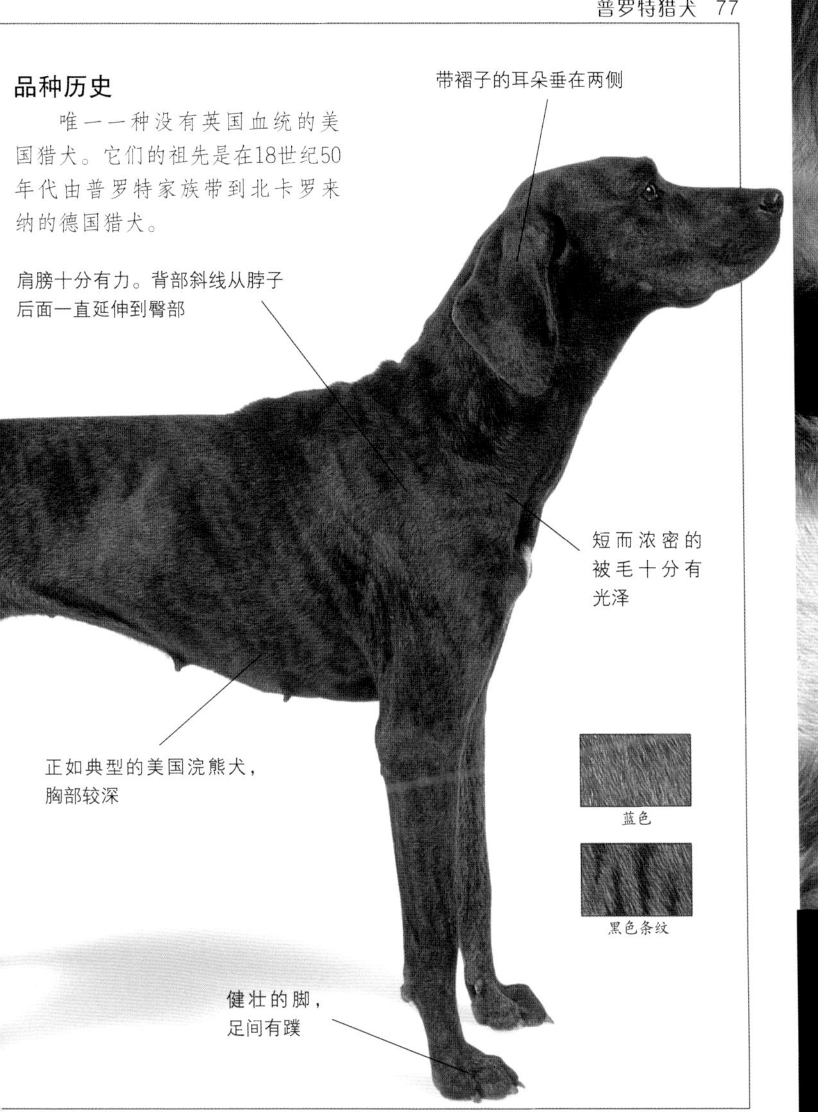

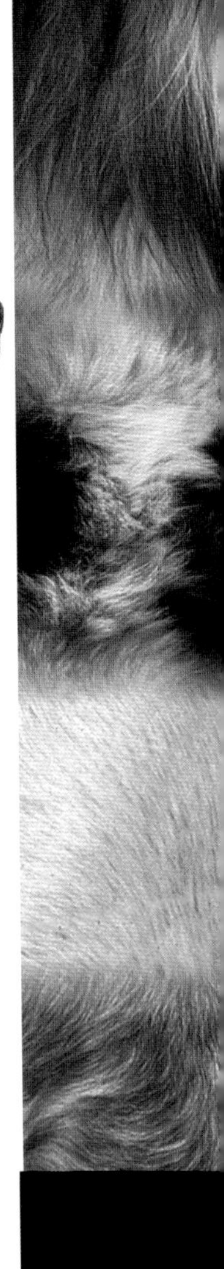

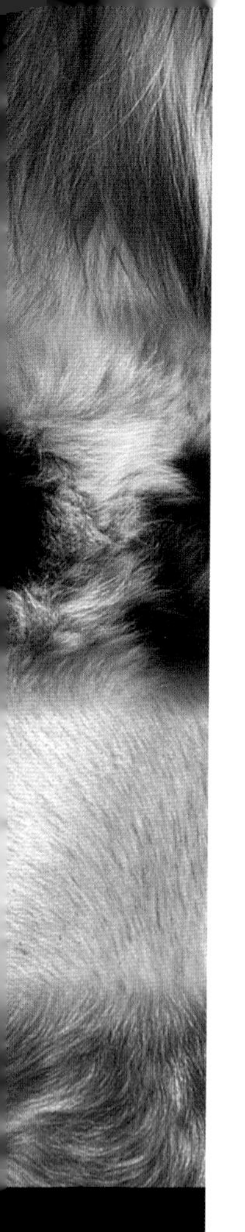

汉密尔顿斯多弗尔犬

(Hamiltonstövare)

除了在英国，英俊的汉密尔顿斯多弗尔犬仅仅在斯堪的纳维亚半岛为人熟知。在这些地方，汉密尔顿斯多弗尔是出色的观赏犬和工作猎犬。作为瑞典最受欢迎的10种犬之一，它们一般单独活动，并擅长寻迹、追踪和找猎物。发现受伤的猎物时，它们会像一般猎犬一样吠叫。它们的被毛会在冬天明显加厚，因而这种勤奋的狗可以在冰天雪地的瑞典森林里工作。

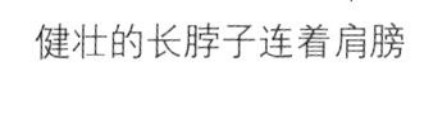
健壮的长脖子连着肩膀

关键要素

起源国： 瑞典

起源时间： 19世纪

最初用途： 追猎游戏

现代用途： 陪伴，枪猎犬

寿命： 12～13年

别名： 汉密尔顿猎犬(Hamilton Hound)

体重范围： 23～27 kg(50～60 lb)

身高范围： 51～61 cm(20～24 in.)

品种历史

由瑞典养犬俱乐部的创始人阿道夫·帕特里克·汉密尔顿培育，经过了多种德国比格猎犬和英国猎狐犬及瑞典本地猎犬的杂交，汉密尔顿斯多弗尔犬于1886年首次向世人展示。

棕色的眼睛透着安详的神态

粗糙的外层被毛下是柔软厚实的内层绒毛

尾巴根部较粗，到顶端渐渐变细

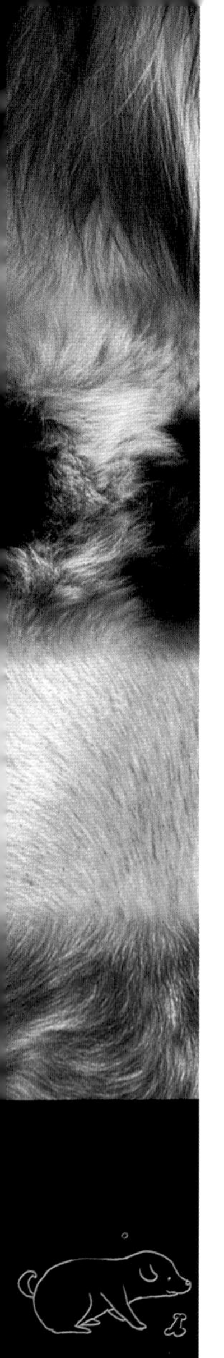

意大利塞古奥犬

(Segugio Italiano)

要说起这种独特的狗的起源，我们完全可以从其外观就获知一二。它们既拥有视觉狩猎犬的长腿，又拥有嗅觉狩猎犬的脸。在意大利文艺复兴时期，塞古奥犬成为被高度推崇的伴侣犬。如今，它们作为猎犬而风靡意大利。它们的嗅觉格外灵敏，一旦进入追踪游戏，它们会和寻血猎犬一样完全专注于追踪工作。尽管如此，与寻血猎犬不同的是，塞古奥犬同样也对捕杀感兴趣。它们现在在意大利以外的地区也渐受欢迎。

关键要素

起源国：意大利

起源时间：古代

最初用途：狩猎游戏

现代用途：陪伴，枪猎犬

寿命：12～13年

别名：意大利猎犬(Italian Hound)，塞古奥犬(Segugio)

体重范围：18～28 kg(40～62 lb)

身高范围：52～58 cm(20.5～23 in.)

品种历史

从埃及法老时期的文物上，我们发现今天的塞古奥犬和古埃及的一些猎犬十分相像。通过引入獒犬的血统，这些猎犬的体形才得以变大。

黄灰色

黑色/茶色

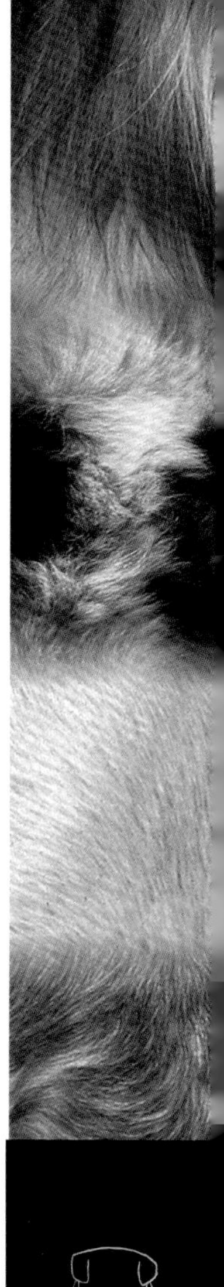

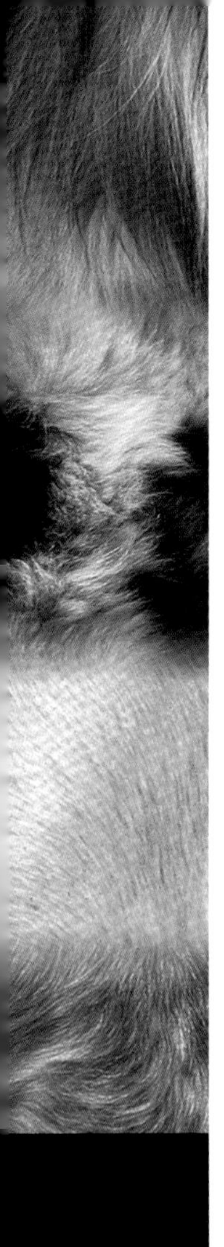

巴伐利亚山地猎犬

(Bavarian Mountain Hound)

这并不是一种常见的狗，只有在德国、捷克还有斯洛伐克的护林员、狩猎管理员的手中才能见到它们。它们机敏而又热情。通常，在别的血迹追踪能力较弱的狗失去受伤动物的踪迹时，巴伐利亚山地猎犬就开始大显身手了。中欧猎人的光荣守则明确告诉它们，任何动物都不应该被遗弃而死。

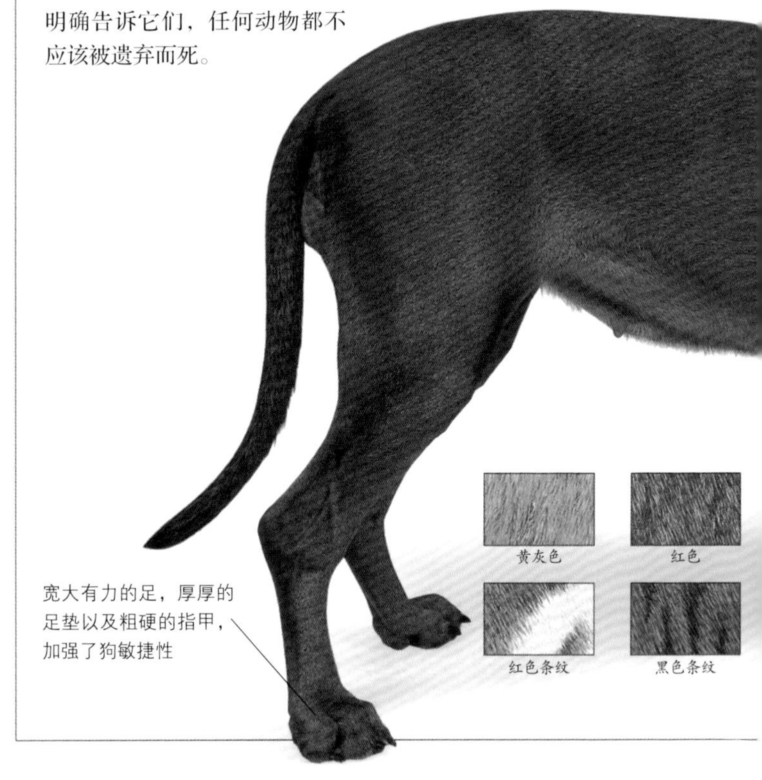

宽大有力的足，厚厚的足垫以及粗硬的指甲，加强了狗敏捷性

品种历史

在巴伐利亚山区中，人们需要一种小巧、敏捷、嗅觉出色的狗，来追踪受伤的鹿。于是，大型的汉诺威猎犬和短腿的巴伐利亚猎犬杂交，便得到了今天的巴伐利亚山地猎犬。

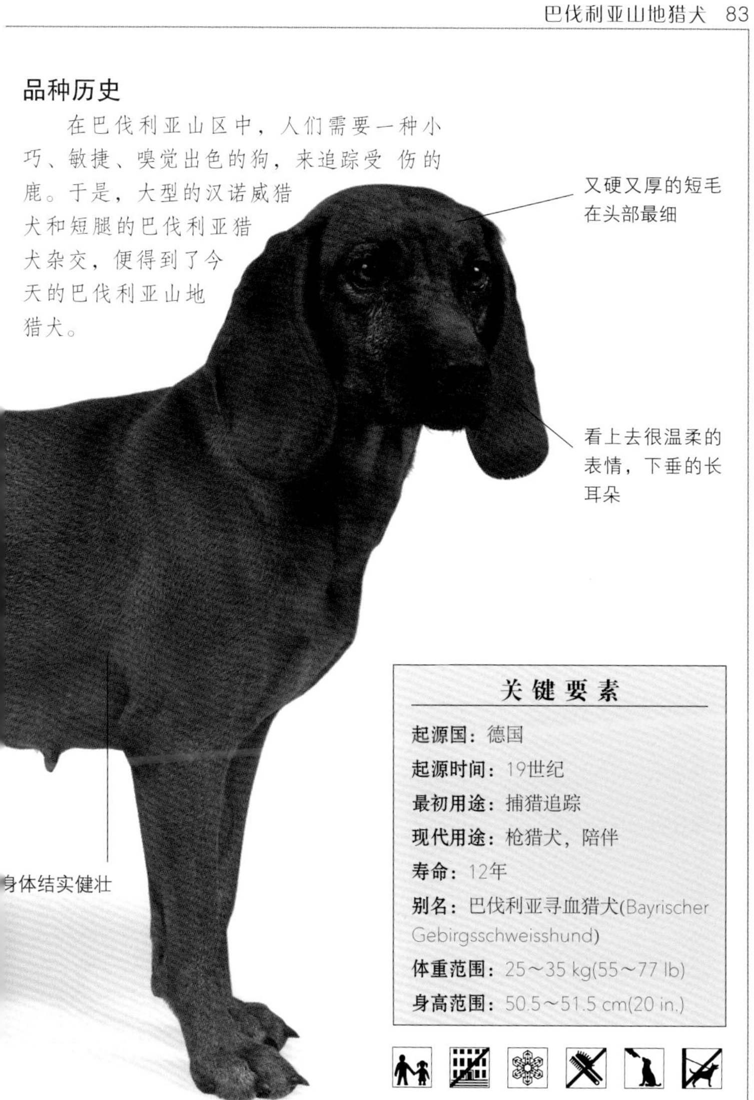

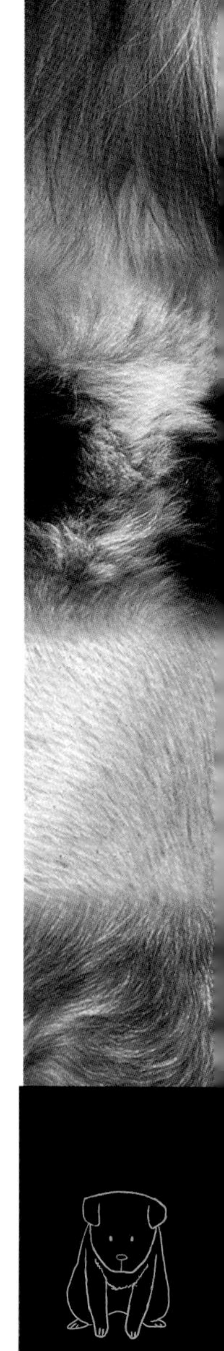

关键要素

起源国：德国

起源时间：19世纪

最初用途：捕猎追踪

现代用途：枪猎犬，陪伴

寿命：12年

别名：巴伐利亚寻血猎犬(Bayrischer Gebirgsschweisshund)

体重范围：25～35 kg(55～77 lb)

身高范围：50.5～51.5 cm(20 in.)

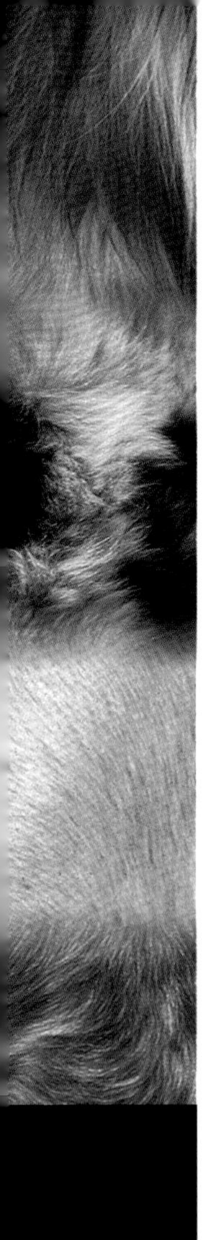

罗德西亚脊背犬

(Rhodesian Ridgeback)

1922年，饲养者们在津巴布韦的布拉瓦约制定了这种狗的标准，5只在场的狗的最佳特质被集合在了一起。南非捕捉大型猎物的猎人们将它们带到了北方被称为“狮子国度”的国家，也就是后来的罗德西亚。与它们的昵称以及传说相反，这种健壮的狗从未被用于攻击狮子。不过罗德西亚脊背犬会追踪大型猎物并且吠叫着吸引猎人的注意力。它们的确是真正的猎犬。它们巨大的身躯和蛮力能够使它们免受攻击。绝大多数罗德西亚脊背犬现在已经不再捕猎，它们的忠诚与热情让它们更多地成为警卫犬或伴侣犬。

关键要素

起源国： 南非

起源时间： 19世纪

最初用途： 狩猎

现代用途： 陪伴，守卫

寿命： 12年

别名： 非洲猎狮犬(African Lion Hound)

体重范围： 30～39 kg(65～85 lb)

身高范围： 61～69 cm(24～27 in.)

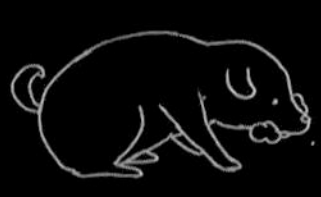

品种历史

许多参考文献表明，非洲南部的霍腾托人曾饲养脊背犬作为猎犬和伴侣犬。19世纪，欧洲殖民者将他们的荷兰及德国獒犬、嗅觉狩猎犬与当地的脊背犬交配，培育出了现在的罗德西亚脊背犬。

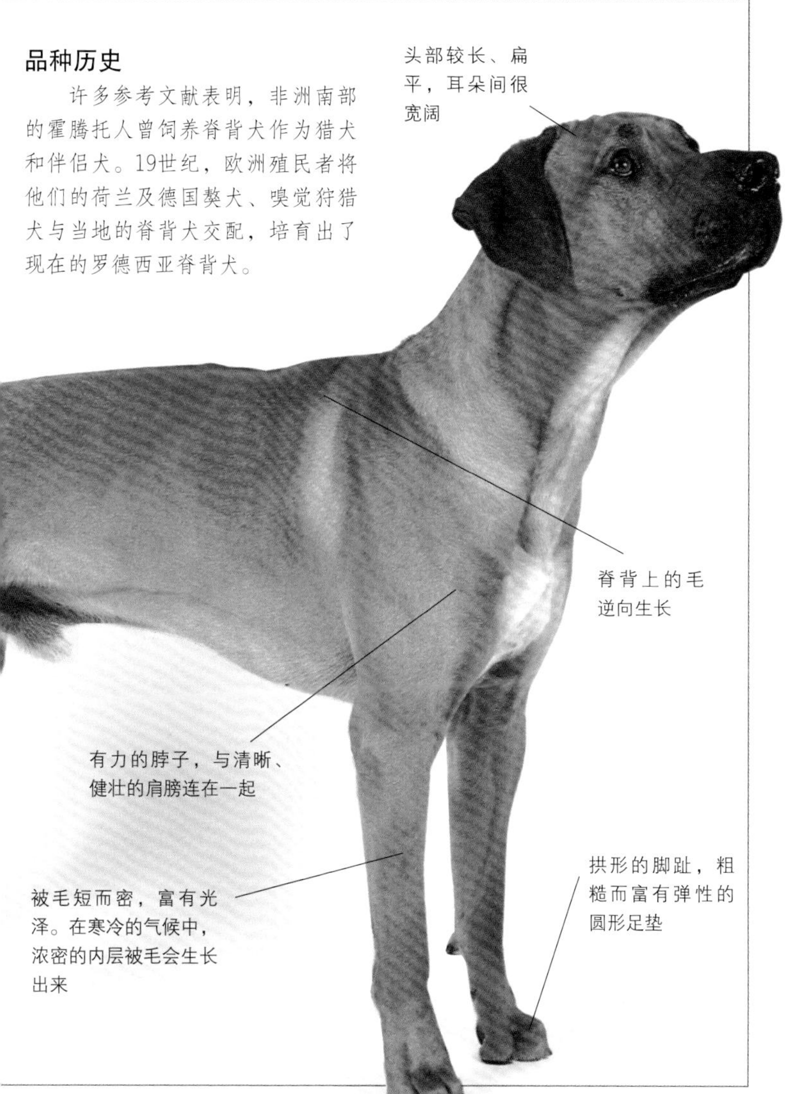

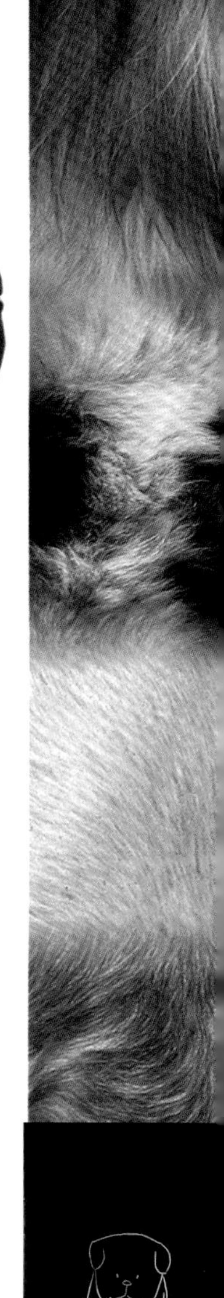

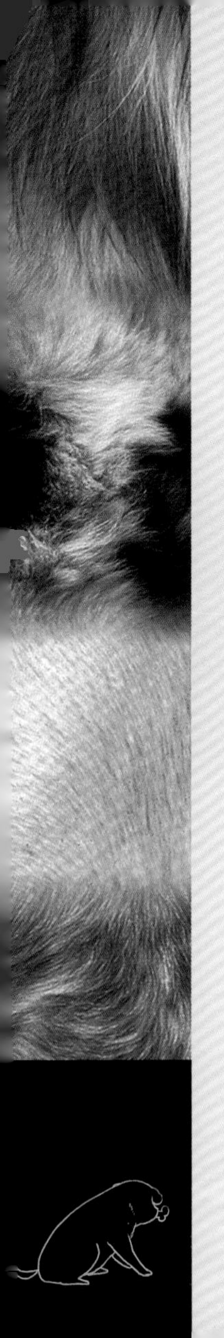

尖嘴犬类 (Spitz-Type Dogs)

在所有的狗当中，如果要说与人类关系最为亲密的，恐怕就要属生活在北极地区(也就是今天的斯堪的纳维亚半岛国家、俄罗斯、阿拉斯加和加拿大)的尖嘴犬类了。许多生活在北冰洋沿岸、冻土地带以及北极岛屿这类严寒地带的部落如果没有这些多用途的狗的帮助，恐怕早就灭绝了。

德国尖嘴犬

无法确定的起源

尖嘴犬类的祖先一直是个谜团。没有任何的考古学证据可以证明这些长毛、短耳、卷尾、健壮的尖嘴犬类与北方的狼之间有任何过渡阶段。不过，根据发掘的骨骸来看，倒更有可能是野狗(食腐动物)向北迁移，然后与更大、更强壮的北极狼交配而成。无论如何，毋庸置疑的是狼的血统被有意无意地加入进来已有5000多年了，所以也就诞生了像狼一样的今天的尖嘴犬类。

狗的迁移

数千年前，一些狗的后裔移居北极地区并与当地的狼交配。然后，它们又开始了南迁，散布到了北美、欧洲和亚洲的温带地区。在北美，诸如阿拉斯加雪橇犬之类的狗仍生活在北极圈内。而在欧洲，尖嘴犬类则向南移居了。2000多年前的狗的遗骨表明，它们在中欧已经生活了几千年了。这些狗很有可能就是今天各种德国尖嘴犬类、荷兰毛狮犬以及比利时舒伯奇犬的来源。同时，它们可能也是博美这类迷你犬种的祖先。还有一些尖嘴犬类则从亚洲东北部进入了中国和朝鲜半岛，随之演变为松狮犬之类的品种。被带到日本的狗，则渐渐发展出秋田犬和柴犬等品种。

重要的劳动力

整洁、活泼的尖嘴犬类起初是为了三个作用而被培育的：狩猎、放牧和拉雪橇。其中，最有力、顽强的品种用来伴随猎人猎捕大型猎物。在斯堪的纳维亚半岛和日本，较小的狗用来猎捕小型哺乳动物或者鸟之类(当然它们也会拉雪橇)，隆德杭犬和芬兰尖嘴犬类便是这些狗的后代。雪橇犬主要包括爱斯基摩犬、阿拉斯加雪橇犬、萨摩耶犬和西伯利亚雪橇犬。不过，在亚洲和北欧，另一些品种被用来放牧。到了近代，像博美和日本尖嘴犬这样的小型犬就是完全为了成为伴侣犬而被培育。

阿拉斯加雪橇犬

身体特征

尖嘴犬的身体特点十分适合严酷的北方气候：厚实、保温而又防水的内层绒毛；小巧的耳朵避免热量的流失和冻伤的危险；脚趾间厚厚的毛皮有效保护了脚不会被剃刀般的冰割伤。这些尖嘴犬都有着一种粗犷的美感：它们的身形与北方的狼最为接近；它们自然的毛色和楔形的尖嘴有着近乎原始的吸引力。不过，它们大多数都不易饲养，需要大量的训练。

松狮犬

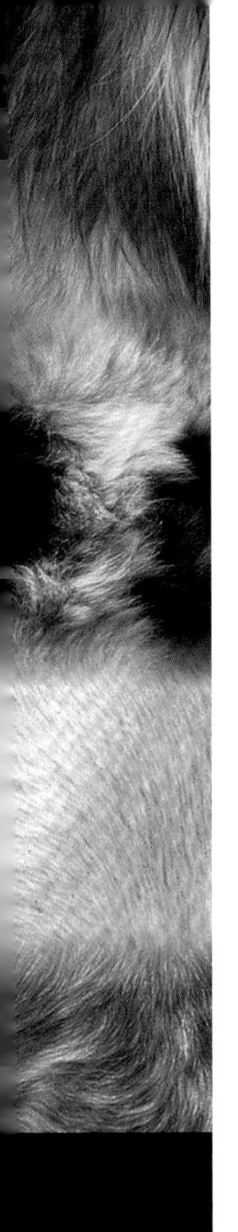

阿拉斯加雪橇犬 (Alaskan Malamute)

尽管它们有着狼一样的外表，阿拉斯加雪橇犬却是十分热情的狗。虽然看上去很庄重，但要是遇上了熟人或者“熟狗”时，它们会“撕下”庄重的面具，尽情地玩耍。这种身强力壮的狗有着深陷的胸部和出众的耐力。尽管杰克·伦敦在关于北方生活的小说中提到了哈士奇非同寻常的力量，但实际上，他说的很可能是阿拉斯加雪橇犬。在加拿大和美国，阿拉斯加雪橇犬通常作为家里的伴侣犬。然而它们并不满足于此，这种狗更喜欢活动，喜欢在拉雪橇比赛中获胜的感觉。

品种历史

阿拉斯加雪橇犬以生活在西阿拉斯加冰原上的因纽特人(Mahlemut Inuit)命名。这种狗早在欧洲殖民者造访美洲前很久就开始用于拉雪橇了。

腿部肌肉结实，骨骼强壮，极适于拖拉重物

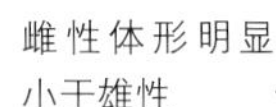

雌性体形明显小于雄性

关键要素

起源国： 美国

起源时间： 古代

最初用途： 拉雪橇，狩猎

现代用途： 陪伴，拉雪橇，雪橇比赛

寿命： 12年

体重范围： 39～56 kg(85～125 lb)

身高范围： 58～71 cm(23～28 in.)

杏仁状的眼睛，看上去友好、
好奇，甚至有些淘气
皮厚毛实的小
耳朵，保证将
热量的流失降
到最低
浓密的被毛极
好地起到保温
效果

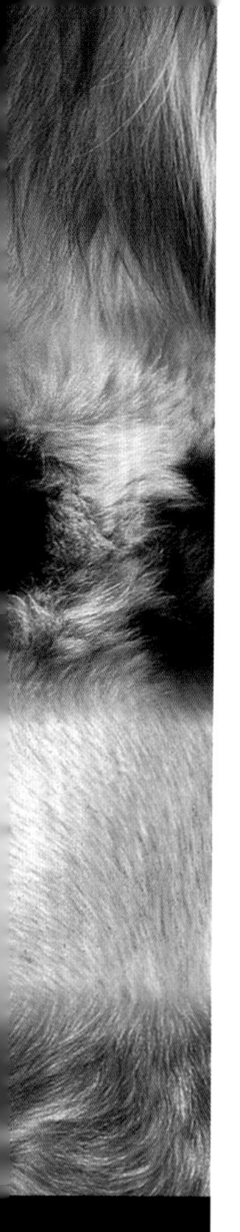

爱斯基摩犬 (Eskimo Dog)

爱斯基摩犬的精力极其旺盛，所以它们吃喝、工作、驮物、吠叫“无所不为”。对它们必须要坚持不懈地进行教育与再教育，才能让它们懂得如何尊重自己的主人。爱斯基摩犬有很强烈的群体意识，它们会为自己在群体中的地位不断争斗。而且它们会到处找寻食物并消灭干净。不过，有时它们也会找寻其他动物当作食物。它们能够适应和人类一起生活并且具有一般的狗的热情，但最适合它们的事情恐怕还是工作。

关键要素

起源国： 加拿大

起源时间： 古代

最初用途： 驮物，拉雪橇，雪橇比赛

现代用途： 拉雪橇，雪橇比赛

寿命： 12～13年

别名： 美洲哈士奇(American Husky)

体重范围： 27～48 kg(60～105 lb)

身高范围： 51～69 cm(20～27 in.)

品种历史

几千年来，这种狗只是被住在哈得逊湾(今天加拿大的西北地区)的因纽特人当作交通工具。如今，它们仍是一种比较冷漠的原始品种。

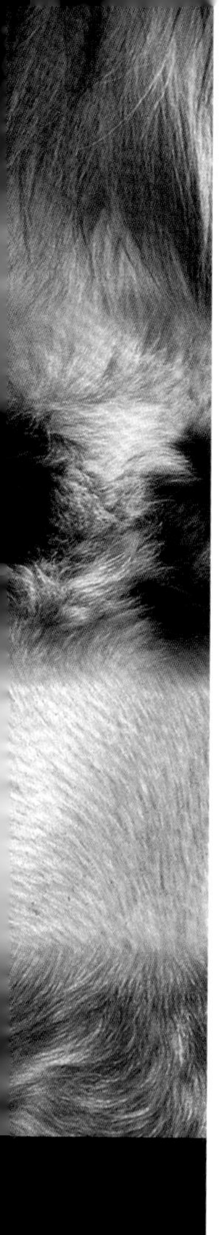

西伯利亚雪橇犬
(Siberian Husky)

优雅的西伯利亚雪橇犬比其他绝大多数的雪橇犬都更小更轻，它们是灵巧、活跃、不知疲倦的“劳力”。就像其他古老的北方尖嘴犬一样，这种狗很少吠叫，但是喜欢像狼一样集体嚎叫。这种在加拿大和美国十分常见的狗有着极其丰富的毛色。它们是极少数拥有蓝色、棕色、淡褐色甚至非纯色眼睛的品种。西伯利亚雪橇犬庄重而又温顺，它们会成为非常好的伴侣。

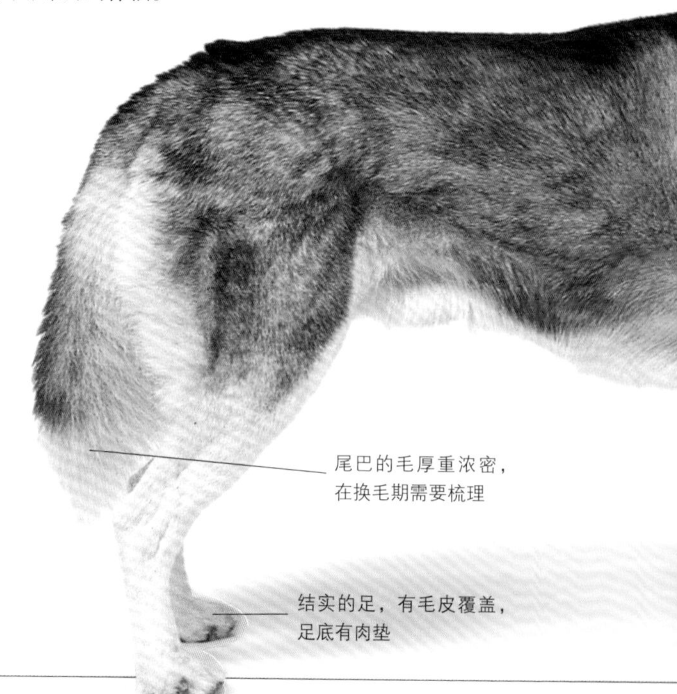

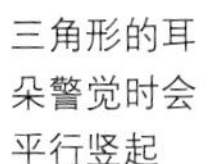
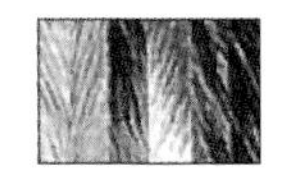

任何颜色

三角形的耳朵警觉时会平行竖起

像这样的特殊花纹是这种狗独有的

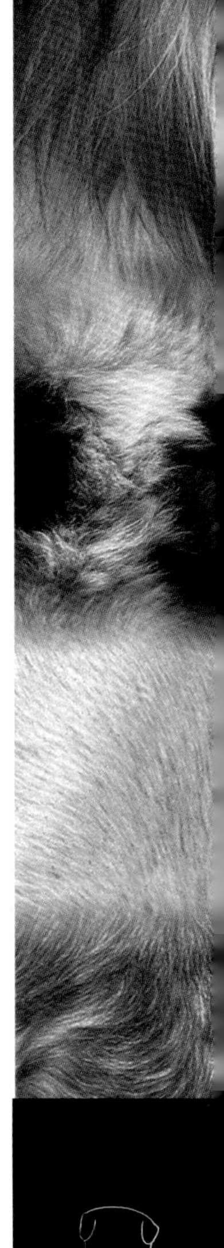

笔直有力的腿部，骨骼十分结实

品种历史

西伯利亚雪橇犬直到19世纪才被皮草商人偶然发现。此前，它们一直被游牧的因纽特人作为拉雪橇的苦力。1909年，皮草商人们将这种狗引入了北美。

关键要素

起源国： 西伯利亚

起源时间： 古代

最初用途： 拉雪橇

现代用途： 陪伴，雪橇竞赛

寿命： 11～13年

别名： 北极雪橇犬(Arctic Husky)

体重范围： 16～27 kg(35～60 lb)

身高范围： 51～60 cm(20～23.5 in.)

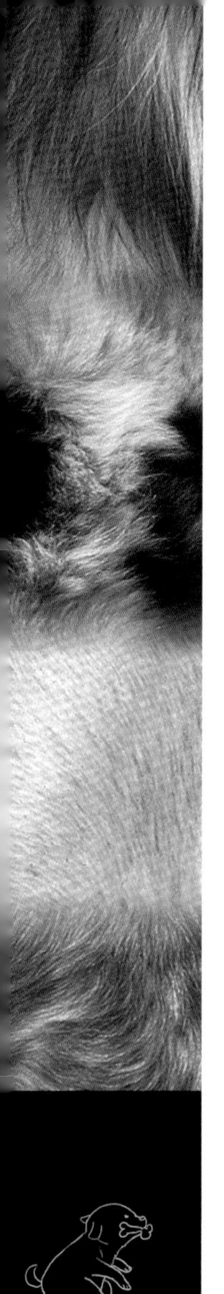

萨摩耶犬 (Samoyed)

萨摩耶犬曾经是猎手，也是驯鹿群的守护者。如今，这种雪白的狗仍保留着它们最初的职业特性。萨摩耶犬是一种极其温厚友好的狗。它们非常喜欢成为人类的伴侣，不仅没有什么攻击性，还很喜欢和孩子在一起。不过，它们也会成为很好的警卫犬。和绝大多数尖嘴犬一样，萨摩耶犬也不太乐意接受服从训练，因此适当的服从课程还是很有必要的。作为主人，你最好定期花些时间帮它们梳理那些奢华的长毛。

品种历史

几个世纪以来，勇敢、适应力强的萨摩耶犬穿越亚洲的最北端，一直陪伴着这个北方的同名游牧民族(萨摩耶族)。直到1889年，它们才被引入西方。也正是在那以后，它们让自己独特的毛发变得更加完美。

关键要素

起源国： 俄罗斯

起源时间： 古代/17世纪？

最初用途： 驯鹿放牧

现代用途： 陪伴

寿命： 12年

别名： Samoyedskaya

体重范围： 23～30 kg(50～66 lb)

身高范围： 46～56 cm(18～22 in.)

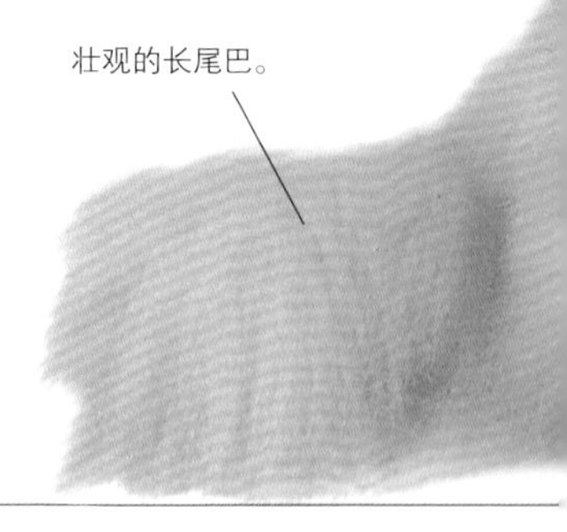

壮观的长尾巴。

小耳朵长得很宽。

深邃的黑眼睛和
白色的毛发形成
鲜明反差。

柔软厚实的内层绒
毛外是一层围脖。

脚又大又平。

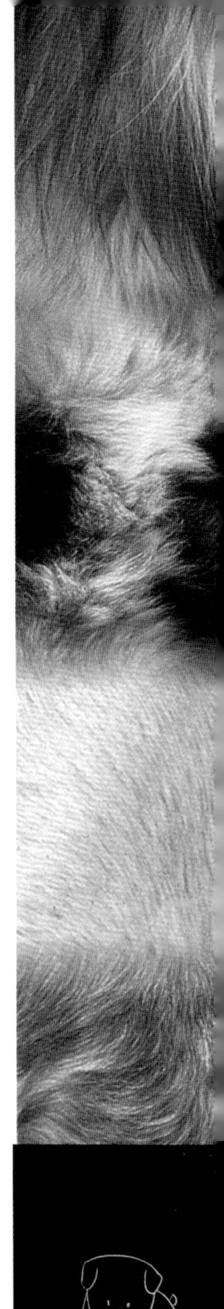

日本尖嘴犬 (Japanese Spitz)

这种小狗称得上是迷你狗的典范了。它们看起来和萨摩耶犬一样漂亮，却比萨摩耶犬迷你了5倍；从某种意义上来说，也顽固5倍。20世纪50年代，这种活泼的狗在日本很受欢迎。尽管它们的数量不断减少，在欧洲和北美却以保护和守卫犬的身份日渐受宠。日本尖嘴犬曾有叫个不停的恶习，不过饲养者们已经对此进行了改良。

关键要素

起源国： 日本

起源时间： 20世纪

最初用途： 陪伴

现代用途： 陪伴，警卫

寿命： 12年

体重范围： 5～6 kg(11～13 lb)

身高范围： 30～36 cm(12～14 in.)

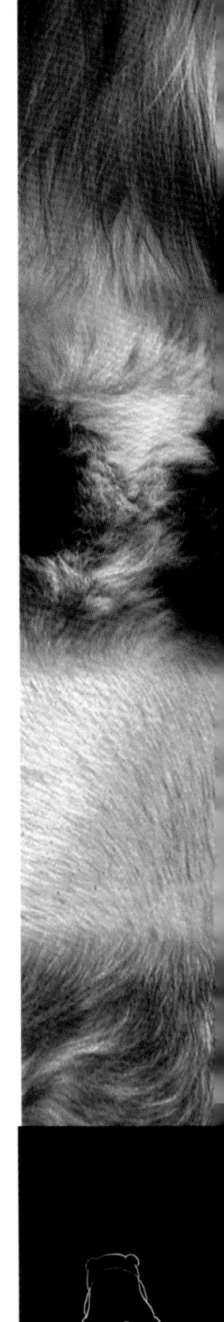

品种历史

关于日本尖嘴犬的一切都暗示着它们就是迷你版的萨摩耶犬。北方的萨摩耶部族将这种狗传入蒙古，又从蒙古到达了日本。

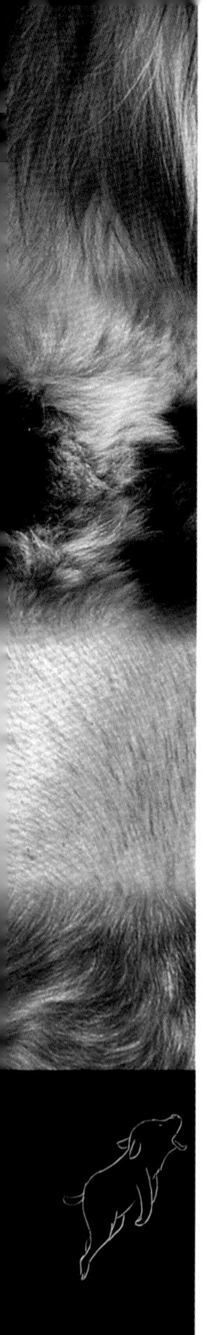

日本秋田犬 (Japanese Akita)

日本的犬种都是根据其体形来分级的：大型(秋田)，中型(史卡)，小型(柴)。在日本，有许多中型的犬种，而大型犬种却只有一个——秋田犬。这种狗的外观十分威猛，令人印象深刻。尽管许多个体都十分温和，还是有个别个体较难饲养。出于天性，它们大多比较含蓄甚至冷漠，也就是说，服从训练会令人头疼。尤其是雄性，较之其他犬种而言，更喜欢频繁加入到“群殴活动”当中去。不过，受过良好训练的狗还是会成为出色的伴侣犬或者优秀的警卫犬。秋田犬最好由经验较丰富的人进行饲养。

关键要素

起源国：日本

起源时间：17世纪

最初用途：大型狩猎，斗犬

现代用途：陪伴，警卫

寿命：10～12年

别名：秋田犬(Akita Inu,Akita)

体重范围：34～50 kg(75～110 lb)

身高范围：60～71 cm(24～28 in.)

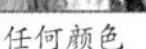
任何颜色

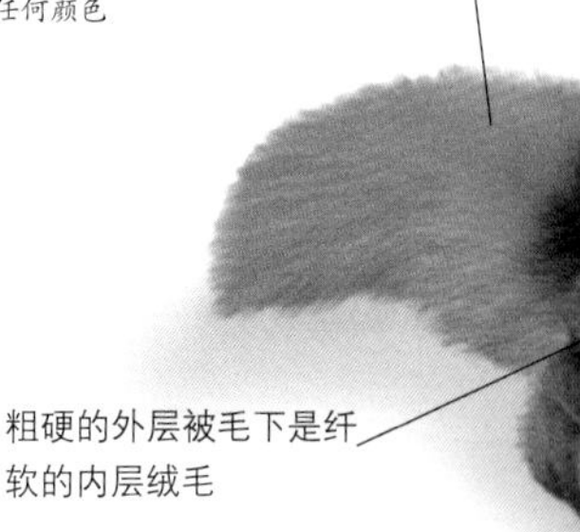
粗壮的尾巴，在狗站立的时候贴在背上

粗硬的外层被毛下是纤软的内层绒毛

品种历史

秋田犬，日本犬种中最大的犬，曾经被用来斗狗。这种运动被取消后，它们被当作了猎犬。到20世纪30年代时，这种狗几近灭绝。后来在日本犬种保护组织的努力下，终于存活了下来。

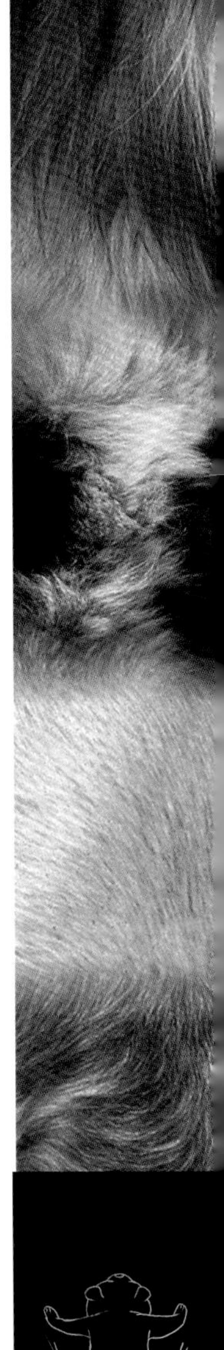

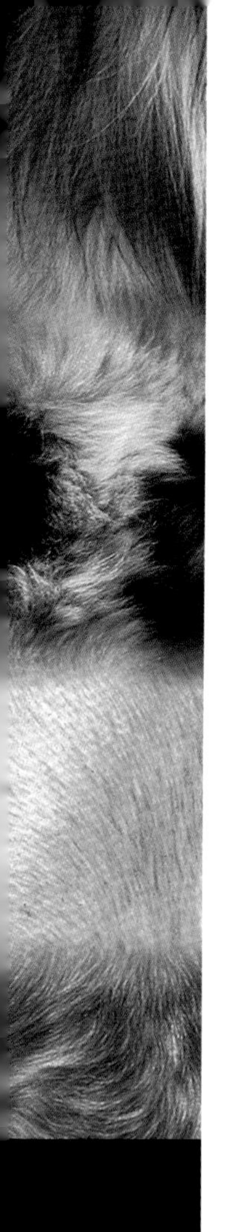

柴犬 (Shiba Inu)

在日本是最受欢迎的本地狗，在澳洲、欧洲以及北美的数量也在逐步增加。一段时期，它们曾有成犬缺齿的问题，不过饲养者通过精心选择繁育已经解决了这个问题。和巴仙吉一样，柴犬也不喜欢正常吠叫，而是以极其特别的方式尖叫。对于有良好耐心和丰富养狗经验的人来说，这种强壮而又独立的狗是一个非常好的选择。

深陷的胸腔，肋骨完好包围

前腿笔直，且肘部靠近身体

品种历史

作为日本本地犬种中最小的狗，柴犬已经在日本山阴地区生活了几个世纪了。从发掘点发现的骨骼甚至可以追溯到2500多年前。

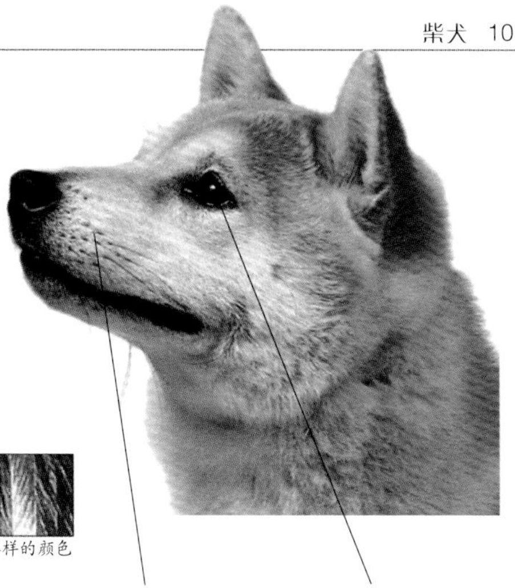

各种各样的颜色

尖吻黑鼻子

小三角眼

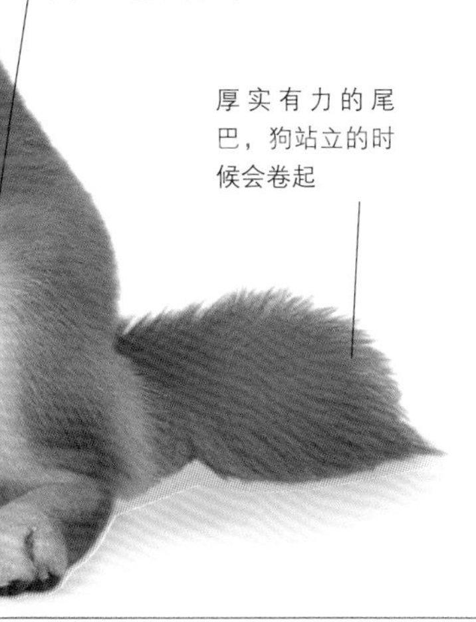

发育良好的后腿，支撑着一个优美而有力的臀部

厚实有力的尾巴，狗站立的时候会卷起

关键要素

起源国： 日本

起源时间： 古代

最初用途： 小型猎物的狩猎

现代用途： 陪伴

寿命： 12～13年

体重范围： 8～10 kg(18～22 lb)

身高范围： 35～41 cm(14～16 in.)

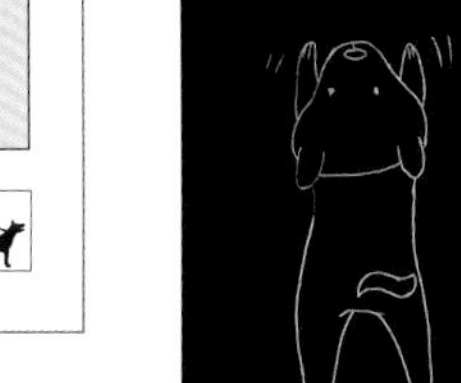

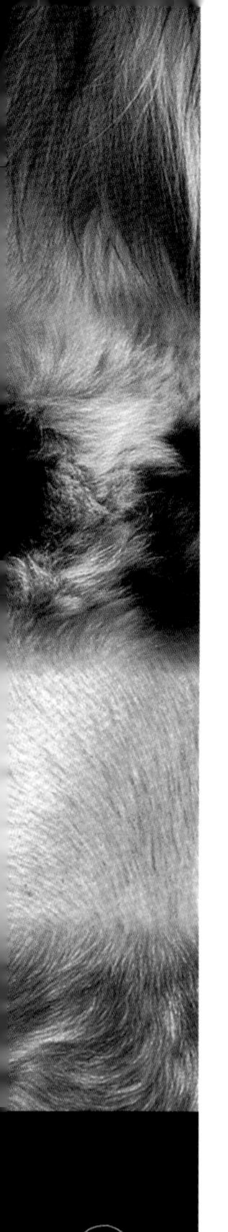

松狮犬 (Chow Chow)

松狮犬也许天生就享有冷漠和固执的权利。在蒙古和满洲，它们的肉曾是美味佳肴，而它们的毛皮则一度成为做衣服的流行面料。它们的名字可不是美国牛仔们说的食物。在19世纪，英国的水手们把他们用来形容船上杂物的词送给了这种狗，所以这可怜的狗就有了这么个名字。尽管这种狗看起来就像穿得太多的泰迪熊，不过松狮犬可不那么让人想亲热地抱抱。作为一种自命不凡的狗，它们像㹴犬一样有猛咬的习惯。它们的被毛需要用力梳理以利于修剪。

关键要素

起源国： 中国

起源时间： 古代

最初用途： 守卫，拉车

现代用途： 陪伴

寿命： 11～12年

体重范围： 20～32 kg(45～70 lb)

身高范围： 46～56 cm(18～22 in.)

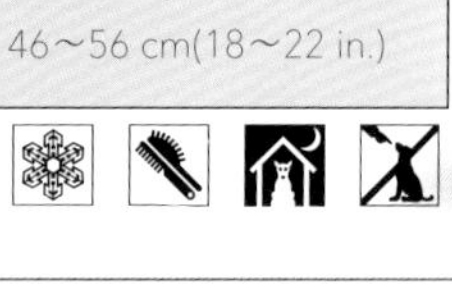

品种历史

虽然毫无疑问，松狮犬是尖嘴犬家族的又一传人，它们的来源却无从考证。在18世纪早期，历史学家就描绘了一种在东方被当作食物的黑舌头的狗。松狮犬最早于1780年抵达英国。

红色

黄灰色

奶油色，白色

黑色

蓝色

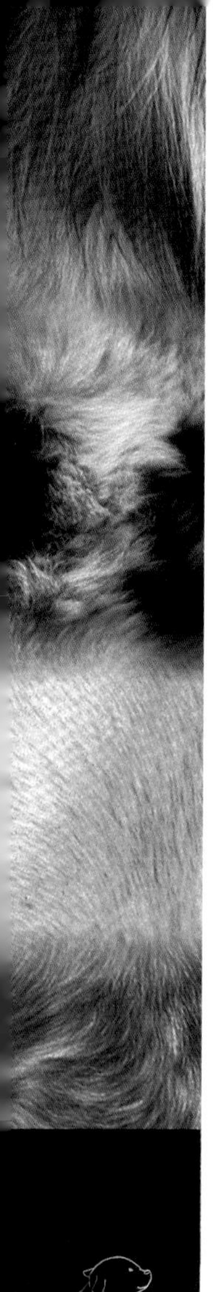

芬兰猎犬

(Finnish Spitz)

在芬兰，它们是一种勤奋、广受欢迎的枪猎犬。这种独立的像猫一样的狗有着惊人的嗓门，而且它们是超级看门狗。在森林里，它们仔细倾听翅膀拍打的声音，冲向鸟停留的树，然后不停乱叫直到猎人到来。它们可以很轻松地捕获松鼠和貂。这种固执的狗超级喜欢运动，并喜欢在冰天雪地里干活儿。这种警惕而又活泼的狗在英国和北美很常见，而且它们的数量还会增加。

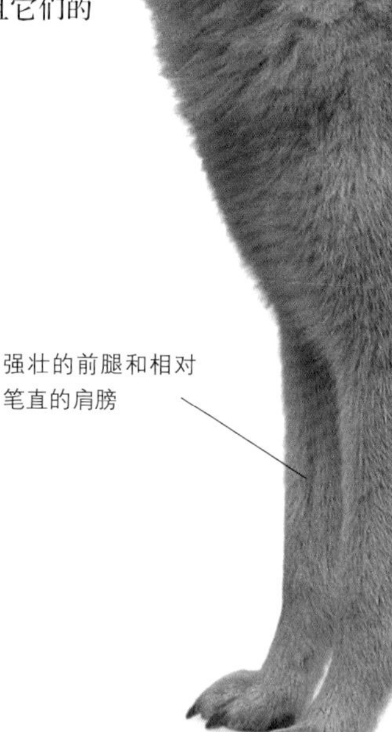

关键要素

起源国： 芬兰

起源时间： 古代

最初用途： 小型猎物的狩猎

现代用途： 狩猎，陪伴

寿命： 12～14年

别名： Finsk Spets,Suomenpystykorva

体重范围： 14～161 kg(31～55 lb)

身高范围： 38～51 cm(15～20 in.)

品种历史

可能从芬兰人的祖先踏上芬兰土地开始，芬兰猎犬的祖先们就陪伴着芬兰人了。几个世纪以来，这种狗一直生活在芬兰的东部以及俄罗斯的卡累利亚地区。俄国十月革命以后，生活在卡累利亚地区的狗就被称作“卡累利亚芬兰莱卡犬”。

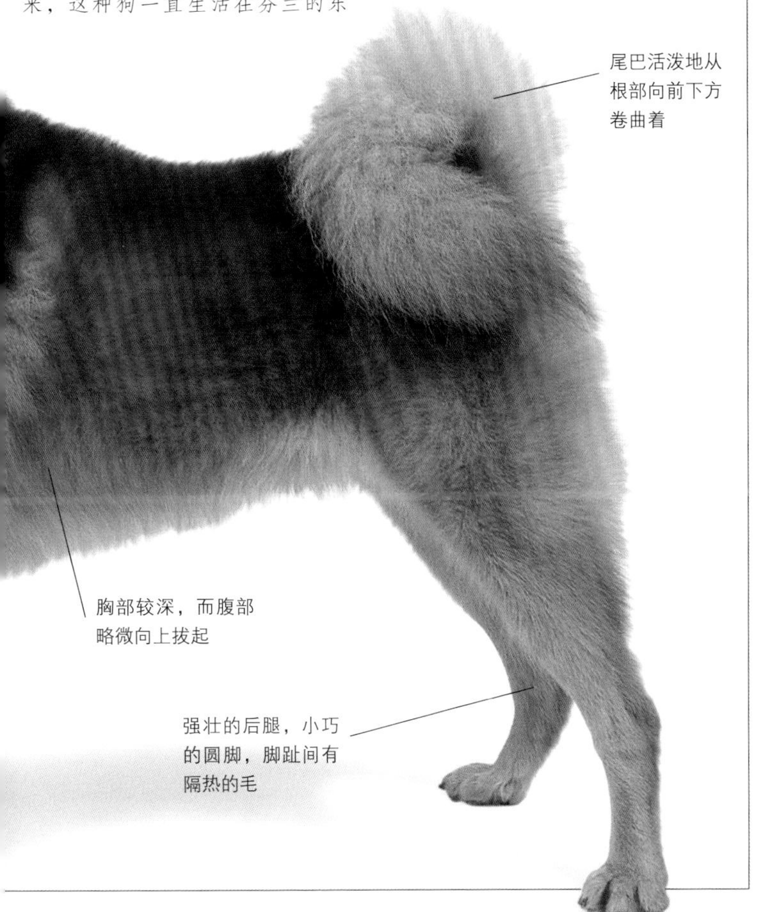

芬兰拉普犬 (Finnish Lapphund)

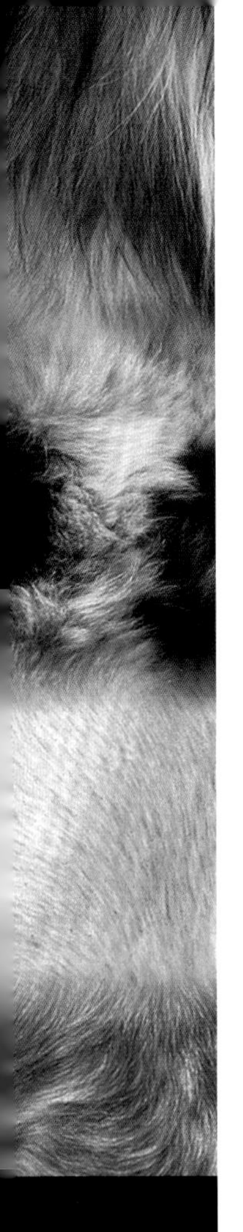

在整个斯堪的纳维亚半岛北部和俄罗斯卡累利亚地区，萨米人用狗放牧半驯化的驯鹿。出于对本地犬种培养的兴趣，瑞典人和芬兰人都声称萨米放鹿犬是属于他们的。为了避免分歧，国际上将这种犬分别认定为：瑞典拉普犬（或拉普兰尖嘴犬）和芬兰拉普犬（或拉宾柯利犬）。在芬兰，选择培育确保了其放牧的特性没有消失。而在别的地方，拉普犬更多的是作为伴侣犬而存在。拉普犬有着强壮的身体和浓密舒适而且保温的双层被毛。尽管这种狗还保留了放牧的本性，不过由于选择培育主要是为了毛密度和颜色的进化而不是功能进化，所以这种本性多少还是被减弱了。

品种历史

萨米人历史上著名的放牧犬，它们要比它们的后裔拉宾波罗柯利犬(Lapinporokoira)更小一些。芬兰拉普犬可以说是北方尖嘴犬和欧洲南方牧羊犬杂交的一个典范。最初它们被用作放牧驯鹿，如今它们通常牧羊或牛。

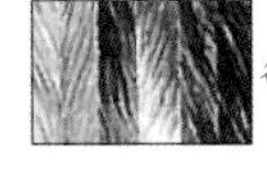
各种各样的颜色

关键要素

起源国： 芬兰

起源时间： 17世纪

最初用途： 驯鹿放牧

现代用途： 陪伴，放牧

寿命： 11～12年

别名： 拉宾柯利犬(Lapinkoira)，拉普兰犬(Lapland Dog)

体重范围： 20～21 kg(44～47 lb)

身高范围： 46～52 cm(18～20.5 in.)

瑞典拉普犬 (Swedish Lapphund)

作为一个很古老的品种，它们总是被描绘成最古老的狗——几乎和亚洲的视觉狩猎犬有着同样久远的历史。在历史上，瑞典拉普犬的角色就是放牧和守卫萨米人的驯鹿群不被掠食者伤害。到20世纪60年代，由于对其守卫能力有了充分的认知，瑞典养犬协会着手进行培育计划，加强其工作的能力。虽然有时它们也在芬兰和俄罗斯出没，这种狗仍很少能在瑞典以外的地方见到。

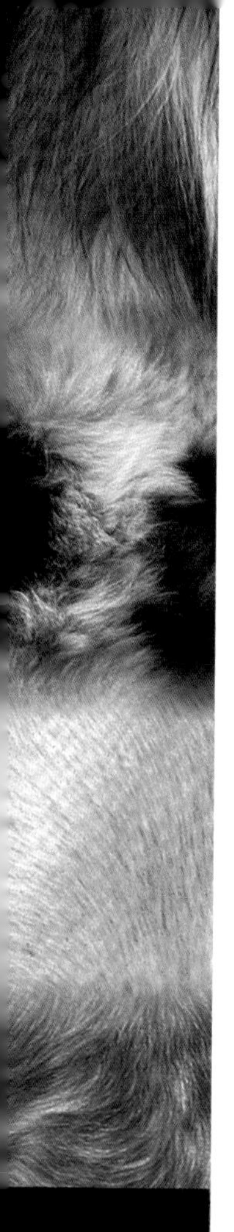

品种历史

在挪威瓦兰吉尔(Varanger)发现了一具距今7000多年的狗的遗骸。有意思的是，它很像我们今天看到的拉普犬。并且与芬兰和俄罗斯的莱卡犬也很像。

肝色

黑色

肝色/白色

黑色/白色

竖直的尖耳朵

锥形的短吻，尖鼻子

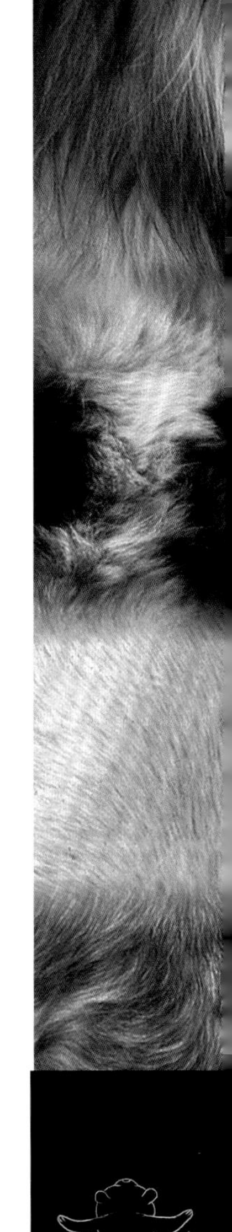

上层被毛粗硬，内层被毛防水

后腿笔直

拱形的脚趾间有浓密的隔热毛皮

关键要素

起源国： 瑞典

起源时间： 古代/19世纪

最初用途： 驯鹿放牧

现代用途： 陪伴，牧羊/牛

寿命： 12～13年

别名： 拉普犬(Lapphund)，拉普兰尖嘴犬(Lapland Spitz)，拉普兰史必兹(Lapplandska Spets)

体重范围： 19.5～20.5 kg(43～45 lb)

身高范围： 44～49 cm(17.5～19.5 in.)

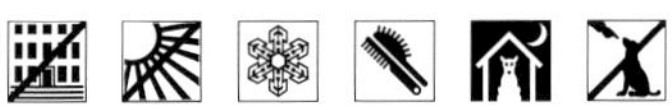

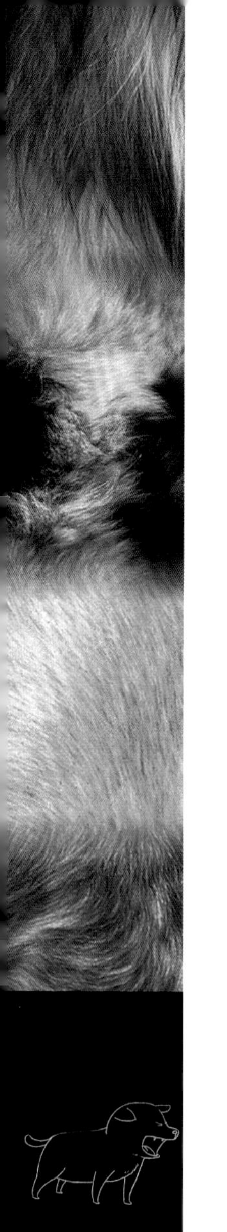

挪威牧羊犬 (Norwegian Buhund)

“Bu”这个词在挪威语中就是“小屋”和“小棚”的意思，不难推想这种狗最初的职能是什么。挪威牧羊犬有很强烈的放牧本性，喜欢运动。它们在英国越来越受欢迎，并且在澳大利亚成功地成为了牧羊犬。尽管遗传了偶然发生的眼睛和臀部的问题，但因为它们对孩子十分友好，所以仍不失为优秀的伴侣犬。它们很容易接受服从训练，还是看家护院的好手。

关键要素

起源国： 挪威

起源时间： 古代

最初用途： 牧羊/牛，农场守卫

现代用途： 陪伴，放牧，农场守卫

寿命： 12～15年

别名： Norsk Buhund, Norwegian Sheepdog

体重范围： 24～26 kg(53～58 lb)

身高范围： 41～46 cm(16～18 in.)

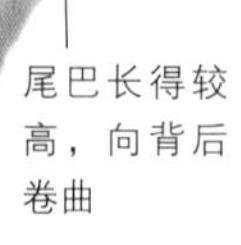

尾巴长得较高，向背后卷曲

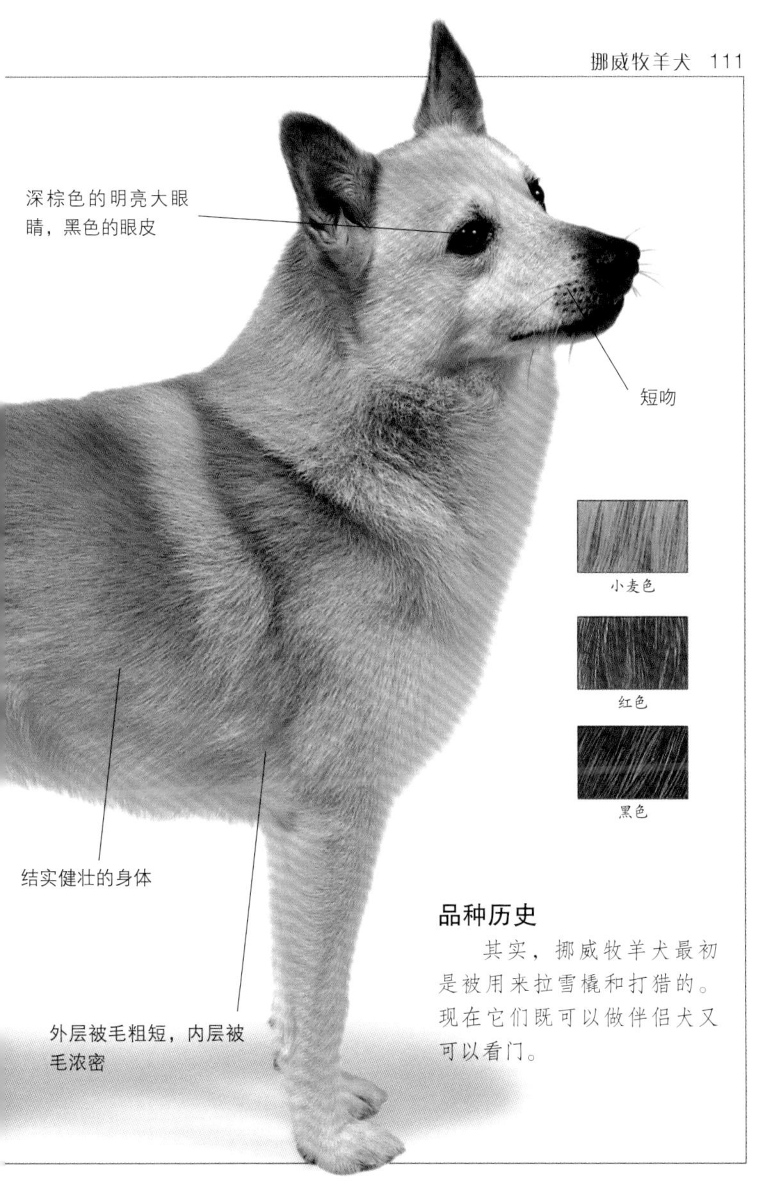

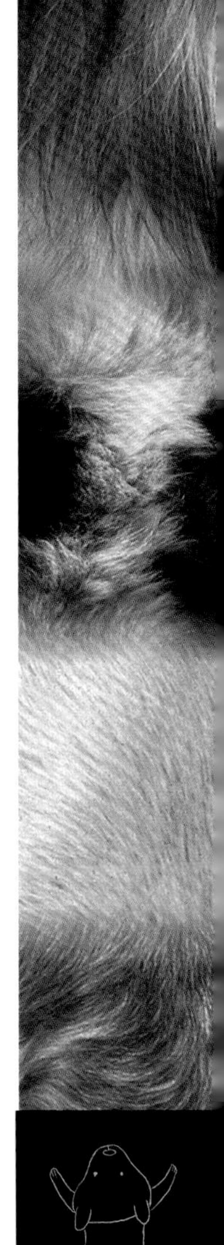

品种历史

其实，挪威牧羊犬最初是被用来拉雪橇和打猎的。现在它们既可以做伴侣犬又可以看门。

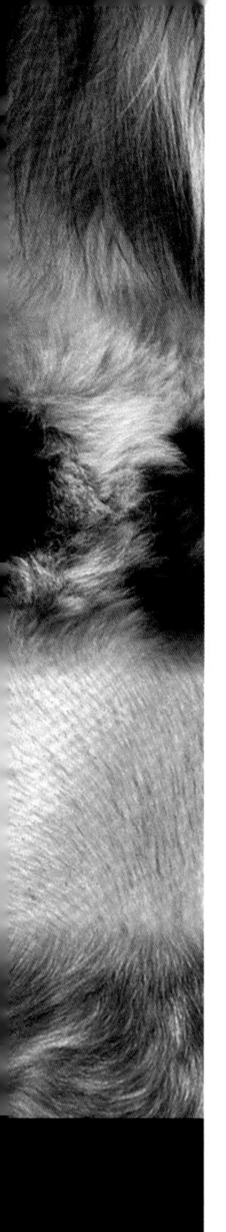

挪威猎麋犬

(Norwegian Elkhound)

发现猎物的时候，它们会用自己的力量、活力、速度和叫声去征服猎物。这种狗就是三种斯堪的纳维亚猎麋犬中最受欢迎的挪威猎麋犬。挪威猎麋犬可称得上是最为经典的尖嘴犬，从挪威发现的石器时代的犬类化石证明了这种狗的历史足够悠久。作为枪猎犬工作的时候，它们并不追击猎物，而是像猎狗一样跟踪猎物。作为一种多才多艺的狗，它们不仅仅可以捕猎麋鹿，还可以捕猎山猫和狼。同时，它们还会把一些小型猎物带回来，比如兔子和狐狸。挪威的农民还会利用它们放牧农场的鸡鸭。

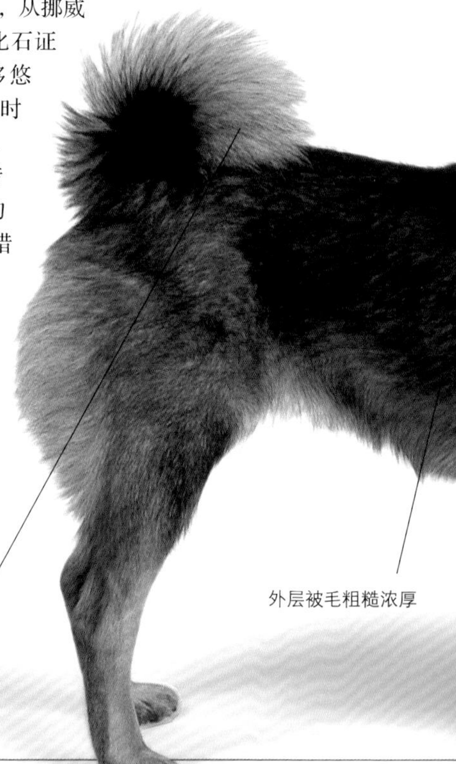

尖嘴犬最为典型的卷尾巴位置很高，尾巴下侧的毛最长

外层被毛粗糙浓厚

品种历史

作为挪威的国犬，这种狗在斯堪的纳维亚已经生活了5000多年了。现在的标准是19世纪末制定出来的。

小小的尖耳朵，上面覆盖厚厚的毛皮，能够保证热量不流失

锥形的口鼻，但是并不尖

粗壮的脖子

浓密的毛发保护宽阔深陷的胸腔

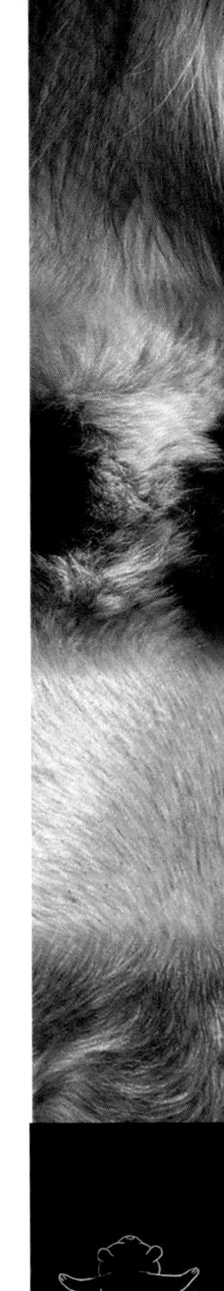

关键要素

起源国： 挪威

起源时间： 古代/19世纪

最初用途： 猎麋鹿

现代用途： 陪伴，枪猎犬

寿命： 12～13年

别名： Norsk Elghund(Gra)，猎麋犬(Elkhound)，瑞典灰狗(Swedish Grey Dog)，Grahund

体重范围： 20～23 kg(44～50 lb)

身高范围： 49～52 cm(19～21 in.)

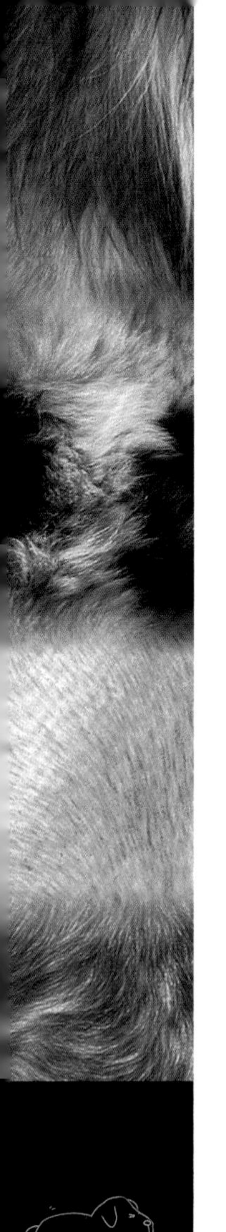

隆德杭犬 (Lundehund)

小巧的隆德杭犬前爪有着独特的五个脚趾，而不是常见的四个。它们的脚掌上有极大的肉垫，而且第五个脚趾或爪双倍大。这种组合使这种狗能够自由地在悬崖峭壁上的裂隙和小径上攀爬穿行，直到找到海鹦鹉的巢穴捕获猎物为止。还有一个特点是它们耳朵的软骨上有一道褶痕。这种特殊的解剖学特征使得它们可以将耳朵折下闭合，防止在悬崖上寻找猎物的时候水滴入耳朵。活泼敏感的隆德杭犬现在已大多成为了人类的伴侣犬。

灰色

黑色

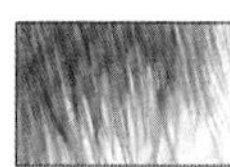
棕色/白色

黑色/白色

关键要素

起源国： 挪威

起源时间： 16世纪

最初用途： 猎海鹦鹉

现代用途： 陪伴

寿命： 12年

别名： 挪威海鹦鹉犬(Norwegian Puffin Dog)

体重范围： 5.5～6.5 kg(12～14 lb)

身高范围： 31～39 cm(12～15.5 in.)

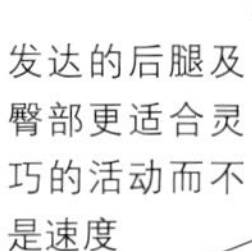

发达的后腿及臀部更适合灵巧的活动而不是速度

品种历史

隆德杭犬起源于挪威北部的Vaerog和Rost。几个世纪以来，隆德杭犬一直在险峻的峭壁上寻找海鹦鹉的巢穴。直到1945年，它们才作为濒危犬种被认知。

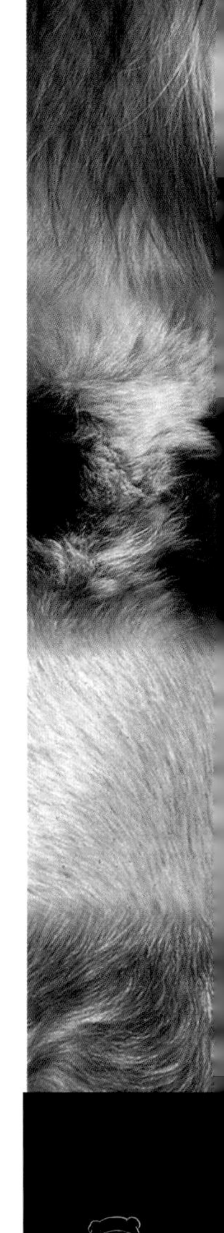

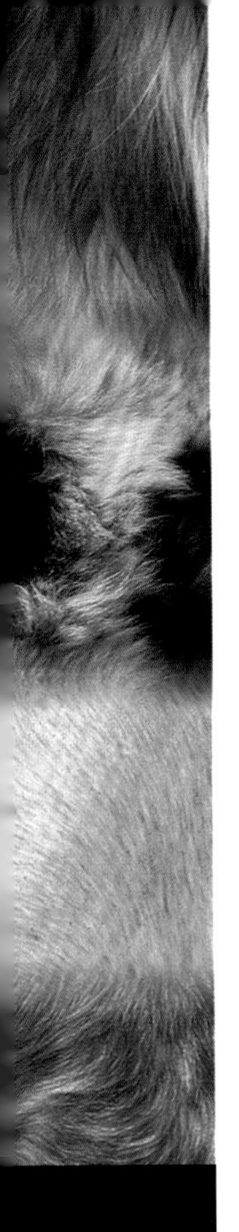

德国尖嘴犬 (German Spitz)

德国尖嘴犬有三种不同的体形：大型、标准型和玩赏型。大型和玩赏型的德国尖嘴犬一直被作为伴侣犬，而更为常见的标准德国尖嘴犬则一度是农场好手。尽管这种狗现在已经生活在绝大多数的欧洲国家，它们的受欢迎程度却在近年有所下降。吵闹、敏感的玩赏型尖嘴犬有让位于博美(一个几乎完全相同的品种)的趋势。这种趋势的出现并不特别令人吃惊——相比其他品种，德国尖嘴犬需要人们更多的关心。尤其是它们漂亮的长毛，需要人们不断地梳理，以免它们粘在一起。而不幸的是，绝大多数的德国尖嘴犬极其厌恶梳理毛发，而且还有不少(尤其是雄性)讨厌其他的狗和陌生人。不像多伯曼犬和德国牧羊犬等看门犬，德国尖嘴犬并不容易接受服从训练。当然，这种自信而又精致的狗在展台上还是显得十分优雅。受过良好训练后的它们仍是相当好的伴侣。

各种各样的颜色

最长的毛在尾巴上。浓密粗长的毛发也覆盖了整个胸部

品种历史

德国尖嘴犬可能是那些同维京海盗一同到达欧洲大陆的尖嘴牧羊犬的后代。早在1450年，就有德国文学作品提到了这种狗。三种德国尖嘴犬的构造很相似，只是毛色和体形不同。大型的通常为白色、棕色和黑色，而小一些的两种则有更广泛的毛色。

关键要素

起源国： 德国

起源时间： 17世纪

最初用途： 陪伴(大型、玩赏型)，农场帮手(标准型)

现代用途： 陪伴(大型、标准型和玩赏型)

寿命： 12～13年(大型)，13～15年(标准型)，14～15年(玩赏型)

别名： 德国大型狐狸犬(Deutscher Gross Spitz)(大型)，德国中型狐狸犬(Deutscher Mittel Spitz)(标准型)，德国玩具狐狸犬(Deutscher Spitz Klein)(玩赏型)

体重范围： 大型17.5～18.5 kg(38.5～40 lb)，标准型10.5～11.5 kg(23～41 lb)，玩赏型8～10 kg(18～22 lb)

身高范围： 大型40.5～41.5 cm(16 in.)，标准型29～36 cm(11.5～14 in.)，玩赏型23～28 cm(9～11 in.)

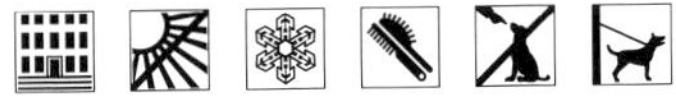

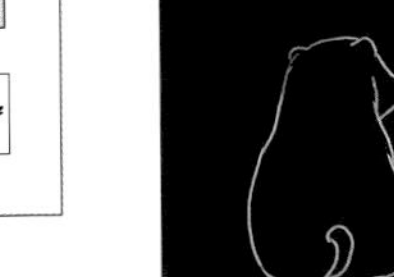

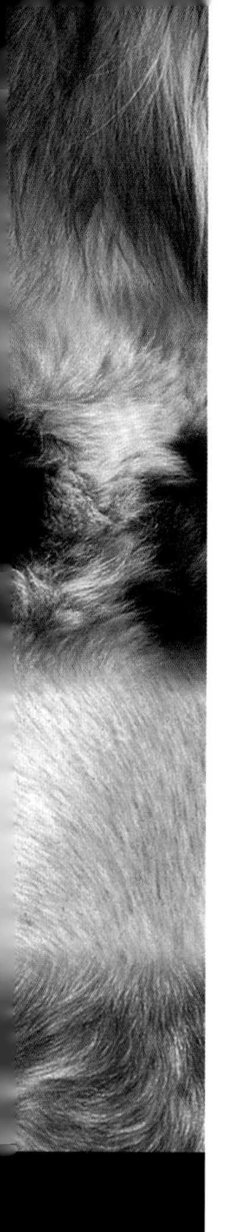

博美犬 (Pomeranian)

自从维多利亚女王在她的狗群中增加了几只博美犬后，博美犬开始受到欢迎。早期的博美犬要比现在的更大更白。白色通常和一种约13kg(30lb)重的狗相关，而饲养者选择更小的体形，则又培养出了现在普遍可见的紫黑色和橘红色的博美。博美原本天生就是大型犬，虽然它们的体形不断缩小，但它们的行为仍然像大型犬一样。它们会向不认识的人吠叫。这使得它们成为敢于向大狗挑战的一流守卫犯。这种狗同时也是出色的伴侣犬。

奶油色
白色
深褐色

红色
橙色

蓝色

灰色

棕色

黑色

关键要素

起源国： 德国

起源时间： 中世纪/19世纪

最初用途： 陪伴

现代用途： 陪伴

寿命： 15年

别名： 矮脚尖嘴犬(Dwarf Spitz)，路路(Loulou)

体重范围： 2～3 kg(4～5.5 lb)

身高范围： 22～28 cm(8.5～11 in.)

品种历史

通过几种小型德国尖嘴犬的杂交，今天的小型博美犬诞生于德国的波美拉尼亚。它们典型的尖嘴犬体形和浓密的被毛显示出它们的祖先来自北极。

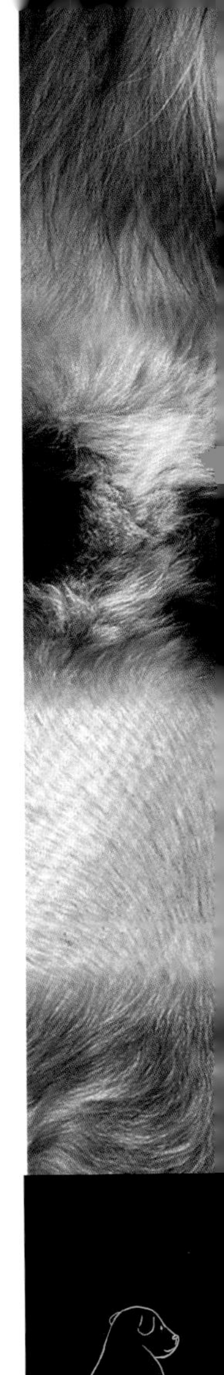

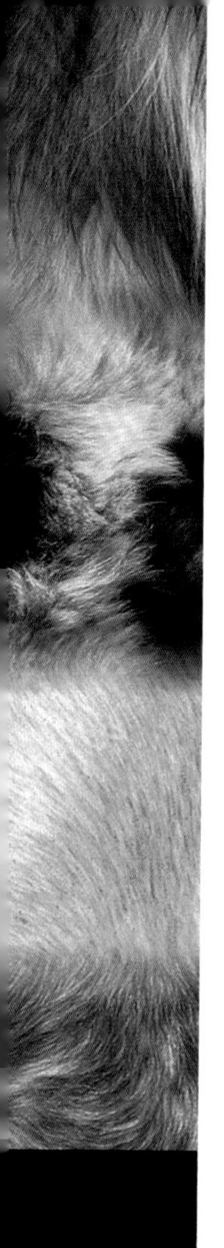

蝴蝶犬 (Papillon)

它们秀美的外表只是完美伪装的泡沫。小巧的身体和精致、柔顺、丰富的被毛以及蝴蝶翅膀般生动的耳朵（paoillon在法语中意为“蝴蝶”），一切都让它们看上去像是经典的膝上小狗，满足地看着世界的变化，度过一生。然而事实并非如此。正确训练蝴蝶犬，它们会像博美犬一样，在服从训练方面显得尤为突出。它们身体健康，结构完善，适合城镇或者乡村生活。但是，就像大多数的玩赏品种一样，它们也有脱臼的缺陷和很强的嫉妒心。

野兔般精巧修长的腿

品种历史

传说蝴蝶犬是16世纪西班牙短腿小猎犬的后代。不过，无论它们的外形还是它们的长毛，都暗示了它们的祖先有着北方尖嘴犬的血统。

关键要素

起源国： 欧洲大陆

起源时间： 17世纪

最初用途： 陪伴

现代用途： 陪伴

寿命： 13～15年

别名： 大陆玩赏猎犬

体重范围： 4～4.5 kg(9～10 lb)

身高范围： 20～28 cm(8～11 in.)

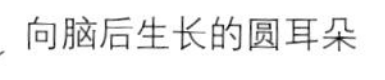

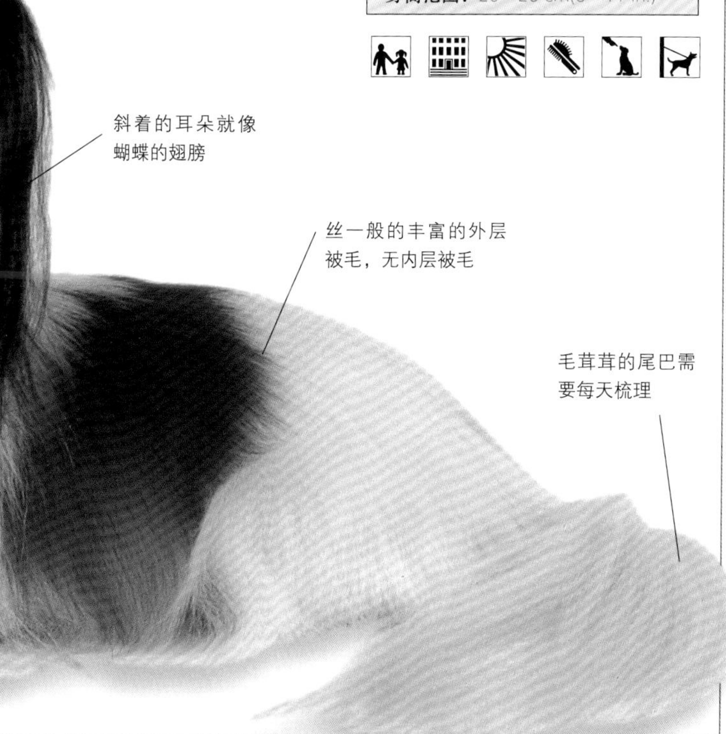

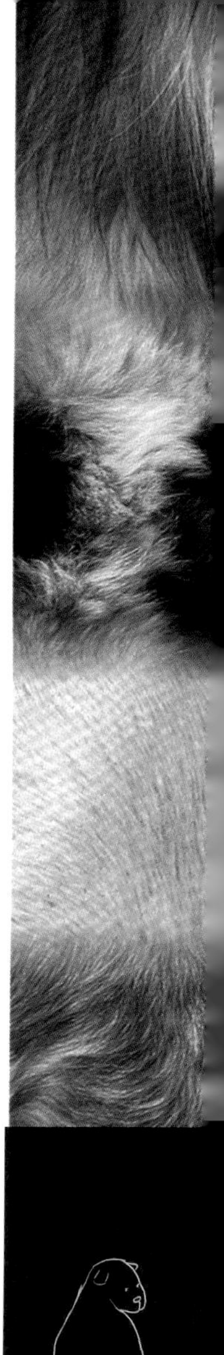

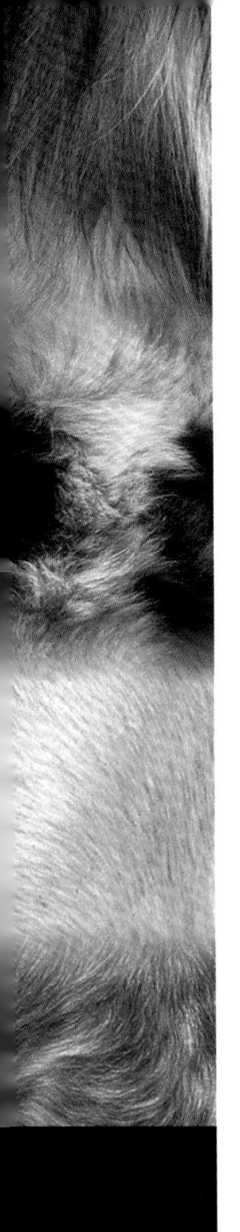

舒伯奇犬 (Schipperke)

舒伯奇犬也许个子小，不过它们仍然保留着街头霸王的脾气。这种精力旺盛、身体精干的小东西曾经生活在佛兰德斯和勃拉帮特运河的驳船上，提防可能存在的入侵者，保护它们的主人不受歹徒的骚扰。这种狗有时也会被饲养在陆地上，成为捕捉老鼠、兔子和鼹鼠的好手。精力充沛、体形小巧，它们是理想的家庭伴侣。

关键要素

起源国： 比利时

起源时间： 16世纪早期

最初用途： 捕猎小型哺乳动物，守卫驳船

现代用途： 陪伴

寿命： 12～13年

体重范围： 3～8 kg(7～18 lb)

身高范围： 22～33 cm(9～13 in.)

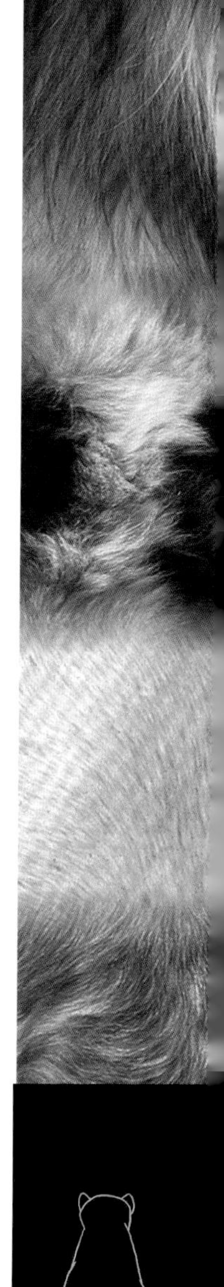

品种历史

尽管这位驳船“小船长”已经生活了好几个世纪，它们的准确起源已不得而知，但从解剖学上来看，它们还是典型的尖嘴犬。而且它们可能和其他欧洲大陆尖嘴犬(如德国尖嘴犬、博美)是亲戚呢。

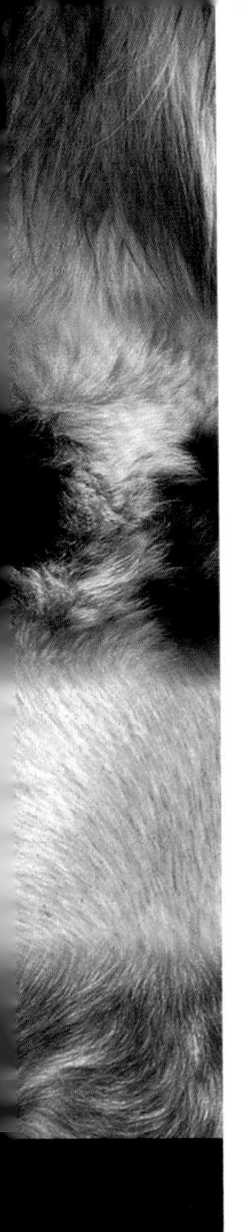

荷兰毛狮犬 (Keeshond)

尽管几个世纪以来，美国、加拿大和英国都将荷兰毛狮犬和德国猎狼尖嘴犬(原为牧羊犬)作为不同的品种，在其他国家，它们却被当作同一种犬。在一个时期，荷兰毛狮犬在荷兰的驳船上作为伴侣犬。而早在100多年前，它们一直是在岸上晃悠的。无论是在城镇还是乡村，小巧而又敏感的荷兰毛狮犬都是优秀的警卫犬和天性优良的伴侣犬。当然，它们也需要良好的调教。在北美，这种狗一直非常受欢迎。

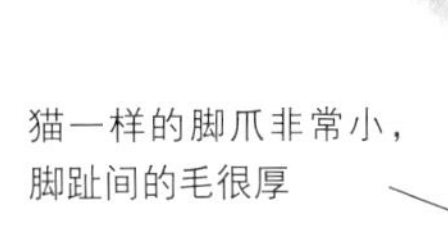

品种历史

荷兰毛狮犬以荷兰政治家德·凯斯莱尔的名字命名(Corneliuse de Gyselear)。在荷兰南方的勃拉帮特和林堡省，它们曾是常见的警卫犬及歹徒斗士。它们在英国和北美是最常见的欧洲大型尖嘴犬。

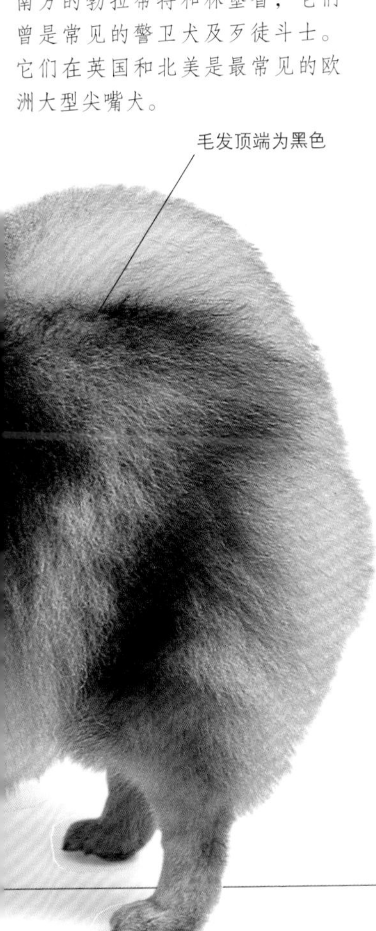

毛发顶端为黑色

鼻吻很窄但并不长

极丰富的毛发形成一个围脖

关键要素

起源国： 荷兰

起源时间： 16世纪

最初用途： 守卫驳船

现代用途： 陪伴，守卫

寿命： 12～14年

别名： 狼天(wolfspitz)

体重范围： 25～30 kg(55～66 lb)

身高范围： 43～48 cm(17～19 in.)

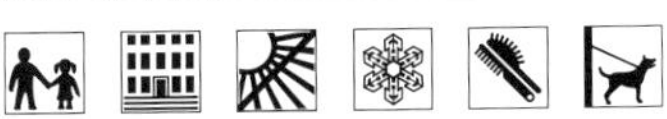

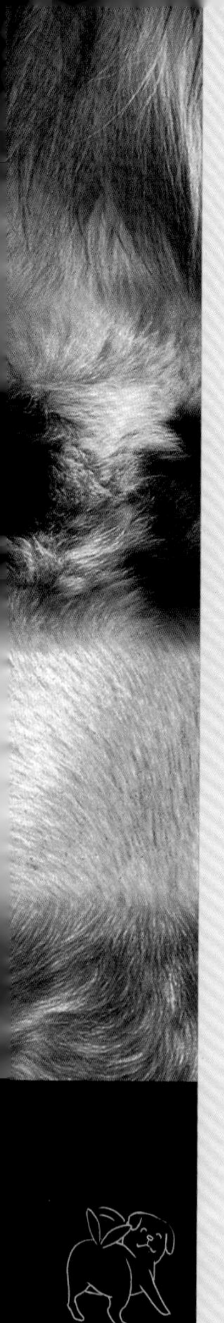

㹴类犬(Terriers)

㹴犬从腊肠犬(迷你的短腿嗅觉狩猎犬)进化而来。通过选择培育，㹴犬富有攻击性的本能也得以加强。作为掘洞专家，这些活泼的小狗很乐意在另一些喜欢掘洞的哺乳动物的地盘上和这些家伙决斗。

短脚狄文㹴

盎格鲁-萨克逊的起源

尽管腊肠犬和许多类似㹴类的爱掘洞的犬都在欧洲各国进化着，㹴犬却起源于英国。它们的名字来源于拉丁文的“terra”一词，意思是“掘洞”。很久以来，关于㹴犬一直没什么资料可循。直到1560年，著名的英国作家约翰·凯斯博士(Dr. John Caius)才给它们加上了活泼并且爱争执的描述。那时候只有短腿㹴，而且㹴也只是被用来猎杀狐狸、袭击獾的洞穴。腊肠犬有着光滑短密的被毛，而这些家伙则有着粗糙的被毛(通常是黑色和棕褐色，或者混杂着浅黄褐色)，同样竖直的耳朵和富有活力的性格。

对于这些健康、强壮的狗来说，好的猎物不仅有獾和狐狸，还有老鼠、黄鼠狼、雪貂、水獭、土拨鼠等，甚至还有蛇。在工作犬里，恐怕再没有比固执、喜欢挖洞的㹴犬更适合“杀戮机器”这个头衔的了。钻地洞光有小的体形还不够，还需要绝对的无畏、坚定和坚韧。它们的这些特性保留至今。这也解释了为什么这些㹴犬要比任何一种狗都更能够克服重病。几乎没有任何事能够干扰㹴犬对“生命”的热情。

高效的多面手

19世纪，被放在背包里的短腿㹴犬会陪着猎狐犬一起狩猎。当猎犬们将猎物围困的时候，㹴犬就

约克夏㹴

会出击，给予狐狸致命的一击。能干而又多才多艺的㹴犬还会抓耗子，清除农场里的害虫，甚至被用在竞赛中——斗狗或者其他动物。用于斗牛的狗最初是大型的獒犬，但是后来，㹴犬的血统被加入以提高它们的攻击性。所以牛头㹴就诞生了，这种狗以其卓越的“牛”脾气而区别于其他又大又壮的家伙。它们一旦咬住对手，就绝不松口。在湖畔㹴、威尔士㹴和爱尔兰㹴之类的工作犬中，这被称为“顽强”！即便狗展上展出的狗也必须要告诉人们：它们甚至会攻击一块动物毛皮。

地区性差异

勤奋、短腿的普通㹴犬一直普遍存在于英伦三岛。但从19世纪起，饲养者开始培育区域性的种别，其中很多继承自猎犬和寻回猎犬。这些品种的狗并不潜伏，而是更喜欢追逐、捕杀然后带回猎物。凶悍的英国品种也被输出到了其他地方，用来培养新品种的㹴犬(比如捷克㹴)。

有趣的伴侣

作为家庭宠物，㹴犬会带来很多欢乐。它们喜欢凑热闹、争抢，有使不完的劲儿，会给家里带来很多欢笑。大多数的㹴犬都适合城市生活，但它们都会保留一些啃咬的本能。另外，如果过度狂吠的习惯能在早期得到控制，它们会是一流的看门狗和忠实的守卫者。

凯利蓝㹴

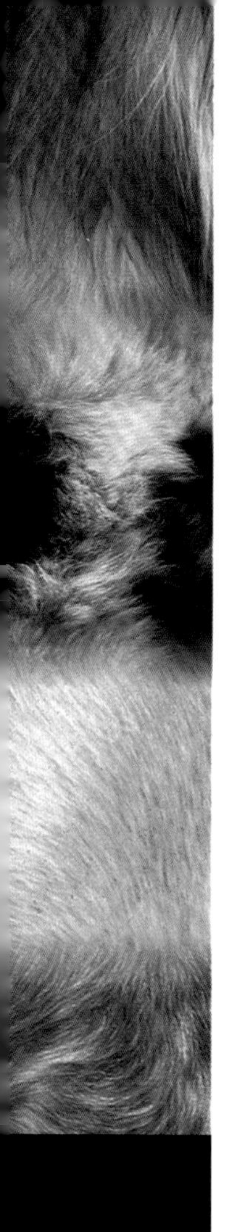

湖畔㹴 (Lakeland Terrier)

湖畔㹴是灵敏而又无情的猎手，善于在英国北部湖畔地区多岩石的地面上追捕它们的猎物。它们甚至愿意与比自己大许多的动物较量。这种狗可能是已经灭绝的黑褐色㹴的后裔，同样也来源自威尔士㹴。湖畔㹴曾一度是狗展的常客，非常受欢迎。它们甚至还在英国和美国的狗展中获得过最佳奖项。但相比一些更为时髦的品种，它们的数量就显得比较少了。这是一种很专一的㹴犬，最适合那些很有耐心的主人。

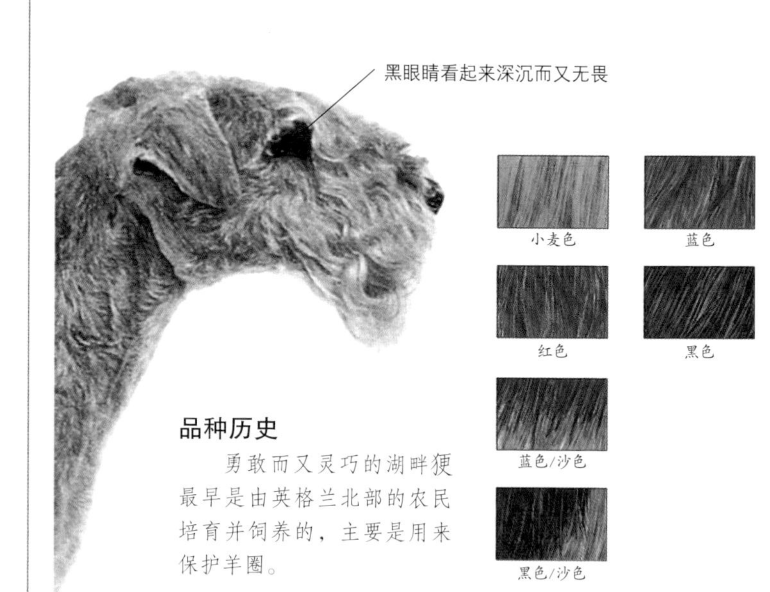

品种历史

勇敢而又灵巧的湖畔㹴最早是由英格兰北部的农民培育并饲养的，主要是用来保护羊圈。

关键要素
起源国：英国
起源时间：18世纪
最初用途：捕猎(杀)小型哺乳动物
现代用途：陪伴
寿命：13～14年
体重范围：7～8 kg(15～17 lb)
身高范围：33～38 cm(13～15 in.)
耳朵向前垂下
长长的八字胡，掩饰了强有力的颚
浓密粗硬的外层被毛
狗站立的时候，尾巴高高翘起

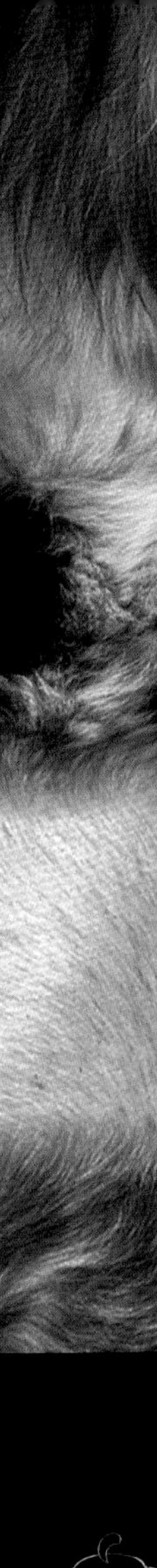

威尔士㹴 (Welsh Terrier)

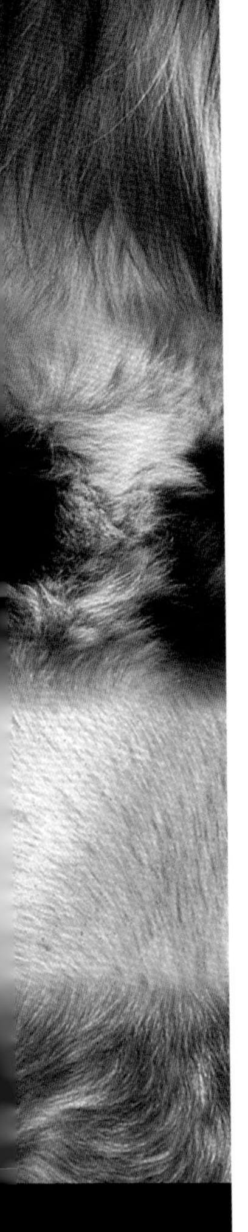

活泼而又固执的威尔士㹴是一种心理和生理活动都极为丰富的狗。它们在北美比在英国还要普遍。尽管现在更适合作为伴侣犬，它们仍然不失为十分高效的乡村害虫捕手。由于有着工作犬的背景，威尔士㹴并不难进行服从训练。不过它们仍会死性不改地参加打群架。

强壮有力的大腿和良好的骨骼长度

关键要素

起源国： 英国

起源时间： 18世纪

最初用途： 捕鼠

现代用途： 陪伴

寿命： 14年

体重范围： 9～10 kg(20～22 lb)

身高范围： 36～39 cm(14～15.5 in.)

品种历史

18世纪60年代起源于威尔士北部。这种狗很可能是曾经盛极一时、而如今已经绝种的黑褐色老式英国杂毛㹴的直系后裔。

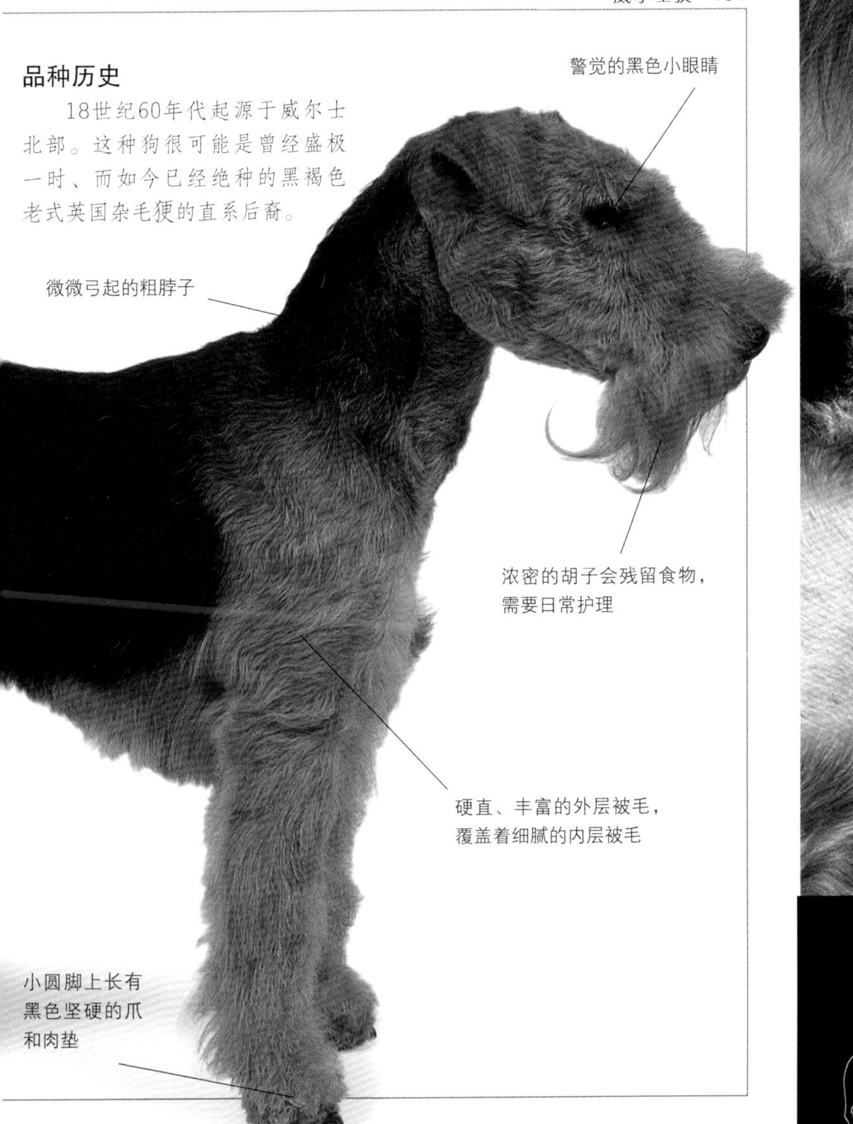

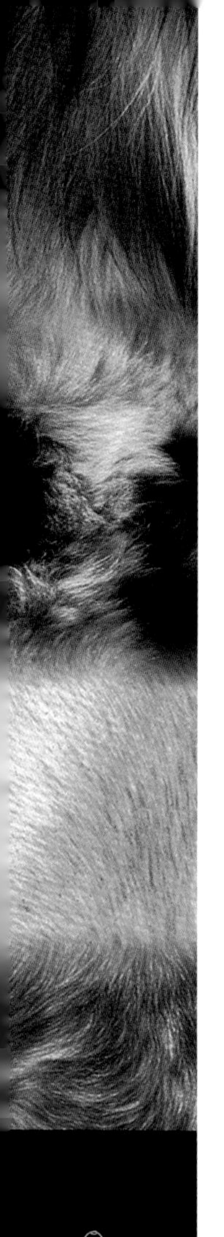

万能㹴 (Airedale Terrier)

“㹴”这个词在法语中的意思就是“钻到地底”。尽管“万能(airedale)”对于这个定义而言，实在是意思偏离了一些，不过从其他任何地方看来，它仍然具备了㹴犬的特性。万能㹴生来就是守卫犬，只不过它们偶尔也会“玩忽职守”，溜上大街去和其他狗儿打个群架什么的。坚强、勇敢并且忠诚的万能㹴经常被作为警犬、警卫犬以及信使。如果不是生来就有的那种犟脾气，它们会是十分受欢迎的成功的工作犬。

胡子遮住有力的下颚。

品种历史

万能㹴来自英格兰的约克郡。在利兹(Leeds)的工人们将老式英国杂毛㹴和奥达猎犬杂交后，极其多才多艺、被称作“㹴犬之王”的万能㹴就诞生了。

关键要素

起源国： 英国

起源时间： 19世纪

最初用途： 猎獾/獭

现代用途： 陪伴，守卫

寿命： 13年

别名： 河畔㹴(Waterside Terrier)

体重范围： 20～23 kg(44～50 lb)

身高范围： 56～61 cm(22～24 in.)

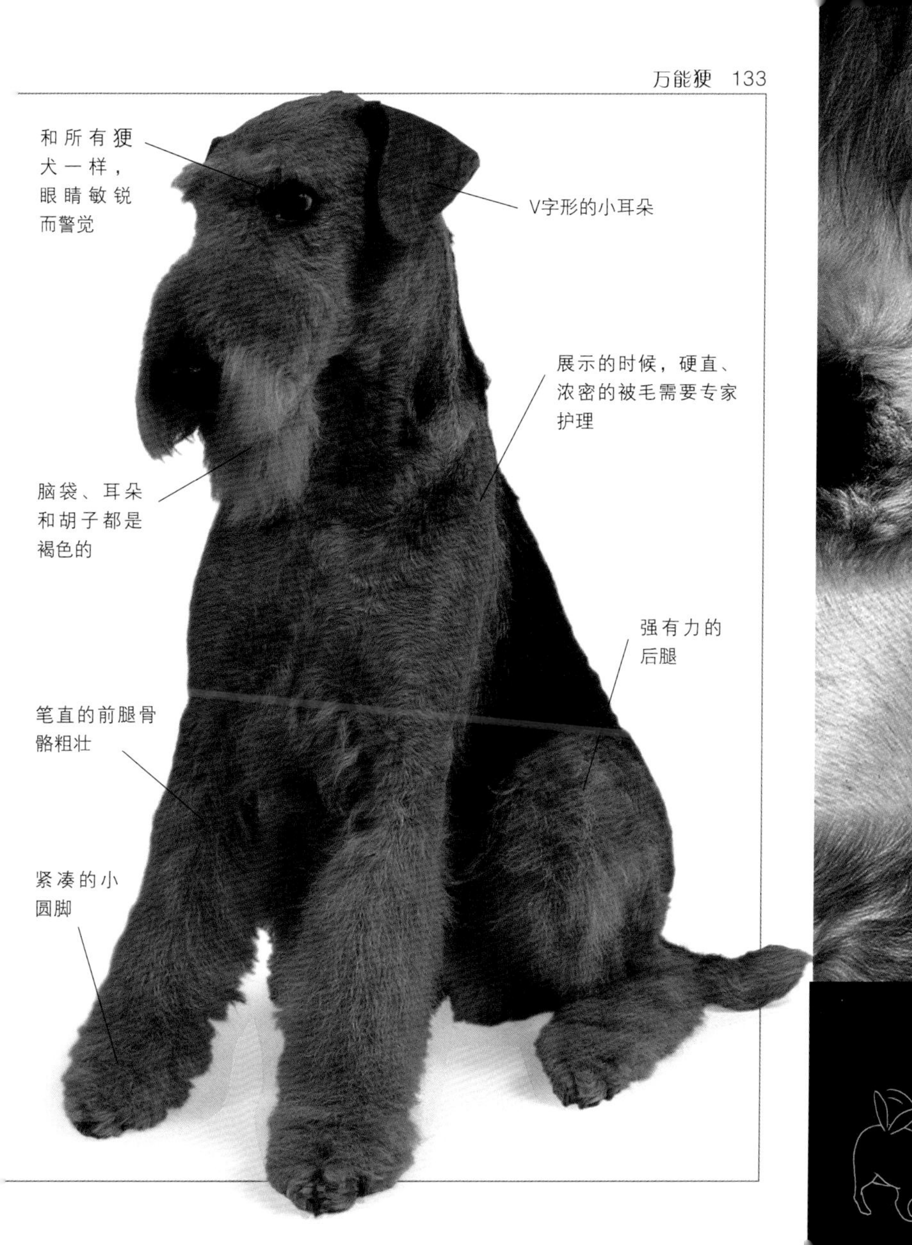
和所有㹴
犬一样，
眼睛敏锐
而警觉
V字形的小耳朵
展示的时候，硬直、
浓密的被毛需要专家
护理
脑袋、耳朵
和胡子都是
褐色的
强有力的
后腿
笔直的前腿骨
骼粗壮
紧凑的小
圆脚

约克夏㹴 (Yorkshire Terrier)

这种精力充沛的小东西现在已经成为英国数量最多的纯种狗了。而且，在欧洲的其他地方以及北美，它们同样十分受欢迎。大多数的约克夏㹴都被宠坏了，从没机会显露它们有学习的意愿。而且，过度的培育还出现了部分紧张和懦弱的个体，好在这只是少数。典型的约克夏㹴是个精力充沛的家伙，居然还不觉得自己是小个子。它们会疯狂地玩，似乎有使不完的劲儿。不幸的是，迷你化也给它们带来了不少疾病问题——牙周病和气管塌陷。尽管它们通常被当作时尚的附属物，这种狗仍旧保留了自己的本性：顽强和固执。

V字形的耳朵

深黑色的鼻子随着年龄会变浅

身上的毛发很直且长

品种历史

19世纪，全世界最受青睐的㹴犬就诞生在英格兰约克郡的西区(West Riding Area)。矿工们需要一种小得可以放进口袋的狗帮他们抓老鼠。经过黑褐色㹴和现在已不见踪影的派斯里(Paisley)与克莱德斯戴勒(Clydesdael)㹴杂交后，就得到了现在的约克夏㹴。

关键要素

起源国： 英国

起源时间： 19世纪

最初用途： 捕鼠

现代用途： 陪伴

寿命： 14年

体重范围： 2.5～3.5 kg(5～7 lb)

身高范围： 22.5～23.5 cm(9 in.)

长长的毛发可以梳到两边或者剪掉；勤梳理是很重要的

脸部其实很窄，但茂密的胡子让它看上去比较方

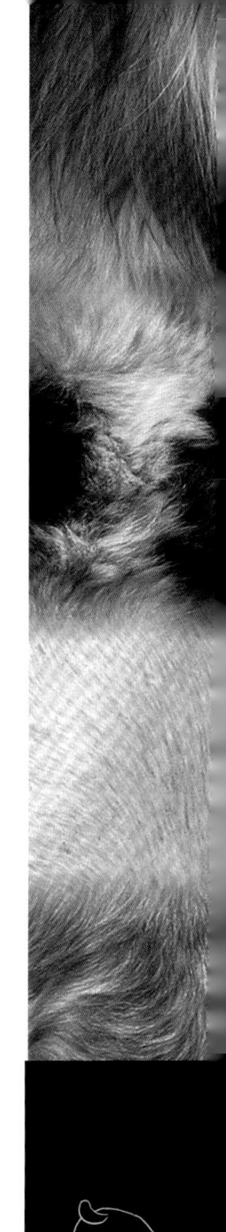

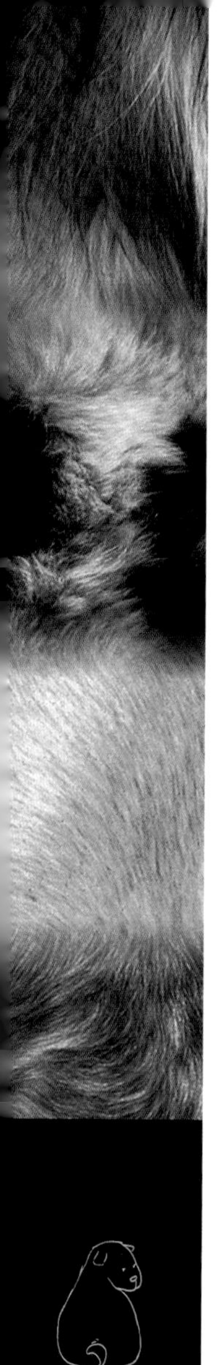

澳大利亚丝毛㹴

(Australian Silky Terrier)

尽管与约克夏㹴看上去很像，但澳大利亚丝毛㹴要比它们大一些。这些蓝褐相间的小家伙在到达欧洲前，已经成功地在美国和加拿大开始了繁衍。这种结实的小狗和约克夏㹴一样能叫唤。它们有着极强的领地意识，会用近乎刺耳的叫声来警告侵入的陌生人。尽管体形娇小，澳大利亚丝毛㹴却十分乐意杀死那些小型啮齿类动物。如果想要它们与人们和平相处，最好在早期就做好服从训练，不然它们会成为独立的“变节者”。作为一种有强烈意志的狗，它们绝对不能容忍管头管脚的行为和陌生人，除非在它们很小时就让它们习惯这二者。为了不让它们漂亮的丝毛变得黏乎乎，建议您还是每天给它们梳理一下吧！由于这种狗没有浓密的内层被毛，所以一旦天气寒冷，它们可就遭罪了。

强有力的后腿

品种历史

澳大利亚丝毛㹴诞生于20世纪早期，它们可能是澳大利亚㹴和约克夏㹴的后代。当然，也不排除它们甚至还有开岛㹴的血统。澳大利亚丝毛㹴主要作为伴侣犬。

膝盖以下到猫一样的脚上都是褐色毛发

关键要素

起源国：澳大利亚

起源时间：20世纪

最初用途：陪伴

现代用途：陪伴

寿命：14年

别名：丝毛㹴(Silky Terrier)

体重范围：4～5 kg(8～11 lb)

身高范围：22.5～23.5 cm(9 in.)

竖直的V字形耳朵很薄

毛发不会盖住眼睛

银灰色毛发（培育者们称之为蓝色）覆盖全身和腿的上部

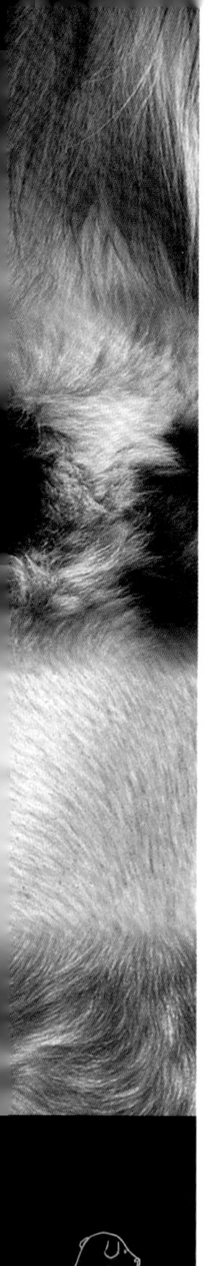

澳大利亚㹴 (Australian Terrier)

坚强且愿意和任何东西打上一架，澳大利亚㹴是一种理想的农场狗。它们会消灭一切小害虫，甚至还有蛇。它们同样也是警觉的守卫犬，守护着孤零零的房屋不受入侵者的搔扰。这些特点如今仍然保留着。澳大利亚㹴既不会放弃与其他狗儿的争斗，也不会与猫太平无事(除非从小它们生活在一起)。不过，它们会成为很有意思的伙伴，而且可以通过训练让它们学会服从。与丝毛㹴一样，它们在“二战”后，陪伴着军人和商人来到了北美。尽管澳大利亚㹴现在仍是澳大利亚和新西兰最受欢迎的狗，它们已经普遍在各个主要的英语国家开始生活了。

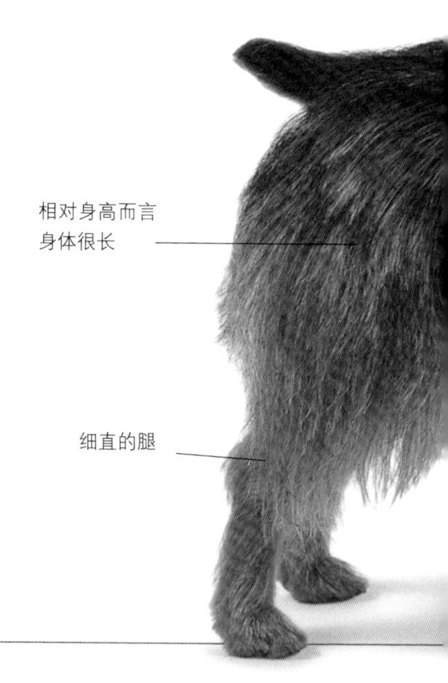

品种历史

这种结实的澳洲本地小狗可能是几种英国㹴犬的后代。那包括了凯恩㹴、约克夏㹴、开岛㹴，可能还有罗威士㹴。殖民者们把它们带来这里，就是希望能够培育出一种能在农场和牧场帮得上忙的捕鼠高手。

关键要素

起源国： 澳大利亚

起源时间： 20世纪

最初用途： 陪伴

现代用途： 陪伴

寿命： 14年

体重范围： 5～6 kg(12～14 lb)

身高范围： 24.5～25.5 cm(10 in.)

蓝色/茶色　　沙色

黑色的小眼睛充满活力

长而平的头颅

轻微噘起的嘴，显得紧凑结实

小巧而紧凑的脚，有黑色的趾甲

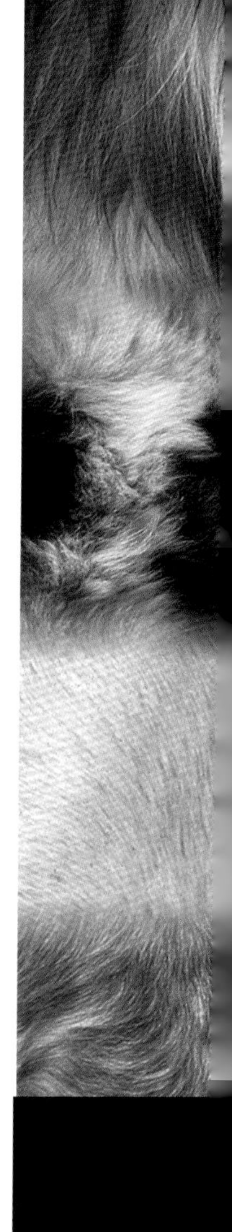

爱尔兰㹴
(Irish Terrier)

尽管爱尔兰㹴现在主要被作为伴侣犬，它们的捕猎才能还是在爱尔兰得到了很好的利用。在美国，通过野外追踪和诱饵捕捉，它们“水猎犬”和“害虫杀手”的技巧得以保留下来。有着优美线条阔步走的爱尔兰㹴，可以称得上是最优雅的㹴犬了。它们是很好的家庭玩伴，只是有的时候会和别的狗“疯过头”。因此，除非它们已经接受过良好的服从训练，否则还是最好用绳索牵住它们吧！

关键要素

起源国： 爱尔兰

起源时间： 18世纪

最初用途： 看家护院，抓害虫

现代用途： 陪伴，实地演练，追猎，抓害虫

寿命： 13年

别名： 爱尔兰红㹴(Irish Red Terrier)

体重范围： 11～12 kg(25～27 lb)

身高范围： 46～48 cm(18～19 in.)

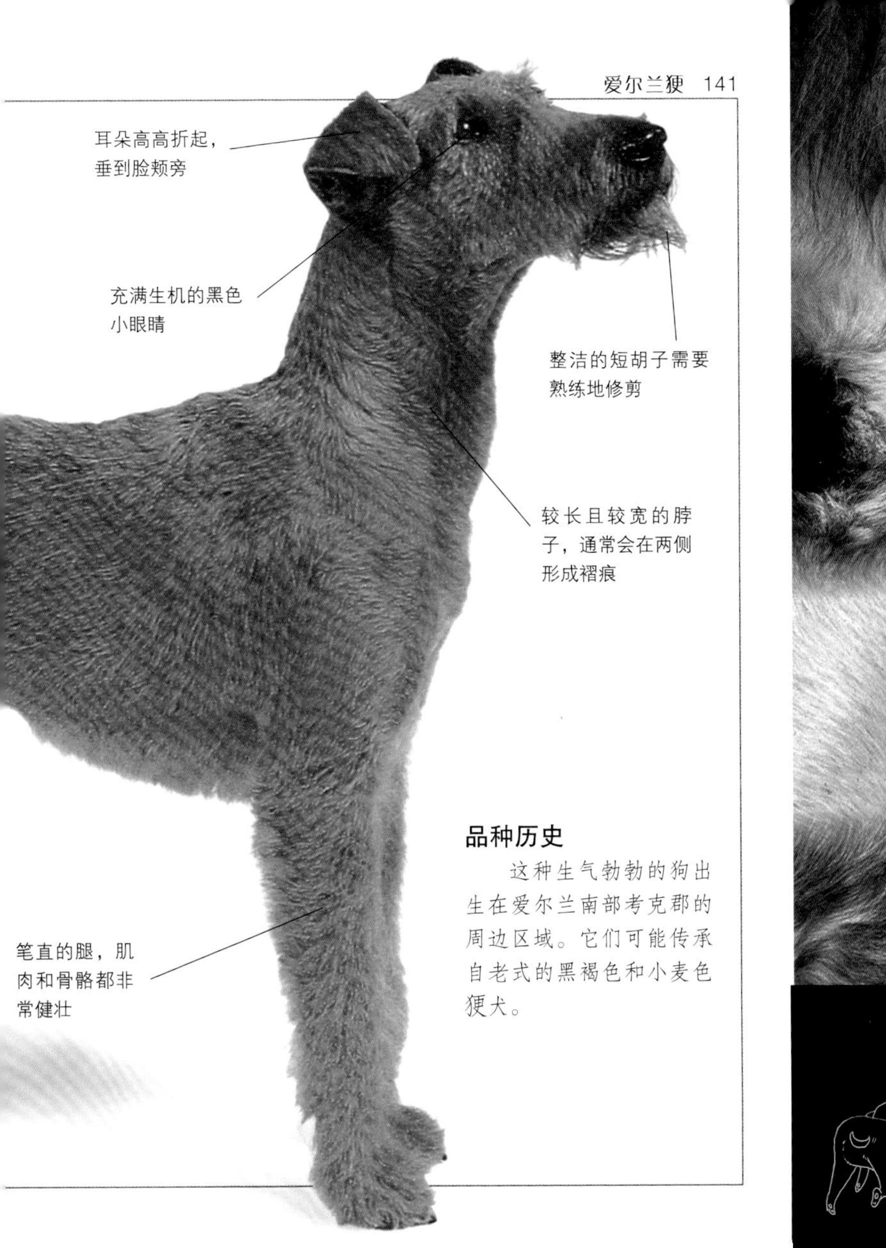

品种历史

这种生气勃勃的狗出生在爱尔兰南部考克郡的周边区域。它们可能传承自老式的黑褐色和小麦色㹴犬。

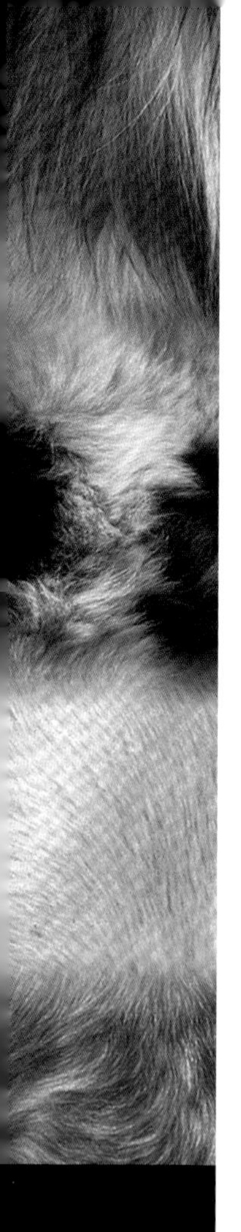

凯利蓝㹴 (Kerry Blue Terrier)

凯利蓝小狗其实生出来的时候是黑色的，在它们9～24个月大的时候毛色才会转成蓝色。总的来说，越早变色，毛色就会越浅。由于没有内层被毛，外层被毛又不会脱落，它们自然也就成为了很好的家庭宠物。不仅如此，凯利蓝㹴还是出色的警卫、耗子捕手、水猎犬，甚至还可以用来放牧和打猎。总之，这可是种全能的小狗！

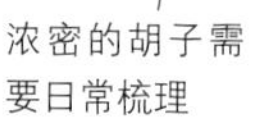

浓密的胡子需要日常梳理

强壮的脖子延伸到倾斜的肩膀

致密的毛发覆盖着小脚

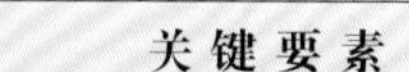

关键要素

起源国： 爱尔兰

起源时间： 18世纪

最初用途： 猎獾/狐，捕鼠

现代用途： 陪伴，实地演练，捕鼠/兔

寿命： 14年

别名： 爱尔兰蓝㹴

体重范围： 15～17 kg(33～37 lb)

身高范围： 46～48 cm(18～19 in.)

品种历史

政府颁布法令声明凯利蓝㹴是爱尔兰的国犬，而凯利蓝㹴的发源地就在凯利郡。到了1922年，这种狗被国际上普遍承认。同时，英国培育者凯茜·海维特（Casey Hewitt）女士制定了这种犬的标准。

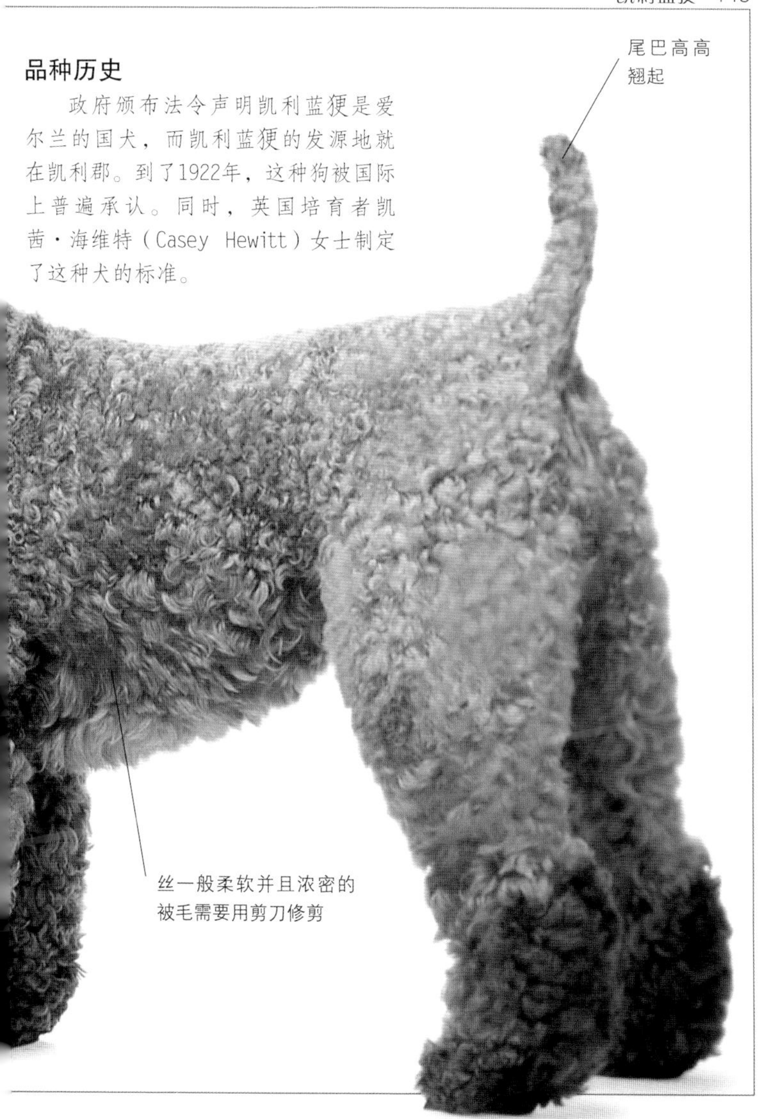

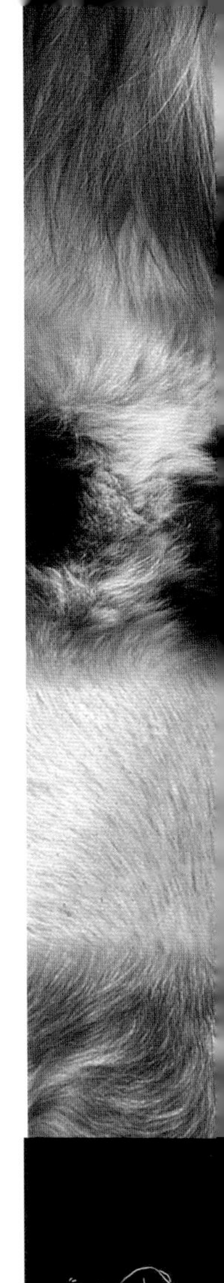

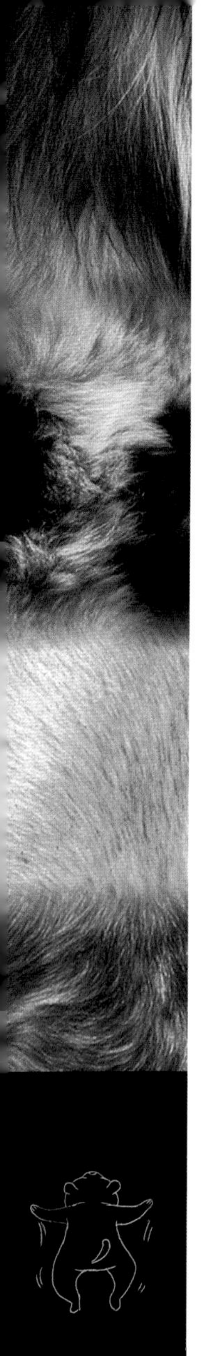

爱尔兰麦色软毛㹴
(Soft-coated Wheaten Terrier)

也许是爱尔兰地区数量最少的㹴犬，麦色㹴近来在加拿大和美国成为了时尚而且欢快的伴侣。爱尔兰软毛㹴的流行是因为它们的多才多艺，这可要归功于很久以前爱尔兰的一条“禁止农民拥有猎犬”的法令。麦色㹴大多看起来都很像“农民”，它们就是为了对抗禁令才被培育出来的。所以，按照㹴犬的标准，最后的结果就是培育出了这种较易驯服的伴侣犬。

关键要素

起源国： 爱尔兰

起源时间： 18世纪

最初用途： 放牧，抓害虫

现代用途： 陪伴

寿命： 13～14年

体重范围： 16～20 kg(35～45 lb)

身高范围： 46～48 cm(18～19 in.)

品种历史

爱尔兰麦色软毛㹴是凯利蓝㹴和爱尔兰㹴的亲戚。在凯利郡和考克郡，它们是地道的本土狗。几个世纪以来，它们一直被用来守卫、赶牲口、放牧和狩猎，完全是种全能的狗。

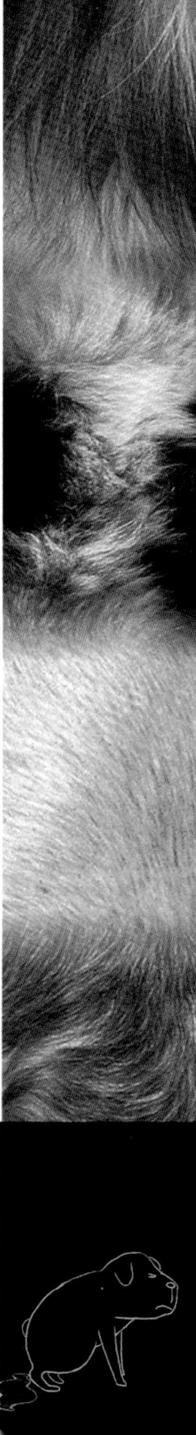

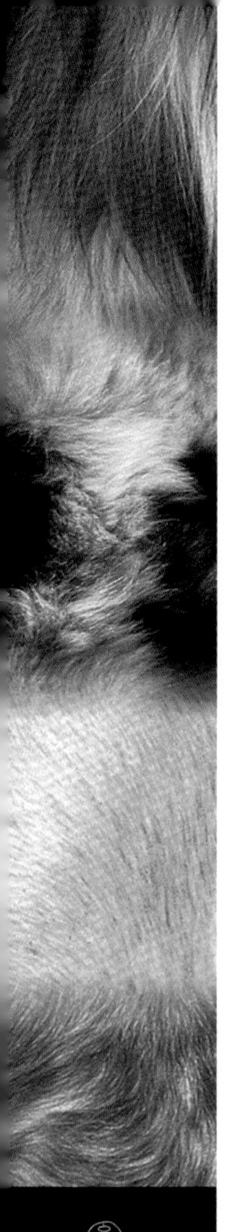

依莫格兰㹴
(Glen of Imaal Terrier)

这是爱尔兰㹴犬中最为稀有的品种，它们和岛上其他的“农民狗”一样有着热情的灵魂。在选择培育改变它们的社交方式之前，它们曾是凶猛的猎狐和猎獾高手。紧凑的体形使它们能够跟踪猎物钻到地下，然后将猎物置于死地。这种狗曾经被用来斗狗。不过英国的斗狗都是在室内场地举行的，而在爱尔兰，这项活动是在露天进行的。1933年，依莫格兰㹴第一次被展出。如今的依莫格兰㹴已经是轻松而又热情的好伙伴了，当然，它们也一样死不悔改地喜欢打架。

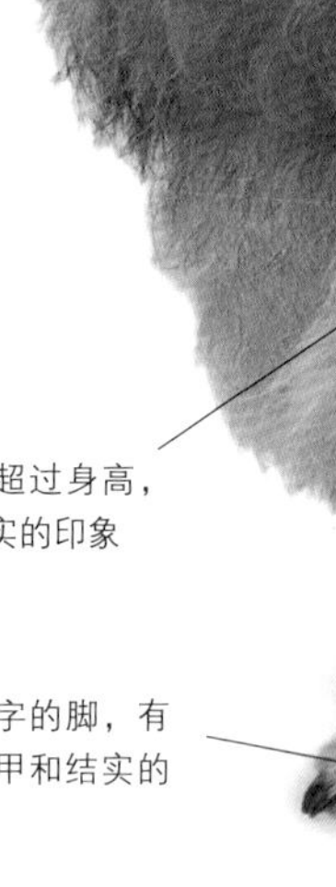

小麦色

蓝色

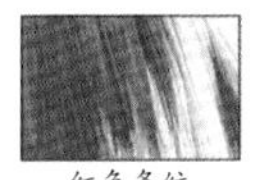
红色条纹

黑色条纹

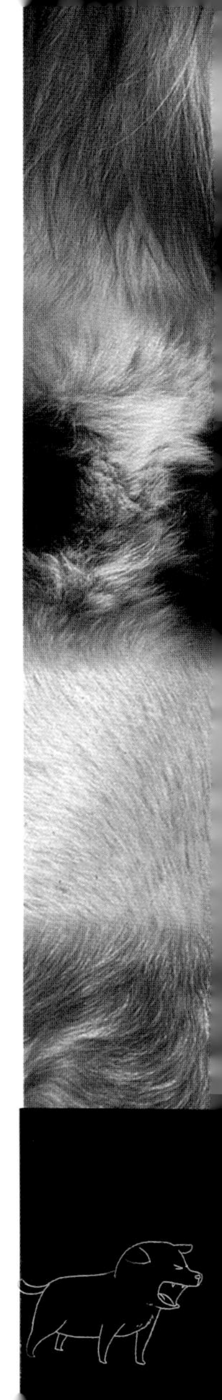

关键要素

起源国： 爱尔兰

起源时间： 18世纪

最初用途： 抓害虫

现代用途： 陪伴

寿命： 13～14年

体重范围： 15.5～16.5 kg(34～36 lb)

身高范围： 35.5～36.5 cm(14 in.)

品种历史

这又是一种不知道来源的狗，它们的名字来自爱尔兰东部威克娄郡的山谷。它们粗犷、结实、适应力强，最适合在爱尔兰幽谷的崎岖地形上猎狐或者猎獾。

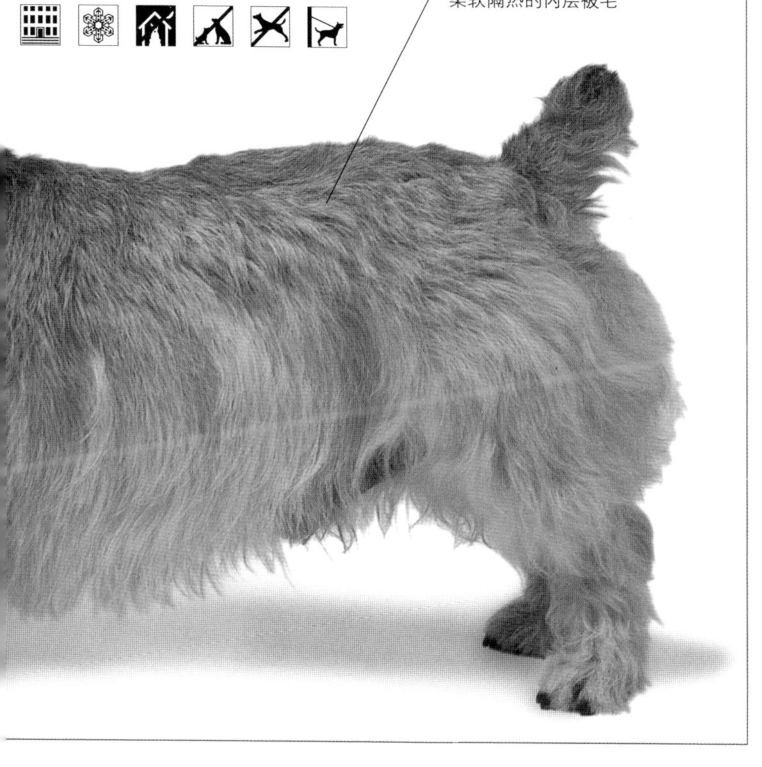

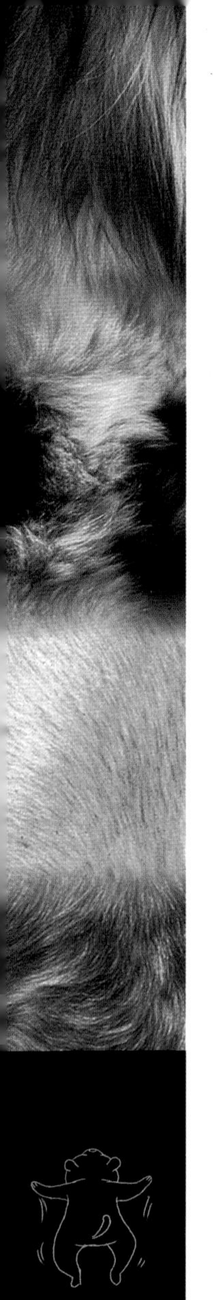

诺福㹴 (Norfolk Terrier)

除了耳朵以外，诺福㹴的外貌、起源、个性以及用途都和罗威士㹴几乎一模一样。诺福㹴是快乐的小狗，尽管它们见到啮齿动物的时候都有㹴类本能式的攻击和捕杀欲望。事实上，和所有的㹴犬一样，我们必须小心地把诺福㹴介绍给小猫，以驾驭它们的本性。强壮、天性良好的诺福㹴是出色的伴侣犬。它们同时还是优秀的警卫犬，会对陌生人或者不寻常的响动吠叫，以提高人们的警惕。无论在城镇还是在乡下，它们都十分快乐。所以，一个后花园就足够满足这个短腿小家伙所有的体能锻炼了。

关键要素

起源国： 英国

起源时间： 19世纪

最初用途： 捕鼠

现代用途： 陪伴

寿命： 14年

体重范围： 5～5.5 kg(11～12 lb)

身高范围： 24.5～25.5 cm(9.5～10 in.)

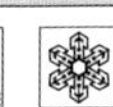

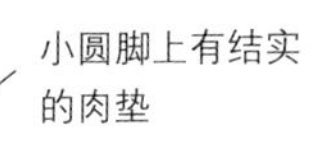

小圆脚上有结实的肉垫

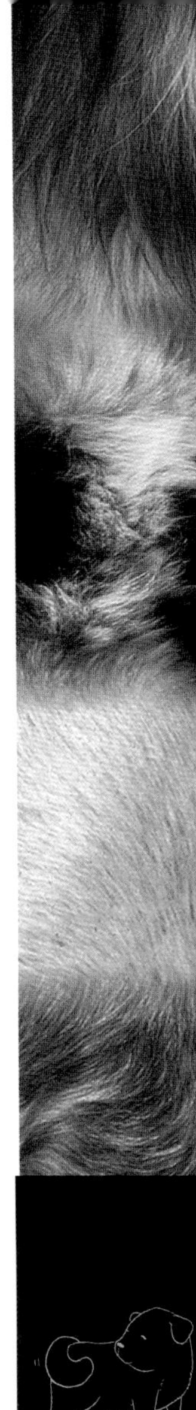

品种历史

从罗威士㹴被认定为一个品种之初，它们就会生出竖耳和垂耳两种狗宝宝。1965年，争论结果最终使垂耳朵的诺福㹴成为了一个独立的品种。

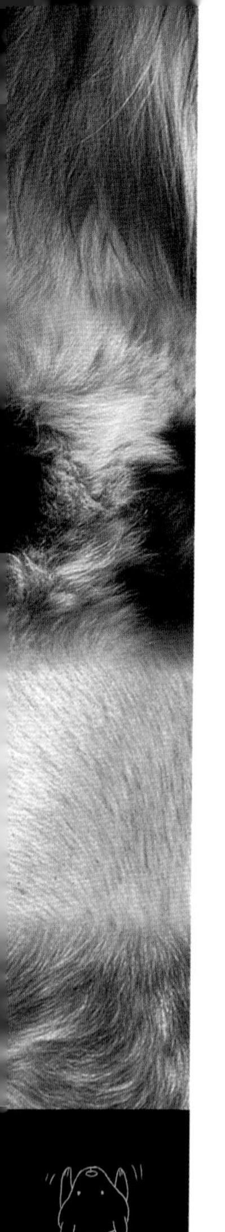

罗威士㹴 (Norwich Terrier)

在那些最小的㹴犬里，罗威士㹴在英格兰东部已经生存了100多年了。19世纪晚期，剑桥大学的学生用它们作为自己的吉祥物，但直到1935年，它们才作为特殊品种得到展出。罗威士㹴坚定地相信自己的重要性，所以它们也很自然地成为了典型的“飞扬跋扈”㹴。然而，它们仍不失为很好的家庭伴侣，并且能和较大的孩子和平相处。相对于绝大多数㹴犬而言，罗威士㹴更容易接受服从训练，并且愿意参与严格的锻炼。很幸运的是，罗威士㹴并没有受到绝大多数严重遗传缺陷的困扰。

关键要素

起源国： 英国

起源时间： 19世纪

最初用途： 捕鼠

现代用途： 陪伴

寿命： 14年

体重范围： 5～5.5 kg(11～12 lb)

身高范围： 25～26 cm(10～10.5 in.)

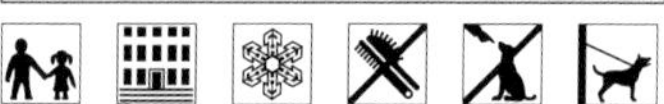

短而紧凑的身体，胸腔较宽

品种历史

在19世纪，曾有一群从爱尔兰㹴进化而来的红色小狗，而罗威士㹴可能就是从这些狗演变而来的。当然，它们也可能是已经消失的特兰平顿㹴(Trumpington Terrier)的后代。

小麦色

红色

黑色/茶色

灰白色

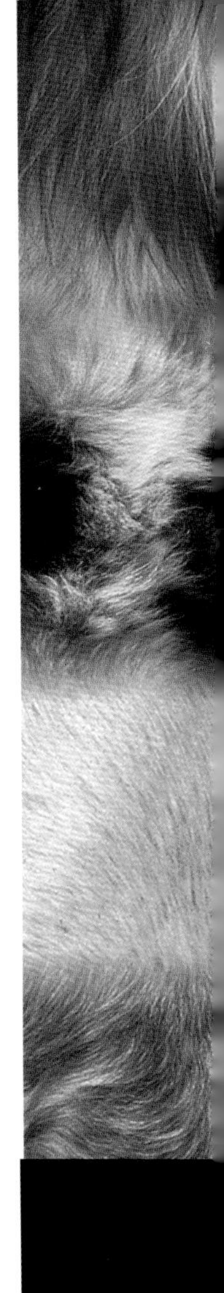

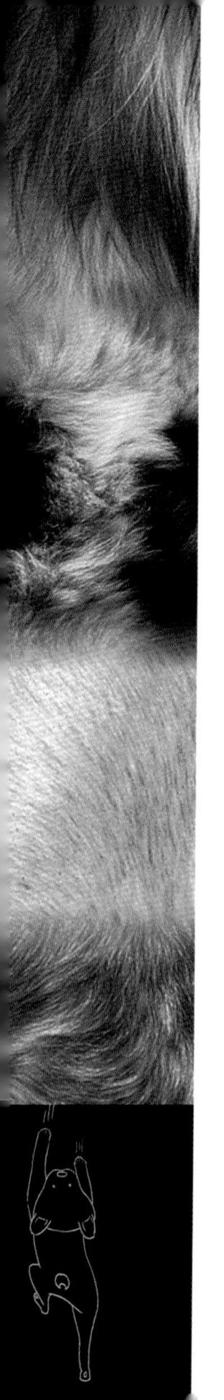

边境㹴 (Border Terrier)

边境㹴——一种并不复杂的纯种㹴犬。相对它们原有的模样，它们的改变微乎其微。边境㹴既有足够小的身材以尾随狐狸进入最狭窄的洞穴，又有足够的快腿来跟上骑马的猎人。它们从未像其他㹴犬一样在狗展上大红大紫，只是默默忠实于自己原有的面貌和职责。耐用的被毛保护着它们不受恶劣天气的伤害；长腿和耐力保证了它们可以适应最严酷的行动需要。边境㹴的顺从性格使它们成为极为优秀的家庭犬。

品种历史

关于这种狗的准确起源已无从知晓，但是有证据表明，在18世纪晚期，这种狗就生活在英格兰和苏格兰的边境。它们当时的形态与现在十分相像。

关键要素

起源国： 英国

起源时间： 18世纪

最初用途： 捕鼠，恐吓巢穴中的狐狸

现代用途： 陪伴，猎人的小跟班

寿命： 13～14年

体重范围： 5～7 kg(11.5～15 lb)

身高范围： 25～28 cm(10～11 in.)

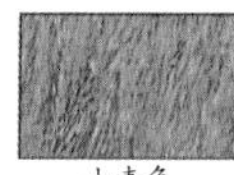
小麦色

茶色/红色

胡椒色

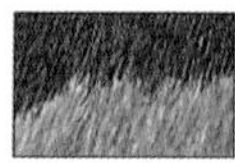
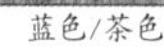
蓝色/茶色

黑眼睛看起来敏锐
并且警觉
V字形小耳朵
粗糙浓密的
顶层被毛
短吻部
后腿上面
坚实的腰
部

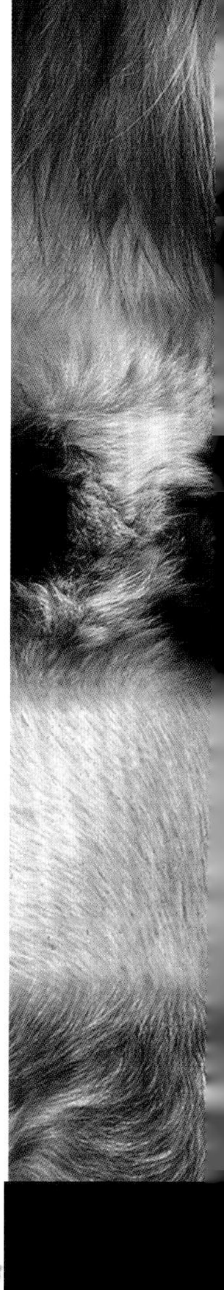

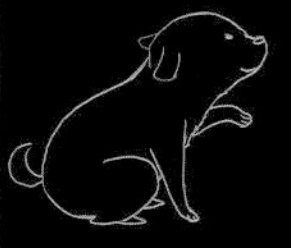

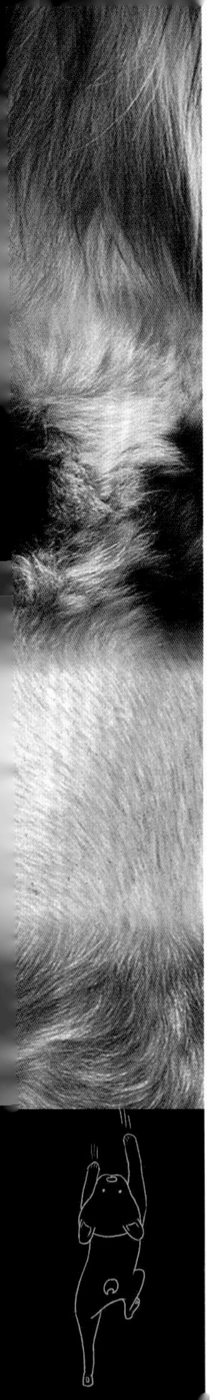

凯恩㹴 (Caim Terrier)

凯恩㹴一直都是英国最受欢迎的㹴犬。当然，这是最近西部高地白㹴和约克夏㹴超过它之前的事情。在20世纪初，培育者们很细心地保留凯恩㹴蓬乱的毛发、结实的身材以及㹴犬的能力。它们无论在城镇还是乡村都是一样的。它们不仅是好的看家之犬，还比其他许多㹴犬都更加容易驯服。不过无论如何，㹴犬的脾气还是没变，雄狗尤其专横霸道，在它们第一次看到小孩子的时候，可得把它们看好了。瑕不掩瑜，凯恩㹴体形小巧、身体健康，而且不太固执，这都使得它们能成为令人愉快的伴侣。

前腿较长

奶油色

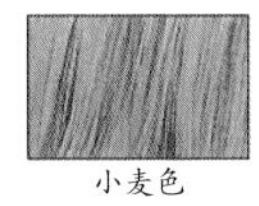

小麦色

近黑色

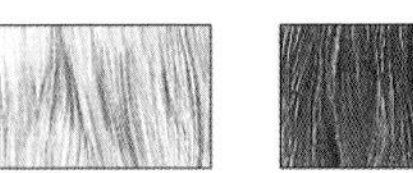

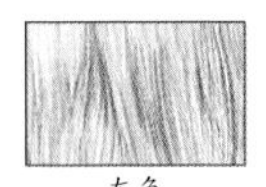

灰色

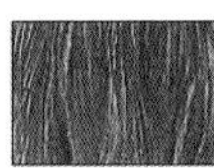

红色

前脚比后脚要大

品种历史

凯恩㹴可能和开岛㹴起源于同一个苏格兰岛屿。自从苏格兰的玛丽女王时代(Mary Queen of Scots)起，凯恩㹴就存在并且被用来搜寻隐藏的狐狸。

关键要素	
起源国：	英国
起源时间：	中世纪
最初用途：	捕鼠，猎狐
现代用途：	陪伴
寿命：	14年
体重范围：	6～7kg(13～16lb)
身高范围：	25～30cm(10～12in.)

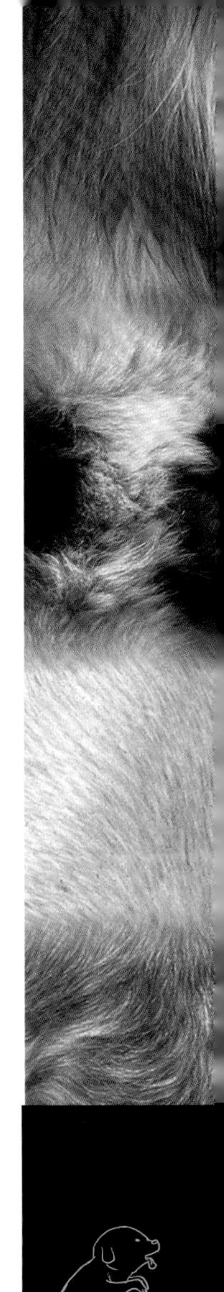

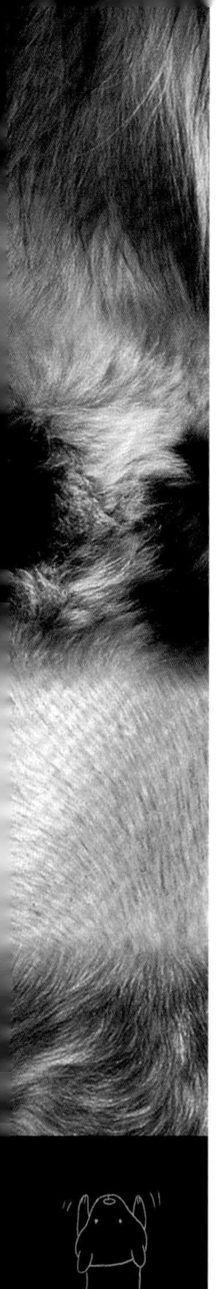

西部高地白㹴

(West Highland White Terrier)

尽管西部高地白㹴和凯恩㹴有着相同的祖先，选择培育还是制造出了两个性格完全不同的品种。高地白㹴（连同苏格兰㹴一起）被全世界的人们所熟知，居然是因为它们在苏格兰威士忌的广告里露了脸。白色对狗而言也是很时尚的颜色，白色象征好运。当然您要是觉得这是胡扯，也可以单纯地认为白色就是干净。这一切的结果就是，高地白㹴在北美、英国、欧洲乃至日本都大受欢迎。要注意的是，这种狗很容易皮肤过敏，并且性情容易激动。它们喜欢人们更多的关注和日常的活动。

顶层被毛为刚毛

关键要素

起源国：英国

起源时间：19世纪

最初用途：捕鼠

现代用途：陪伴

寿命：14年

体重范围：7～10 kg(15～22 lb)

身高范围：25～28 cm(10～11 in.)

品种历史

凯恩㹴有时会生出白色的小狗。苏格兰的马尔科姆(Malcolm)家族便利用这些狗，培育出了在苏格兰沼泽也很显眼的狗。

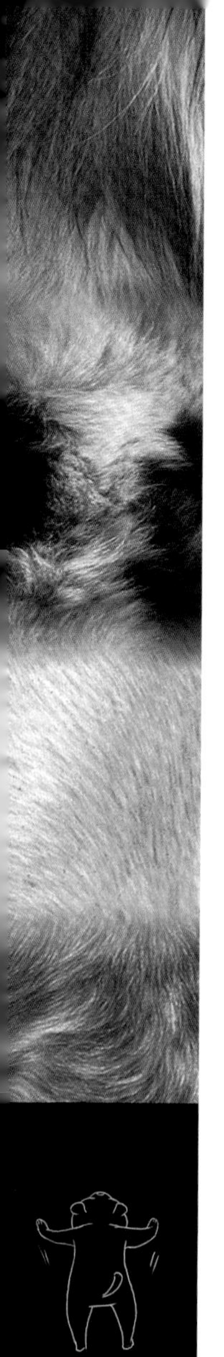

开岛㹴 (Skye Terrier)

几个世纪以来，开岛㹴一度是苏格兰和英格兰皇室最喜欢的狗，并且广受欢迎。据说，苏格兰最著名的狗——格雷费里尔(Greyfriar，位于苏格兰的爱丁堡)小狗波比就是开岛㹴。19世纪中期，在它的主人死去14年后，尽管又有了温暖的家，它还是会逃出来，每天光顾主人生前最爱的咖啡馆，直到最后自己死去。于是，人们在苏格兰爱丁堡格雷费里尔的教堂附近修建了一座雕像，以表达对这只狗的怀念。当开岛㹴被激怒的时候，脾气会很暴躁，可能不适合和孩子在一起，但是开岛㹴极为忠诚。

品种历史

这种毛发极长的小狗是根据它们家乡苏格兰赫布里底(Hebridean)岛的名字而命名的。有个时期，它们甚至被用于猎水獭、猎獾并且追踪黄鼠狼。现在它们作为一种很讨人喜欢的伴侣犬，很适合城市生活。

关键要素

起源国： 英国

起源时间： 17世纪

最初用途： 捕猎小型猎物

现代用途： 陪伴

寿命： 13年

体重范围： 8.5～10.5 kg(19～23 lb)

身高范围： 23～25 cm(9～10 in.)

丰富的顶层被毛又长又直

奶油色
黄灰色
灰色
黑色
眼睛被毛盖住
黑色的鼻子上有两个宽大的鼻孔

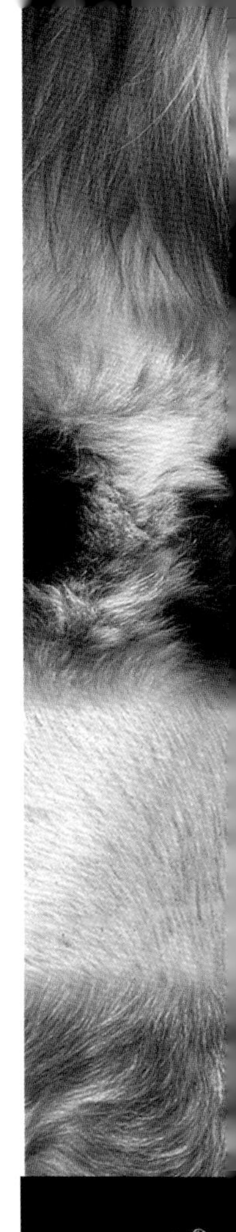

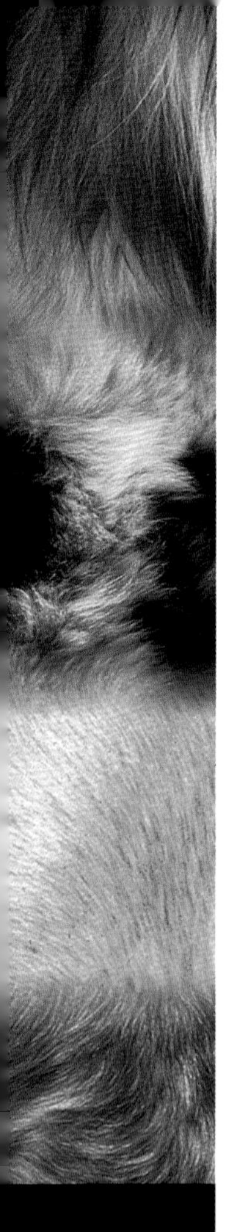

苏格兰㹴 (Scottish Terrier)

这种结实、安静甚至阴郁的狗在北美始终要比在英国受欢迎。美国前总统弗兰克林·德拉诺·罗斯福经常和他挚爱的小苏格兰㹴法拉(Fala)一起散步。而沃尔特·迪斯尼的经典动画《小姐与流浪汉》也使得这种狗的绅士形象成为不朽。苏格兰㹴比较含蓄，对人有些冷淡，但是这并不妨碍它们成为良好的伴侣犬，它们甚至还是出色的守护神！

眉毛很长，很有特点

又厚又硬的顶层被毛，柔软的内层被毛

关键要素

起源国： 英国

起源时间： 19世纪

最初用途： 捕猎小型哺乳动物

现代用途： 陪伴

寿命： 13～14年

别名： 阿伯丁㹴(Aberdeen Terrier)

体重范围： 8.5～10.5 kg(19～23 lb)

身高范围： 25～28 cm(10～11 in.)

品种历史

如今的苏格兰㹴可能都是来自苏格兰西部岛屿的狗的后代。那些狗曾在19世纪中期的阿伯丁(Aberdeen)进行过选择培育。

小麦色

红色条纹

黑色

黑色条纹

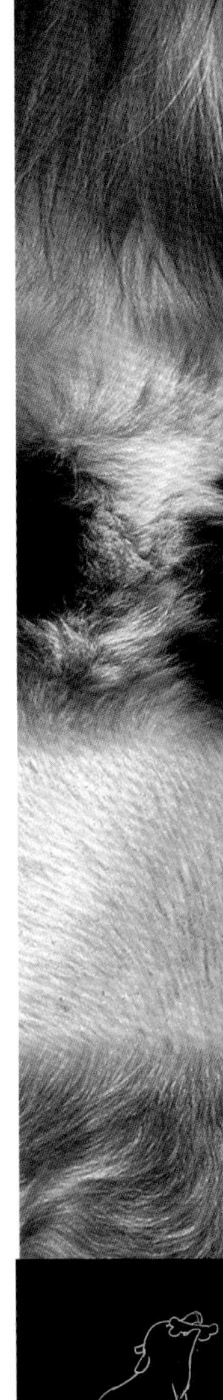

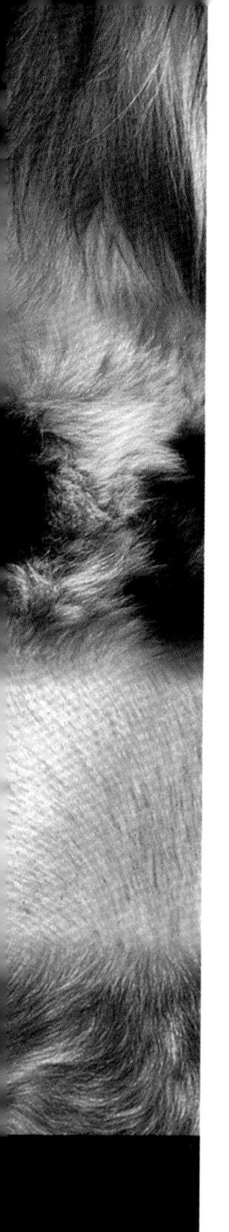

短脚狄文㹴

(Dandie Dinmont Terrier)

尽管对于短脚狄文㹴的起源有着多种多样的推测：开岛㹴、贝林登㹴、老式苏格兰㹴，甚至是奥达猎犬或者佛兰德斯的巴塞特种。不过，有一件事是肯定的，它们并不像别的㹴那样“杀无赦”。尽管它们的叫声又粗又低，激动的时候也会打架，但确实是一个易驯服的品种。它们既不吵闹，也不暴躁，是一种很随和的家养狗，无论和成人还是孩子都很容易相处。它们十分忠诚，是很好的警卫犬。尽管它们喜欢大量的运动，不过家里和后院的场地就能满足它们啦！可惜的是，由于它们的背很长，爪子却很短，所以它们经常会因一些无脊椎动物(小虫)的骚扰而痛苦。

关键要素

起源国： 英国

起源时间： 17世纪

最初用途： 捕鼠，猎獾

现代用途： 陪伴

寿命： 13～14年

体重范围： 8～11 kg(18～24 lb)

身高范围： 20～28 cm(8～11 in.)

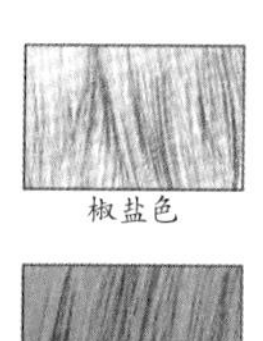
椒盐色

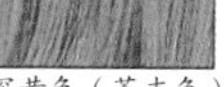
深黄色（芥末色）

尾巴上有坚韧的毛

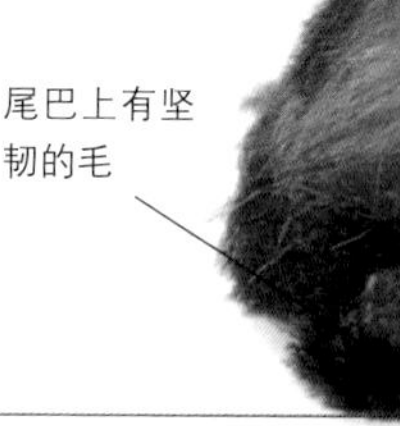

品种历史

从一些绘画中，我们不难发现短脚狄文㹴早在有名字之前就一直是贵族们的挚爱。不过，很奇怪的是，后来人们以沃尔特·司各特爵士(Sir Walter Scott)的小说《盖·曼纳令》(Guy Mannering)里的一位乡绅的名字来命名它们。也许只有在苏格兰南部的一些吉卜赛狗里才能找到它们古老的源头。

脖子十分粗壮有力

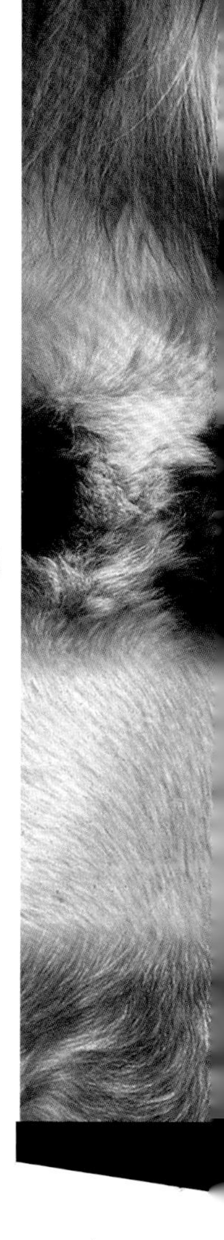

贝林登㹴 (Bedlington Terrier)

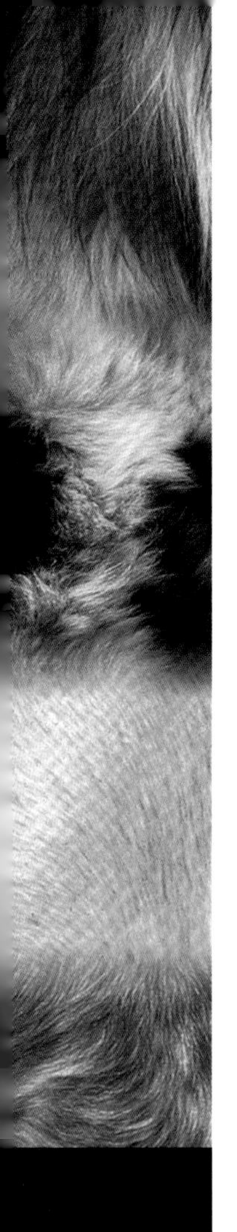

传说惠比特猎犬、奥达猎犬和短脚狄文造就了这个独特的品种。当然，贝林登那种“搜索并毁灭”的欲望被一身“羊皮”藏了个结结实实。这种不寻常的狗也许看上去像头小羊，但它们仍保留了㹴犬那种需要精神刺激的本能。如果贝林登没有得到足够运动的话，被憋坏的它们也同样具有破坏力。

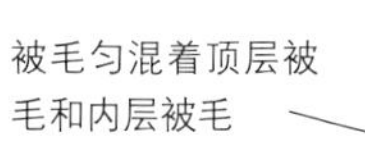

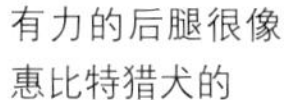

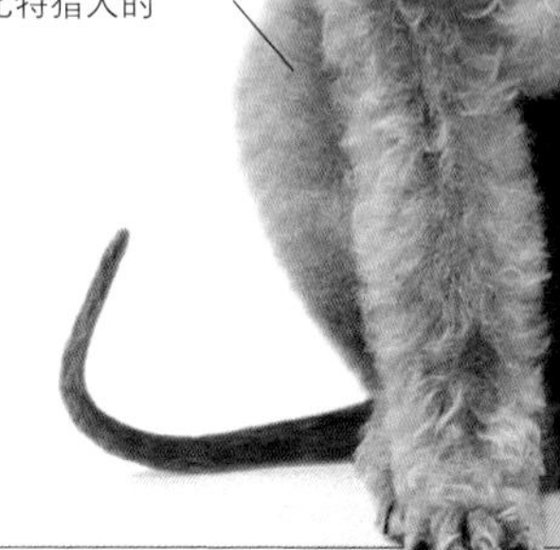

关键要素

起源国： 英国

起源时间： 19世纪

最初用途： 捕鼠，猎獾

现代用途： 陪伴

寿命： 14～15年

别名： 罗斯伯里㹴((Rothbury Terrier)

体重范围： 8～10 kg(17～23 lb)

身高范围： 38～43 cm(15～17 in.)

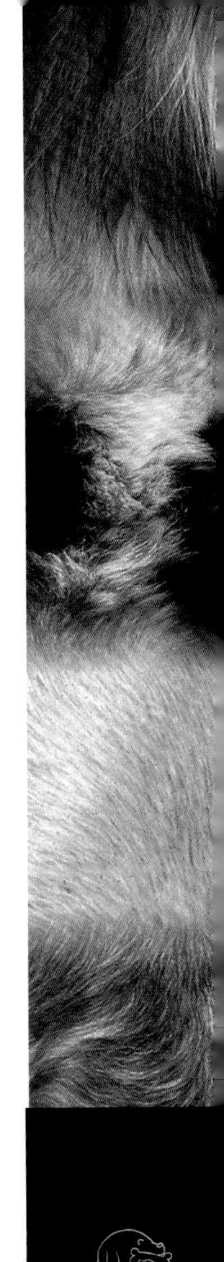

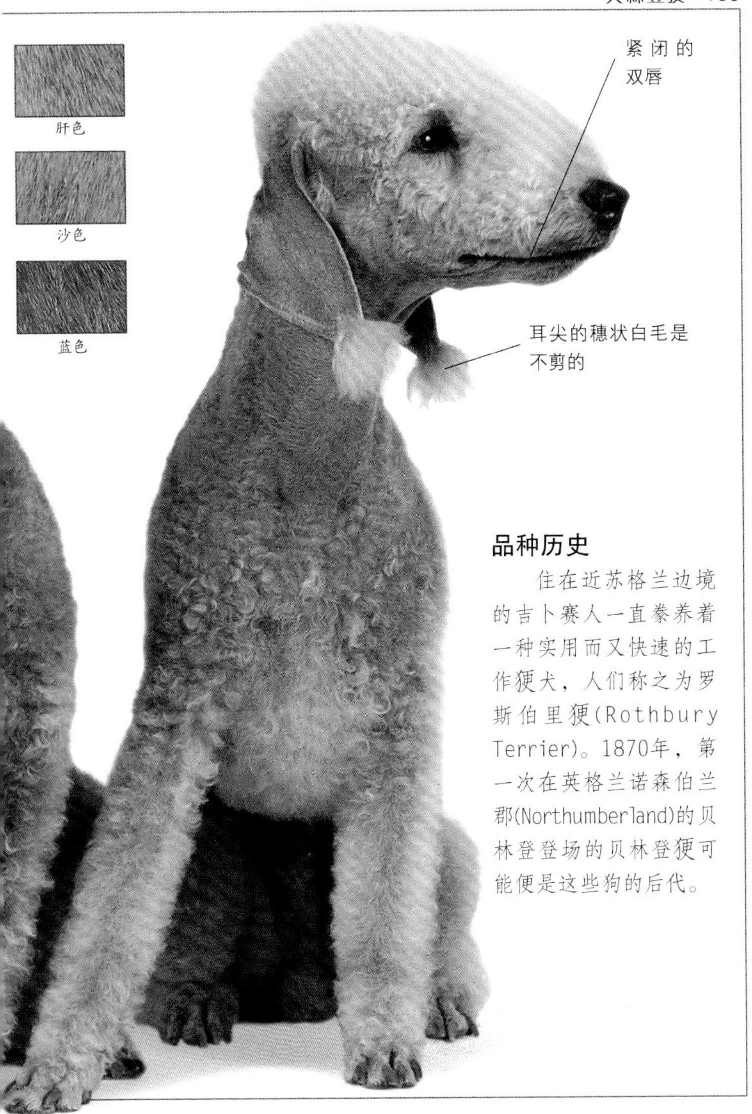

肝色

沙色

蓝色

品种历史

住在近苏格兰边境的吉卜赛人一直豢养着一种实用而又快速的工作㹴犬，人们称之为罗斯伯里㹴(Rothbury Terrier)。1870年，第一次在英格兰诺森伯兰郡(Northumberland)的贝林登登场的贝林登㹴可能便是这些狗的后代。

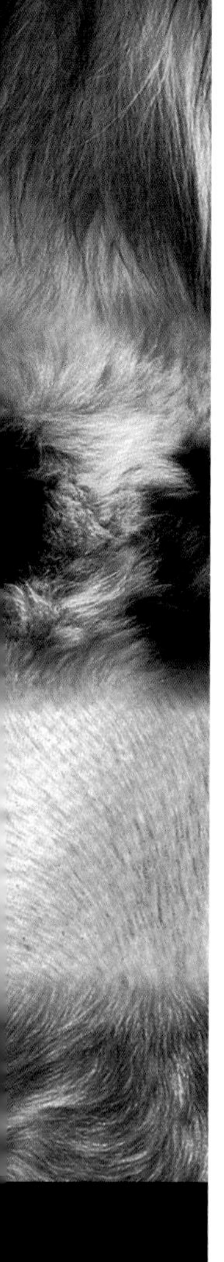

西里汉㹴 (Sealyham Terrier)

尽管不再被用作其本来的用途，西里汉㹴仍是张扬、独立而又引人注目的伴侣犬；它们还是独特的展出犬。它们喜欢在自己的领地上攻击獾或者水獭，对别的狗也常有敌意，由此可推断其起源。甚至作为伴侣犬，在经过了近一个世纪的培育后，仍然需要有力而又有经验的管束(特别是雄性)。到了20世纪30年代，西里汉㹴已经成为了极受欢迎的狗，尤其在北美地区。如今，它们在英语国家以外的地区几乎无人知晓，甚至在自己的发源地也不怎么常见了。

品种历史

西里汉㹴是通过几种不同的㹴犬的选择培育才得到的品种。这也创造了一流的猎獾和水獭的高手。它们很乐意在地面和水中的洞穴中工作。

十分有力的大腿

展览时，坚韧的长毛需要专家的护理

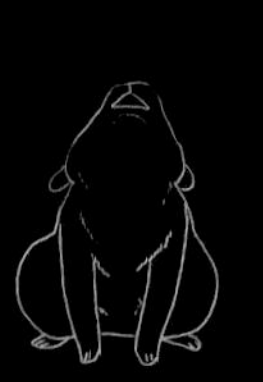

关键要素

起源国： 英国

起源时间： 19世纪70年代

最初用途： 猎獾/水獭

现代用途： 陪伴

寿命： 14年

体重范围： 8～9 kg(18～20 lb)

身高范围： 25～30 cm(10～12 in.)

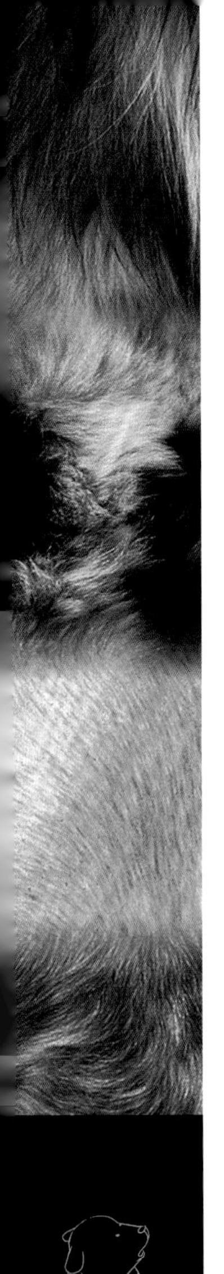

短毛猎狐㹴

(Smooth Fox Terrier)

英格兰每个村都曾有自己的猎狐㹴。短毛猎狐㹴的身上不仅混杂着比格的血脉，可能还留有已经灭绝的白色柴郡㹴和斯洛普郡㹴的基因。短毛猎狐㹴一度是经典的工作犬，但如今它们首先是固执己见、引人注目的伴侣犬。只要坚持，这种喜欢运动的狗还是可以被驯服的。离开绳索活动的快乐和灵巧使它们更适合生活在乡村。

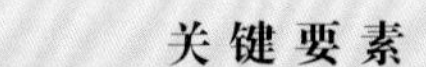

关键要素

起源国：英国

起源时间：18世纪

最初用途：驱赶狐狸，抓害虫

现代用途：陪伴

寿命：13～14年

体重范围：7～8 kg(16～18 lb)

身高范围：38.5～39.5 cm(15 in.)

白色

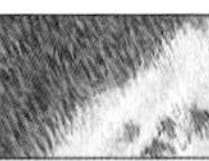

白色/茶色

黑色/茶色

紧凑的圆脚

品种历史

有一个时期，所有钻到地下追踪狐狸的狗都被称作猎狐㹴。直到1850年，受控制的繁殖培育开始，这才出现了我们今天所见的这种狗。

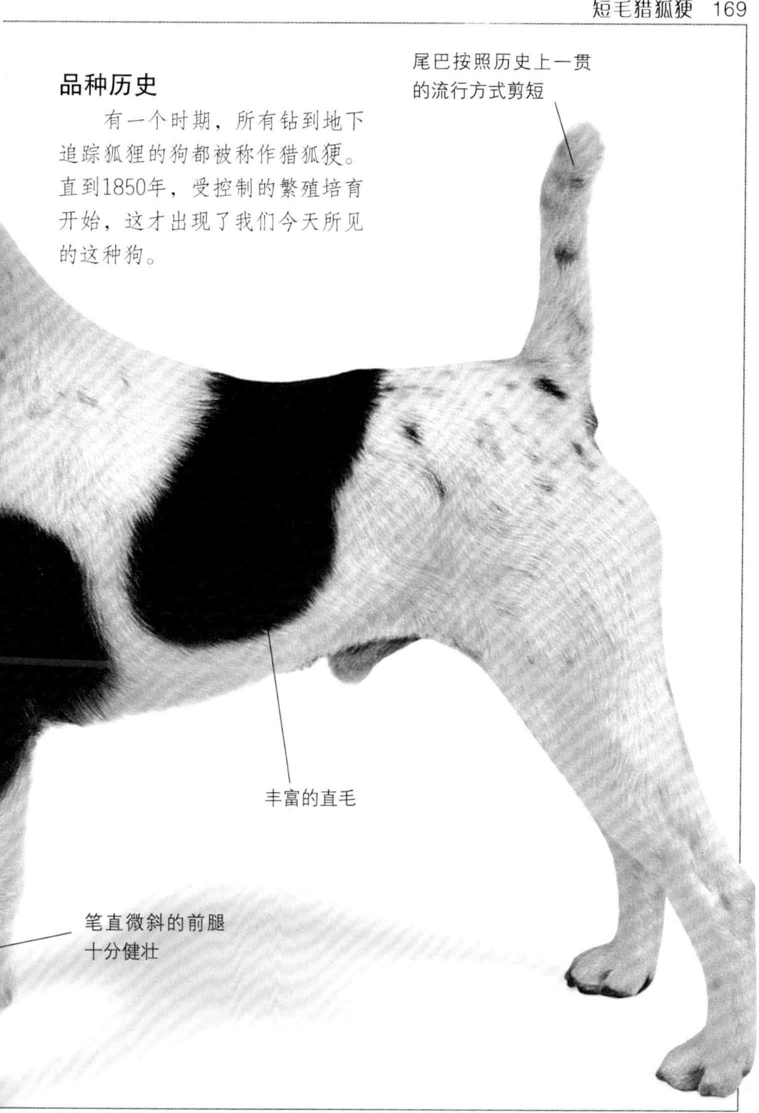

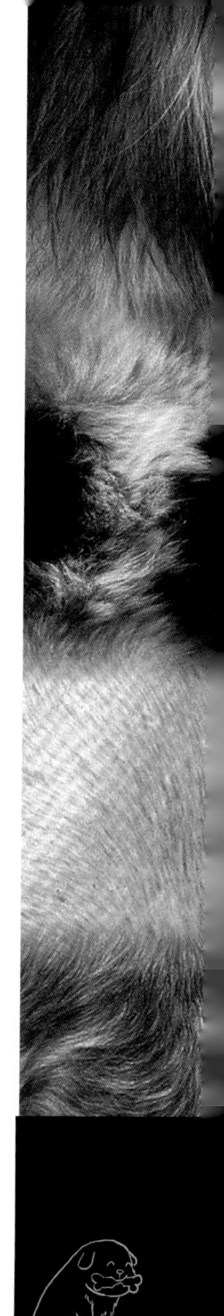

刚毛猎狐㹴 (Wire Fox Terrier)

相比它们的软毛亲戚，刚毛猎狐㹴要更受欢迎一些。直到19世纪70年代，刚毛猎狐㹴才首次出现在狗展上，比它们的亲戚晚了20年。这是一种周期性受宠的狗。在20世纪30年代，它们曾是很时髦的狗，不过之后就销声匿迹了。直到最近，刚毛猎狐㹴又被当作“经典”的英国品种而再度浮出水面。刚毛猎狐㹴并不善于在人们面前流露自己，它们倔强，甚至有些暴躁。这么多年来，它们乐于“挖洞”的本能仍没有消失。不仅如此，它们很乐于向别的狗挑战并打个不可开交。白色的个体可能容易受到耳聋的困扰。

致密、坚韧的被毛

白色

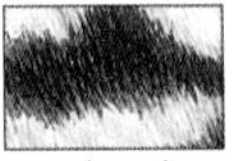
白色/黑色

白色/茶色

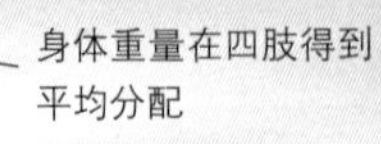

品种历史

英国煤炭矿区曾有一种现已灭绝的刚毛㹴，很可能就是刚毛猎狐㹴的祖先。它们是具备㹴类犬特征的典型。

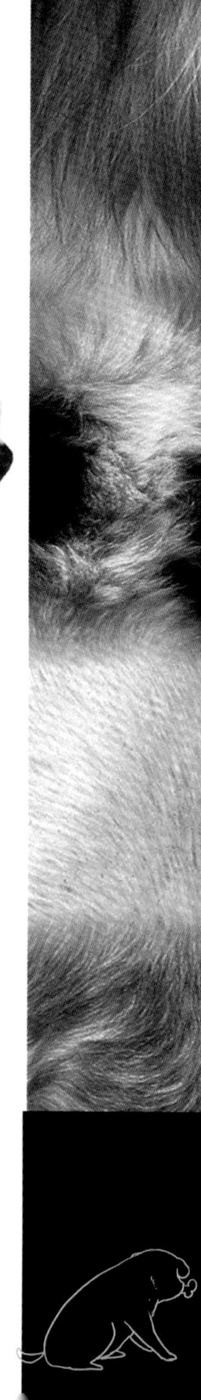

关键要素

起源国： 英国

起源时间： 19世纪

最初用途： 驱赶狐狸，捕杀小型哺乳动物，猎兔。

现代用途： 陪伴

寿命： 13～14年

体重范围： 7～8 kg(16～18 lb)

身高范围： 38.5～39.5 cm(15 in.)

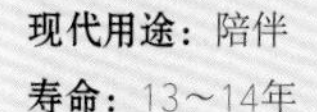

帕森杰克拉希尔㹴
(Parson Jack Russell Terrier)

这是英国最著名的乡村㹴犬——杰克拉希尔㹴的一个较少见的版本。帕森杰克拉希尔㹴满足了它最初的培育者的要求，拥有长腿，能跟上马背上的猎人。培育这个品种的杰克·拉希尔牧师喜欢刚毛的狗；如今，软毛和刚毛的狗都是容许的，而且同样受欢迎。这种健壮活泼的小狗是很好的伴侣犬，不过它们必须得到日常的锻炼。

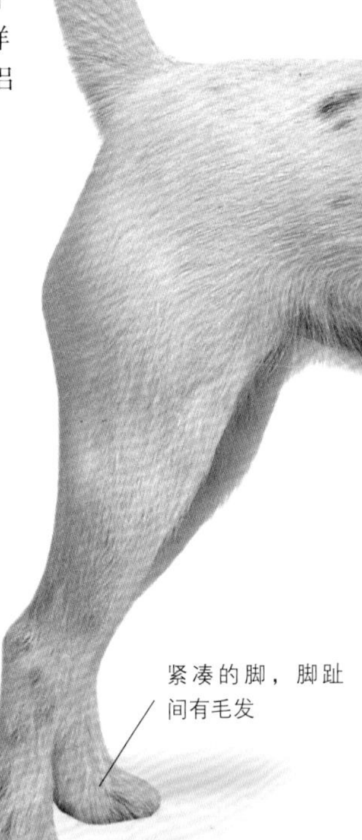

关键要素

起源国： 英国

起源时间： 19世纪

最初用途： 狩猎，追赶狐狸

现代用途： 陪伴

寿命： 13～14年

体重范围： 5～8 kg(12～18 lb)

身高范围： 28～38 cm(11～15 in.)

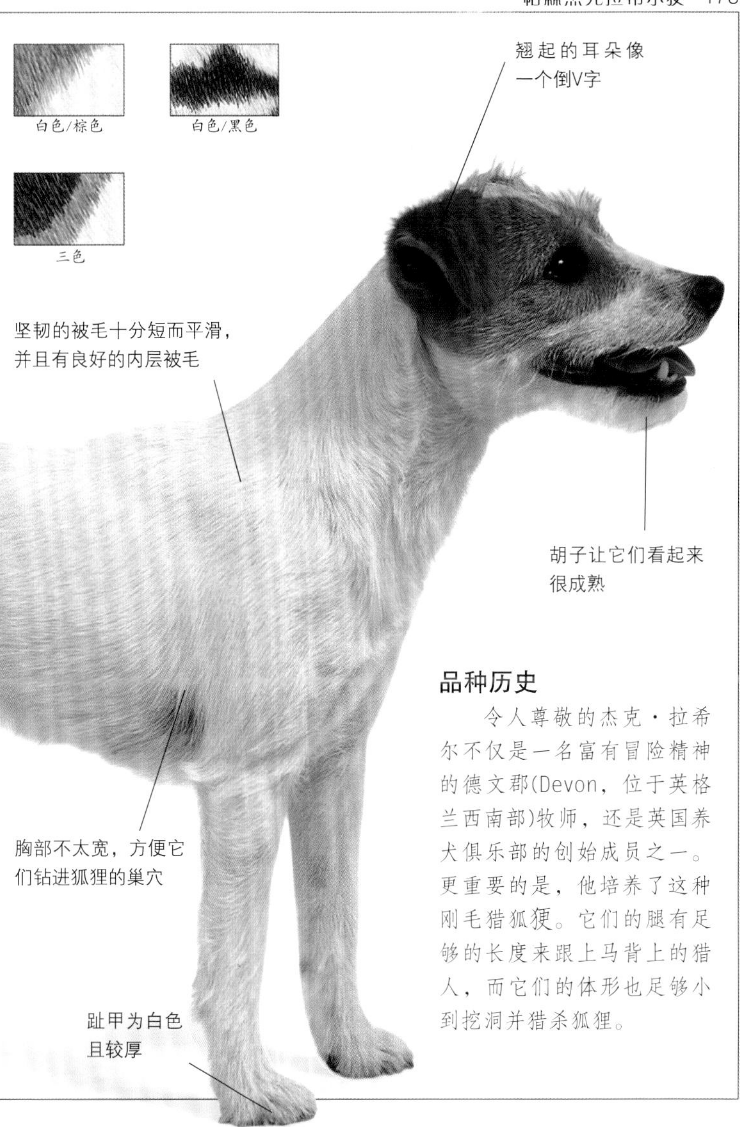

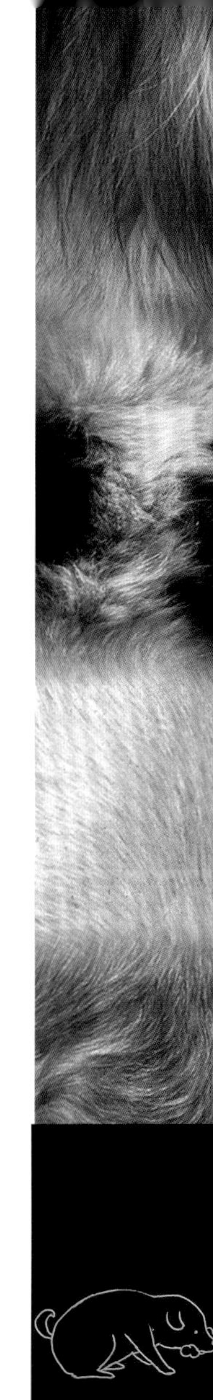

品种历史

令人尊敬的杰克·拉希尔不仅是一名富有冒险精神的德文郡(Devon，位于英格兰西南部)牧师，还是英国养犬俱乐部的创始成员之一。更重要的是，他培养了这种刚毛猎狐㹴。它们的腿有足够的长度来跟上马背上的猎人，而它们的体形也足够小到挖洞并猎杀狐狸。

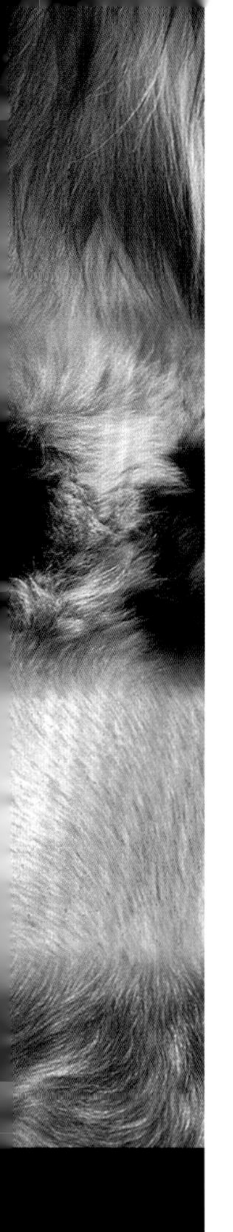

杰克拉希尔㹴

(Jack Russell Terrier)

活跃、精力旺盛、爱扎堆儿的杰克拉希尔㹴就是一个多动的小肌肉棒子。这种在城镇和乡村都很受欢迎的小狗不仅有些暴躁，而且对任何移动的物体都有攻击性(当然也包括人)。不过它们十分有趣，而且在绝大多数场合下，它们对家人和陌生人都有无法抗拒的热情。

又长又尖的吻部，上面有黑亮的鼻子和黑色的嘴唇

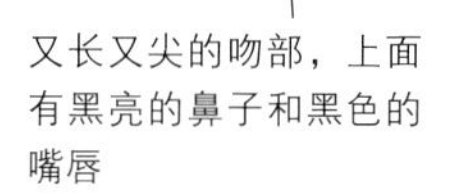

相对较窄的胸部

关键要素

起源国：英国

起源时间：19世纪

最初用途：捕鼠

现代用途：陪伴，捕鼠

寿命：13～14年

体重范围：4～7 kg(9～15 lb)

身高范围：25～26 cm(10～12 in.)

品种历史

除了腿更短一些、外观更多样一些外，这种在英国极有人气的小狗和帕森杰克拉希尔几乎一模一样。由于它们原本是被培养成老鼠杀手的，因此它们杀手的本能始终被保留着。

白的/棕色

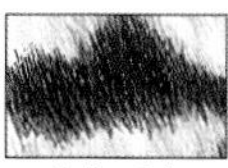
白色/黑色

三色

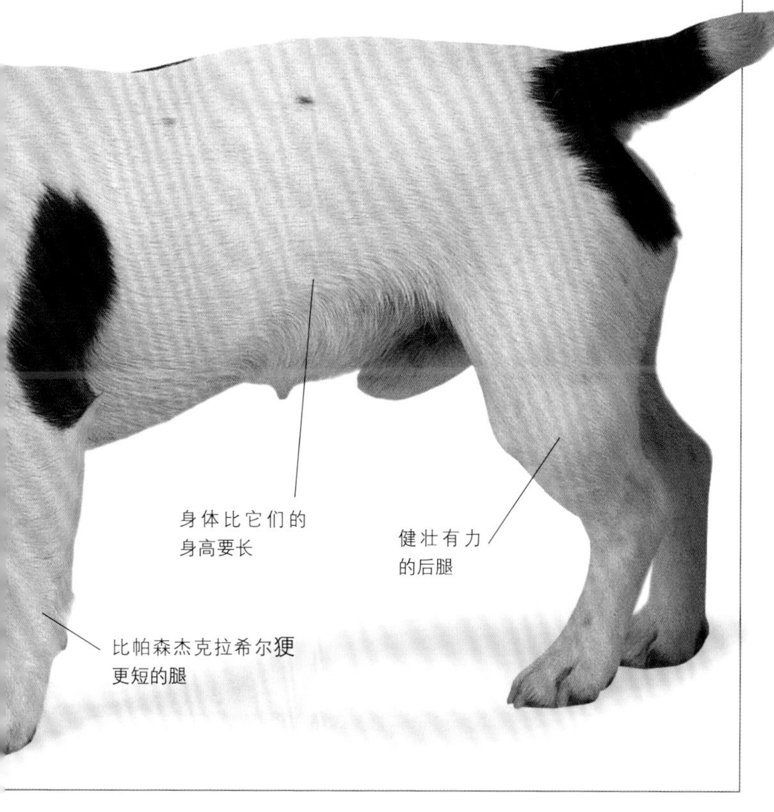

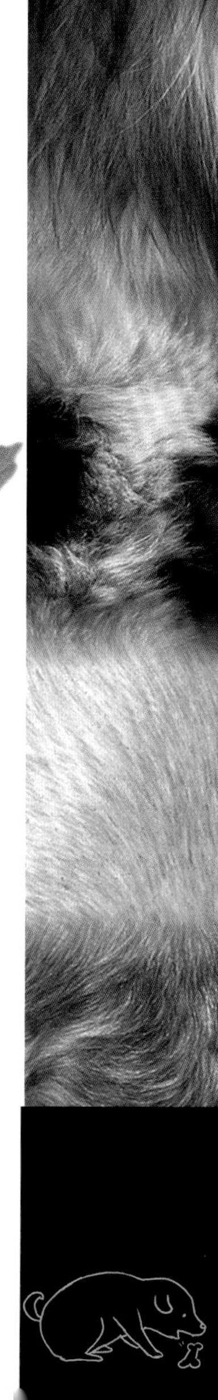

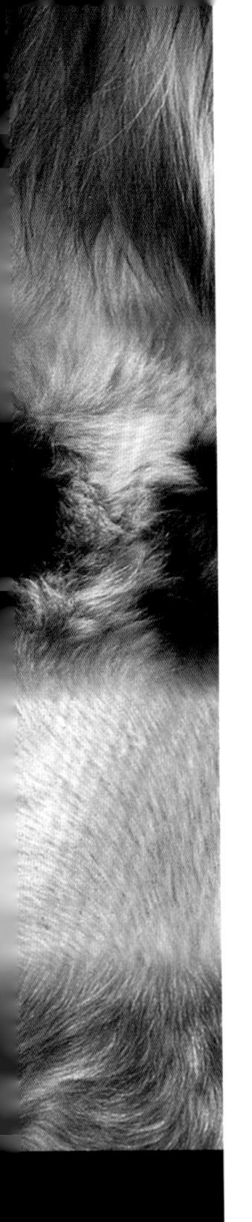

曼彻斯特㹴 (Manchester Terrier)

大约在100年前，这种光滑、矫健的狗受欢迎的程度达到了顶峰，那时候人人都知道它们是“英国绅士的㹴犬”。在被带到北美和德国后，人们错误地相信是它们把一身黑色和褐色的皮毛借给了多伯曼犬。当诱鼠不再盛行的时候，曼彻斯特㹴也开始走下坡路。而关于剪耳的禁令更减少了人们对它们的热情，以至于培育者们不得不花上点时间来创造它们V字形的垂耳朵。尽管曼彻斯特㹴是个急性子，它们仍然是善良、活泼、健壮的伴侣。

关键要素

起源国： 英国

起源时间： 16世纪

最初用途： 捕鼠，猎兔

现代用途： 陪伴

寿命： 13～14年

别名： 黑褐㹴(Black-and-tan Terrier)

体重范围： 5～10 kg(11～22 lb)

身高范围： 38～41 cm(15～16 in.)

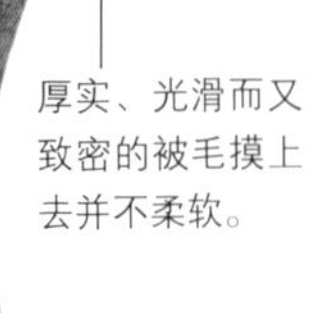

厚实、光滑而又致密的被毛摸上去并不柔软。

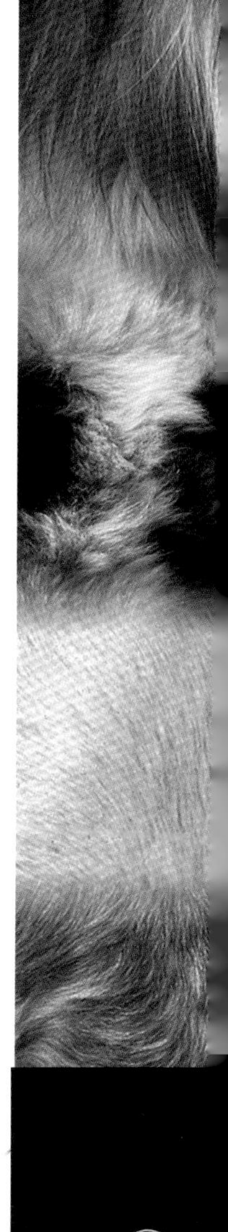

品种历史

在英国，有一种黑褐色的“害虫杀手”㹴已经生活了好几百年了。19世纪，一名来自英格兰曼彻斯特的培育者——约翰·赫姆(John Hulme)，被委任来将这些㹴犬和惠比特猎犬杂交，从而创造出了这种轻盈、灵巧并且有力的捕鼠和捕兔能手。在一段时间的盛行之后，曼彻斯特㹴现在已经很少见了。

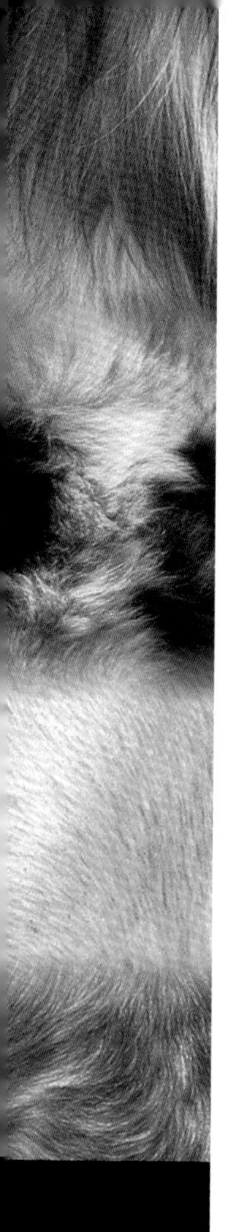

英国玩具㹴 (English Toy Terrier)

英国玩具㹴遗传自矮小的曼彻斯特㹴。即便在它们的发源地，这也是一种相对较为稀有的㹴犬。也许是将意大利灵猩的血脉注入了进来，这使它们的体形得到了稳定，当然它们的背部也变得有些轻微弧度甚至拱起。不过它们的脾气可是100%的㹴犬脾气。培育已经经过了许多个阶段，并着重培养它们的小体形、拱起的背或者烛焰形的耳朵，现在已经比较稳定了。从世界范围来说，这种欢快的小狗可能不会像与它们很相似的迷你杜宾犬那么受欢迎了，不过无论如何，它们都是快乐的伙伴，尤其适合生活在城市。

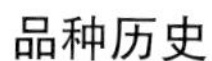

品种历史

在100多年前，这种狗出现的时候曾引起了轰动。但在一段时期，它们也曾饱受健康问题的困扰。培育者们着重改进它们的体质和外观。

著名的“烛焰”耳朵微微有点尖

楔形的脑袋又长又窄；颅骨较平

胸部很窄但是较深；前腿精瘦、笔直

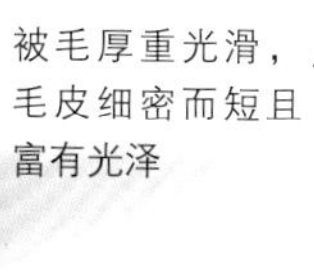

被毛厚重光滑，毛皮细密而短且富有光泽

关键要素

起源国： 英国

起源时间： 19世纪

最初用途： 捕鼠，猎兔

现代用途： 陪伴

寿命： 12～13年

别名： 黑褐玩具㹴(Black-and-tan Toy Terrier)，曼彻斯特玩具㹴(Toy Manchester Terrier)

体重范围： 3～4 kg(6～8 lb)

身高范围： 25～30 cm(10～12 in.)

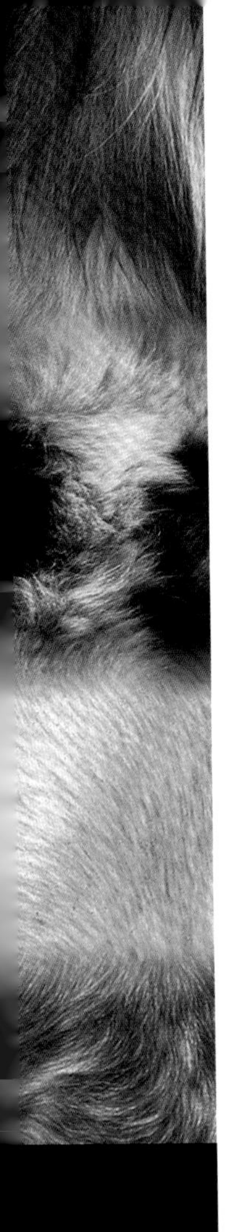

牛头㹴 (Bull Terrier)

综合了斗牛犬的力量和㹴犬的灵巧，便创造出这种终极的斗犬——牛头㹴。最早的培育者詹姆斯·欣克斯(James Hinks)钟情于白色的牛头㹴。他在选择培育的过程中，为了选择颜色，不知不觉也把耳聋、皮肤病、炎症和心脏病一起给继承了下来。颜色更深的㹴得这些病的几率要小得多，不过，先天性肾衰竭仍可能会发作。牛头㹴相比其他㹴犬兄弟来说，不太喜欢撕咬，对人类也很友好。不过，一旦被它咬到的话，伤势也会很可观，因为它们咬上了就不会轻易松口。

头部从颅骨顶端向下到鼻尖呈弯曲状

胸部极宽，肋骨外展很好

紧凑的圆脚，脚趾很干净

关键要素

起源国： 英国

起源时间： 19世纪

最初用途： 斗狗，陪伴

现代用途： 陪伴

寿命： 11～13年

别名： 英国牛头㹴(English Bull Terrier)

体重范围： 24～28 kg(52～62 lb)

身高范围： 53～56 cm(21～22 in.)

白色

浅黄褐色

红色

三色

黑色条纹

品种历史

牛头㹴由英格兰伯明翰的詹姆斯·欣克斯培育而成。他利用斗牛犬和现已灭绝的英格兰白㹴交配，创造出了一种在斗狗场和狗展上都令人炫目的一种狗。欣克斯所喜爱的白㹴其实也一直是时尚的伴侣犬。

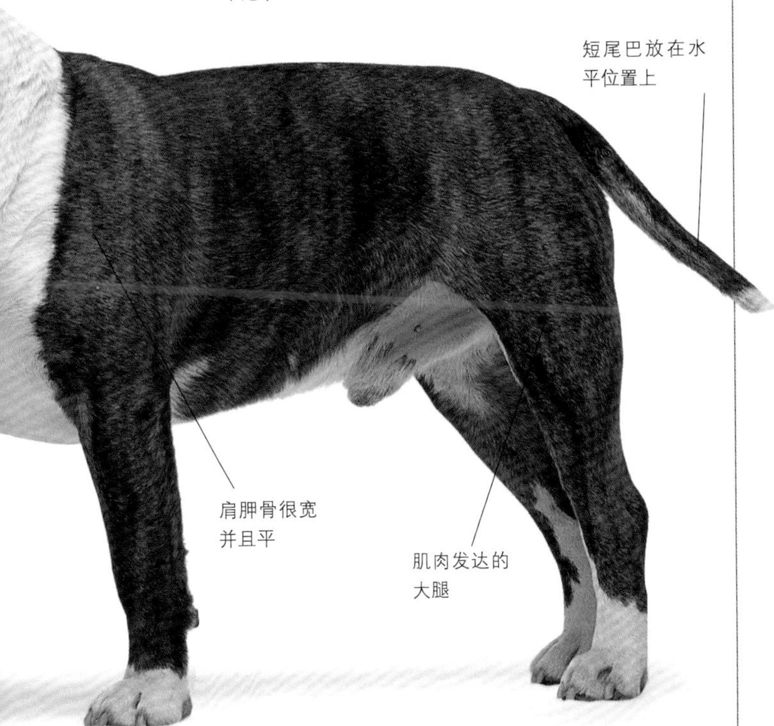

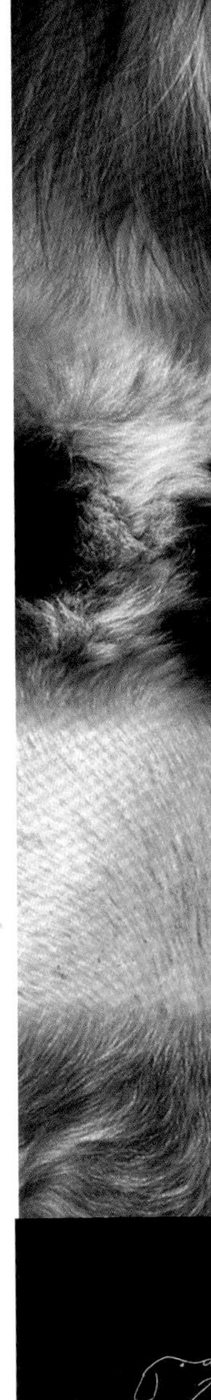

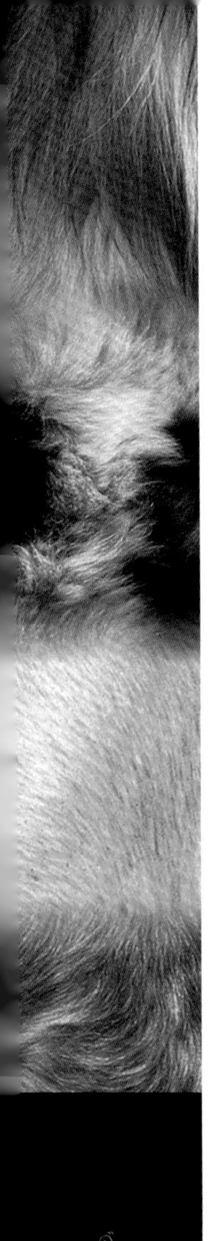

斯塔福郡牛头㹴

(Staffordshire Bull Terrier)

这是一种真正的“狗”格分裂、双重“狗”格的纯种犬。可能没有一种狗会比这些身强体壮的小家伙更爱自己的家庭、陌生人甚至兽医了！它们喜欢全身心地投入自己的热情，以得到人们对这个家庭成员的认可。不过，当它们看到别的狗或者其他动物的时候，就会马上暴露出另一副嘴脸——它们完全被破坏的欲望控制了！尽管选择培育已经减少了这种特性，不过仍不能完全消除。这种狗在全世界都很受欢迎，而且它们的数量还在不断上升。

肌肉发达的后腿完全平行

光滑并紧贴皮肤的短被毛有各种颜色，唯独缺少黑色、褐色和暗红色

品种历史

发源于英格兰的斯塔福郡。说起这个过分热情并且一身肌肉的家伙的祖先，应该是凶猛而又肌肉发达的引诱公牛的狗和灵巧、轻盈、活跃的当地㹴犬杂交品种了吧！作为双用的“运动”犬，它们参加有组织的捕鼠和斗狗。

关键要素

起源国：英国

起源时间：19世纪

最初用途：斗狗，捕鼠

现代用途：陪伴

寿命：11～12年

别名：爱尔兰红㹴(Irish Red Terrier)

体重范围：11～17 kg(24～38 lb)

身高范围：36～41 cm(14～16 in.)

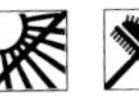

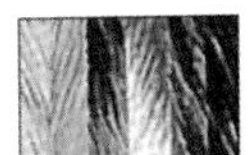
各种各样的颜色

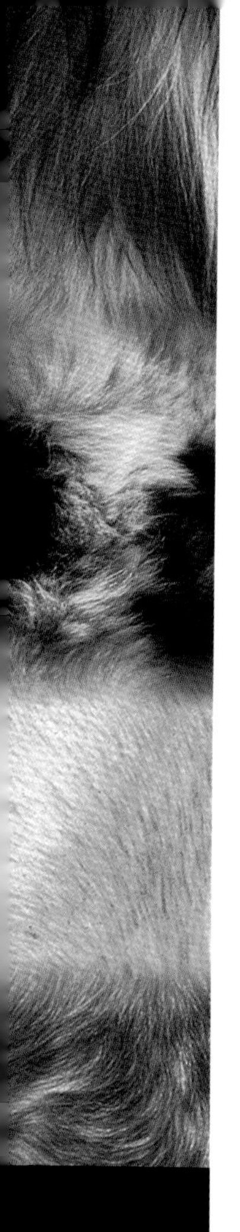

美国斯塔福郡㹴

(American Staffordshire Terrier)

就像它们的英国近亲一样，美国斯塔福郡㹴会对孩子和成人都十分温柔和热情，对其他狗来说则是致命的。必须让所有这种狗（尤其是雄性）在小时候和其他的动物尽量多打交道，以免它们由着性子攻击别的动物。一般情况下，美国斯塔福郡㹴都是未剪耳的，而且总是家庭中忠实、顺从的成员。无论如何，作为敢咬公牛的狗和斗兽场斗士的后裔，它们有着惊人的咬合力，能够给对手带来令人恐惧的伤口。

肌肉发达的短脖子紧连着强壮的前肢

品种历史

原本，它们和斯塔福郡牛头㹴长得几乎一样，但美国斯塔福郡㹴是为了更高、更重、体形更大才培育的。1956年，它们被认定为独立品种。

任何颜色

关键要素

起源国： 美国

起源时间： 19世纪

最初用途： 斗狗，引诱公牛

现代用途： 陪伴

寿命： 12年

体重范围： 18～23 kg(40～50 lb)

身高范围： 43～48 cm(17～19 in.)

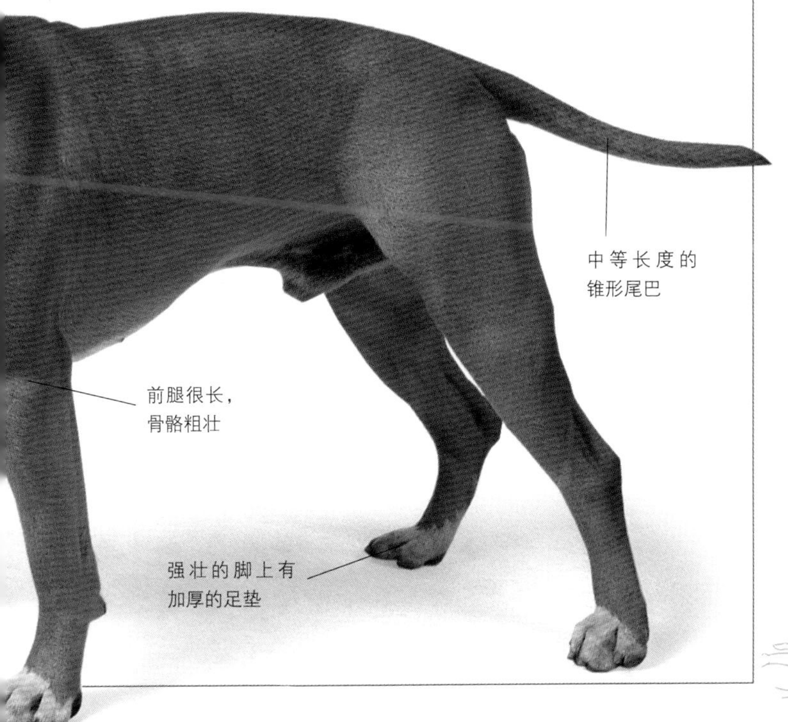

波士顿㹴 (Boston Terrier)

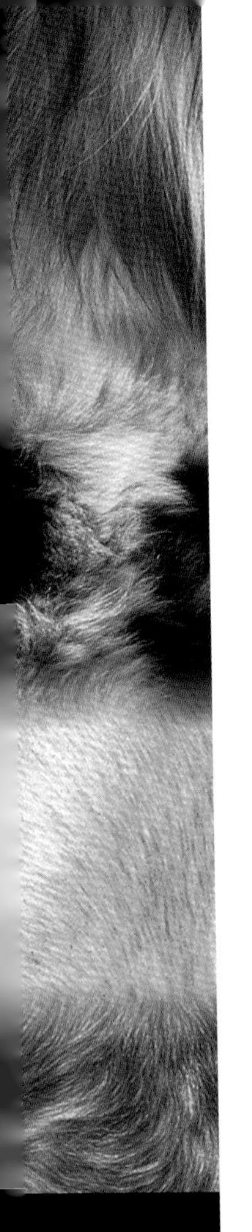

文雅而又体贴，这位真正的新英格兰居民在北美永远是受欢迎的狗，它们是活跃、有趣的伙伴。“㹴”对它们而言只是个名字罢了，它们已经完全摆脱了残暴破坏的欲望，喜欢与人为伴。不过雄性的波士顿㹴在感到自己的领地受到侵犯时，还是会向别的狗发出挑战。和其他的大头狗一样，它们得做剖腹产手术才能让狗宝宝顺利降生。不过，培育者们已经在保留其独特而又古怪外形的前提下，成功地减小了它们脑袋的尺寸。

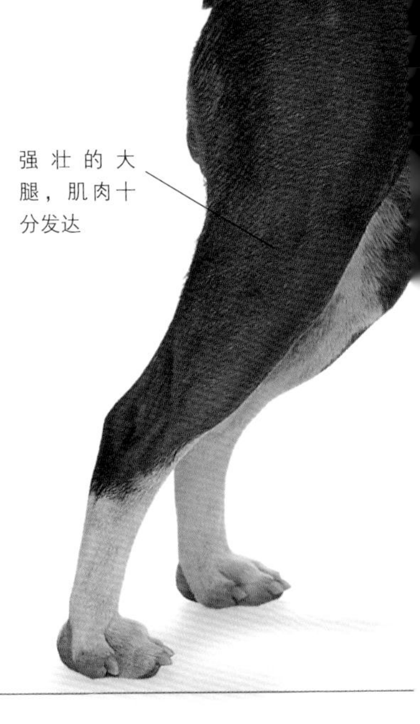

关键要素

起源国： 美国

起源时间： 19世纪

最初用途： 捕鼠，陪伴

现代用途： 陪伴

寿命： 13年

别名： 波士顿斗牛犬(Boston Bull)

体重范围： 4.5～11.5 kg(10～25 lb)

身高范围： 38～43 cm(15～17 in.)

品种历史

波士顿㹴是由英国斗牛犬、牛头㹴、拳师犬以及绝迹的白㹴杂交培育而来。起初，它们的体重重达20 kg(44 lb)，当然后来通过再繁育把体重降了下来。

红色条纹

黑色条纹

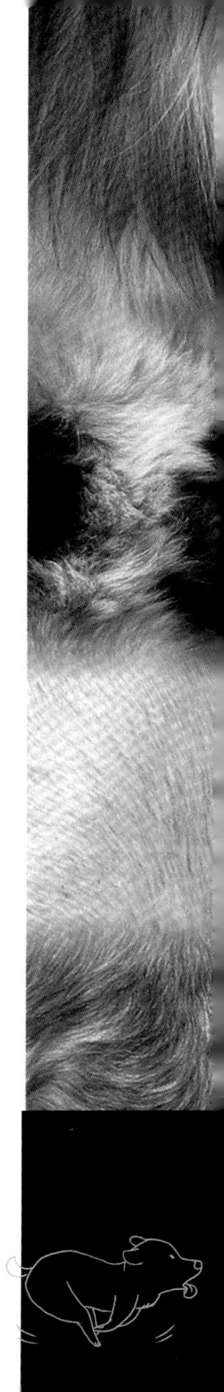

美国玩具㹴

American Toy Terrier

这种健壮的小㹴犬继承了它们猎狐㹴祖先的所有热情。它们坚强而又开朗，无论生活在农场还是城市都一样，虽然固执总是少不了的。美国玩具㹴是出色的捕鼠能手，不过它们更多的还是作为家庭的一员，用它们充满活力的古怪动作让家中充满欢笑。事实证明，它们还可以成为一流的聋人助听犬。在得到一定训练之后，它们会带着人来到发出声音的地方(比如电话)。

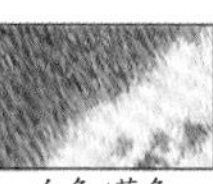

白色/茶色

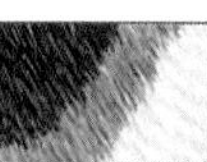

三色

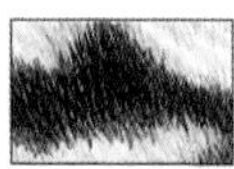

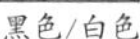

黑色/白色

笔直、纤细的前腿

关键要素

起源国： 美国

起源时间： 20世纪30年代

最初用途： 捕鼠

现代用途： 陪伴

寿命： 13～14年

别名： 玩具猎狐㹴(Toy Fox Terrier)，Amertoy

体重范围： 2～3 kg(4.5～7 lb)

身高范围： 24.5～25.5 cm(10 in.)

品种历史

这种1936年被认可的狗，是由短毛猎狐㹴里的小矮子同英国玩具㹴以及吉娃娃犬杂交出来的。

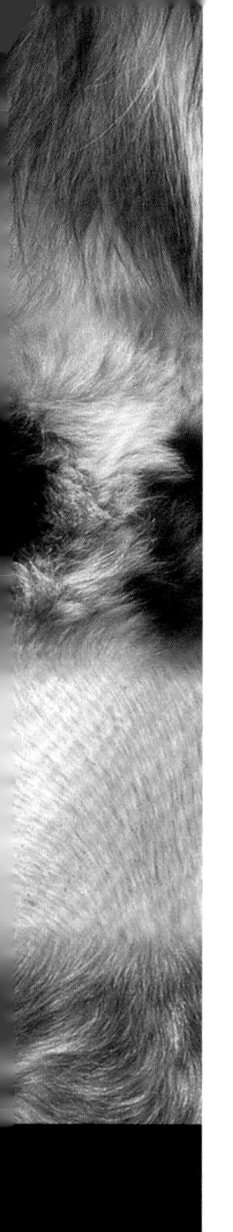

迷你杜宾狸 (Miniature Pinscher)

尽管与英国玩具狸有着惊人相似的外貌，迷你杜宾犬却是循着完全不同的路线进化的。不过，培育这两种狗的目的是相同的——抓耗子。虽然迷你杜宾犬看上去有点像小型的多伯曼犬，但它们只是和多伯曼有同一个籍贯罢了，而且那已经是200多年前的老家底了。如今，这种活跃的小狸犬(pinscher在德文中的意思就是“狸”)仅仅是严格作为伴侣犬，但是它们的捕鼠能力还是得到了长足的发展。它们会不顾自己的体形，勇于向比自己大上10多倍的狗发出挑战，然后不问青红皂白先咬上再说。

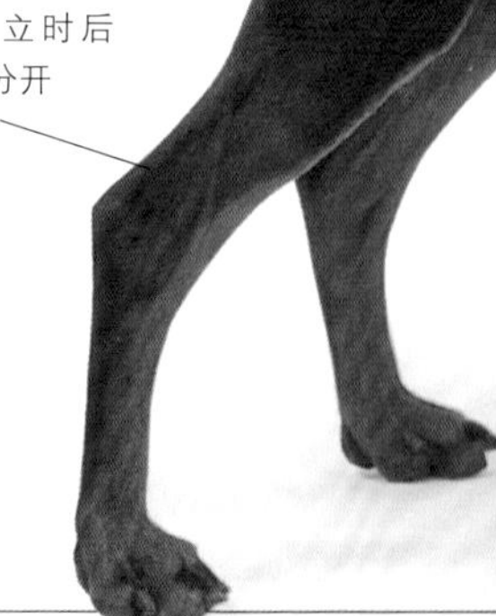

断尾——在很多国家是违法的伤害

自然站立时后腿较为分开

关键要素

起源国： 德国

起源时间： 18世纪

最初用途： 捕鼠

现代用途： 陪伴

寿命： 13～14年

别名： Zwergpinscher

体重范围： 4～5 kg(8～10 lb)

身高范围： 25～30 cm(10～12 in.)

品种历史

几百年前，它们由德国杜宾犬演变而来。以前，迷你杜宾犬曾是笨重、有效的老鼠杀手。它们现在模样的改观完全是更多的选择培育的结果。

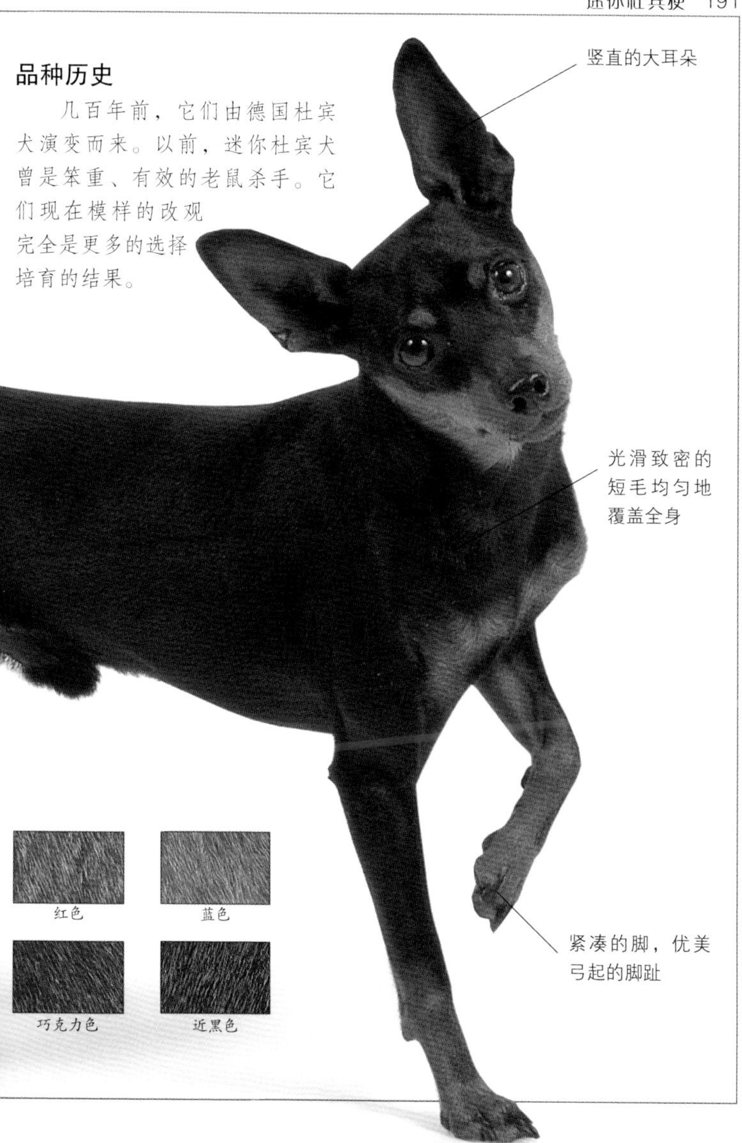

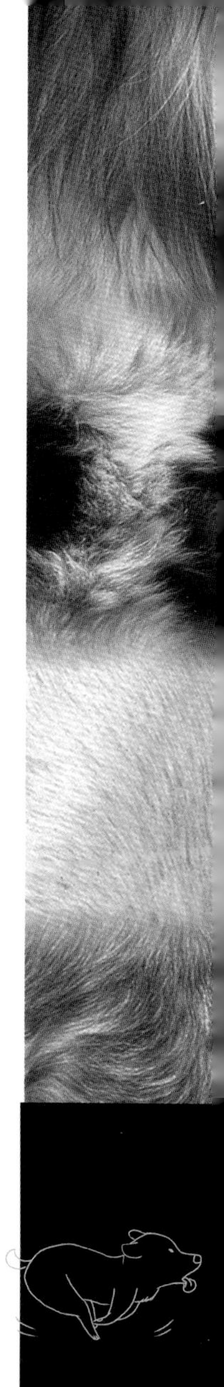

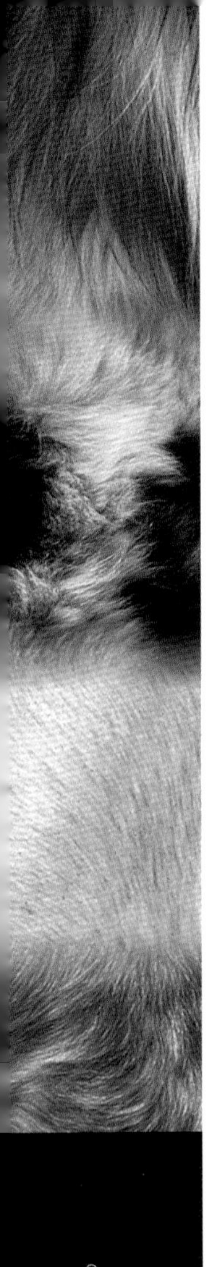

德国杜宾㹴 (German Pinscher)

有着光滑、英俊的外表以及中等的身材，德国杜宾㹴应当成为理想的伴侣犬。但是，令人费解的是这种狗现在居然成了稀有品种。它们活泼而又驯服，多才多艺。它们不仅是优秀的警卫犬，还能够很好地接受服从训练。就像其他的杜宾和㹴犬，它们面对与其他狗的争执从来不会退缩。需要注意的是，德国杜宾㹴需要可靠的管束来控制它们殴打别“狗”的倾向。

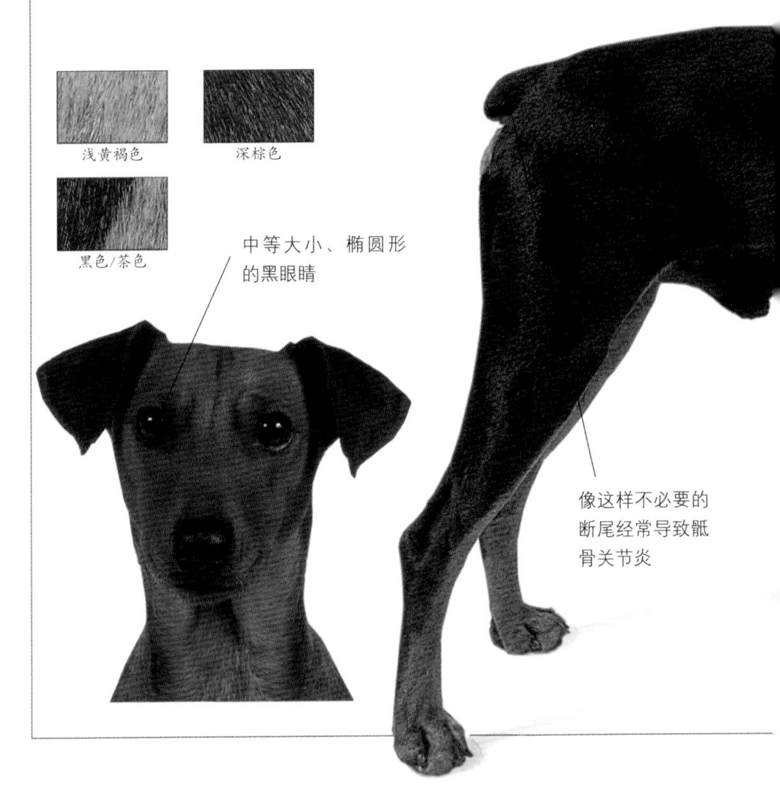

品种历史

这种高大的狸犬是被培养来做传统农民的多功能狗的。它们消灭害虫，守卫并驱赶牲口，还能当看门狗。它们不仅是迷你杜宾犬的前身，更在多伯曼犬的培育过程中起了重要作用。

关键要素

起源国： 德国
起源时间： 18世纪
最初用途： 抓害虫
现代用途： 陪伴
寿命： 12～14年
别名： 标准杜宾犬(Standard Pinscher)
体重范围： 11～16 kg(25～35 lb)
身高范围： 41～48 cm(16～19 in.)

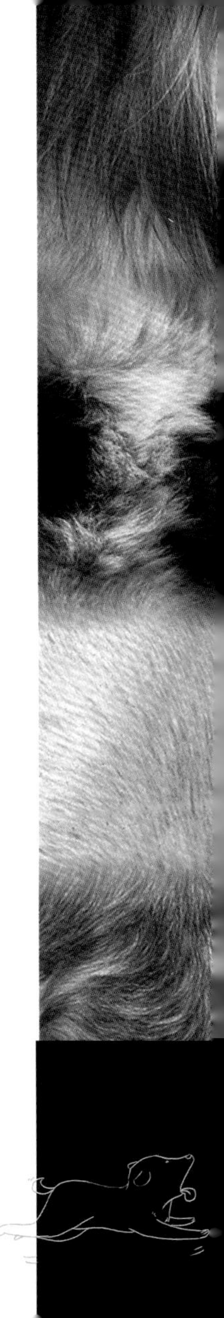

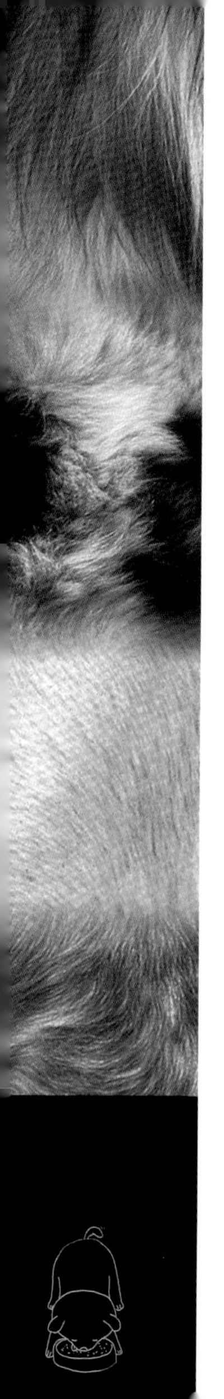

爱芬杜宾㹴 (Affenpinscher)

这种活跃的狗的认真、好动和幽默感会为每一个看到它的人带去微笑。虽然它们看上去很卡通，但事实上一旦有机会，凭着有力的颌骨，爱芬杜宾㹴也会是令“鼠”生畏的捕鼠者。同时，它们还是出色的鹌鹑和兔子追踪者。由于固执己见的个性，爱芬杜宾犬对服从训练的反应并不好，而且还有猛咬的习惯。但不管怎样，它们仍是生动有趣的伙伴。今天，这种狗在德国已经很少见，绝大多数的爱芬杜宾犬都生活在北美。遗憾的是，在20世纪初，较大的爱芬杜宾犬变种已经渐渐灭绝了。

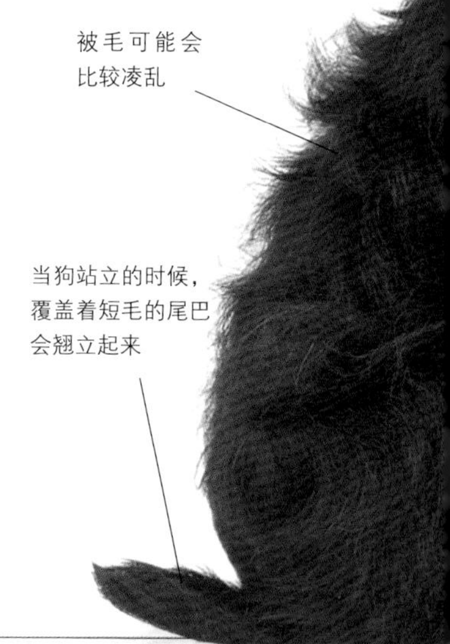

关键要素

起源国： 德国

起源时间： 17世纪

最初用途： 抓害虫

现代用途： 陪伴

寿命： 14～15年

别名： 猴犬(Monkey Dog)

体重范围： 3～3.5 kg(7～8 lb)

身高范围： 25～30 cm(10～12 in.)

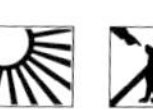

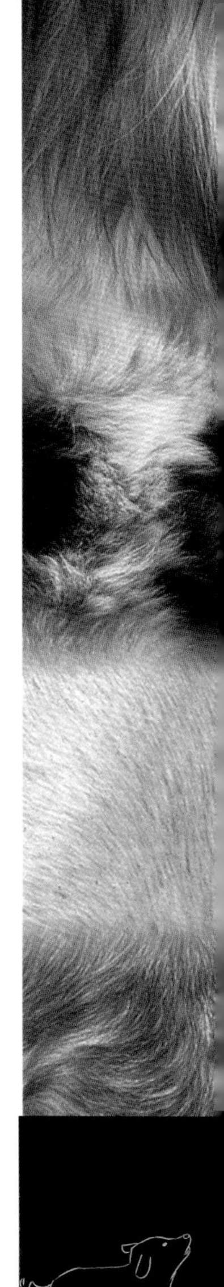

品种历史

这种古老品种的准确历史恐怕已经无法考证了。不过它们的身体结构表明，它们应该是本地的小型杜宾犬和亚洲八哥之类的狗杂交而来的。它们可能是比利时格里芬犬的父母，还是迷你雪纳瑞犬的亲戚。

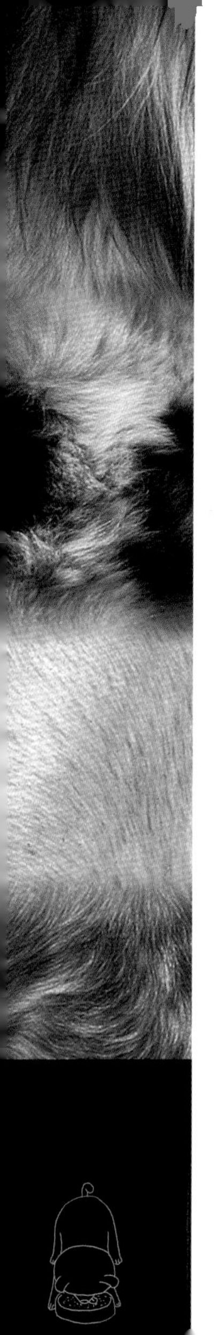

迷你雪纳瑞犬

(Miniature Schnauzer)

迷你雪纳瑞犬以它们最显著的身体特征而被命名(德文中"schnauze"意思是"鼻子"或者"吻部")。与英国㹴犬相比，迷你雪纳瑞犬不算很吵，也不是那么活跃。它们是北美人最喜欢的城镇伴侣犬。这种狗冷静、容易接受服从训练，并且不是很吵闹。它们对小孩还有其他狗很友好，喜欢成为家庭中的一员。作为杰出的警卫犬，它们也会热心地叫唤。它们几乎不褪毛，但还是得坚持照顾好它们的被毛。很遗憾，由于人们对它们的热情不断增加，也助长了无序的繁殖。这导致了遗传病的问题增多，所以迷你雪纳瑞犬也有些神经质。

后腿良好的角度使它们颇具爆发力

关键要素

起源国： 德国

起源时间： 15世纪

最初用途： 捕鼠

现代用途： 陪伴

寿命： 14年

别名： Zwergschnauzer

体重范围： 6～7 kg(13～15 lb)

身高范围： 30～36 cm(12～14 in.)

品种历史

几乎是大型和标准雪纳瑞犬的完美翻版，迷你品种不仅和它们来自同一个种群，还加入了爱芬杜宾犬和迷你杜宾犬的血统。事实上，并不像某些人所说的那样，贵宾犬在它们的培育过程中扮演了什么角色。

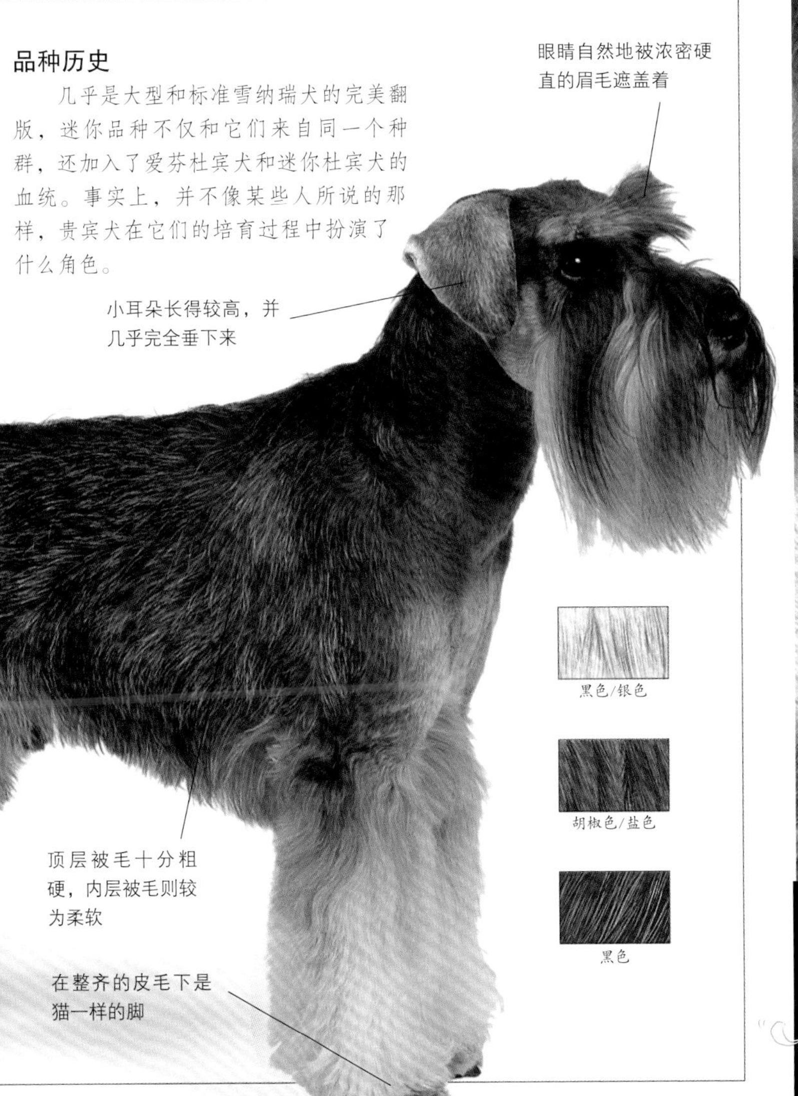

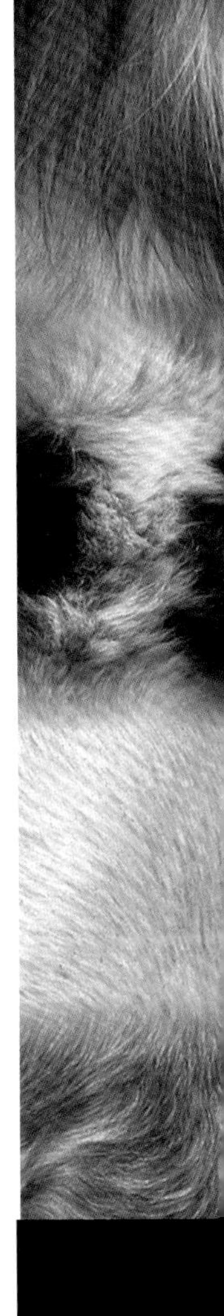

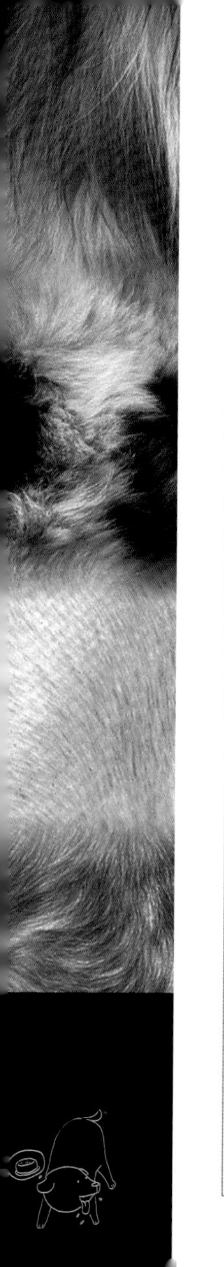

腊肠犬 (Dachshunds)

腊肠犬的名字“dachshund”原意是指“猎獾犬”，这也反映了这种狗最初的用途。在过去的100多年里，它们一直为钻地而培育。标准体形的腊肠犬可以尾随獾和狐狸钻入地下，而迷你型的腊肠犬更是可以跟踪兔子并钻入兔穴。展出标准的腊肠犬有着深陷的胸部和短腿，工作犬种则没有这么健壮的胸部，但腿会更长一些。在德国，精力充沛的腊肠犬仍然在“服役”。在那里，人们以它们的胸围为标准进行分类。（猎兔腊肠犬）Kaninchenteckel最大胸围为30 cm(12 in.)；Zwergteckel（迷你型）的胸围是31 ~ 35 cm(12 ~ 14 in.)；（标准型）Normalschlag的胸围则要大于35 cm(14 in.)。所有的腊肠犬都来自猎犬，但由于它们是德国最有效的钻地狗，所以它们被巧妙地划归到了另一群钻地狗——㹴犬中去了。现如今，绝大多数的腊肠犬都被当作家养伴侣犬了。它们恐怕是所有的狗中最容易辨认的了。

品种历史

从古埃及的雕塑中，我们不难发现法老们和三条短腿狗坐在一起，而腊肠犬的祖先便可以从这些古老的矮狗中找到。标准短毛腊肠犬可能是最古老的腊肠犬了。

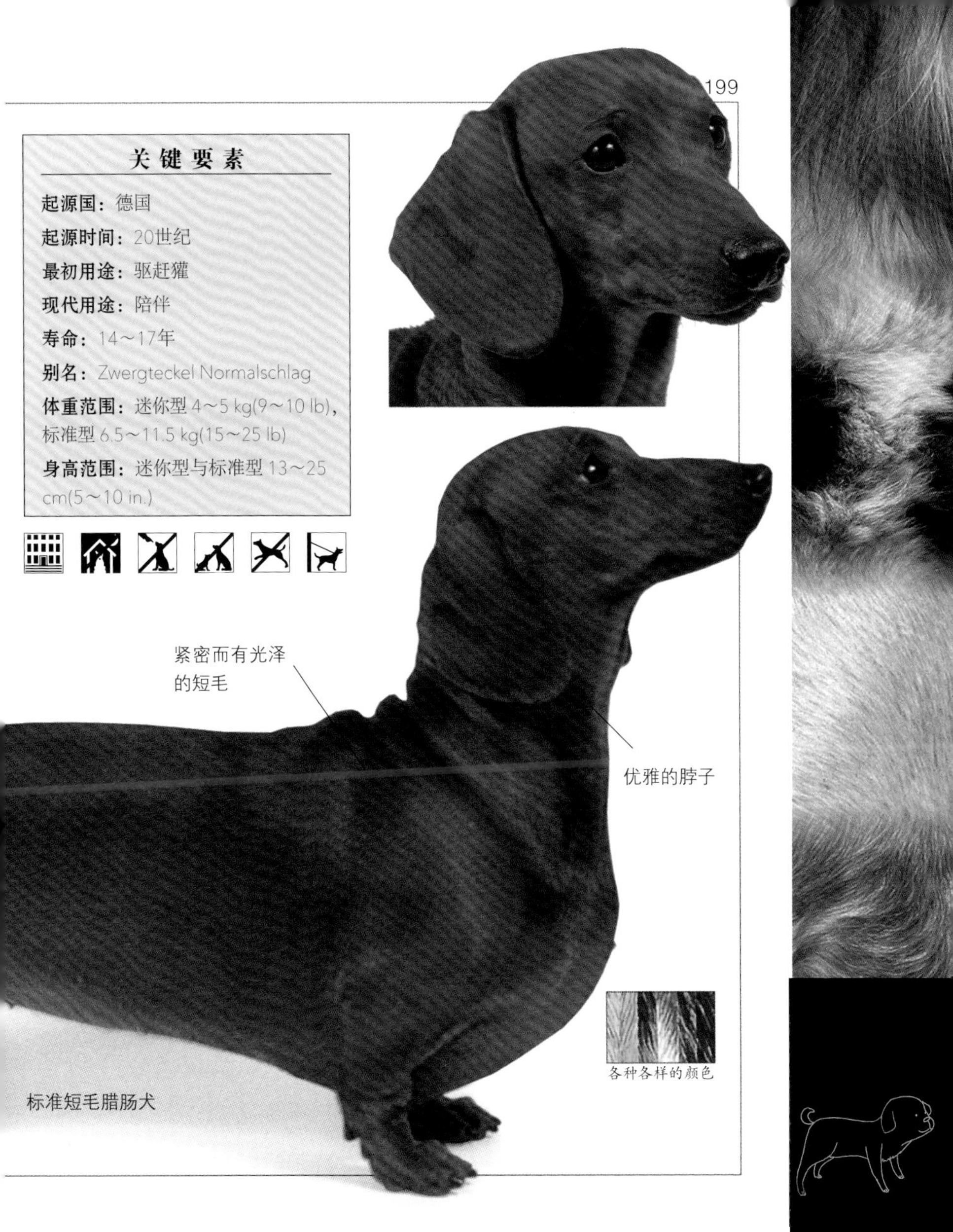

关键要素

起源国：德国

起源时间：20世纪

最初用途：驱赶獾

现代用途：陪伴

寿命：14～17年

别名：Zwergteckel Normalschlag

体重范围：迷你型 4～5 kg(9～10 lb)，标准型 6.5～11.5 kg(15～25 lb)

身高范围：迷你型与标准型 13～25 cm(5～10 in.)

标准短毛腊肠犬

品种历史

将短毛和粗毛杜宾犬结合，造就了刚毛的品种。这虽然让我们得到了粗毛的狗，但同时也得到了一个偏小的脑袋。于是，我们进一步让它们和短腿的短脚狄文㹴杂交，不仅能让它们的脑袋变大，还能将它们的脑袋拉长；除此之外，这种办法还能对腊肠犬天生的贫血问题起到一定程度的控制。

迷你刚毛腊肠犬

品种历史

让标准短毛腊肠犬和类似索塞克斯或者田野猎犬这样的西班牙猎犬杂交，随后再进行迷你化，我们可能就可以得到一只标准长毛腊肠犬了。而它们也一定像西班牙猎犬一样有热情、外向的性格。

标准长毛腊肠犬

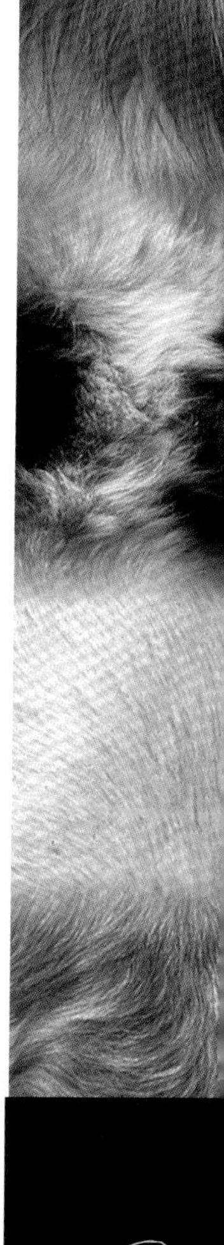

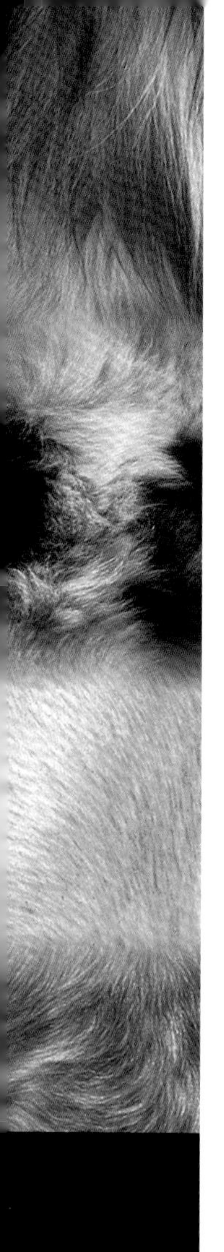

捷克㹴 (Czesky Terrier)

捷克㹴独特的长相使它们成了它们家乡——捷克和斯洛伐克最受人喜爱的伴侣犬。20世纪80年代，捷克和斯洛伐克的培育者感到捷克㹴的原始形态和功能已经有些退化了，于是便将它们再次和西里汉㹴杂交。捷克㹴有着所有㹴犬的典型属性——活泼、坚韧、顽固不化以及勇猛无畏，它们的强壮能让它们征服比自己大许多的动物。它们的被毛需要长期的护理。同其他大多数㹴犬一样，它们喜欢猛咬。捷克㹴是警觉、好奇、友善的狗狗。

蓝色-灰色

黄褐色

健壮的尾巴放松时下垂着

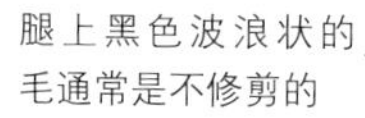

腿上黑色波浪状的毛通常是不修剪的

关键要素

起源国： 捷克

起源时间： 20世纪40年代

最初用途： 掘洞

现代用途： 陪伴，狩猎

寿命： 12～14年

别名： Czech Terrier，波希米亚㹴(Bohemian Terrier)

体重范围： 5.5～8 kg(12～18 lb)

身高范围： 28～36 cm(10～14 in.)

品种历史

遗传学家Frantisek Horak博士想要创造一种像德国猎㹴一样的狗，但是腿更短，更适应地下的工作。于是，他找到了西里汉㹴、苏格兰㹴，也许还有短脚狄文㹴帮助他实现这个心愿。

头上的毛发不修剪，留着显眼的胡子和眉毛

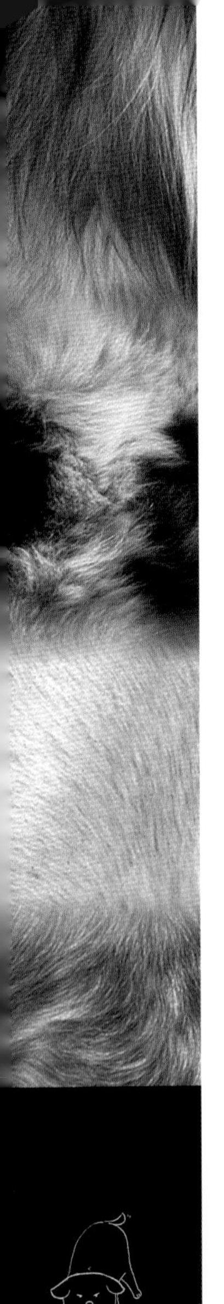

布鲁塞尔格里芬犬 (Griffon Bruxellois)

布鲁塞尔格里芬犬是典型的“欧洲犬”。不同地区的狗的血统造就了这种有趣、警觉、天性良好并且可靠的伴侣犬。它们的名字很容易被弄混，在一些国家，三种相似的狗都被认定为比利时格里芬犬；而在其他国家，这些狗都有各自的名字。在两次世界大战之间的和平时期，这种狗的数量达到了一个巅峰。现在，它们已经比它们的祖先之一 —— 约克夏㹴更受欢迎，并成为比利时最受人喜爱的品种。

关键要素

起源国： 比利时

起源时间： 19世纪

最初用途： 抓害虫

现代用途： 陪伴

寿命： 12～14年

别名： 格里芬比格犬(Griffon Belge)

体重范围： 2.5～5.5 kg(6～12 lb)

身高范围： 18～22 cm(7～8 in.)

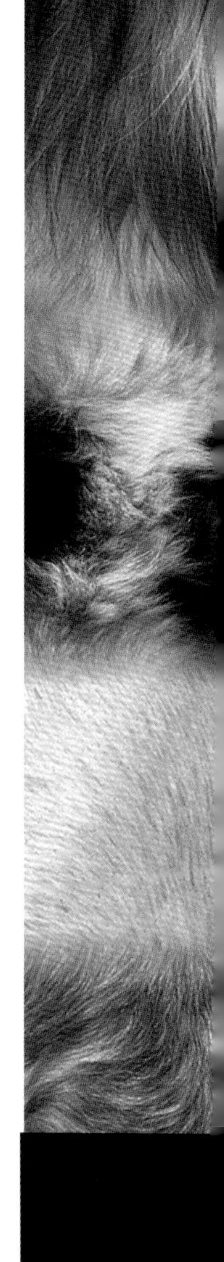

品种历史

也许荷兰斯牟雄德犬(The Dutch Smoushond)、德国爱芬杜宾犬(German Affenpinscher)、法国须猎犬(French Barbet，可能是贵宾犬的一个前身)和约克夏㹴一同创造了如今的布鲁塞尔格里芬犬。

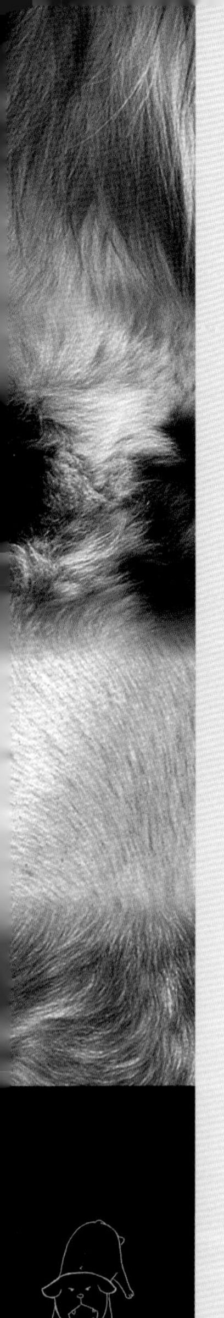

枪猎犬(Gundogs)

儿千年来，猎人们寻找食物或者运动的时候总是有视觉狩猎犬和嗅觉狩猎犬的陪伴。由于用枪打猎的方法被广泛采用，培育者们把更多的注意力放在了诸如毛质、骨骼长度、嗅觉能力和服从等级这类的特点上，以造就高度敏感和有效的猎犬。现在，这些最值得信赖的狗已经成为世界上最受欢迎的伴侣犬了。

一切为了功能

靠视觉或者嗅觉捕猎、钻到地下、守卫、游泳……这些都是狗儿乎不需要训练就可以完成的。而寻找猎物，然后立正或一动不动趴在旁边，或在一声令下后跳入冰冷的水中，找到中弹的鸟并把它们叼在嘴里带回岸上的猎人那里……这些动作则同时需要天生的能力和接受训练的意愿。18–19世纪期间，培育者基于猎犬和牧羊犬的基因创造了超过50种枪猎犬。枪猎犬一般分成以下五类：水猎犬、指示猎犬、雪达犬、猎鹬犬以及寻回猎犬。熟练的下水工作得依靠紧密、防水的被毛和强烈的游泳欲望。指示猎犬会安静地搜寻猎物，而不是本能地捕捉猎物，它们会完全不动，俯下身，时不时举起一条前腿“指示”。雪达犬也有同样的行为，只是它们是卧下或者“蹲”着的。

魏玛猎犬

进化着的指示猎犬和雪达犬

在16世纪，西班牙指示猎犬曾被带到英国，可能与视觉和嗅觉狩猎犬杂交才造就了今天的指示猎犬。而西班牙犬自身也在英国演化发展。在德国，1848年革命之后，随着野外运动的逐渐减少，当地的指示猎犬和雪达犬品种也就渐渐消失了。然后在1890年前后掀起的创造风潮中，培育者们创造出了三种毛型的指示猎犬：魏玛猎犬、明斯特兰犬和捷克斯洛伐

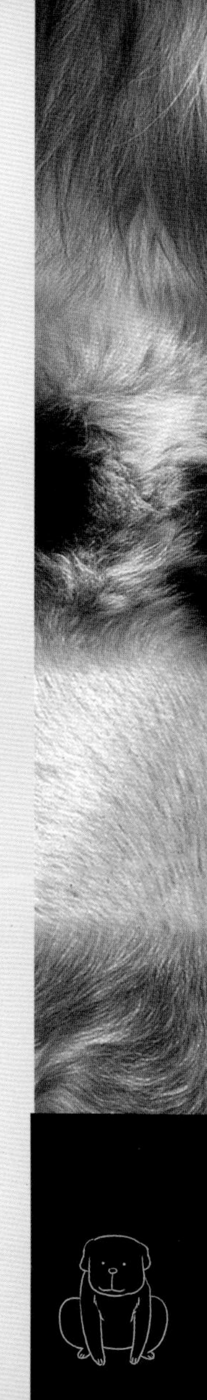

大明斯特兰犬

克德语区的捷克福斯克犬。

英国猎鹬犬和寻回猎犬

英国培育者培养出的猎鹬犬，主要用于将矮树丛里的鸟赶出来。最初以陆地、野外或水等它们熟悉的地形被命名的猎鹬犬，后来都被归类为特殊品种，如“可卡”“史宾格犬”。来自纽芬兰、加拿大的水猎犬则被用来创造了寻回猎犬——一种会把猎物轻轻衔在嘴里并有强烈学习和服从意愿的狗。如今，拉布拉多和金毛寻回犬都是最受欢迎的枪猎犬和伴侣犬，同时它们也在帮助残疾人方面做得最为出色。

地区性发展

丹麦人培育出了自己的指示猎犬，荷兰人则找到了一些精巧的小寻回猎犬，匈牙利人发现了优雅的维兹拉犬，而法国人会选择培育一流的枪猎犬。最近，当西班牙和斯洛伐克猎人还在继续开发新的枪猎犬的时候，很多人又把兴趣转移到了一些较老的枪猎犬上来了，比如意大利史毕诺犬。

绝妙的属性

总的来说，枪猎犬要比其他任何一种犬都要好训练。它们几乎无一例外地喜欢和孩子在一起，不喜欢和同类打架，在绝大多数情况下都会服从命令。

德国短毛波音达犬

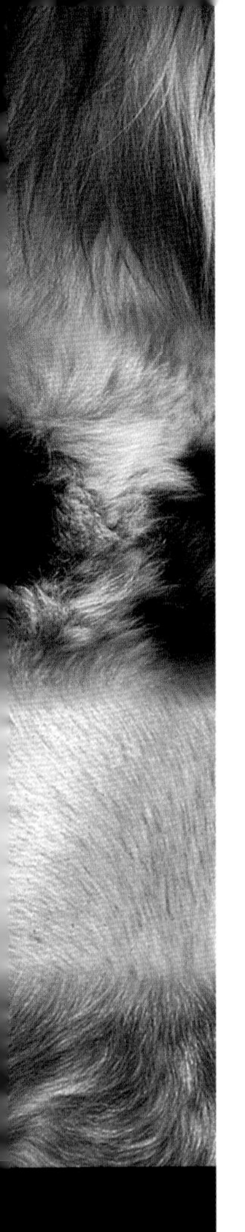

匈牙利波利犬 (Hungarian Puli)

敏感、顺从而且防水的波利犬应该就是贵宾犬的祖先。到了20世纪，匈牙利牧羊人仍在仔细地为了狗的工作能力而培养新的品种。"二战"差不多毁掉了匈牙利的整个狗种群培育事业，但此时波利却被当作伴侣犬被收养了下来。海外的匈牙利移民(尤其在北美)继续繁殖波利犬。这种适应性很强的狗很乐于看护羊群，而且在经过简单的训练之后就会到水里寻回东西了。

关键要素

起源国： 匈牙利

起源时间： 中世纪

最初用途： 牧羊

现代用途： 陪伴，服从，寻回

寿命： 12～13年

别名： 匈牙利水犬(Hungarian Water Dog)，波利(Puli)

体重范围： 10～15 kg(22～23 lb)

身高范围： 37～44 cm(14.5～17.5 in.)

耳朵不容易被察觉

轻微的铁锈色比较常见

一些绳子般的毛能长到地面

品种历史

波利（匈牙利语中“领袖”之意）犬可能是被马扎尔人(Magyar)带到匈牙利的。不过，今天我们所见到的波利犬主要还是来自20世纪的犬类血统繁殖计划。

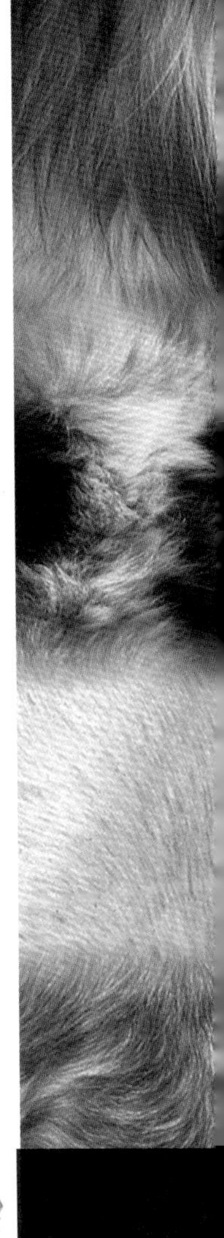

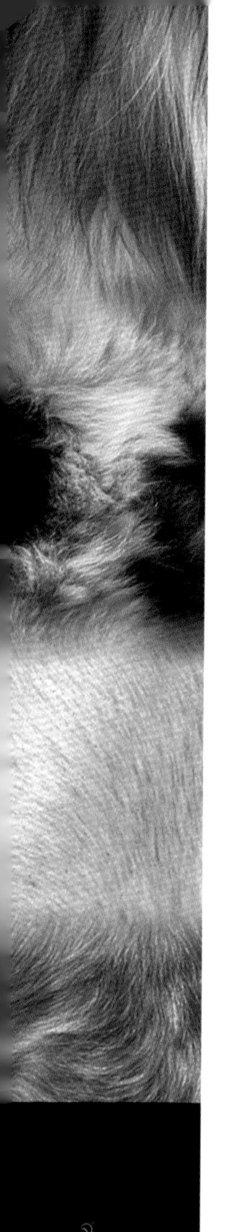

标准贵宾犬 (Standard Poodle)

标准贵宾犬并不是单纯的时尚附属物，它们是敏感、可靠并且容易训练的伴侣犬、守卫犬和寻回猎犬。这种狗不容易得皮肤病，不会换毛，对易过敏的人而言十分理想。可靠、安静的它们完全没有它们那些“小”亲戚的“歇斯底里”，标准贵宾犬本质上就是工作犬。它们的法文名字 —— Caniche，意思是“猎鸭犬”。不言而喻，它们最初的职能就是寻回猎物鸭子。

在游泳时，尾巴上的毛增加了浮力

关键要素

起源国：德国

起源时间：中世纪

最初用途：寻回水鸟

现代用途：陪伴，警卫

寿命：11～15年

别名：猎鸭犬(Caniche)，大型贵宾犬(Barbone)

体重范围：20.5～32 kg(45～70 lb)

身高范围：37.5～38.5 cm(15 in.)

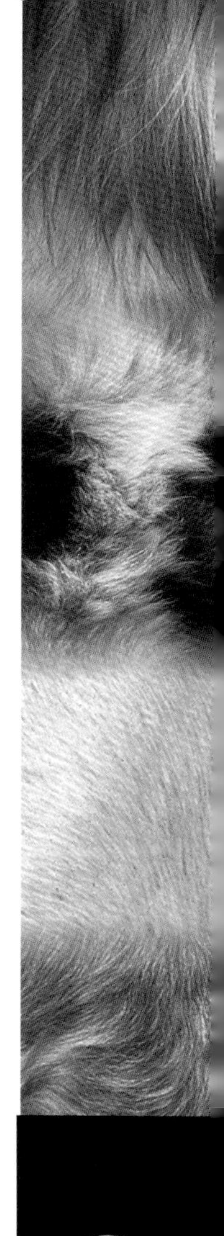

品种历史

从阿尔布莱希特·丢勒(Albrecht Dürer)等艺术家的画中，我们不难看出贵宾犬原本是一种水犬。现代的修剪方法还是根据历史上的修剪方法，主要为减少工作时有力的后腿在水中的阻力。

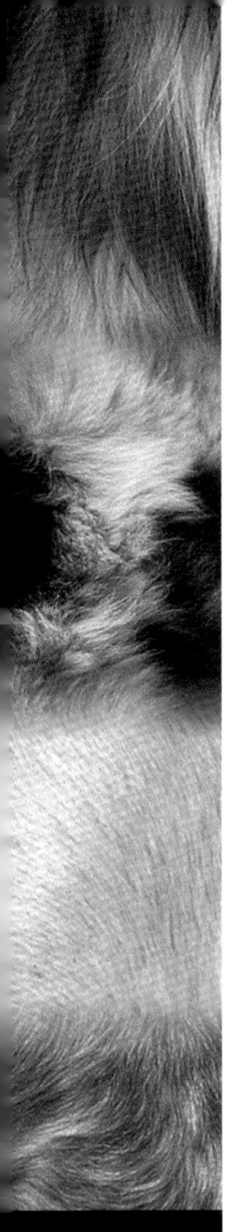

葡萄牙水犬 (Portuguese Water Dog)

这种古老的狗曾经是渔夫们的最爱。它们被用来在水中拉网，在船与船之间送信。在岸上，它们则是捕兔的高手。它们强壮、忠诚，不过天性有些多疑。它们的毛曾按特殊的方法修剪，以防止游泳的时候后腿被拖住，并且在它们跳入水中的时候保护胸部不会被冷水所激。

拱起的头部很大

品种历史

这种狗的祖先有可能在公元4世纪就随着中欧来的西哥特人(Visigoth)进入了葡萄牙，也可能是在7世纪的时候陪伴着北非的摩尔人来到这里。

白色

棕色

黑色

黑色/白色

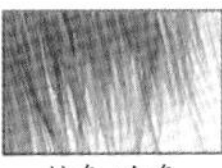
棕色/白色

长长的波浪状毛发需要经常梳理

关键要素

起源国： 葡萄牙

起源时间： 中世纪

最初用途： 协同渔民工作

现代用途： 陪伴，守卫，寻回

寿命： 12～14年

别名： Cão de Agua

体重范围： 16～25 kg(35～55 lb)

身高范围： 43～57 cm(17～22.5 in.)

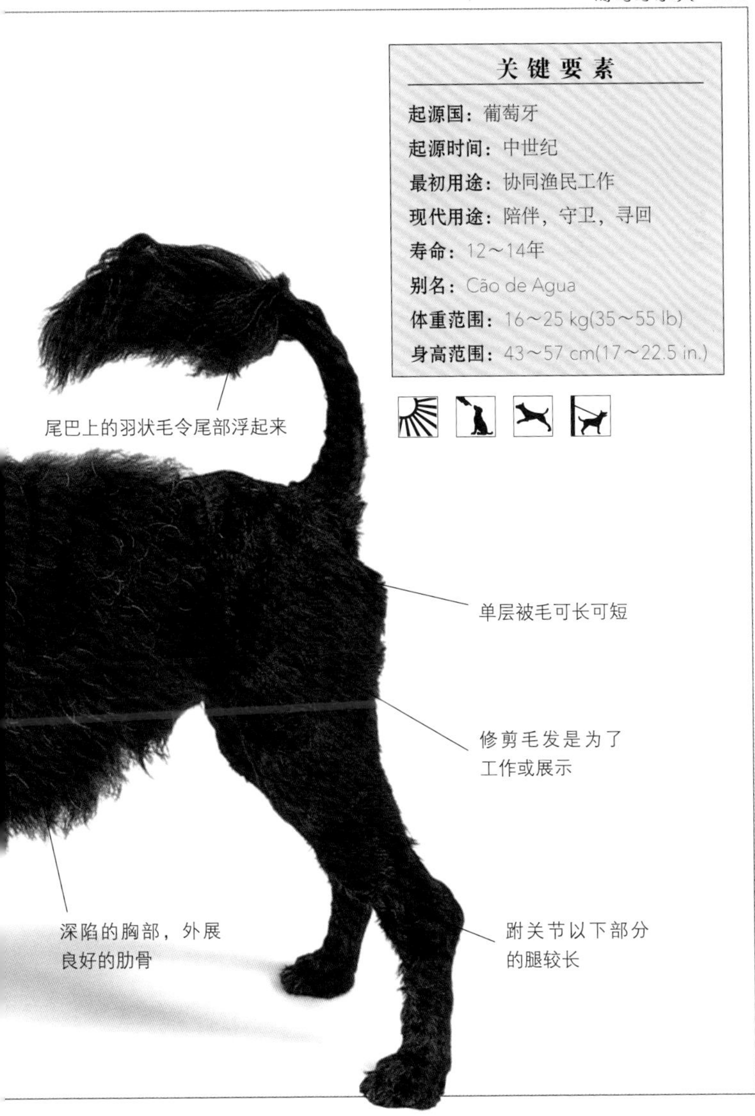

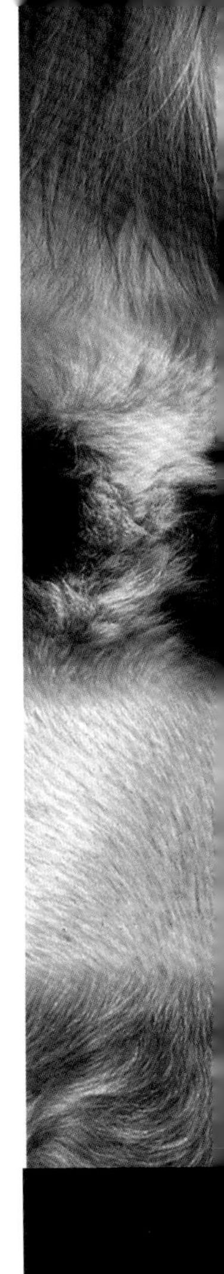

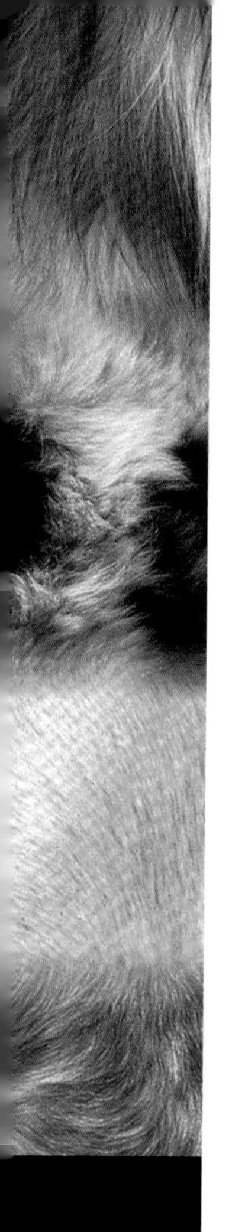

西班牙水犬 (Spanish Water Dog)

西班牙水犬并没有引起专业培育者的很大关注，后果之一就是它们的毛色和体形差异非常大。当然，另一个后果就是它们身上的遗传缺陷也要比其他选择培育的狗要少得多。尽管在西班牙的北部海岸能偶然发现几只西班牙水犬，但它们主要还是集中在南方。在那里，它们主要被用来牧羊(山羊)，当然也用来寻回鸭子。这种狗并不难以进行服从训练，也不吵闹，只是有时候会被孩子惹急。

眼睛上覆盖着浓密的毛发

白色

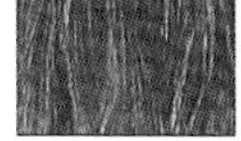
栗色

白色/栗色

黑色

关键要素

起源国：西班牙

起源时间：中世纪

最初用途：协同渔民工作，放牧山羊，狩猎

现代用途：陪伴，狩猎

寿命：10～14年

别名：Perro de Aguas

体重范围：12～20 kg(26.5～44 lb)

身高范围：38～50 cm(15～20 in.)

不会换毛的毛发形成了浓密的“毛发绳”

毛发会在阳光下褪色

肌肉发达的后腿为游泳所需的耐力提供了保障

脚爪上有蹼

品种历史

尽管与爱尔兰水犬是亲戚，还可能和贵宾犬沾亲带故，可除了在西班牙，它们仍几乎不为任何人所知。作为一种多用途的狗，它们会协助放牧、打猎，当然还有捕鱼。

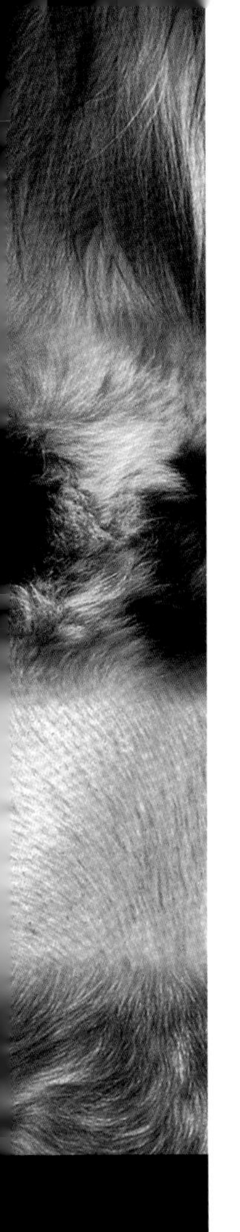

爱尔兰水犬 (Irish Water Spaniel)

爱尔兰水犬是所有工作猎犬中最为独特的一个品种，也是在爱尔兰的三种水犬变种中唯一幸存的一种。它们强大的耐力、出众的游泳能力、几乎防水的被毛以及强劲的力量使它们成为理想的寻回猎犬。它们尤其适合在冬天爱尔兰河湾冰冷的水里工作。尽管它们是温顺、忠诚而又体贴的伙伴，也是出色的枪猎犬，但它们从未能成为广受欢迎的室内犬。不过没关系，它们还是很适合乡村漫步的。

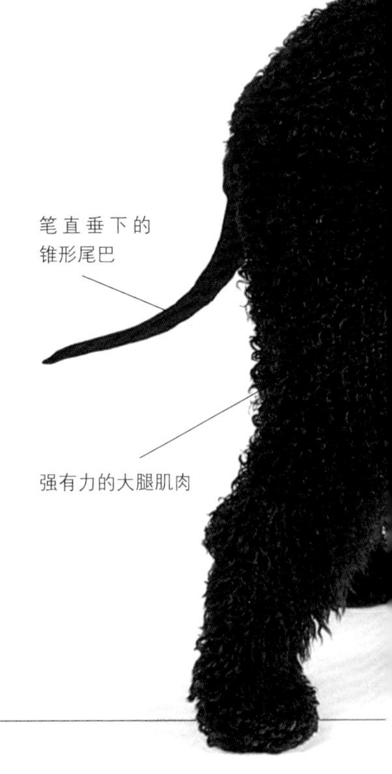

关键要素

起源国： 爱尔兰

起源时间： 19世纪

最初用途： 寻回水鸟

现代用途： 陪伴，寻回水鸟

寿命： 12～14年

别名： 鞭尾(Whip Tail)，沼泽犬(Bog Dog)

体重范围： 20～30 kg(64～65 lb)

身高范围： 51～58 cm(20～23 in.)

品种历史

葡萄牙的渔民们也许是在造访爱尔兰的高维(Galway)时，将他们的水猎犬也推荐给了爱尔兰人。它们的祖先很可能包含了贵宾犬。

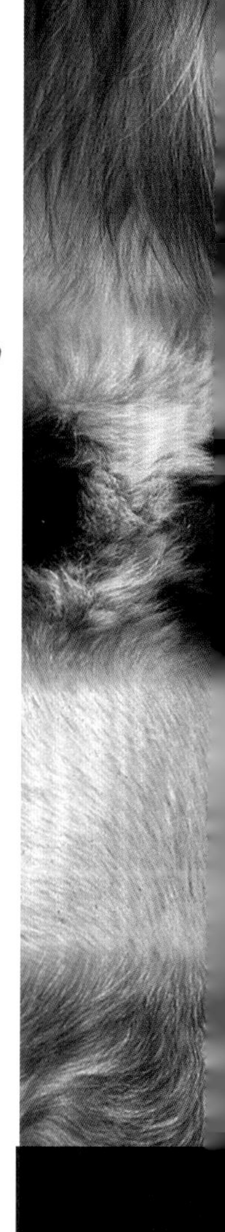

卷毛寻回犬

(Curly-coated Retriever)

虽然卷毛寻回犬在英国曾一度被大规模用作从水中寻回猎物，但作为一条经典的水犬，它们仍和其他寻回猎犬保持着最少的共同之处。它们有着一流的水犬被毛——一身紧密、短促的防水卷毛。有部分的卷毛寻回犬会患上髋关节发育不良，而且眼睑内翻的发病率要高于平均值。尽管如此，它们仍是可爱的老式犬种，镇静而又温和，但工作时十分警觉。

小巧的耳朵生在眼平线位置，靠在脑袋两侧

黑色鼻子与长而有力的下颚

品种历史

这可是如假包换的最为古老的英国寻回猎犬了，有证据表明早在1803年，这种狗就已经存在了。它们可能是两种已经灭绝的狗——英国水猎犬(English Water Spaniel)和小纽芬兰犬(Lesser Newfoundland)的后代。这两种狗曾被捕鳕鱼的渔民带到了英国。

关键要素

起源国： 英国
起源时间： 19世纪
最初用途： 寻回水鸟
现代用途： 陪伴，枪猎犬
寿命： 12～13年
体重范围： 32～36 kg(70～80 lb)
身高范围： 64～69 cm(25～27 in.)

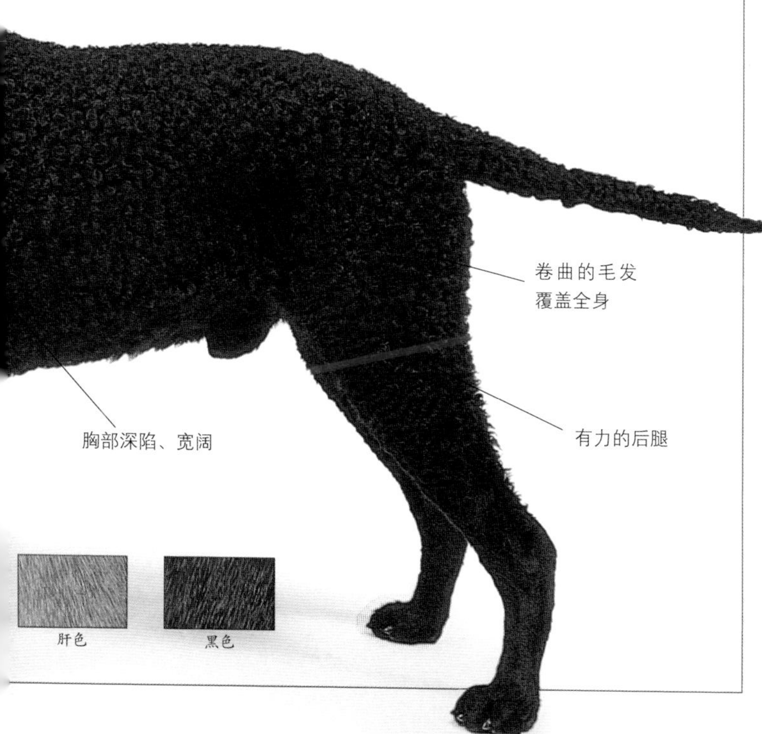

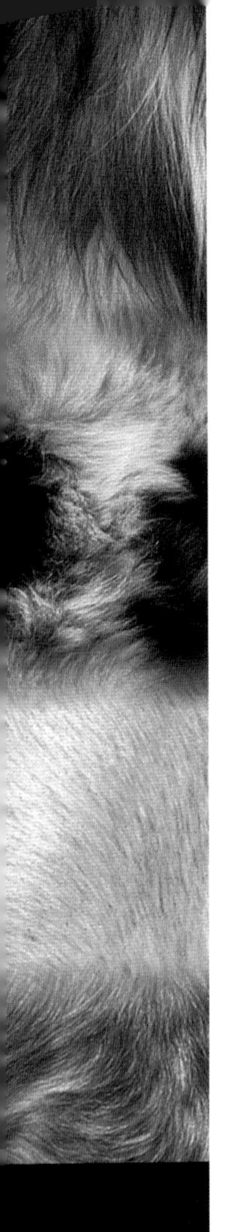

平毛寻回犬

(Flat-coated Retriever)

通过来自纽芬兰的狗，英国人培育出了20世纪初猎场看护人的最爱——平毛寻回犬。随着拉布拉多和金毛寻回犬的到来，在“二战”结束的时候它们已经几近灭绝了。而如今，这种英俊、幽默的狗又以枪猎犬的身份火了起来。它们不仅是一流的猎鹬犬，还是出色的陆地和水中的寻回猎犬。尽管平毛寻回犬有着较高的骨癌发病率，多才多艺而又喜欢群居的它们一定会得到更多的青睐。

中等大小的黑眼睛显得警觉而有疑虑

关键要素

起源国：英国

起源时间：19世纪

最初用途：寻回猎物

现代用途：陪伴，枪猎犬，野外追踪

寿命：12～14年

体重范围：25～35 kg(60～80 lb)

身高范围：56～61 cm(22～24 in.)

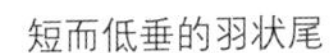

短而低垂的羽状尾

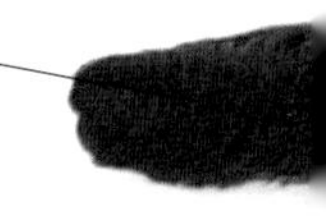

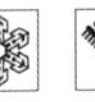

品种历史

加拿大纽芬兰的圣约翰斯地区有一种现已绝迹的较小工作犬，它们和纽芬兰犬杂交后便诞生了一种波浪毛寻回猎犬(Wavy-coated Retriever)。这种狗再进一步和雪达犬杂交，便产生了平毛寻回犬。

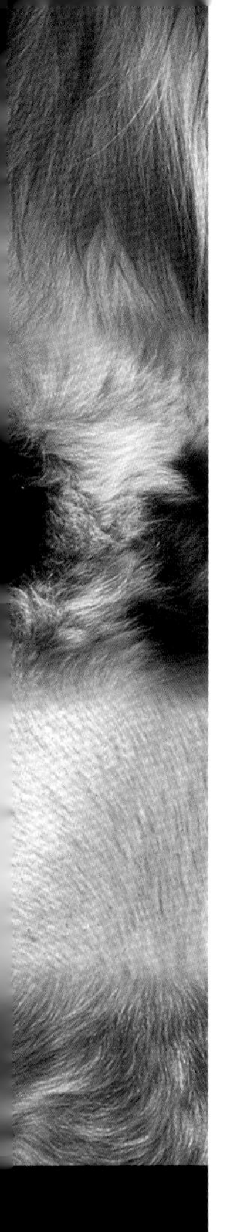

拉布拉多寻回犬

(Labrador Retriever)

防水而又喜欢水，亲切而且喜欢群居，十分顾家…… 这就是全世界最受欢迎的家庭伴侣、拥有一大堆美丽的形容词的拉布拉多寻回犬。拉布拉多曾生活在纽芬兰充满花岗岩的入海口海岸上，它们的工作就是取回渔网上的软木浮标，并把渔网带回岸边，以便渔夫们可以收回装满鱼的渔网。现如今，这种坚定的狗已然成为人类家庭认可的犬类成员中的精英。然而不幸的是，不少拉布拉多并不能实现它们的梦想。它们中的一些狗会患上遗传性的白内障、肘部或者髋关节的关节炎，甚至会有反复无常的脾气。尽管如此，不可否认拉布拉多寻回犬是世界上最为忠诚和可靠的狗之一。

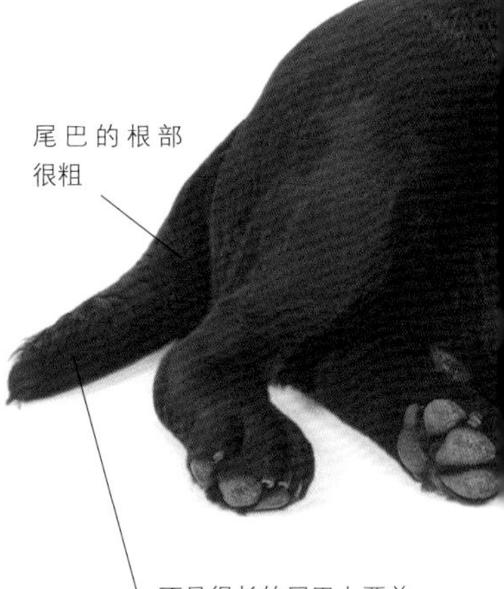

尾巴的根部很粗

不是很长的尾巴上覆盖着短而密的毛发

关键要素

起源国：英国

起源时间：19世纪

最初用途：枪猎犬

现代用途：陪伴，枪猎犬，野外追踪，助残犬

寿命：12～14年

体重范围：25～34 kg(55～75 lb)

身高范围：54～57 cm(21.5～22.5 in.)

品种历史

说起世界上最有人气的狗之一——拉布拉多，想了解它们的祖先可得回到加拿大纽芬兰的圣约翰斯地区。在那里，人们称之为“小水犬”(Small Water Dog)，以区别于更大的纽芬兰犬。腌鳕鱼的贸易把它们带到了英格兰多塞特郡的普勒港。那里的地主得到了这些狗以后便进一步培育它们成为了枪猎犬。

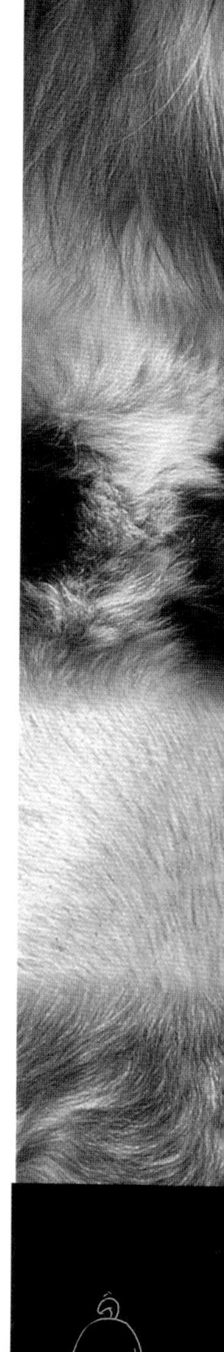

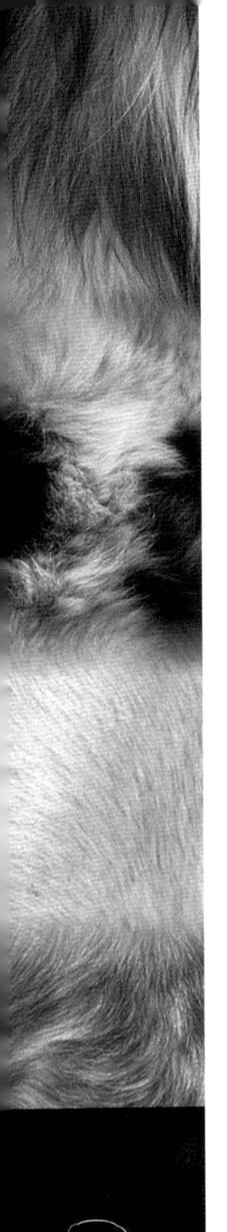

金毛寻回犬 (Golden Retriever)

随意但是敏感，镇静但是警觉，明智而又稳重，金毛寻回犬从许多方面看都是极为理想的家庭伴侣。这种感情丰富、多用途、容易训练、吸引人的狗，在北美和斯堪的纳维亚要比在它们自己的祖国还要受欢迎。由于专为寻回水鸟而培育，所以它们有一张“温柔”的嘴，极少啃咬。它们对孩子尤其有耐心。不同的品种在进化中达到了不同的目的，其中有一个是作为枪猎犬；还有一个是为了野外追踪；而最主要的目的还是为了狗展和家庭生活。不过，它们还有一个独特的用途：就是在特殊训练后成为导盲犬或者助残犬。遗憾的是人们的热情也为它们带来了遗传缺陷，诸如：皮肤过敏、眼疾，甚至还有急躁情绪。

被毛可能是顺直的，也可能是波浪状的；还有防水的内层被毛

肌肉发达的后腿覆盖着厚实浓密的皮毛

品种历史

一些记录表明，将一种浅色的平毛寻回犬和已经绝迹的特威德水猎犬(Tweed Water Spaniel)杂交，在19世纪培育出了金毛寻回犬。第一只金毛于1908年被展出。

关键要素

起源国：英国

起源时间：19世纪

最初用途：寻回猎物

现代用途：陪伴，枪猎犬，野外追踪，助残犬

寿命：13～15年

体重范围：27～36 kg(60～80 lb)

身高范围：51～61 cm(20～24 in.)

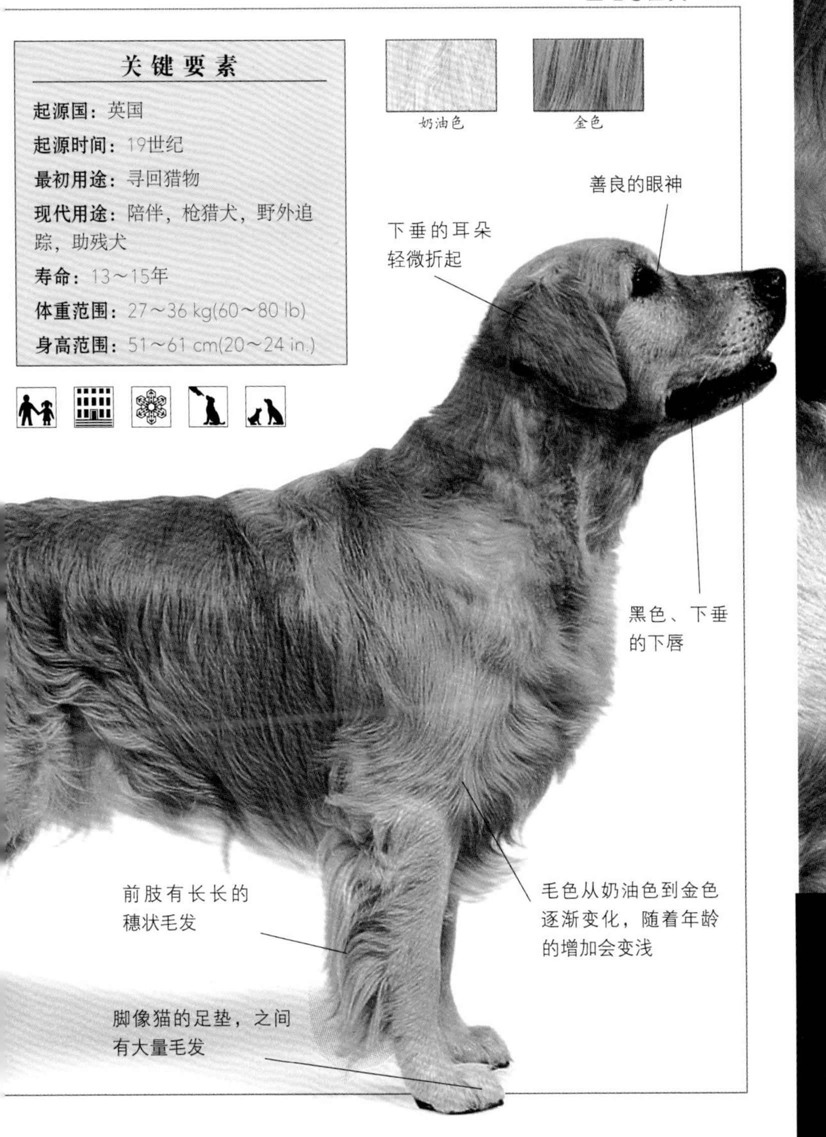

新斯科舍诱鸭寻回猎犬

(Nova Scotia Duck Tolling Retriever)

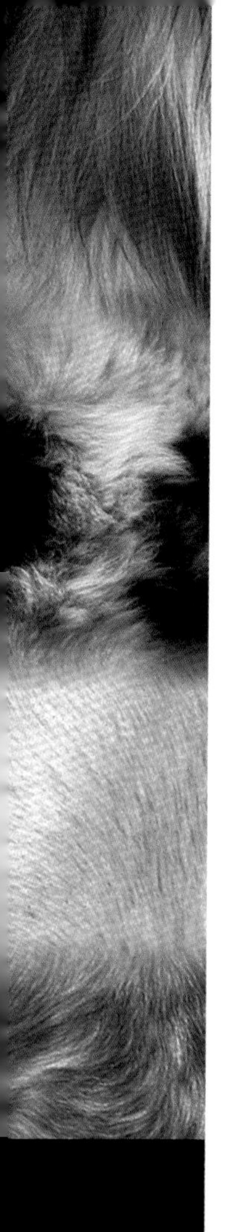

诱鸭寻回猎犬有一项很不寻常的工作，就是将鸭子或者鹅引诱到猎枪的射程之内，并将中弹的猎物从水中寻回。首先猎人会躲在岸边的隐蔽处，不断朝岸边扔树枝，而诱鸭寻回猎犬就不断安静地把树枝取回。当鸭子或者鹅被这个举动吸引过来的时候，猎人就会让它们回到隐蔽处，然后突然站起身，让禽飞起来并开枪射击。而此时，诱鸭寻回猎犬只需要做一只高效的寻回犬就可以了。

脑袋修剪得很干净，微呈楔形

胸部的隔热性很好，适合在冰冷的水中游泳

毛发浓密并呈现出多种红色和橙色

关键要素

起源国： 加拿大

起源时间： 19世纪

最初用途： 激飞/寻回水鸟

现代用途： 陪伴，枪猎犬

寿命： 12～13年

别名： 小河猎鸭犬((Little River Duck Dog)，诱鸭犬(Yarmouth Toller)

体重范围： 17～23 kg(37～51 lb)

身高范围： 43～53 cm(17～21 in.)

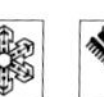

品种历史

它们与那些英国老式红色引诱犬(Red Decoy Dog)十分相像。那些狗曾陪伴它们的主人从英国去了加拿大的斯科舍省。经过寻回猎犬和工作猎犬杂交后，这种狗在1945年被认可。

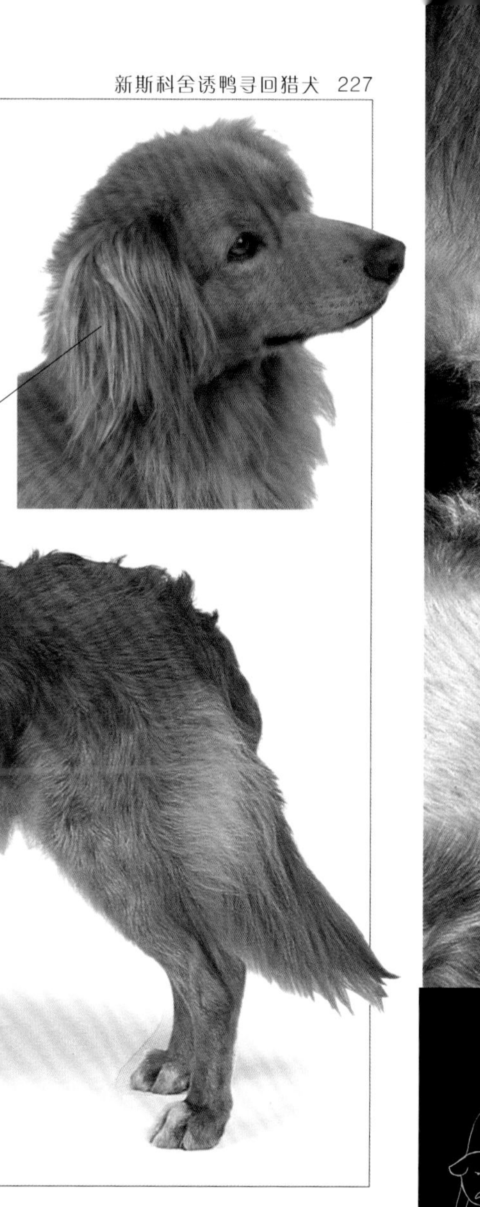

长在头顶的三角形耳朵拖在脑后

有力、紧凑、强壮的身体和健壮、结实的腿

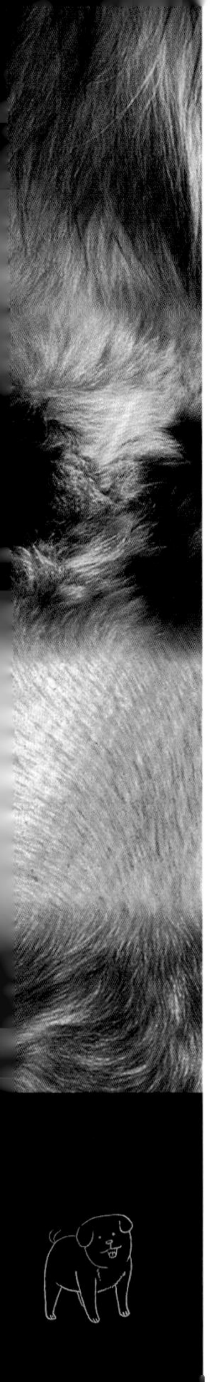

库科亨德犬 (Kooikerhondje)

历史上来看，库科亨德犬的行为和现在已经灭绝的英国红色引诱犬(English Red Decoy Dog)在许多方面很相似。它们会用活泼古怪的动作，配合它们那毛茸茸的白尾巴，吸引鸭子或鹅走入陷阱或者进入猎枪的射程内。库科亨德犬现在仍被用来引诱鸭子，不同的是，它们把鸭子引入灯心草编的陷阱里，只是为了聚集和鉴别。“二战”期间，只有25只库科亨德犬活了下来，而它们就是如今大约每年注册500只的新生小狗的祖先了。由于可选择的基因太少，遗传疾病在所难免。不过，这种友善、沉着的狗会成为让你很舒心的伴侣犯。

身高与体长大致相等

厚重华贵的顶层被毛下隐藏着隔热层

关键要素

起源国： 荷兰

起源时间： 18世纪

最初用途： 赶出/寻回鸟类

现代用途： 陪伴，枪猎犬

寿命： 12～13年

别名： 荷兰引诱猎犬(Dutch Decoy Spaniel)，科克尔犬(Kooiker Dog)

体重范围： 9～11 kg(20～24 lb)

身高范围： 35～41 cm(14～16 in.)

品种历史

说起这种狗的历史，时间至少要回到荷兰威廉亲王的时代。这种狗差不多快要消失了，但在两次世界大战之间，阿莫斯多男爵夫人(Baroness V. Hardenbroek van Ammerstool)重建了这个品种。

耳朵上有独特的小束黑色毛发

较深的胸部覆盖着防水的毛发

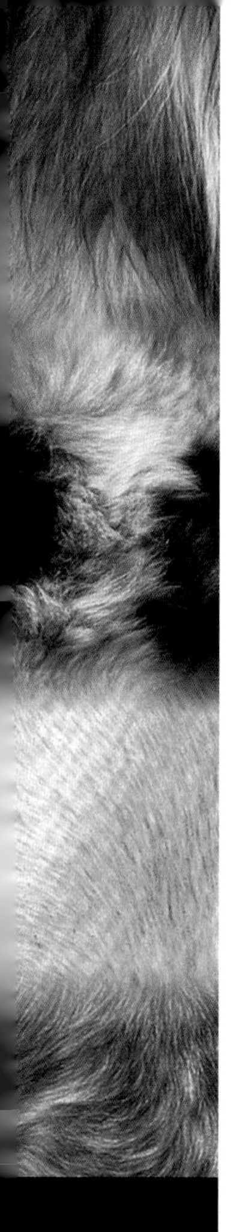

切萨皮克湾寻猎犬

(Chesapeake Bay Retriever)

切萨皮克湾寻猎犬的起源可以追溯到加拿大纽芬兰的一种小水犬，这些小水犬无论在外形还是用途方面都和卷毛寻回犬惊人相似。这种不知疲倦的狗尤其擅长寻回猎物。它们个性鲜明，甚至比拉布拉多还要坚强。就像其他的寻回猎犬一样，它们对孩子很温柔，对陌生人也很热心。这个忠实的伙伴如果能住在乡村将是最快乐的。

浓密坚韧的短毛呈波纹但不打卷

关键要素

起源国： 美国

起源时间： 20世纪

最初用途： 寻回水鸟

现代用途： 陪伴，枪猎犬

寿命： 12～13年

体重范围： 25～34 kg(55～75 lb)

身高范围： 53～66 cm(21～26 in.)

稻草色

红金色

棕色

品种历史

一些故事告诉我们，这种狗可能是一名英军上尉送给乔治·劳(George Law)先生的两只小纽芬兰犬(Lesser Newfoundland)小狗的后代。这两只狗与本地的猎犬一起培养出了切萨皮克湾寻猎犬。

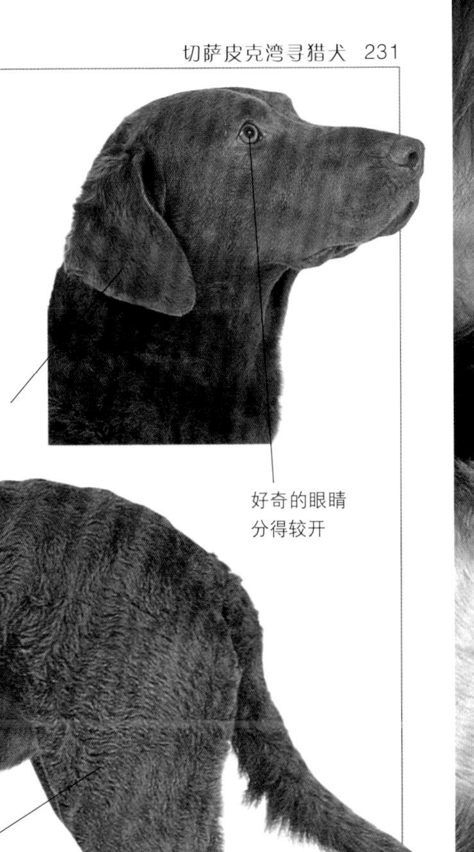

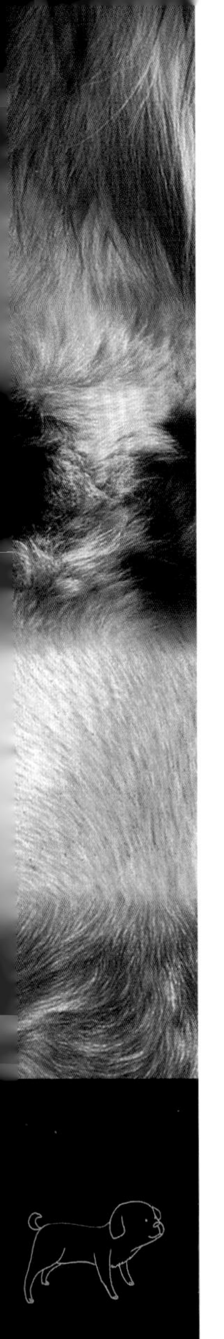

美国水猎犬

(American Water Spaniel)

它们是威斯康星州的州犬。在美国的中西部，活跃的美国水猎犬和英国史宾格犬、布列塔尼猎犬和新斯科舍诱鸭寻回猎犬有着相似的作用。它们先从水中激起猎物，然后用它们温柔的嘴为猎人带回猎物。这种狗精瘦、轻盈的身体允许它们陪伴独木舟或是小艇中的猎人，在寒冷的湿地水塘里工作。尽管美国内战前的锡板照片显示早在19世纪50年代的狗展中就有很像这种水猎犬的品种出现，不过现在的形态却是20世纪20年代由一位叫F. J. 费尔佛(Pfeifer)的医生培育出来的。

浓密、卷曲的卷毛覆盖着轻快的尾巴

关键要素

起源国：美国

起源时间：19世纪

最初用途：猎鸭

现代用途：猎鸭

寿命：12年

体重范围：11～20 kg(25～45 lb)

身高范围：36～46 cm(15～18 in.)

品种历史

这种狗至少部分程度上遗传自爱尔兰水犬。卷毛寻回犬和田野猎犬可能也参与了它们的培育过程。美国水猎犬在1940年被注册。

肝色

暗巧克力色

英国史宾格犬

(English Springer Spaniel)

这种枪猎犬竟然有着无限的耐力，它们喜欢类似赶出猎物或者捡回网球之类的体能运动。对这种长腿而又有力的狗需要不断地进行体能和精神刺激，不然它们会迸发出很大的破坏力。尽管它们猎鸟的本领是在美国被发觉的，现在的它们却在英国成为了最受青睐的工作猎犬。它们不仅是优秀的伴侣犬，还可能是拥有听觉工作能力的狗里最城市化的品种了。

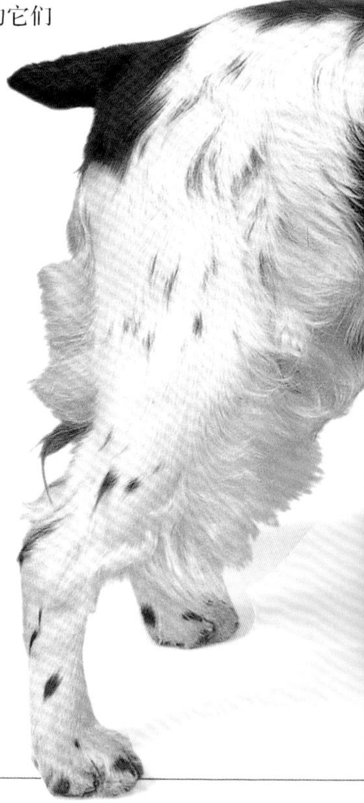

关键要素

起源国： 英国

起源时间： 17世纪

最初用途： 赶出/寻回猎物

现代用途： 陪伴，枪猎犬

寿命： 12～14年

体重范围： 22～24 kg(49～53 lb)

身高范围： 48～51 cm(19～20 in.)

品种历史

也许长毛垂耳猎犬都属于同一个种群，这种狗出现在了17世纪中期的绘画中。直到19世纪晚期，猎鹬猎犬和可卡犬才被分成独立的品种。

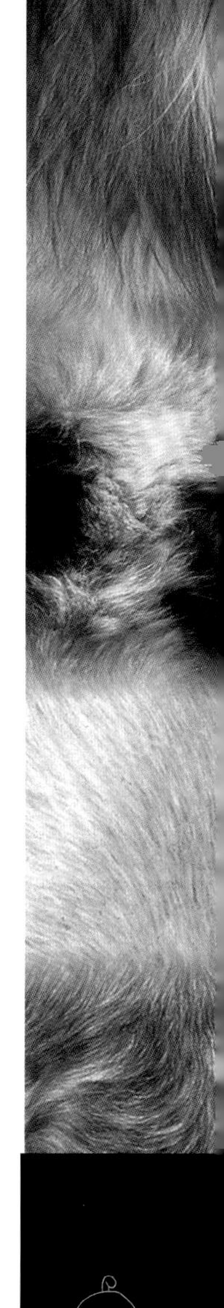

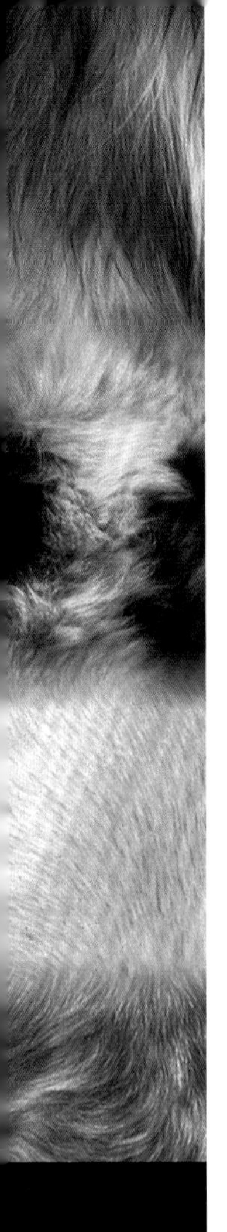

威尔士史宾格犬

(Welsh Springer Spaniel)

勤奋、喜欢水、有着出色耐力并且多才多艺的威尔士史宾格犬，不仅是出色的伴侣犬，还是一流的工作枪猎犬。它们擅长赶出鸟类，不过有时也会被用作驱赶牲口或者牧羊。不像英国史宾格犬，它们并没有岔开独立工作和狗展的路线，而且无论是工作用犬还是展览用犬都十分讨人喜欢。它们很愿意接受服从训练。

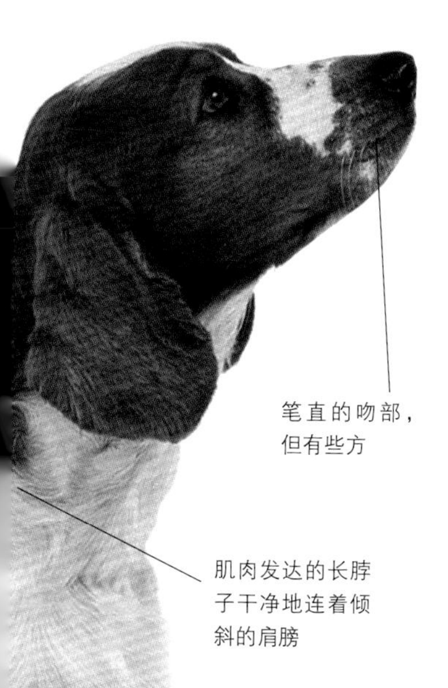

品种历史

17世纪时，这种狗被画描绘了出来。它们一度被作为威尔士可卡犬展示在人们面前。1902年，威尔士史宾格犬被认定为独立品种。

关键要素

起源国： 英国

起源时间： 17世纪

最初用途： 赶出/寻回猎物

现代用途： 陪伴，枪猎犬

寿命： 12～14年

体重范围： 16～20 kg(35～45 lb)

身高范围： 46～48 cm(18～19 in.)

英国可卡犬 (English Cocker Spaniel)

尤论在东欧还是西欧，抑或是所有英联邦国家，工作犬行家——英国可卡都是极其受欢迎的家庭伙伴。可悲的是，它们和它们的美国亲戚一样，都有着各种眼睛、皮肤、肾脏之类的遗传疾病和行为上的问题，尤其是纯色的品种，甚至会有狂暴的并发症。所以，在挑选可卡犬之前最好先了解其详细的家族史。尽管主要为陪伴家人而培育，这种狗在野外追踪的时候也表现非常好。

品种历史

1800年的时候，小型的陆地猎犬主要被作为“发动者”来赶出猎物，或是作为“可卡(斗鸡者)”来赶出或者取回山鹬(Woodcock)。英国可卡犬是在威尔士和英格兰西南部培育的狗的后代。

轻微的波状被毛；有着浓密的保护性的内层被毛

各种各样的颜色

下垂的耳朵上有丝质的长毛

关键要素

起源国： 英国

起源时间： 19世纪

最初用途： 寻回小型猎物

现代用途： 陪伴

寿命： 13～14年

别名： 可卡犬(Cocker Spaniel)

体重范围： 13～15 kg(28～32 lb)

身高范围： 38～41 cm(15～16 in.)

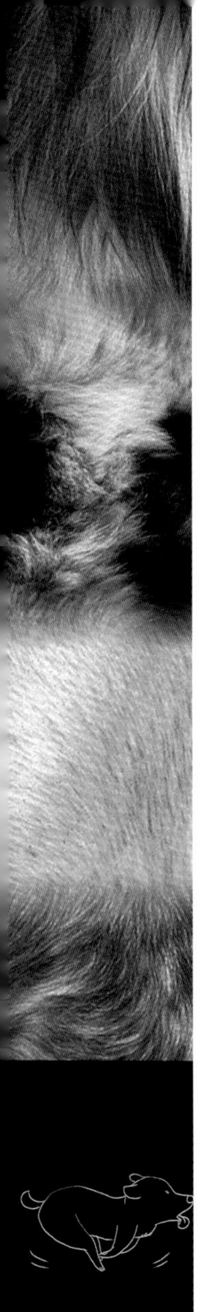

美国可卡犬
(American Cocker Spaniel)

在所有的美国犬种中，最受欢迎的就要数热情的美国可卡犬了。人们对它们的喜爱就是因为它们可以成为极温柔的伙伴。它们是工作用的英国可卡犬的后裔。尽管不少人尝试过让它们也成为工作犬，但是它们身上始终保留着猎犬的本能。它们的魅力受到了来自美国北部、中部、南部甚至日本的赞赏。很不幸的是，这种狗有着各种健康问题，其中还包括癫痫。不过，美国可卡犬的大方与和蔼可亲的个性足以弥补生理上的缺陷。

致密、细腻的毛发必须至少每天梳理一次，以防止它们粘起来

关键要素

起源国：美国

起源时间：19世纪

最初用途：寻回小型猎物

现代用途：陪伴

寿命：13～14年

别名：可卡犬(Cocker Spaniel)

体重范围：11～13 kg(24～28 lb)

身高范围：36～38 cm(14～15 in.)

品种历史

传说1620年，第一只到达美国的可卡犬随着五月花号(Mayflower)上的英国清教徒们一同来到新大陆。原来，所有的长毛垂耳猎犬都是统一分类的，但是美国可卡犬是为了需要的特点而培育的。1946年，它们被认定为独立品种。

各种各样的颜色

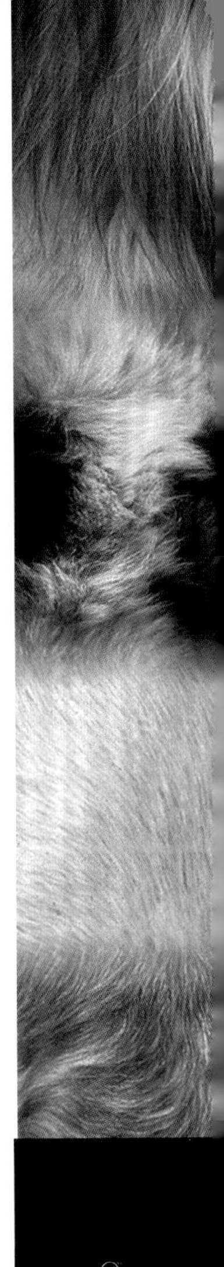

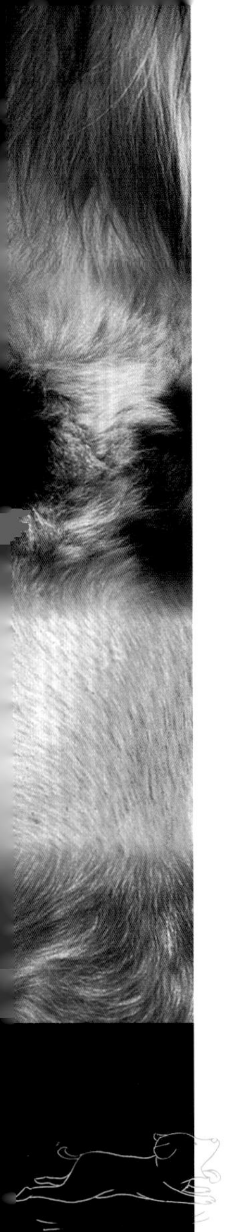

田野猎犬 (Field Spaniel)

对于美国可卡犬而言，这种狗在被认定为特殊品种之后，体形发生了戏剧性的变化，地位也和它们的祖先英国可卡犬大相径庭。所有这一切的后果当然是灾难性的。19世纪初，培者们选择性地培育了长背粗短腿的狗，田野猎犬随后失去了田野中能表现出的所有能力。直到20世纪60年代，在英国可卡犬和史宾格犬的帮助下才重新塑造了今天这种热情的狗。

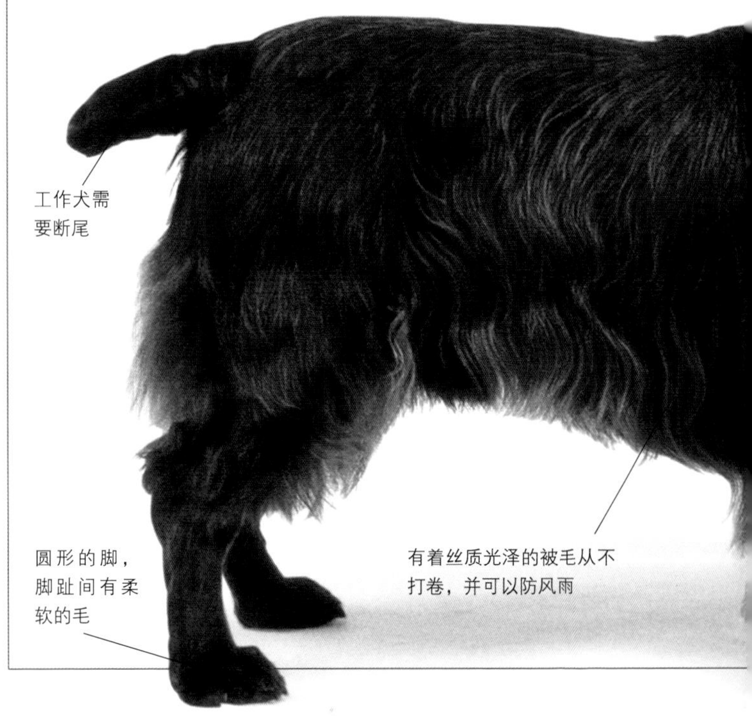

品种历史

田野猎犬最初被认定为可卡犬的一个变种。直到1892年，用来展示的它们才得到了自己应有的认同。然而不幸的是，为犬展而进行的培育使它们的工作能力严重退化。到“二战”结束时，这种狗已经快要消失了。到了1969年，它们的数量才开始稳步上升。

关键要素

起源国： 英国

起源时间： 19世纪

最初用途： 寻回猎物

现代用途： 陪伴

寿命： 12～13年

体重范围： 16～23 kg(35～50 lb)

身高范围： 51～58 cm(20～23 in.)

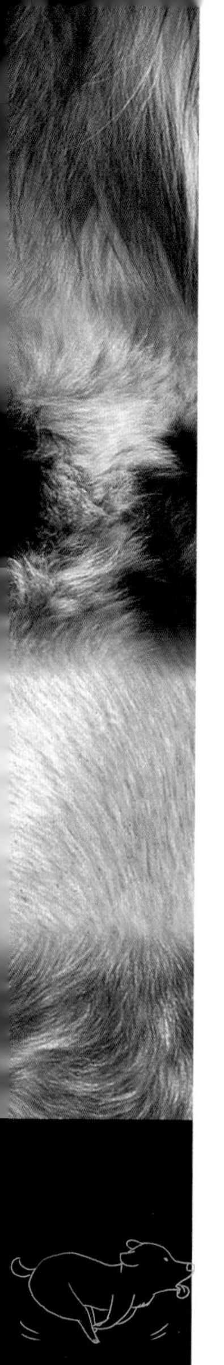

塞式猎犬 (Sussex Spaniel)

沉重但是小巧的塞式猎犬，有着一身厚实的皮毛和低垂的耳朵。它们可能是从在复杂地形缓慢工作的狗进化而来的。它们是活泼的工作犬，跟踪到气味踪迹的时候，它们会吠叫或是嚎叫，有经验的猎人便会从它们音调的变化中了解到它们发现了什么。塞式猎犬在视觉上最吸引人的地方就是它们红棕色的丰富被毛。但也正是因为那身深色浓密的被毛，它们不适合在炎热潮湿的环境里生存。同样还是选择培育带来的问题——下眼睑下垂和下唇下垂，并可能引起感染。

丰富、顺直的被毛，还有浓密、防水的内层被毛

腿很短但很强壮，有羽状毛发

脚上有厚厚的足垫，脚趾间有毛发

关键要素

起源国：英国

起源时间：19世纪

最初用途：追踪猎物

现代用途：陪伴

寿命：12～13年

体重范围：18～23 kg(40～50 lb)

身高范围：38～41 cm(15～16 in.)

品种历史

与塞式猎犬最近的亲戚主要是和猎枪一起在茂密的矮树林里工作的，而毛色丰富的塞式猎犬则身兼伴侣和工作两大职责。它们由来自索塞克斯郡的一位培育者完成培育。塞式猎犬不仅在北美屈指可数，哪怕在英国家乡的索塞克斯郡也十分少见。

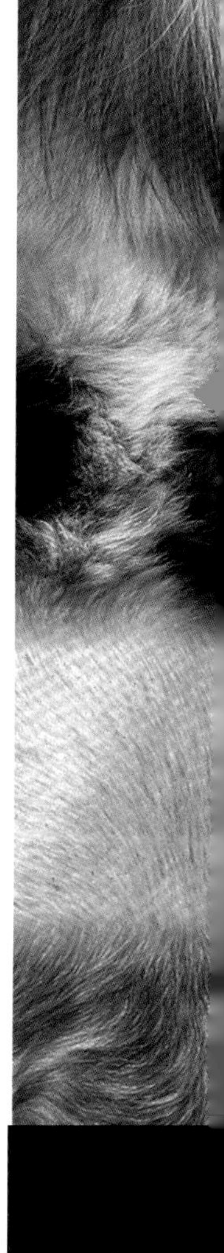

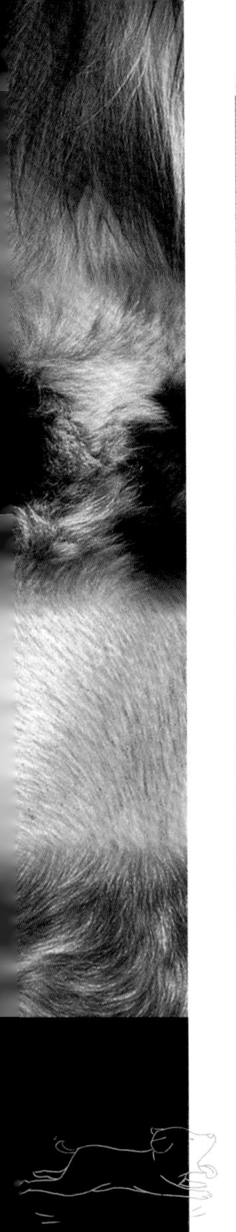

克伦伯猎犬 (Clumber Spaniel)

传说克伦伯猎犬的前身是法国的诺艾力公爵(Duc de Noailles)所拥有的杂交猎犬和寻回猎犬。在法国大革命时期，为了安全起见，他将很多狗送到了英国纽卡斯尔公爵处。工作型的克伦伯猎犬有条不紊，富有团队精神，走起路来悠然自得。它们会将猎物赶向猎人的方向。如今，较大部分的狗在城市的公园里过着它们悠闲的日子，不慌不忙地追踪并捡起虫子和落叶。尽管克伦伯是种慈祥的动物，不过也别让它们太过悠闲了，不然它们还是会被憋坏而进行破坏。

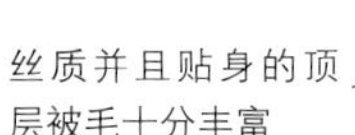

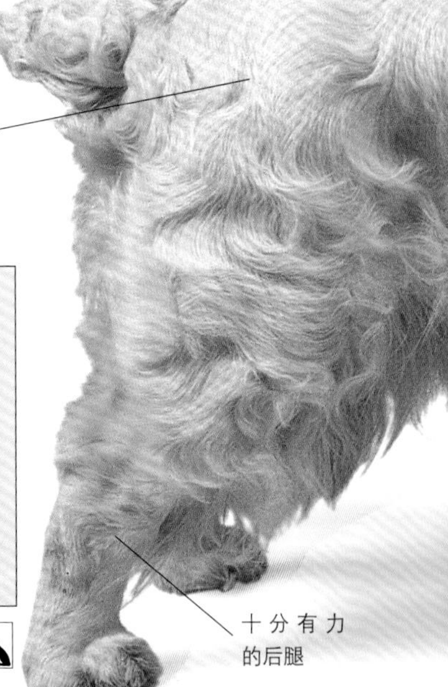

关键要素

起源国： 英国

起源时间： 19世纪

最初用途： 追踪，寻回猎物

现代用途： 陪伴，追踪

寿命： 12～13年

体重范围： 29～36 kg(65～80 lb)

身高范围： 48～51 cm(19～20 in.)

品种历史

它们以英格兰纽卡斯尔公爵在诺丁汉郡的宅所——克伦伯园(Clumber Park)的名字命名。这种特别的狗的祖先也许包括了巴吉度猎犬(给予了它们短腿)和圣伯纳犬(给予了它们一个大脑袋)。

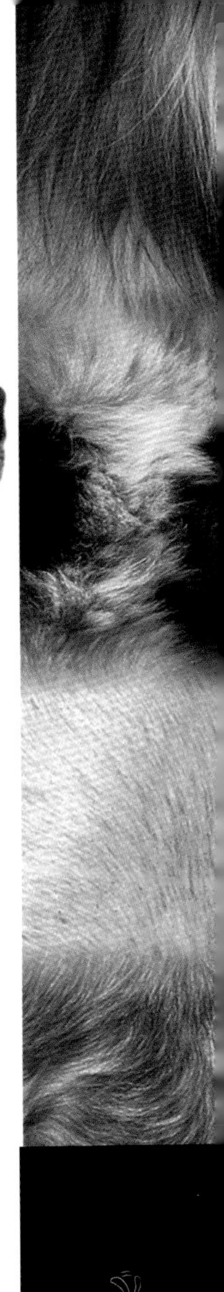

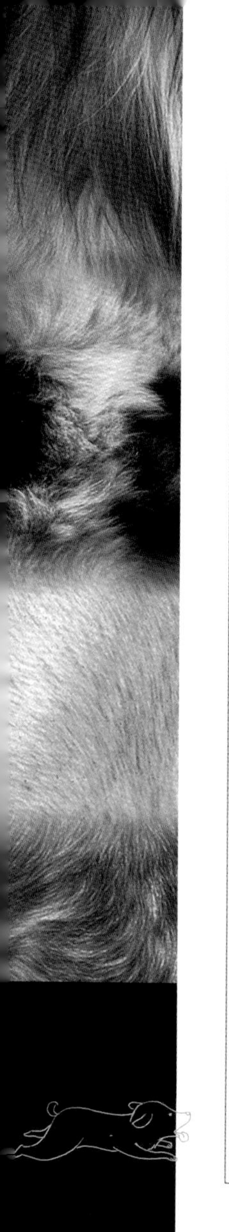

布列塔尼猎犬 (Brittany)

作为一流的中型猎犬，布列塔尼猎犬是法国最受欢迎的本地猎犬，在美国和加拿大是猎人英勇的伙伴。尽管它们总是被当作西班牙猎犬，但事实上它们是出色的蹲伏和猎鹬枪猎犬。令很多倾慕者头痛不已的是，在很多国家，它们仍背负着“西班牙猎犬”的名号。它们也许是拥有西班牙猎犬的身材，用途却是不折不扣的指示猎犬，而且是世界上唯一的短尾指示猎犬。坚定而又机敏的布列塔尼猎犬是值得信赖而又服从性好的伙伴。

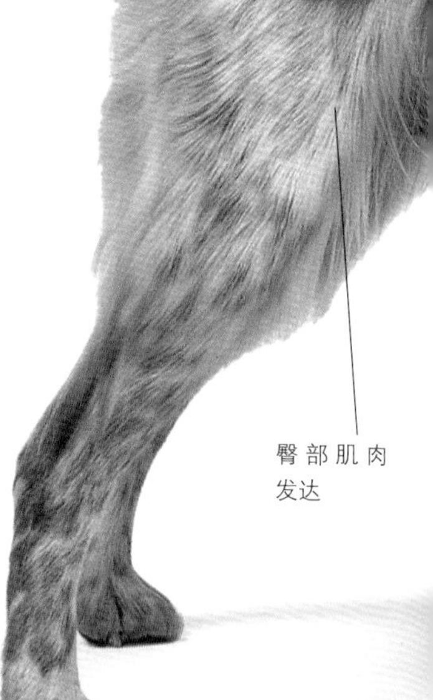

臀部肌肉发达

关键要素

起源国： 法国

起源时间： 18世纪

最初用途： 寻回

现代用途： 陪伴，寻回

寿命： 13～14年

别名： Épagneul Breton, Brittany Spaniel

体重范围： 13～15 kg(28～33 lb)

身高范围： 46～52 cm(18～20.5 in.)

品种历史

在古老的绘画或文字中曾描绘过布列塔尼猎犬，不过原来的那些猎犬在20世纪初差不多都灭绝了。好在一名当地的培育者——阿瑟·安诺德(Arthur Enaud)唤醒了这个品种。除了是热情的伴侣之外，布列塔尼同时也是猎手、指示猎犬和寻回猎犬。

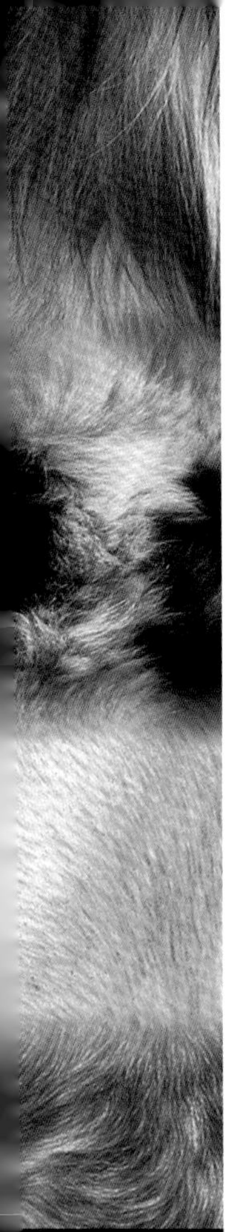

英国雪达犬 (English Setter)

典雅、美丽、安静而又敏感的英国雪达犬对孩子极其友好。它们易于训练，并且在野外是敏锐的好帮手。有一小部分英国雪达犬会有视网膜脱落而致盲的遗传问题。以白色为主的变种患皮肤过敏的可能性会较大。这种强壮的狗适合长时间的体能运动，并且需要大量的锻炼。

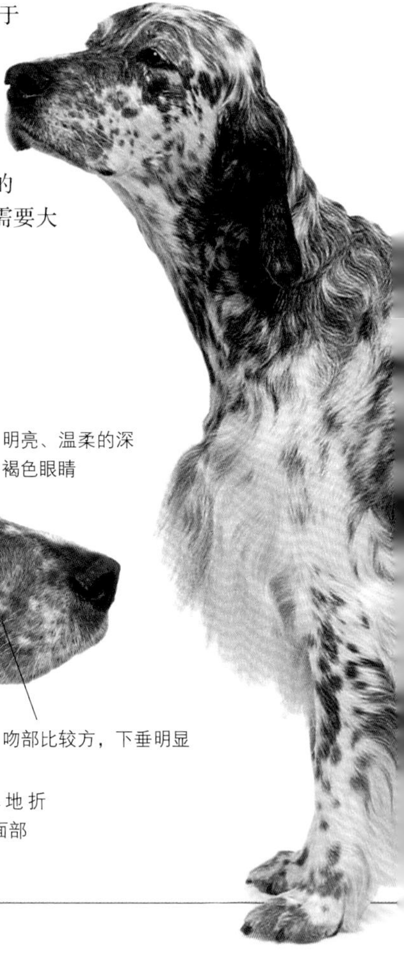

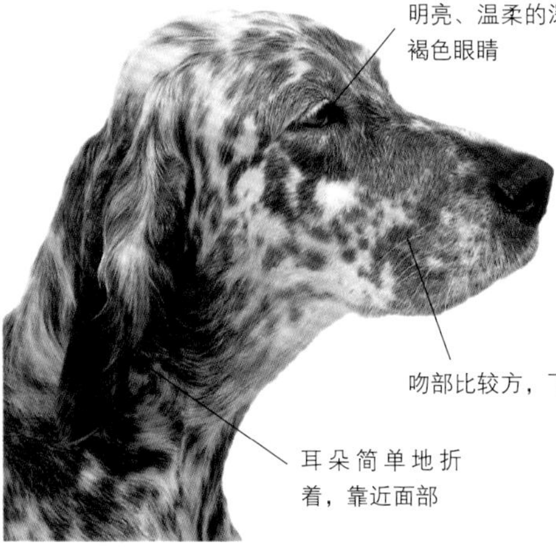

明亮、温柔的深褐色眼睛

吻部比较方，下垂明显

耳朵简单地折着，靠近面部

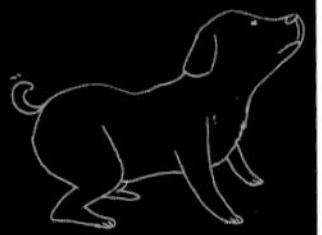

柠檬黄色/白色

黑色/白色

肝色/白色

三色

关键要素

起源国： 英国

起源时间： 19世纪

最初用途： 寻回飞鸟，蹲猎飞鸟

现代用途： 陪伴，寻回

寿命： 14年

体重范围： 25～30 kg(55～66 lb)

身高范围： 61～69 cm(24～27 in.)

顶层被毛呈轻微波浪状的丝质并且较长；内层被毛轻软

笔直的尾巴呈优美的锥形

紧凑的脚，脚趾间有毛发，易于抓住草

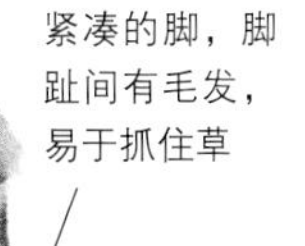

品种历史

雪达犬由长毛垂耳的猎猎犬进化而来，具有猎手的工作能力。英国培育者爱德华·拉白拉克(Edward Laverack)培养出了今天的英国雪达犬。

戈登雪达犬 (Gordon Setter)

这种狗是所有雪达犬中最壮、最沉且最慢的一种了。它们从没能像其他雪达犬一样广受喜爱。在猎枪流行前，它们用嗅觉发现猎物，然后静静坐着，等待猎人的到来。这种能力也使得戈登的性格友好而又轻松。它们是忠实、服从的好伙伴，但它们每天也需要大量的锻炼。

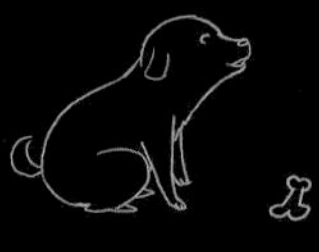

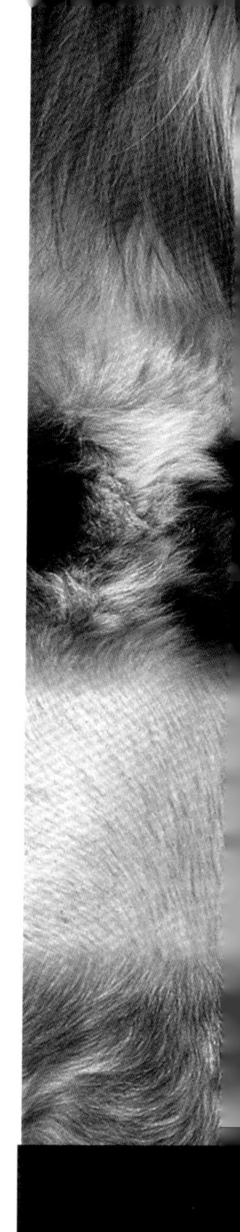

品种历史

17世纪，英国普遍存在这种黑褐色雪达犬。如今的标准始于18世纪，由里奇蒙德及戈登公爵(Duke of Richmond and Gordon)在苏格兰班夫郡的家中制定。

关键要素

起源国： 英国

起源时间： 17世纪

最初用途： 蹲猎飞鸟

现代用途： 陪伴，枪猎犬

寿命： 13年

体重范围： 25～35 kg(56～65 lb)

身高范围： 62～66 cm(24～26 in.)

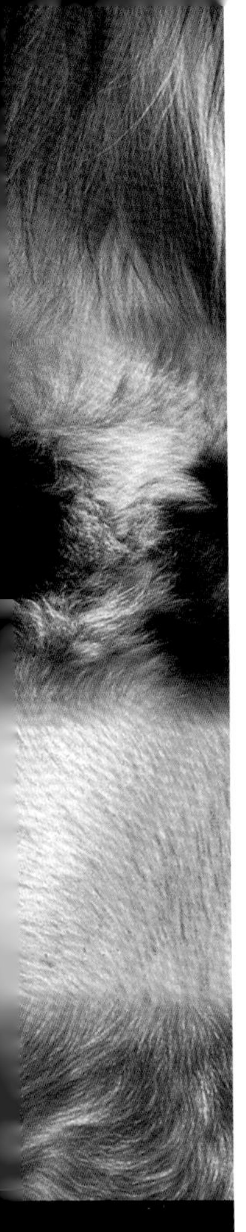

爱尔兰雪达犬 (Irish Setter)

它们曾以盖尔语“Modder rhu”或者“红狗”为人熟知，爱尔兰雪达犬曾被称作红色猎犬。到了现在，这种活跃的狗仍然非常喜欢消耗体能。它们不仅比其他的伴侣犬跑得快，而且还喜欢主动找别的狗玩，围着它们绕圈子跑。看得出，爱尔兰雪达犬是性格开朗、精力旺盛的家伙。它们比较晚熟，当然你也可以认为它们比较享受生活。它们也得了个不该得到的名声——兴奋过度。

关键要素

起源国：爱尔兰

起源时间：18世纪

最初用途：寻回猎物，蹲猎

现代用途：陪伴

寿命：13年

别名：爱尔兰红色雪达犬(Irish Red Setter)，红色雪达犬((Red Setter)

体重范围：27～32 kg(60～70 lb)

身高范围：64～69 cm(25～27 in.)

品种历史

西班牙老式指示猎犬(西班牙以外不为人知)、塞亭猎鹬犬和早期的苏格兰雪达犬都被包括在爱尔兰雪达犬的进化历程中。

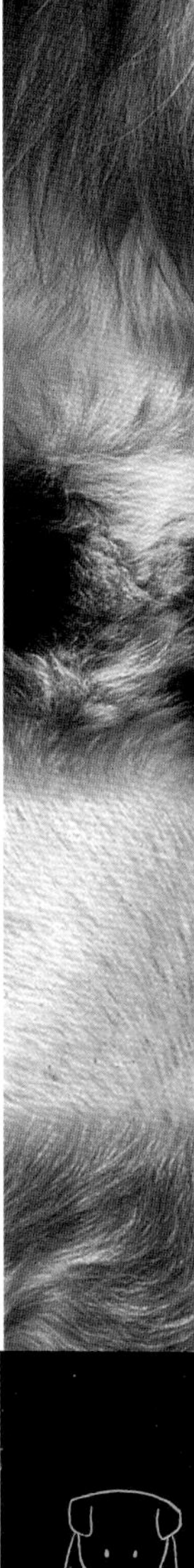

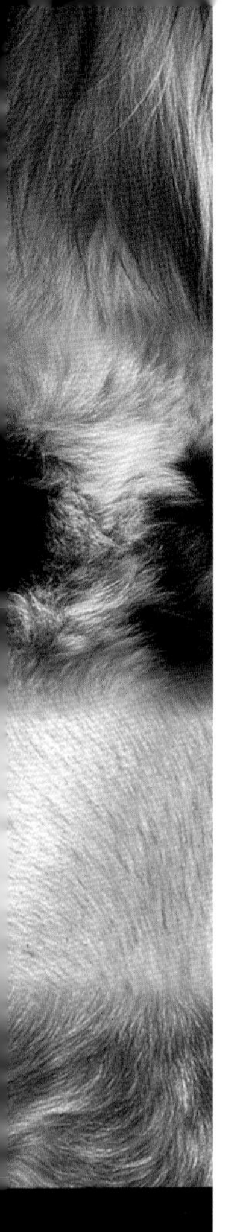

爱尔兰红白雪达犬

(Irish Red-and-white Setter)

就和它们的爱尔兰雪达犬亲戚一样，要让红白雪达犬接受服从训练，需要比大多数的枪猎犬花更多的时间。但一旦训练好，它们会成为可靠的伙伴。相比一些安静的狗，红白雪达犬对生命的“热情”使它们往往更容易伤到自己。深陷的胸部使它们很容易发生急性胃扭转，这对它们而言可是生死攸关的。红白雪达犬有着精准的嗅觉，一旦开始工作，它们就是热情高效的枪猎犬。

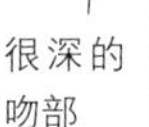

关键要素

起源国：爱尔兰

起源时间：18世纪

最初用途：寻回猎物，蹲猎

现代用途：陪伴，枪猎犬

寿命：13年

体重范围：27～32 kg(60～70 lb)

身高范围：58～69 cm(23～2 7in.)

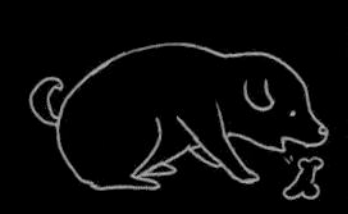

品种历史

工作的爱尔兰红白雪达犬原来大多数都是栗色或者红白色的，但有一个时期，培育者们只选择培育红色的。红白雪达犬曾一度消失，但现在正在复苏。

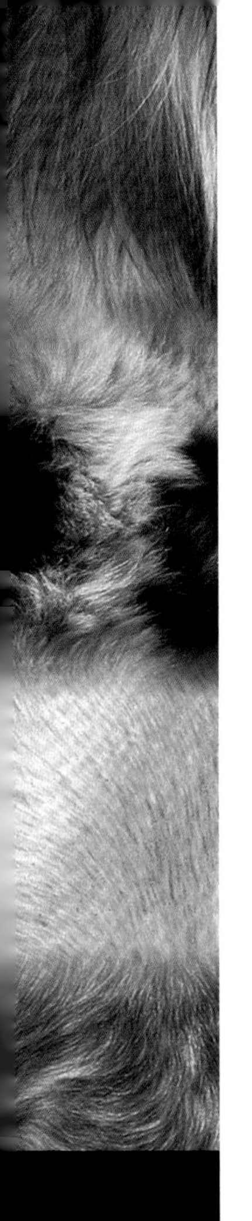

英国波音达犬 (English Pointer)

温柔、顺从，对生灵不轻易下手，英国波音达犬的原功能推翻了自然狗的行为理论。当发现野兔的时候，它们会立定并指示方位，让同行的灵缇去卖力地追捕猎物。选择培育创造出了这种极具温顺、高贵且富有天赋的狗，但同时也让它们过于敏感了。波音达猎犬的友好和善良使它们成为理想的家庭伴侣。

大腿精瘦并且
肌肉发达

关键要素

起源国： 英国

起源时间： 17世纪

最初用途： 追踪猎物

现代用途： 陪伴，枪猎犬

寿命： 13～14年

别名： 波音达犬(Pointer)

体重范围： 20～30 kg(44～66 lb)

身高范围： 61～69 cm(24～27 in.)

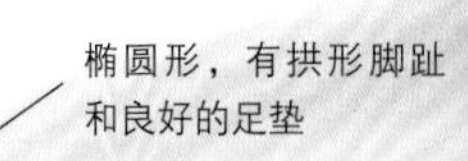

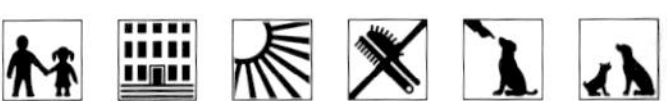
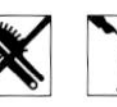

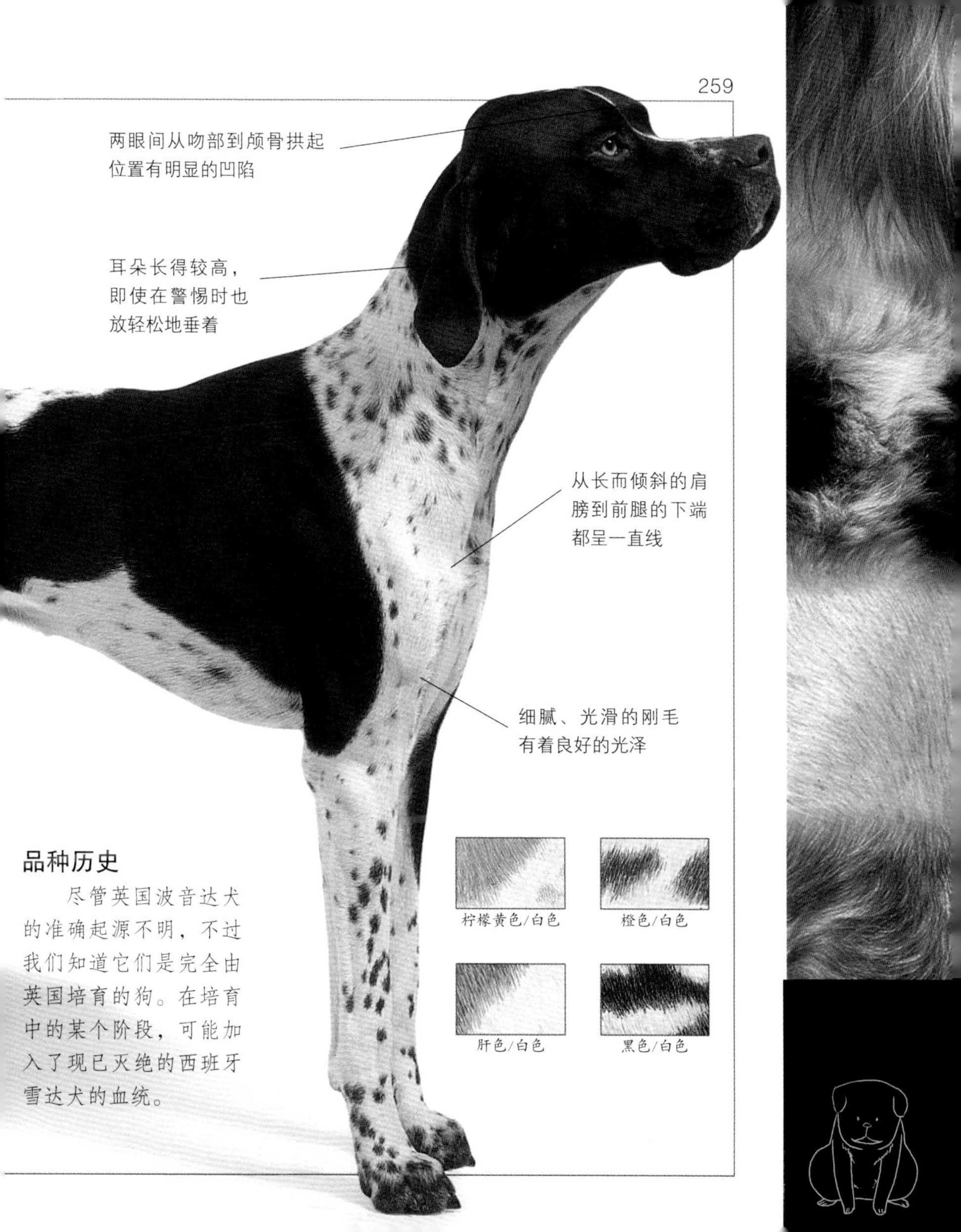

柠檬黄色/白色

橙色/白色

肝色/白色

黑色/白色

品种历史

尽管英国波音达犬的准确起源不明，不过我们知道它们是完全由英国培育的狗。在培育中的某个阶段，可能加入了现已灭绝的西班牙雪达犬的血统。

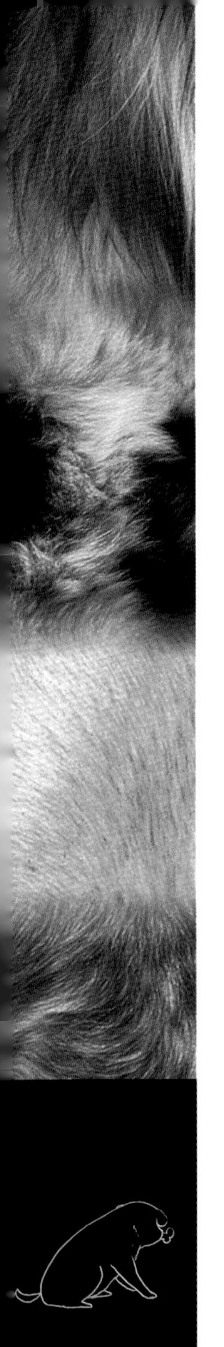

德国波音达犬
(German Pointers)

如今的德国波音达犬有着好几个不同的来源，但无论哪一个都是19世纪末德国大规模犬类培育计划的产物。使用国内的血统加上法国和英国的培育方式，培育出了三种特别的波音达犬。刚毛波音达犬是极其出众的家庭犬，同时也是吃苦耐劳的壮劳力。髋和肘关节的关节炎常是这种狗的遗传疾病，但精心选择培育可以避免这个问题。长毛波音达犬则基本上仍为工作犬，虽然有个别的狗胆子比较小，但差不多所有的成员都是出色的家庭伴侣和良好的守卫犬。短毛波音达犬也可能会胆怯，一些血统中癫痫是个问题。但是这种狗要比其他相似体形的狗更长寿，它们是经得起考验的伙伴。

关键要素

起源国： 德国

起源时间： 19世纪

最初用途： 各种狩猎

现代用途： 陪伴，枪猎犬

寿命： 12～14年

别名： Deutscher Drahthaariger Vorstehhund

体重范围： 27～32 kg(60～70 lb)

身高范围： 60～65 cm(24～26 in.)

肝色/白色
黑色

黑色/白色

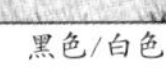

肝色

脚部很健壮。

品种历史

到了19世纪，德国波音达犬仍然是笨重、缓慢而又沉静的。不过在将这些鞍形背、兔形脚的家伙和更轻盈的英国波音达犬交配后，就得到了今天精干、运动性好并且与人亲近的品种。德国短毛波音达犬在德国和英国的猎人身边渐渐成为猎人的新宠，而在北美则被野外追踪的狂热爱好者所推崇。

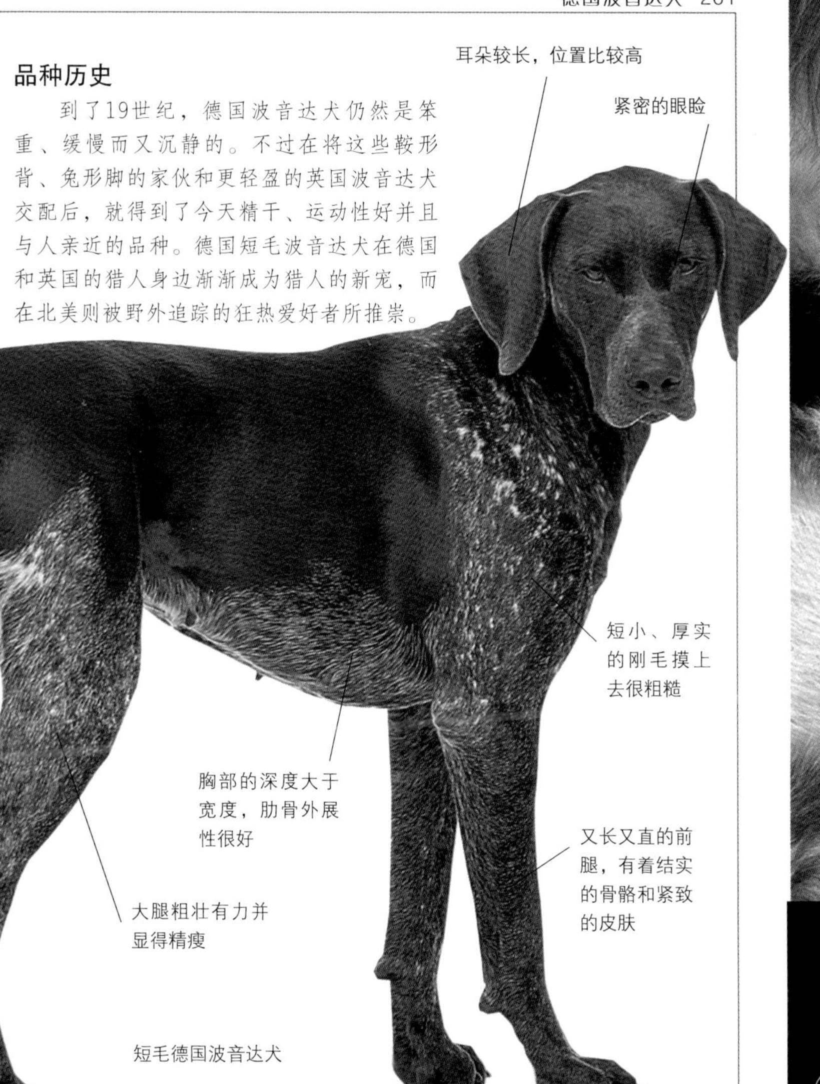

短毛德国波音达犬

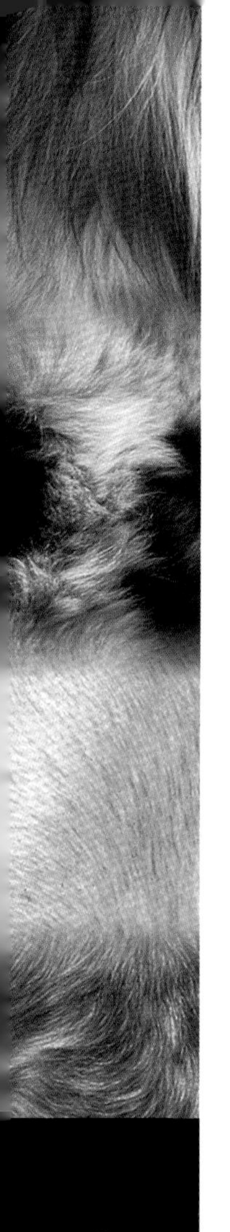

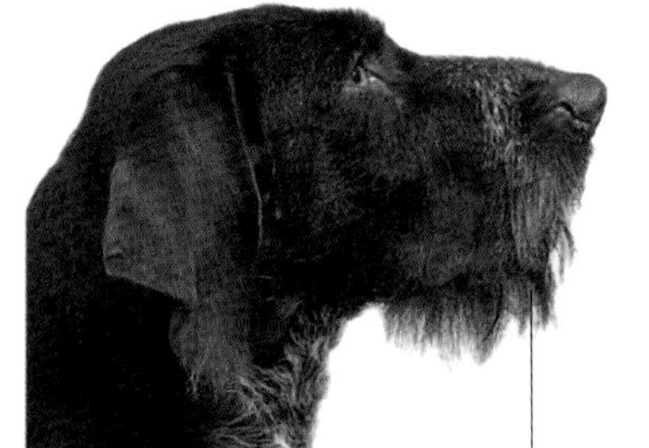

德国刚毛波音达犬

品种历史

作为猎鹬猎犬、指示猎犬和寻回猎犬这样的全能猎犬，刚毛品种是短毛波音达犬、法国刚毛指示格里芬犬(French Wire-haired Pointing Griffon)、德国普德尔波音达犬(Pudelpointer，一种罕见的贵宾/指示猎犬混血)，还有杂毛波音达犬(Brokencoated Pointer，现已灭绝)。1870年，它们在德国第一次被承认。

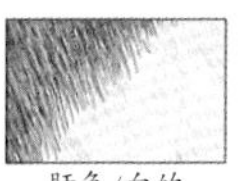
肝色/白的

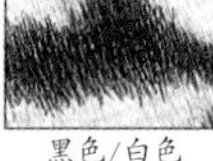
黑色/白色

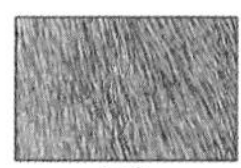
肝色

尾毛羽状长发覆盖

德国长毛波音达犬

品种历史

德国长毛波音达犬有着欧洲大陆长毛猎鸟犬的一部分外观和性格。通过和爱尔兰及戈登雪达犬的杂交，能够培育出红黑色的品种。只是，这种颜色通常无法被注册接受。1879年，德国长毛波音达犬在汉诺威第一次向世人展示。

精瘦的头部很长，眼睛距离很好，
眼神看上去很温柔
又宽又长的吻
部上方有一个
棕色的鼻子
耳朵根部很宽，覆盖
着波状的毛发
突出的胸部
笔直的前腿显得
很长，并有穗状
软毛
较圆的脚、脚趾间
有厚厚的毛发

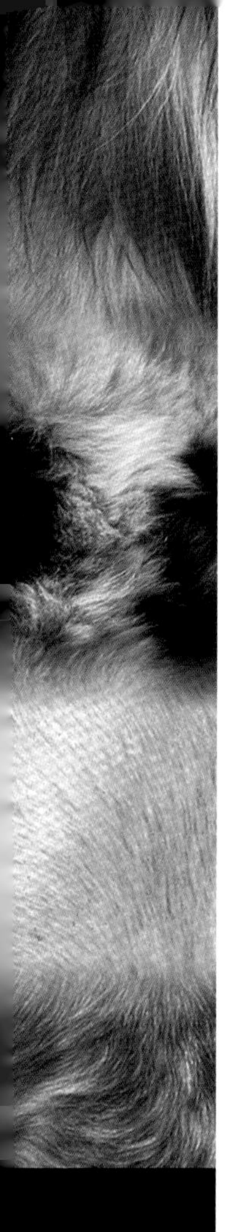

大明斯特兰犬

(Large Munsterlander)

大明斯特兰犬的出现更多基于一个否定的原因而非肯定的。由于德国长毛波音达犬不断减少，人们组建了一个新的养犬俱乐部以拯救这个品种，但只按照标准收养暗红白色的样本。而德国明斯特地区的猎人们需要外形与功能兼顾，所以继续培养黑白色的狗，大明斯特兰犬得以幸存。大明斯特兰犬喜欢争得冠军的感觉。

尾巴与背部呈一直线，并且有羽状毛发

关键要素

起源国：德国

起源时间：19世纪

最初用途：追踪，指示，寻回

现代用途：陪伴，枪猎犬

寿命：12～13年

别名：Grosser Münsterländer Vorstehhund

体重范围：25～29 kg(55～65 lb)

身高范围：59～61 cm(23～24 in.)

品种历史

这种传承自德国的猎鸟犬，最初以德国红白色波音达犬的黑白色变种出现。1919年，这种狗的培育俱乐部组建了，并且就像它们的“小”亲戚——小明斯特兰犬一样，它们在德国以外的地方也渐受欢迎。

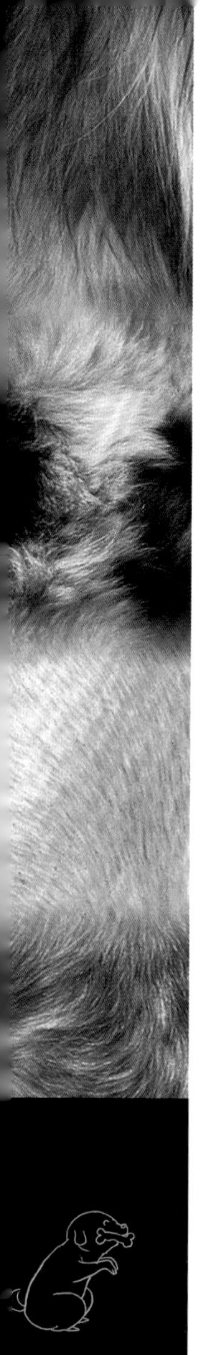

捷克福斯克犬 (Czesky Fousek)

这种敏感的狗是波希米亚人最喜欢的猎狗之一。作为一种多用途的工作犬，它们会指示、蹲坐，甚至还会从地面或者水中取回猎物。由于它们对孩子而言总是可以信赖的，所以它们在家里很自在。不同性别的狗体形会有巨大的差异，最大的雄性可以比最小的雌性大上50%。有个别个体可能会特别任性，所以需要严加管束。尽管这种狗事实上更适合乡下，但在常规的锻炼后，它们会变成值得信赖、引人注目的伴侣犬。捷克福斯克初次被写定标准是在19世纪晚期，优秀的它们在其他国家同样得到认同。

关键要素

起源国： 捷克共和国

起源时间： 19世纪

最初用途： 指示猎物

现代用途： 指示猎物，陪伴

寿命： 12～13年

别名： 捷克波音达犬(Czech Pointer)，捷克粗毛雪达犬(Czech Coarsehaired Sertter)

体重范围： 22～34 kg(48.5～75 lb)

身高范围： 58～66 cm(23～26 in.)

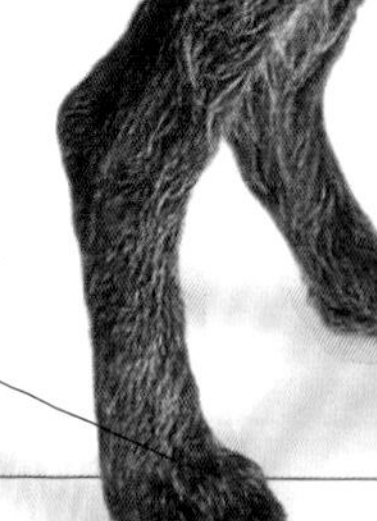

尾巴正好在背部的延长线上

被毛包括柔软致密的内层被毛和粗糙坚硬的顶层被毛

汤匙形的脚有黑色结实的脚趾

品种历史

捷克福斯克犬的祖先可能是15世纪指示和蹲猎野鸟的猎犬。19世纪，在注入了德国刚毛和短毛波音达犬的血统后，它们获得了重生。

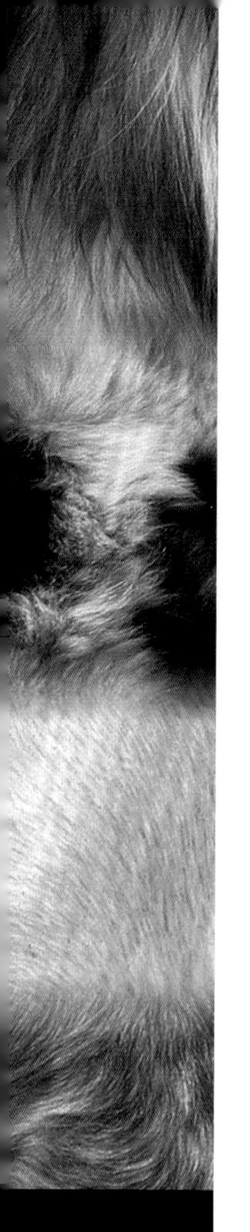

刚毛指示格里芬犬
(Wire-haired Pointing Griffon)

爱德华·科沙尔斯(Eduard Korthals)从没透露自己用来培育刚毛指示格里芬犬的犬种，但看上去是明斯特兰犬、德国短毛波音达犬和法国格里芬犬(粗毛嗅觉狩猎犬)应该都起了作用。这种全地形、全天时、全猎物的指示寻猎犬是第一种被美国正式认可的多用途欧洲枪猎犬。刚毛指示格里芬敏感、顺从，对孩子友好，而且不吵闹，甚至还和其他狗容易相处。当然雄性还是比较有攻击性。

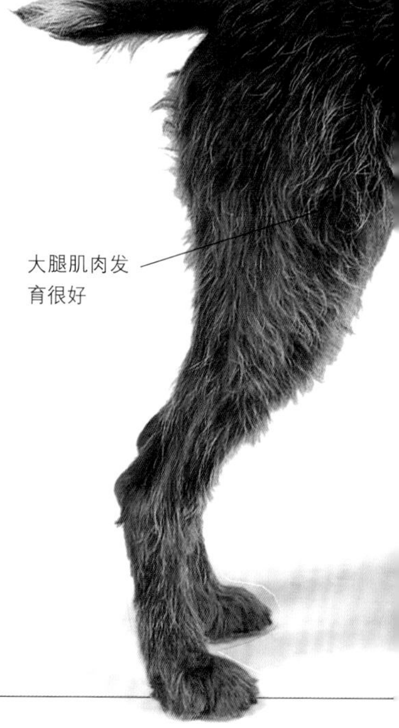

关键要素

起源国： 法国

起源时间： 19世纪60年代

最初用途： 狩猎，寻回

现代用途： 狩猎，寻回，陪伴

寿命： 12～13年

别名： Griffon d'Arrêt Korthals

体重范围： 23～27 kg(50～60 lb)

身高范围： 56～61 cm(22～24 in.)

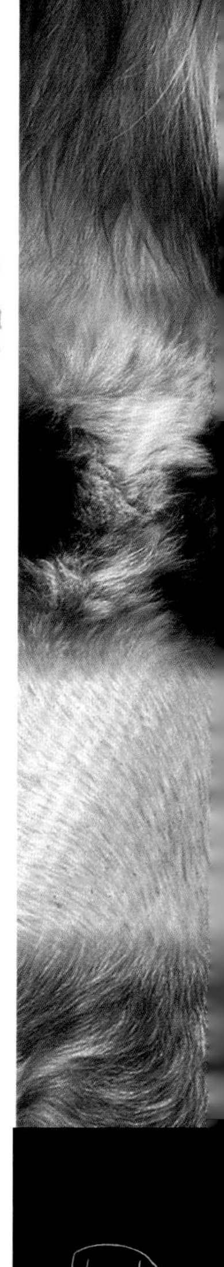

品种历史

这种经典的“欧洲犬”出自荷兰培育者爱德华·科沙尔斯之手。住在德国和荷兰两地的他通过来自荷兰、比利时、德国、法国，可能还有英国的枪猎犬培育出了刚毛指示格里芬犬。不过这种多才多艺的枪猎犬在欧洲和北美并不多见。

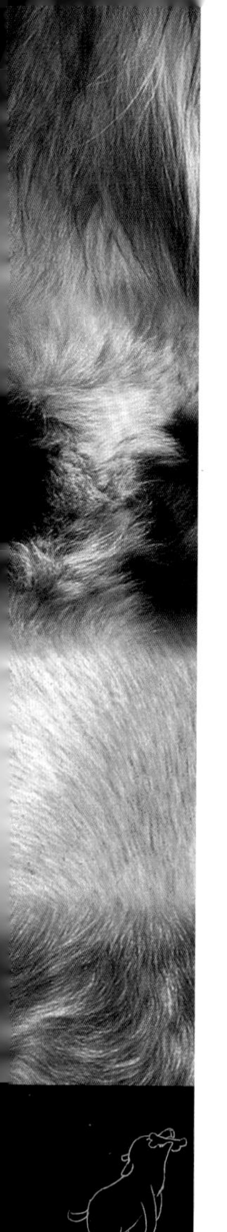

匈牙利维兹拉犬
(Hungarian Vizsla)

20世纪30年代，如果不是那些在欧洲各地和北美流亡的匈牙利人舍不得抛下他们的爱犬，优雅、温和而又精力充沛的匈牙利维兹拉犬恐怕在“二战”中就灭绝了。由于维兹拉十分顺从、可靠而且健康，最近20年在它们原有的“指示”和“寻回”两种职能上又增加了第三种新用途——广受青睐的家庭伴侣犬。这种狗在匈牙利越来越受欢迎，而它们原有的职能并未被人们忘记。在加拿大，我们在周末经常可以看到它们的刚毛变种正作为枪猎犬陪伴着猎人。维兹拉有一个不错的鼻子，会用来勤奋地追踪，还会热心地帮你将猎物或者扔出的网球捡回来。

关键要素

起源国： 匈牙利

起源时间： 中世纪/20世纪30年代

最初用途： 狩猎，鹰猎

现代用途： 陪伴，枪猎犬

寿命： 14～15年

别名： 马扎尔维兹拉犬(Magyar Vizsla),Drotszoru Magyar Vizsla

体重范围： 22～30 kg(48.5～66 lb)

身高范围： 57～64 cm(22.5～25 in.)

在短毛的品种身上，被毛短而光滑、致密、有光泽，并且紧贴身体；只有刚毛品种才有内层被毛

笔直而又强壮的前肢上，肘关节靠得比较近

品种历史

这个名字在1510年第一次使用。匈牙利维兹拉犬是本地的潘诺尼亚(Pannonian)猎犬和黄色土耳其犬(Yellow Turkish Dog)的杂交后代。遗憾的是，这两种狗都已经绝迹了。如今的这些短毛枪猎犬是在19世纪50年代培育的。而刚毛的变种则到了20世纪30年代才培育出来。

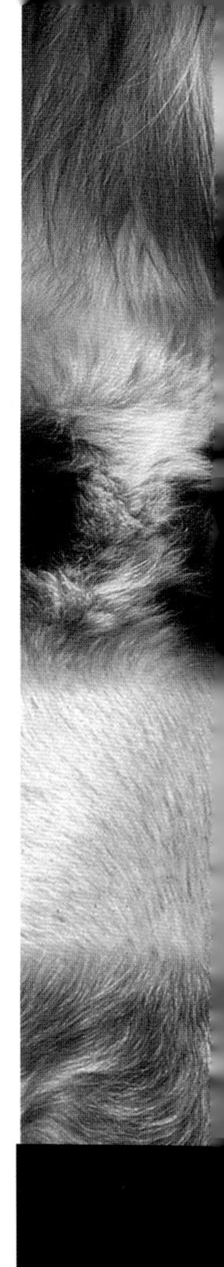

魏玛猎犬 (Weimaraner)

颤动着它们的肌肉，无论是作为追踪寻回犬还是伴侣犬，这种枪猎犬都十分受欢迎。魏玛猎犬通常警觉、服从以及勇敢，不过有时它们也会害羞。广受欢迎的短毛种和不常见的长毛种都是野外追踪的高手，会顺从地工作和狩猎，同时也是可靠的守卫犬。有着英俊外表，闪耀着钢铁般毛色的魏玛猎犬显得优雅、敏捷、强壮、耐力超群，具有无法抗拒的明星气质。由于易于服从训练，无论在城镇还是乡村它们都能安心生活。

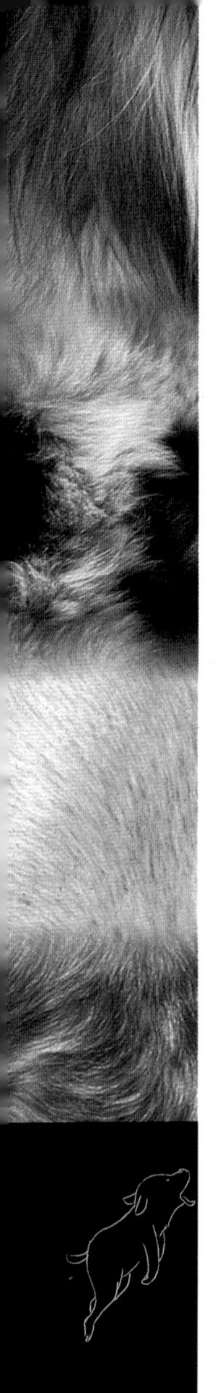

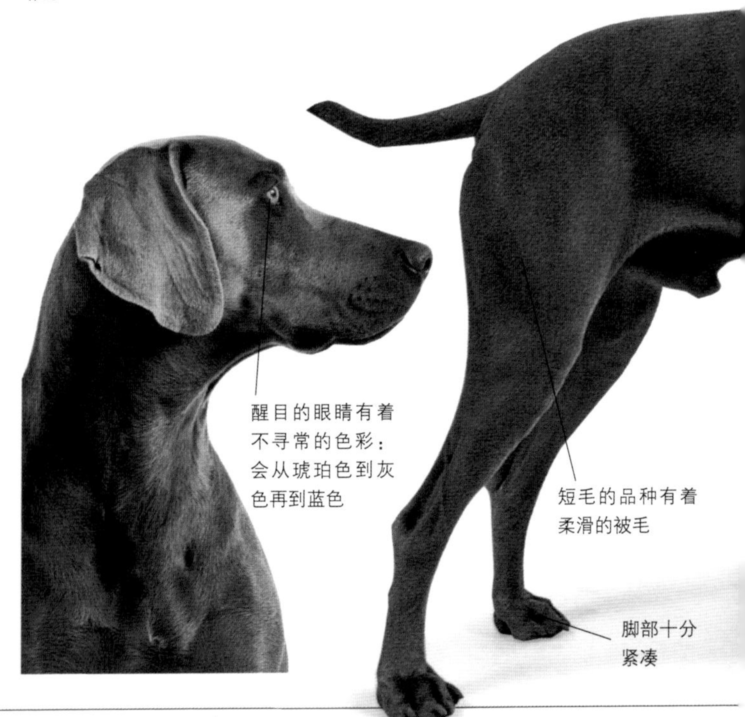

品种历史

它们的名字来自魏玛大公——查尔斯·奥古斯特用来炫耀的庭院。尽管它们可能和已经灭绝的雷亨德犬属于同一个种群，但关于这种极品狗的准确起源已经无从知晓了。19世纪的选择培育诞生了今天的魏玛猎犬标准。

耳朵位置高，轻微折起

干净的嘴唇和棕色的鼻子

有贵族气质的头部；颅骨和吻部较长

深陷的胸腔，良好的肋骨和有力的肩膀

前腿笔直且强壮

关键要素

起源国： 德国

起源时间： 17世纪

最初用途： 追踪大型猎物

现代用途： 枪猎犬，陪伴

寿命： 12～13年

别名： Weimaraner Vorstehhund

体重范围： 32～39 kg(70.5～86 lb)

身高范围： 56～69 cm(22～27 in.)

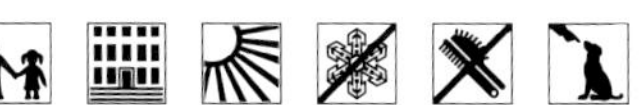

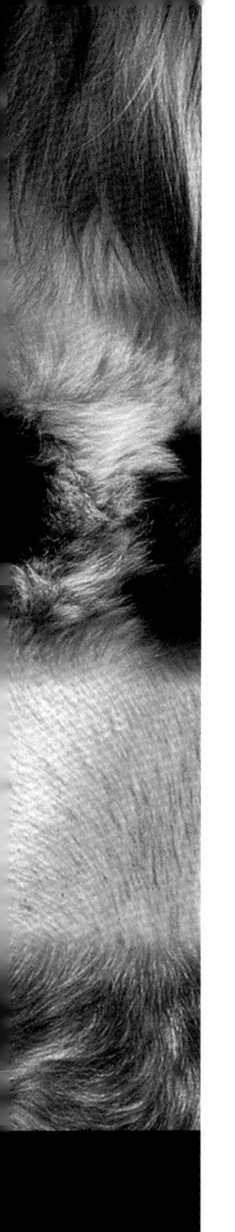

意大利布拉可犬

(Bracco Italiano)

在文艺复兴时期，这种精力充沛、敏感而又固执的狗盛极一时。但好景不长，很快人们的热情就消退了。近期，它们又再度“重现”，先是意大利的培育者培育出了它们，而后又是欧盟其他各国的培育者。今天，这种强健、匀称的狗成为欧洲主要狗展上一道常见的风景。认真而又温和，它们是一些敏感的伙伴。这种外观独特的狗同时也是精力旺盛的猎手，无论在水中或者陆地上都能追踪气味、指示并且寻回。

白色

白色/橙色
白色/栗色

关键要素

起源国： 意大利

起源时间： 18世纪

最初用途： 追踪，指示，寻回

现代用途： 陪伴，枪猎犬

寿命： 12～13年

别名： 意大利波音达犬(Italin Pointer)，意大利雪达犬(Italian Setter)

体重范围： 25～40 kg(55～88 lb)

身高范围： 56～67 cm(22～26.5 in.)

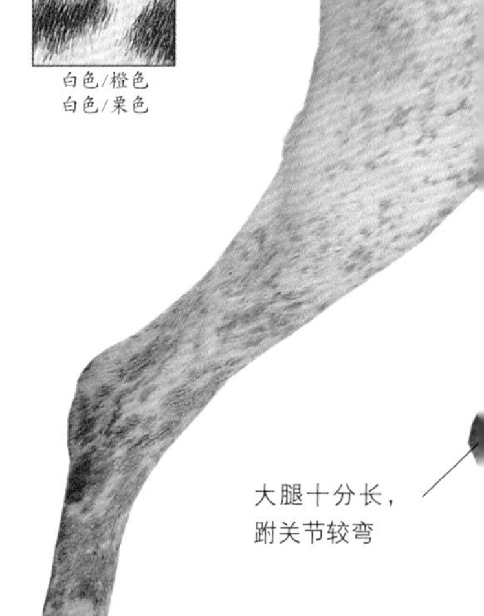

大腿十分长，跗关节较弯

品种历史

有人说这种在意大利的皮埃蒙特和伦巴第诞生的狗是塞古奥犬和一种古代亚洲獒犬的杂交后代。还有一些人声称这种狗来自一种瑞士山地犬——圣·休伯特·侏罗猎犬。

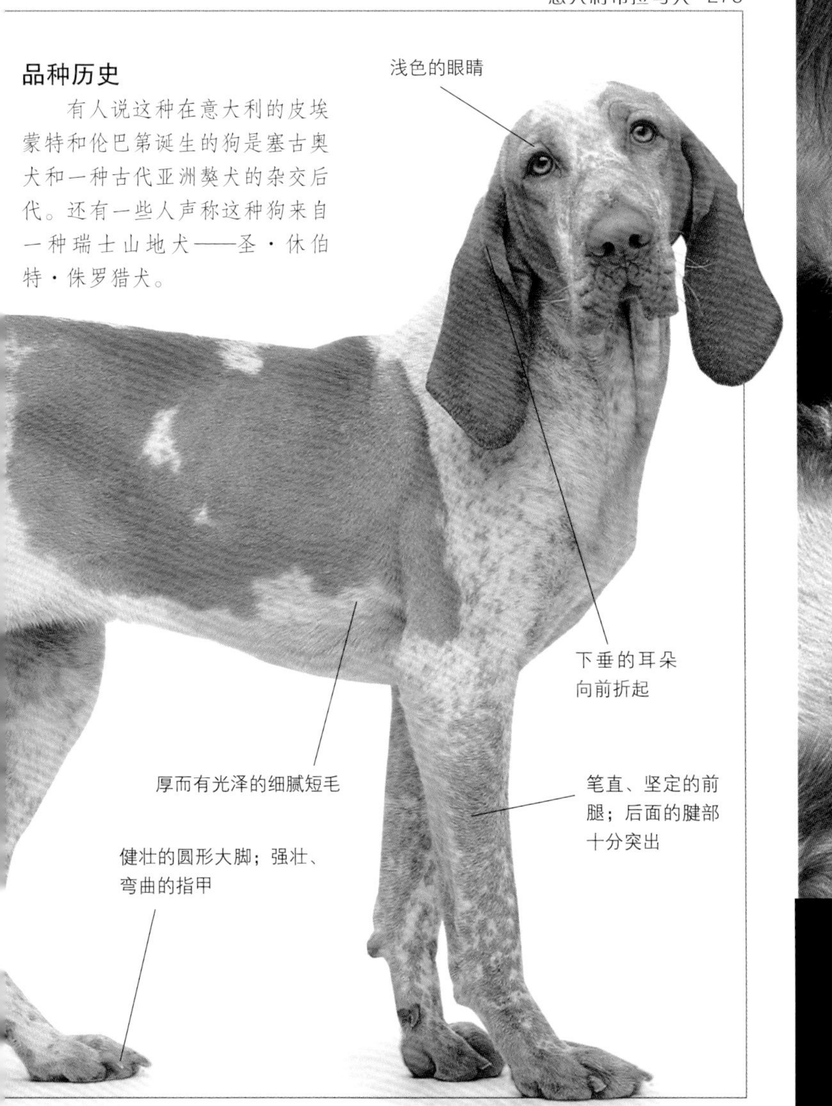

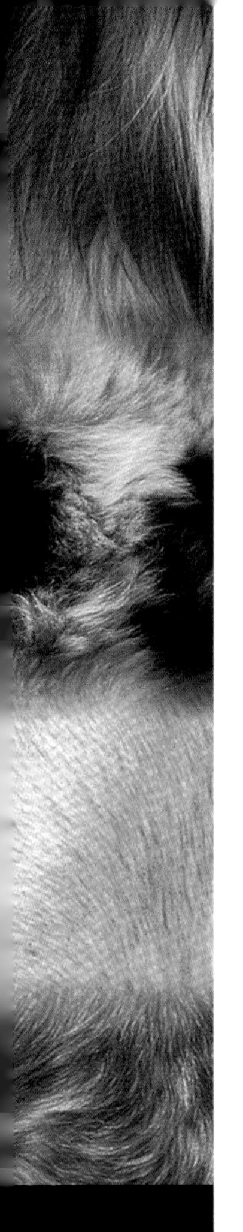

意大利史毕诺犬

(Italian Spinone)

意大利史毕诺犬最近在离家乡很远的地方得到了人们的喜爱。也许它们的口水比人们想象的要多了那么一些，身上的狗味儿也比一般人想象的要重了那么一些。不过除了口水和气味，它们还有慈祥、镇静、随和和服从的特点。史毕诺犬喜欢工作，包括打猎、野外追踪或者追击活动的狗玩具。尽管史毕诺犬看上去庄重、含蓄而且一副无所不知、从容不迫的样子，但千万别被迷惑了，实际上它们极其爱玩，甚至有些粗鲁。

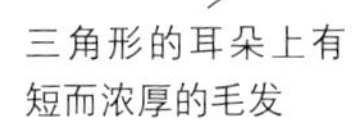

三角形的耳朵上有短而浓厚的毛发

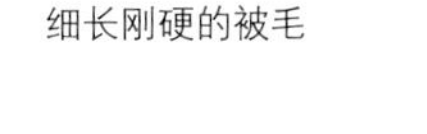

厚实、粗糙、紧身并且细长刚硬的被毛

关键要素

起源国： 意大利

起源时间： 中世纪

最初用途： 寻回猎物

现代用途： 陪伴，野外追踪，枪猎犬

寿命： 12～13年

别名： Spinone Italiano, Spinone

体重范围： 32～37 kg(71～82 lb)

身高范围： 61～66 cm(24～26 in.)

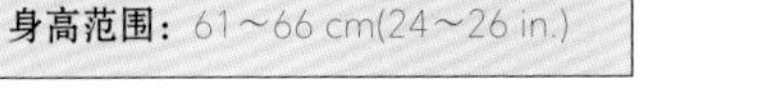

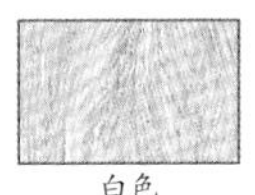

白色

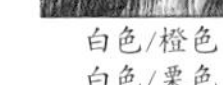

白色/橙色
白色/栗色

品种历史

史毕诺犬可能遗传自塞古奥犬，也可能是现在已经灭绝的科沙尔格里芬犬(Korthal Griffon)。它们现在的形态创自意大利的皮埃蒙特和伦巴第，并在13世纪首次出现。由于它们的模样和性格都十分引人注目，所以它们应该会渐渐受到人们的喜爱。

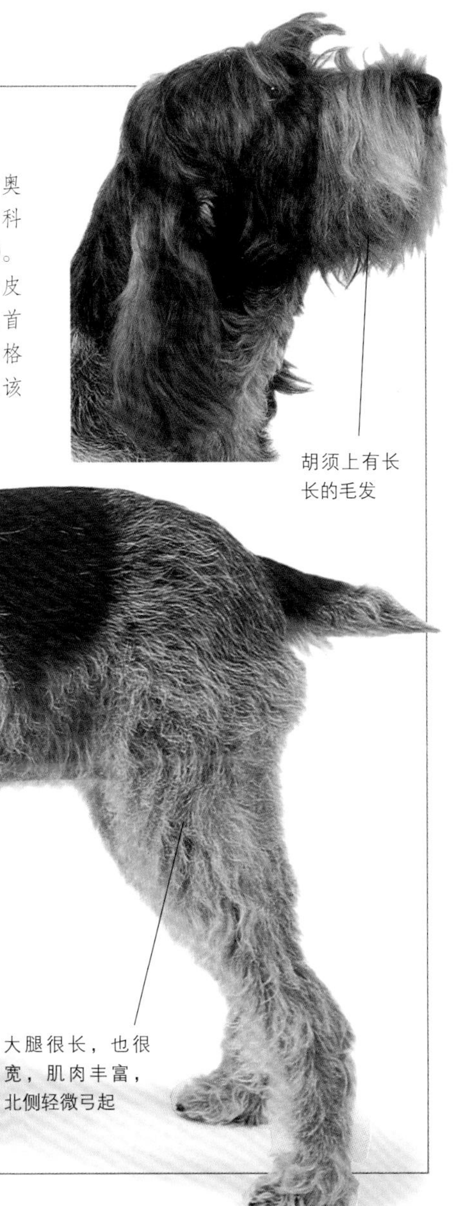

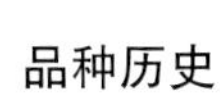

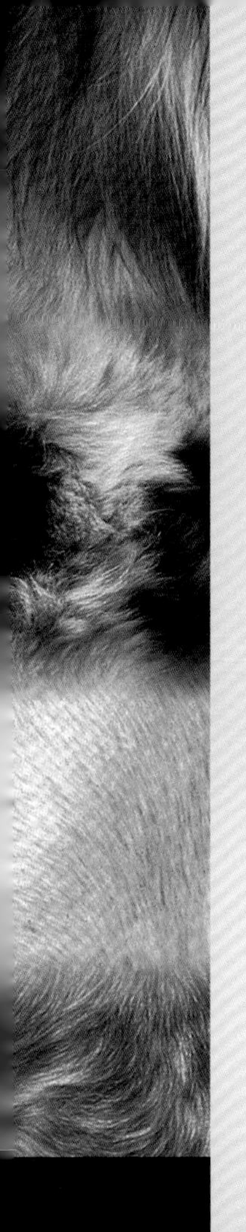

牧羊犬(Livestock Dogs)

守卫人们的营地和农场是这种狗天生的使命。在底格里斯河与幼发拉底河三角洲地区(位于如今的伊拉克)，原是猎人的祖先渐渐成为了耕作者和农民，这些狗就被用来保护牲畜。人们发现，如果让这些小狗和绵羊、山羊或者牛群一同成长，那么这些狗会将牲口当作自己的族群来守卫。事实很快就证明，这些守护神是必不可缺的。

古老的起源

羊群及其他放牧的牲口起初数量都比较小，所以要保护它们不受狼群和盗贼的侵犯并不是一件困难的事情。但随着动物数量的上升，一些小巧的狗被用于将走失的牲口带回来，这些就是放牧的狗。随着牧羊人开始要将他们的动物运到遥远的地方，另一群狗出现了，这就是赶牲口的狗。这些狗会一边保护牲畜一边驱赶它们向前。大型的赶牲口的狗被培育出来，用于驱赶牛群；而更小巧的狗则会被用来驱赶羊群(山羊或者绵羊)。这些小一些的狗便是现代牧羊犬的前身。通过选择培育，獒犬被创造出来，用于保护跟随军队的牲畜和财产。这些獒犬散布在欧洲各地，并且如今很多山地犬都是它们的后代。2000年前，这些守卫牛群的獒犬就伴随着古罗马军团，穿越阿尔卑斯山来到瑞士，而在其身后留下了瑞士山地犬的祖先。在罗马的角斗场里，獒犬会被用来和其他动物斗，也会和别的獒犬斗。所以，尽管它们的后代仍保留着保护家园的职

德国牧羊犬

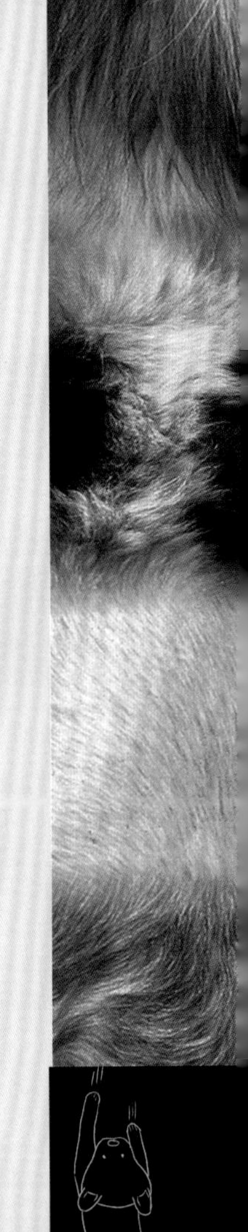

责，但也逐渐成为引诱公牛或熊的狗。斗牛獒犬、斗牛犬、大丹犬以及拳师犬都来自这同一个源头。这些斗犬“输出”到北美以后，成为了当地獒犬的主要来源。

博斯犬

守护者与放牧者

保护牲口始终是獒犬类狗的主要职责，但拥有牛群和猪的农场主以及屠户们需要一种健壮、灵巧的狗，不仅能够保护牲口，还要能够赶牲口。古代英国牧羊犬、柯基犬和瑞典瓦汉德犬都是极其出色的赶牛群的狗。在德国，大型和标准型雪纳瑞犬、罗威拿犬充当了这个角色，而在今天的法国，法兰德斯畜牧犬完全能够胜任赶牛狗的工作。在澳大利亚，澳大利亚畜牛犬和各种赫勒犬仍然为驱赶大片牛群而工作着。除此以外，还有更多的守护性很强的狗从亚洲传入欧洲和非洲。在巴尔干半岛，人们发展出了牧羊犬的变种。不过在匈牙利，可蒙犬仍然在守卫和保护着主人的财产。深入欧洲大陆，还有许多巨型守护神，比如库瓦兹犬和马雷马牧羊犬(总是白色的，以区别潜伏的狼群并且能和畜群保持一致)会巡查自己的领地，守护畜群，但不放牧。为了协助控制大片畜群，牧羊人还会使用诸如贝加马斯卡犬和波兰低地牧羊犬这类放牧的狗。放牧的牧羊犬可能是由一些守护品种进化而来的。在英国，这些狗创造出了一流的柯利犬。在欧洲北部的一些地方，牧羊犬渐渐在比利时、荷兰、法国和德国发展起来，所有的品种都是为精通放牧和服从而培育的。多才多艺的德国牧羊犬现今已被用于各种不同领域的活动中去了。

得力的助手

守护和放牧的品种在外观和脾气上各有不同，但是它们都有着同一个目的——保护与协助。

兰开夏赫勒犬

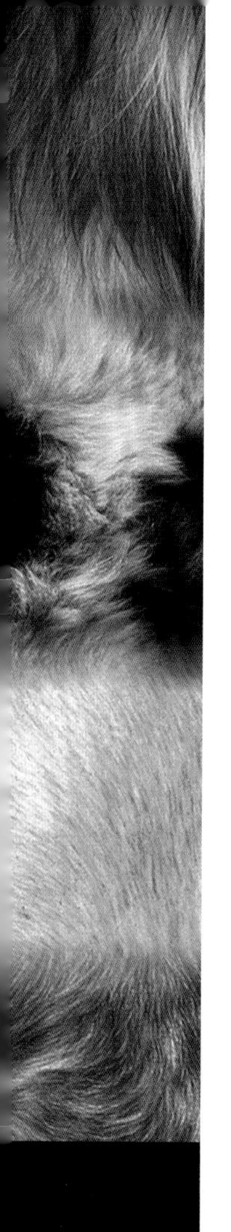

德国牧羊犬

(German Shepherd Dog)

和它们的近亲——荷兰与比利时牧羊犬一样，德国牧羊犬从几千年前起就保持着现在的样子。在“一战”开始的时候，德国牧羊犬在德国国内非常流行，并且迅速“扩张”到世界其他地区。然而不幸的是，由于随意繁殖，出现了很多生理和行为问题。关节炎、眼疾、胃肠疾病等各种疾病问题常有发生。同样常见的还有怯懦、紧张和对其他狗的敌意问题。不过，如果认真培育，它们会是非常出色的品种——可靠、沉着、敏锐、服从。

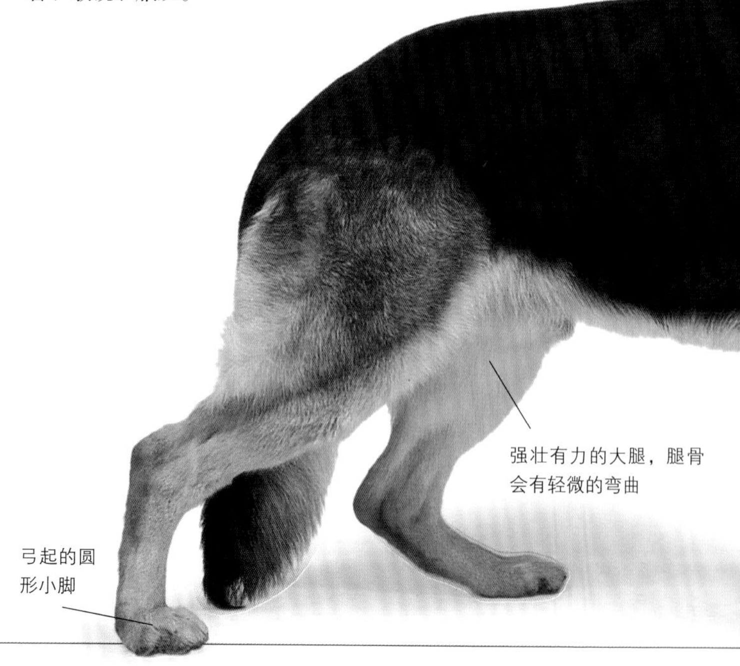

各种各样的颜色

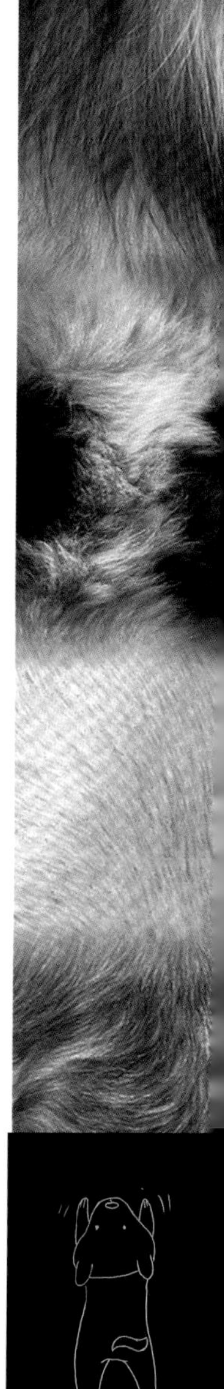

品种历史

19世纪末期，麦克斯·冯·斯蒂芬尼茨(Max von Stephanitz)推动了一项犬类血统繁殖计划。而从这里，我们就能找到世界数量最多种之一的德国牧羊犬的祖先。通过来自巴伐利亚(Bavaria)、维尔茨堡(Wurtemberg)、瑟吉尼亚(Thurginia)的长毛、短毛和刚毛牧羊犬，培育者们创造了英俊、服从的德国牧羊犬。今天在大多数国家，只有短毛的品种才被认可用于展示。

关键要素

起源国：德国

起源时间：19世纪

最初用途：牧羊

现代用途：陪伴，警卫

寿命：12～13年

别名：阿尔萨斯狼犬(Alsatian)，德意志牧羊犬(Deutscher Schaferhund)

体重范围：34～43 kg(75～95 lb)

身高范围：55～66 cm(22～26 in.)

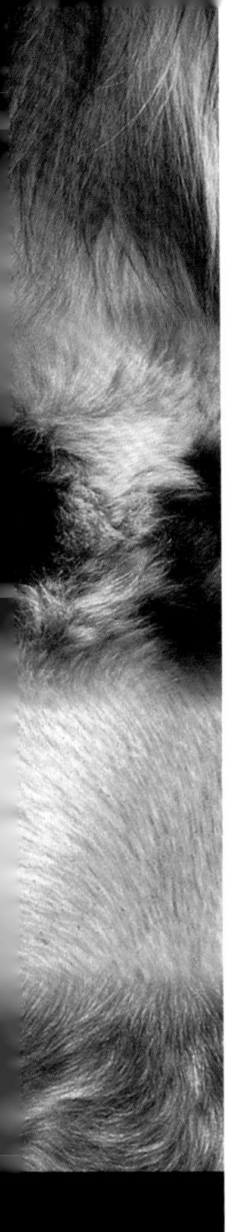

格罗安达犬 (Groenendael)

三角形的硬耳朵

要给比利时牧羊犬分类可并不是件容易的事情，要知道连国家养犬俱乐部都不知道该如何给它们定名。1891年，比利时兽医学校的阿道夫·鲁尔(Adolphe Reul)教授指挥了一项关于比利时所有现存牧羊犬的实地研究，最终有四种牧羊犬被国家承认。在许多国家，这些品种都被作为一个品种的变种——比利时牧羊犬。在美国，格罗安达犬就是比利时牧羊犬，而马林诺斯犬(Malinois)和坦比连犬(Tervueren)分别被认定为不同的品种，拉坎诺犬则被完全无视。所有的比利时牧羊犬都有着坚强的性格，并且需要早期的训练。

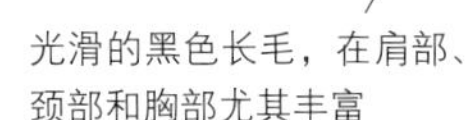

品种历史

19世纪末，培育者们对土生土长的牧羊犬产生了浓厚的兴趣，他们建立的标准将比利时牧羊犬限定为尽可能少的品种。比利时原来承认了八个标准，其中就包括了比利时培育者——尼古拉斯·罗斯(Nicholas Rose)培养的格罗安达犬。

关键要素

起源国： 比利时

起源时间： 中世纪/19世纪

最初用途： 畜群守护

现代用途： 陪伴，看守

寿命： 13～14年

别名： 比利时牧羊犬(Chien de Berger Belge, Belgian Shepherd, Beigian Sheepdog)

体重范围： 27.5～28.5 kg(61～63 lb)

身高范围： 56～66 cm(22～26 in.)

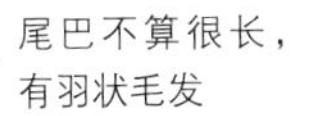

尾巴不算很长，有羽状毛发

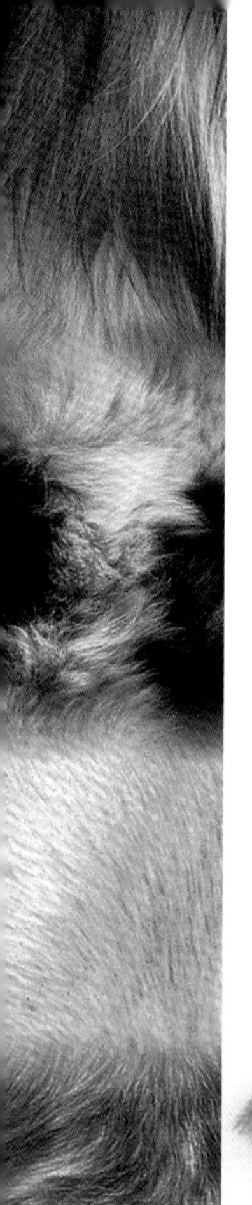

拉坎诺犬 (Laekenois)

尽管拉坎诺和它们的三个近亲一样有着强烈的意志，喜欢固执己见，但与格罗安达、马林诺斯和坦比连相比，它们不是非常喜欢猛咬。拉坎诺的数量较少，这本身就是件比较不可思议的事情。至少它们和其他的比利时牧羊犬一样，是高产而且能干的工作犬。当然，也可能是它们粗俗的外表吓跑了不少本打算培育它们的人。总是警觉而且极其活跃的它们愿意接受服从训练，并且能够成为优秀的看家好狗。只要在拉坎诺年幼的时候就让它们和孩子相处，它们就会对孩子很友好。不过它们有时也会在别的狗那里给你惹点麻烦。

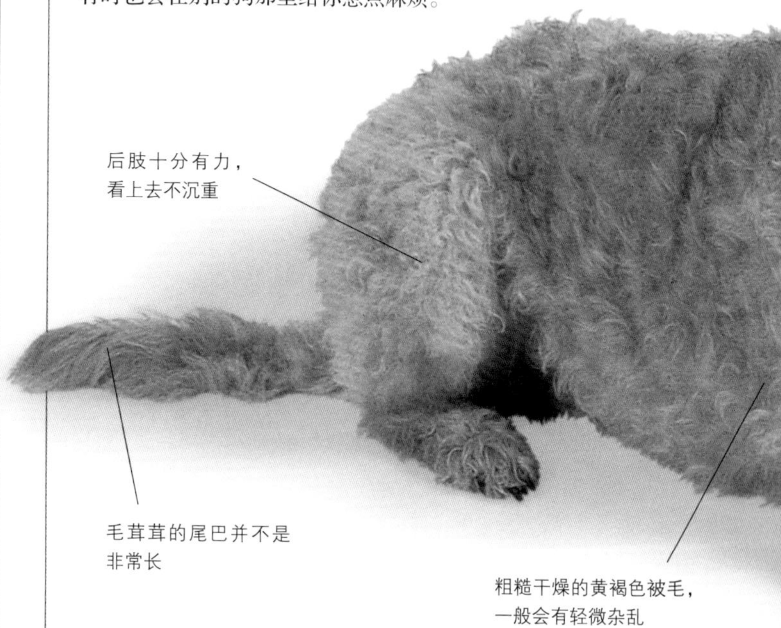

后肢十分有力，看上去不沉重

毛茸茸的尾巴并不是非常长

粗糙干燥的黄褐色被毛，一般会有轻微杂乱

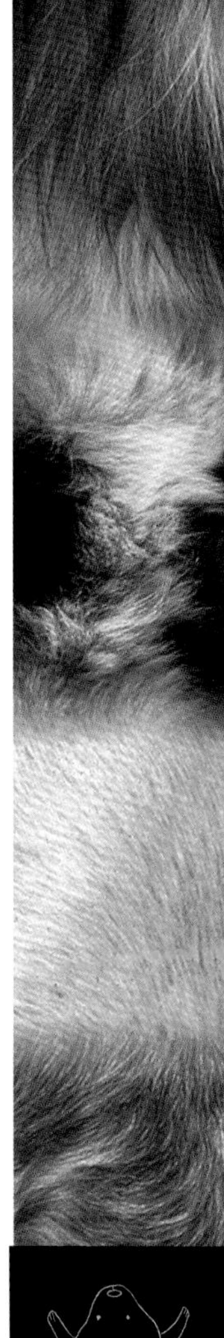

关键要素

起源国： 比利时

起源时间： 中世纪/19世纪

最初用途： 畜群守护

现代用途： 陪伴，看守

寿命： 12～14年

别名： 拉坎瑟(Laekense)，比利时牧羊犬(Chien de Berger Belge)（见格罗安达犬）

体重范围： 27.5～28.5 kg(61～63 lb)

身高范围： 56～66 cm(22～26 in.)

品种历史

乱蓬蓬、毛茸茸的拉坎诺犬曾是比利时女王海丽塔最为喜爱的狗，而它们的名字也来源于这位女王经常光顾的邸所——拉坎古堡。但如今的拉坎诺却成为了仅存的四种比利时牧羊犬中最为稀罕的狗。1897年，拉坎诺犬第一次被承认。它们和荷兰牧羊犬的粗毛亲戚很像。

马林诺斯犬 (Malinois)

马林诺斯的被毛与荷兰牧羊犬的短毛弟兄很像，不过它们的脾气却和拉坎诺很像——活跃而又警觉，有着警戒和保护的本能。除了拉坎诺犬以外，它们可能是比利时牧羊犬中最没有人气的品种了，尽管这两种狗实际上都没有坦比连犬和格罗安达那么吵闹。它们的数量稀少也许是因为它们在不知不觉中与极受欢迎而且和它们很像的德国牧羊犬卯上了。不管怎样，马林诺斯是一种十分机智的狗，而且警队正不断增加它们的数量，用于各种安全工作。

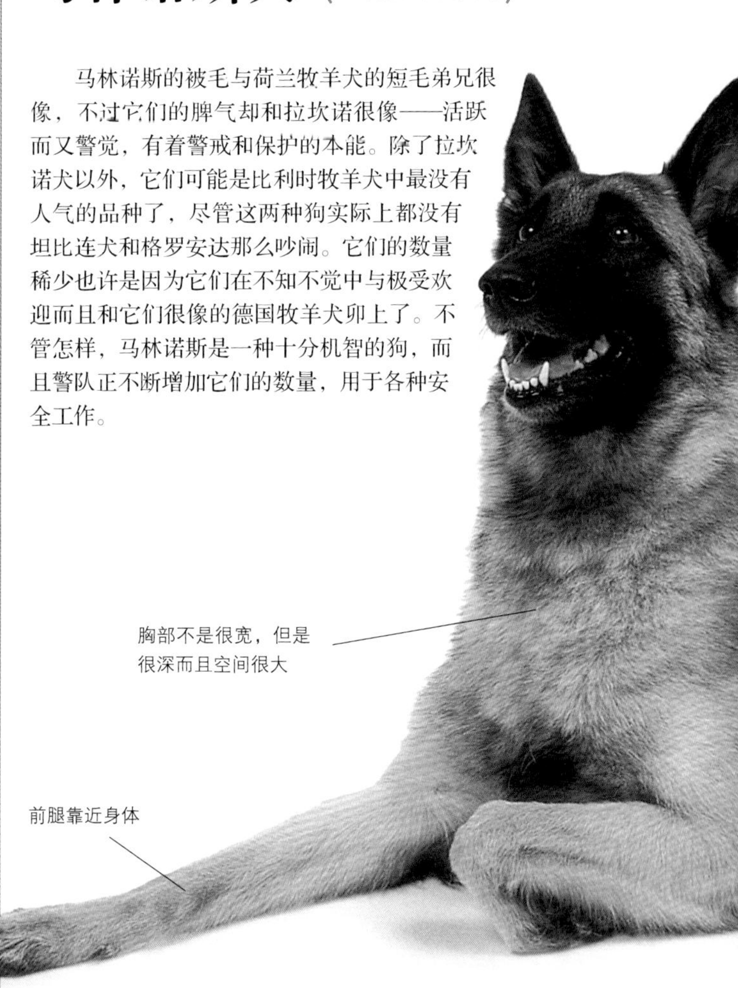

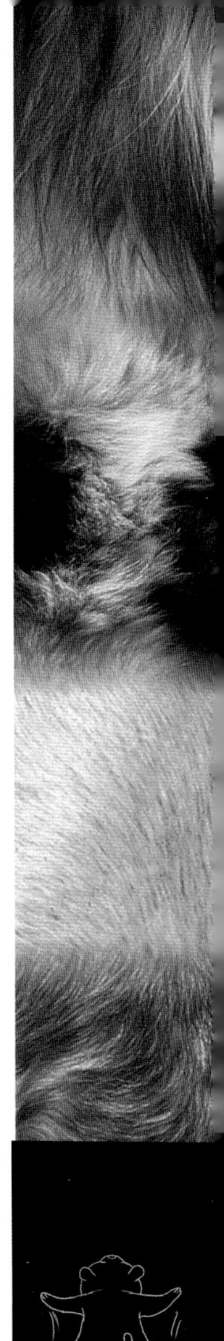

品种历史

作为第一种建立典范的比利时牧羊犬，马林诺斯犬渐渐成为日后衡量其他比利时牧羊犬的标尺。它们以马林(Maline)地区的名字命名，因为在那里它们最受欢迎。马林诺斯犬的形态与德国牧羊犬十分相似。

关键要素

起源国： 比利时
起源时间： 中世纪/19世纪
最初用途： 牧畜
现代用途： 陪伴，警戒，助残
寿命： 12～14年
别名： 见格罗安达犬
体重范围： 27.5～28.5 kg(61～63 lb)
身高范围： 56～66 cm(22～26 in.)

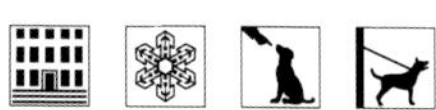

短而硬的浅褐色毛发顶端呈黑色

放松的时候尾巴会松弛地挂着，并且在下端会微微弯曲

灰色

黄褐色

红色

坦比连犬 (Tervueren)

坦比连犬的受训能力和专注能力使它们成为最适合敏捷性测试、警察与保安服务工作，以及帮助盲人和残疾人工作的狗。过去10年中，最著名的故事之一就是关于它们作为嗅觉侦探，一次又一次在边境截获企图走私入境的毒品。坦比连犬长长的双色被毛很特别，每一根浅色的毛发顶端都是深色的，这不仅为它们的外观增色不少，也使它们的受欢迎程度有了相当的上升。和所有的比利时牧羊犬一样，在有力而又合理的管束之下，它们会是十分好的狗。

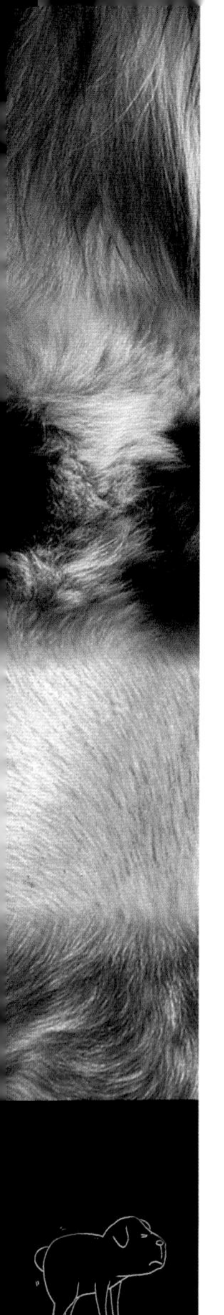

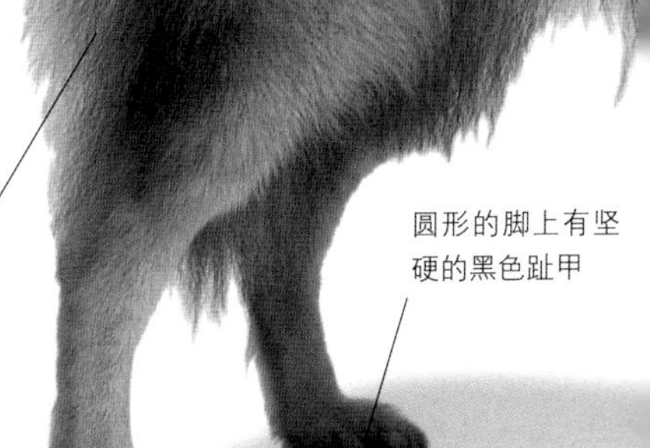

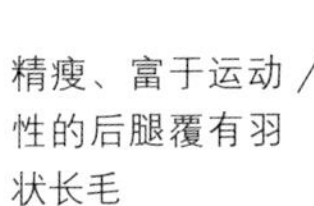

精瘦、富于运动性的后腿覆有羽状长毛

圆形的脚上有坚硬的黑色趾甲

灰色

浅黄褐色

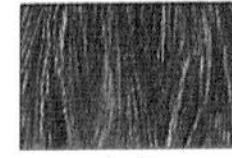

红色

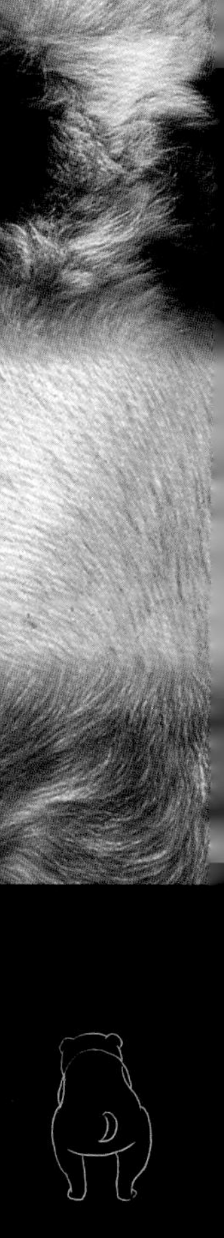

品种历史

从性情和外形上来看，它们应该与格罗安达犬最为相像(格罗安达犬交配后有时会生出坦比连犬)，这种狗应该与格罗安达犬来自同一个基因库。“二战”结束后，坦比连犬几乎要在地球上消失了。好在20世纪的最后10年里，它们又恢复了人气，尤其当它们成为缉毒犬后。

关键要素

起源国：比利时

起源时间：中世纪/19世纪

最初用途：畜群守护

现代用途：陪伴，警戒，助残

寿命：12～14年

别名：见格罗安达犬

体重范围：27.5～28.5 kg(61～63 lb)

身高范围：56～66 cm(22～26 in.)

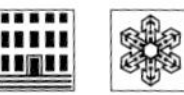

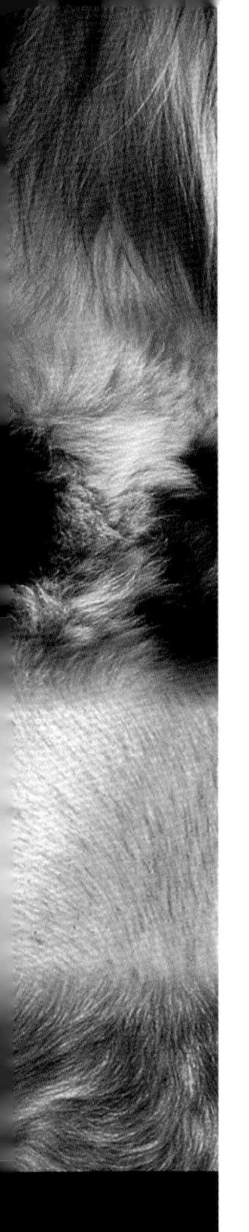

边境牧羊犬 (Border Collie)

在英国和爱尔兰，边境牧羊犬始终是最受欢迎的牧羊犬。它们可以是十分热情的宠物，但也是很难养的宠物，尤其在城市里。工作用的边境牧羊犬有着很强的侵略和食肉本能，完全是通过繁育和训练的引导才让它们有了一流的放牧能力。在没有持续刺激的情况下，为了得到发泄，边境牧羊犬对工作的需要会转化为破坏性的行为，比如其他放牧的狗，甚至人，或者大吼大叫。

分得很开的大眼睛；吻部呈锥形，但有些钝

关键要素

起源国：英国

起源时间：18世纪

最初用途：牧羊/牛

现代用途：陪伴，牧羊，牧羊犬测试

寿命：12～14年

体重范围：14～22 kg(30～49 lb)

身高范围：46～54 cm(18～21 in.)

品种历史

尽管很多年来，在苏格兰边境丘陵地带的牧羊人习惯用这种犬牧羊，但是直到1915年，它们才有了自己的名字。

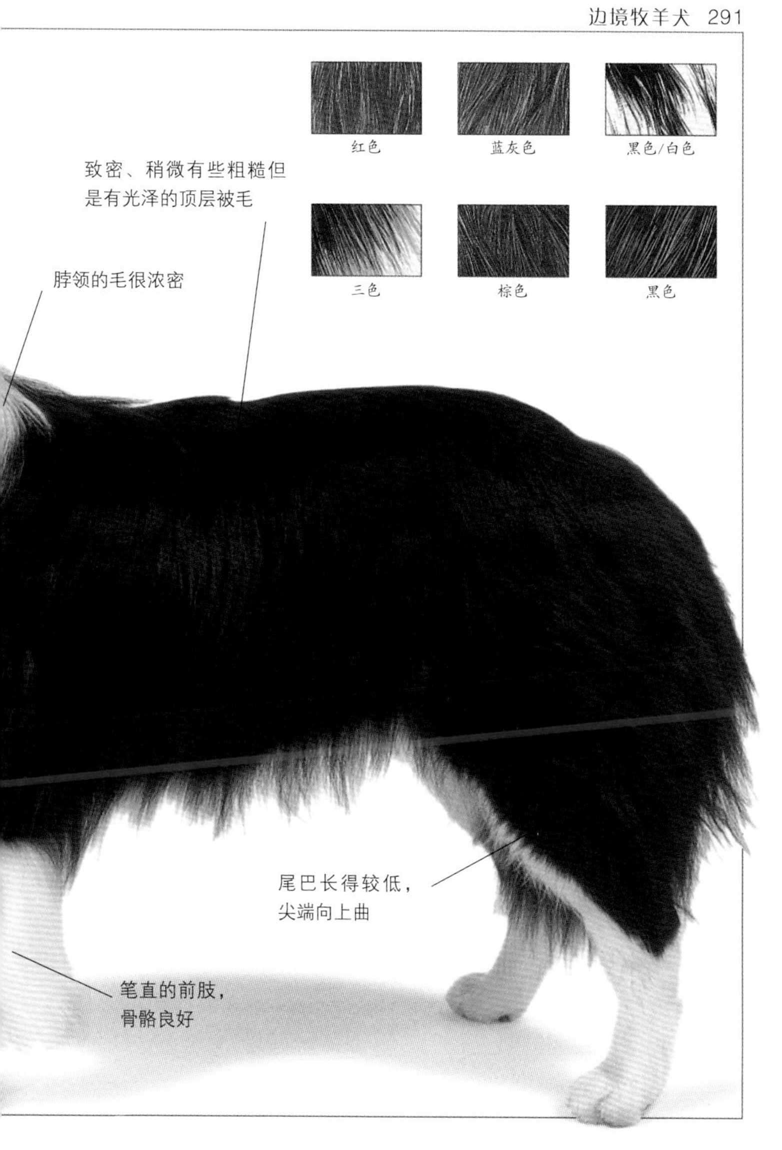
红色
蓝灰色
黑色/白色
三色
棕色
黑色
致密、稍微有些粗糙但是有光泽的顶层被毛
脖领的毛很浓密
尾巴长得较低，尖端向上曲
笔直的前肢，骨骼良好

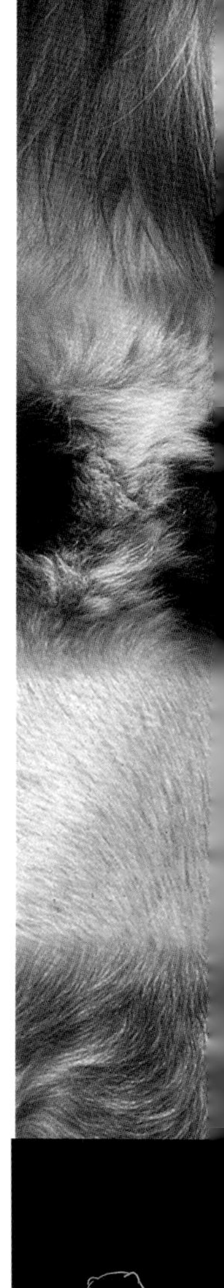

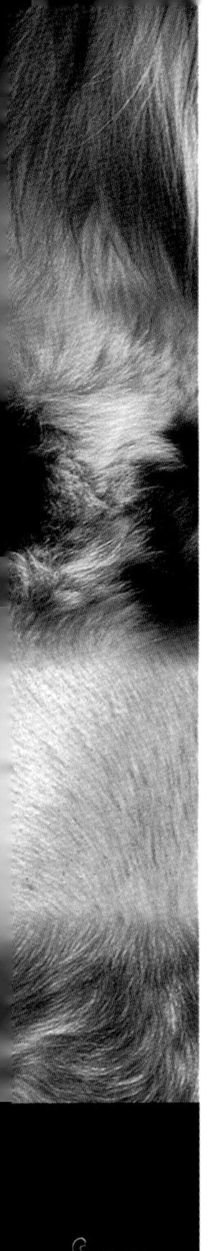

粗毛柯利牧羊犬 (Rough Collie)

粗毛柯利优雅的外表首先吸引了培育者们的目光，接着就是全世界人们的倾慕。自从维多利亚女王得到了一只粗毛柯利作为伴侣犬之后，人们对它们的热情就不断升温，但直到好莱坞发现了它们，并拍摄出《莱西》(*Lassie*)系列影片，粗毛柯利牧羊犬才终于赢得了全世界的认可和喜爱。这种狗在狗展上的成功几乎可以掩盖它们放牧的本能。它们是出色的伴侣犬，不仅易于服从训练，而且会积极保护孩子。不过它们的被毛很容易粘住，需要日常的梳理。

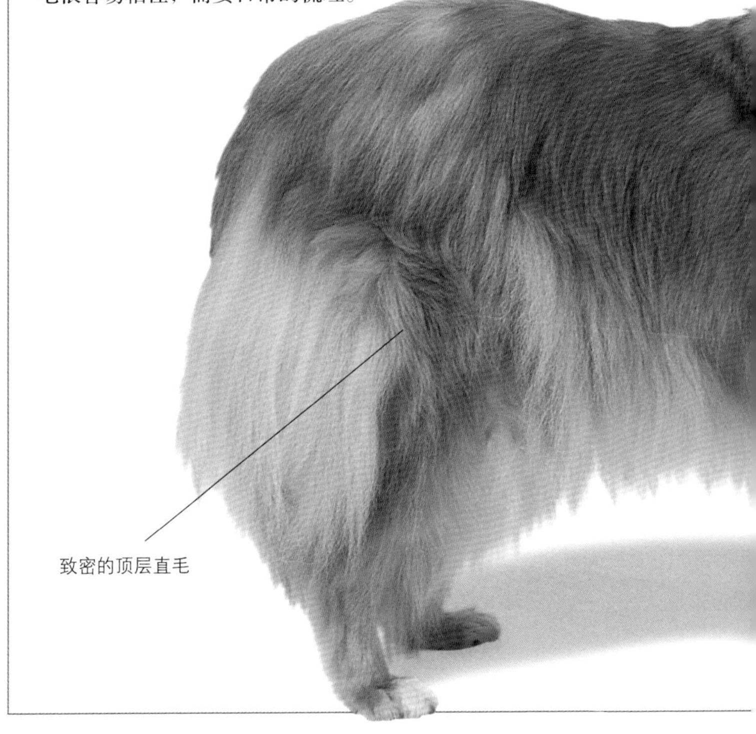

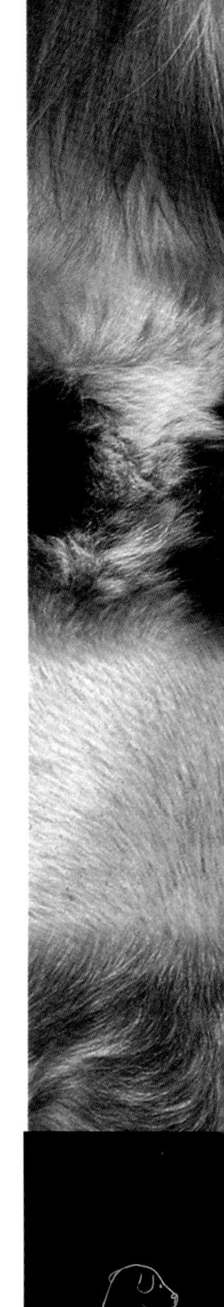

品种历史

我们可以从苏格兰北部的严寒地区找到它们的原型。与现在我们常见的优雅的品种相比，工作用的粗毛柯利犬鼻子较短，腿也更短。

关键要素

起源国：英国

起源时间：19世纪

最初用途：牧羊

现代用途：陪伴

寿命：12～14年

别名：苏格兰柯利犬(Scottish Collie)

体重范围：18～30 kg(40～60 lb)

身高范围：51～61 cm(20～24 in.)

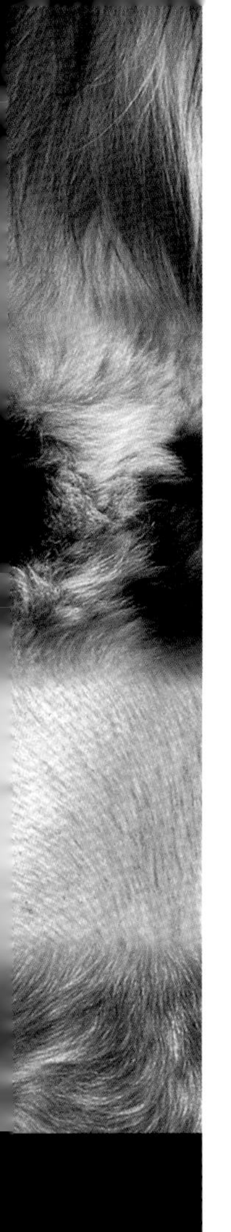

短毛柯利牧羊犬
(Smooth Collie)

在历史中，大部分时间短毛柯利都与粗毛柯利归为同类，直到一次偶然的机会，粗毛柯利生下了短毛的小宝宝。然而，也许是因为少见的短毛柯利基因库太小，两种柯利牧羊犬的性格迥异。与粗毛柯利不同，短毛柯利在英国以外的地区极其少见，而且更容易害羞和急躁。瑕不掩瑜，短毛柯利仍可以成为很好的伙伴，而且很适应城市的生活。

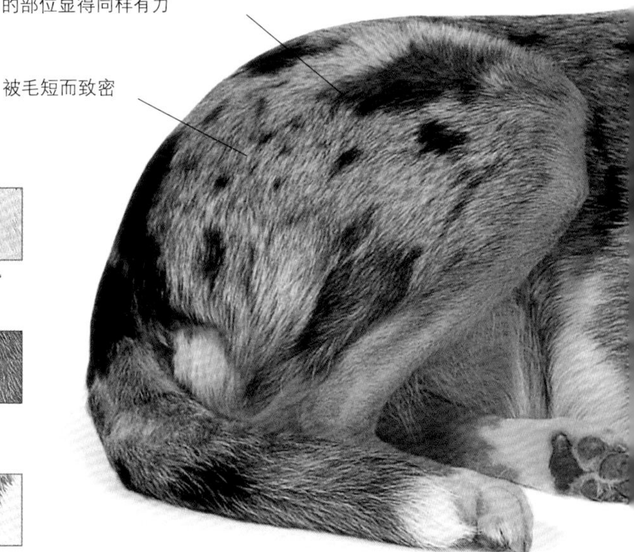

褐色/白色

蓝-灰色

三色

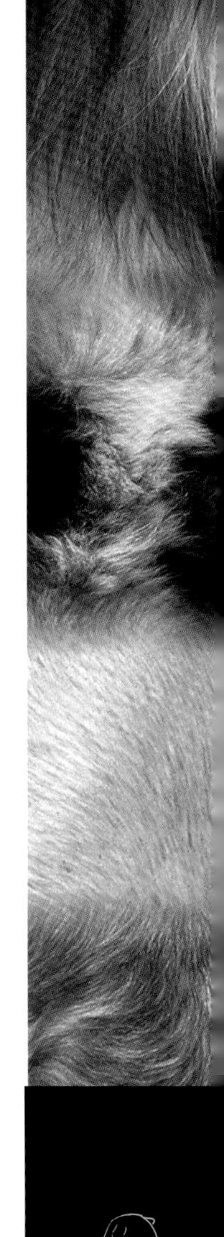

关键要素

起源国： 英国

起源时间： 19世纪

最初用途： 牧羊

现代用途： 陪伴

寿命： 12～14年

体重范围： 18～30kg(40～60lb)

身高范围： 51～61cm(20～24in.)

品种历史

说起短毛柯利牧羊犬的起源，可以追溯到1875年诞生的一种三色小狗——德里弗(Trefoil)。不过，它们可能也有一些灵猩的血统。

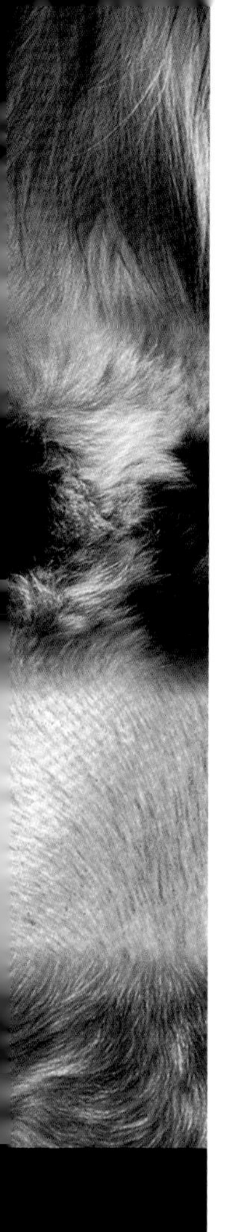

喜乐蒂牧羊犬

(Shetland Sheepdog)

喜乐蒂牧羊犬不仅在日本一直是最有人气的牧羊犬，而且在英国和北美也很受欢迎。尽管喜乐蒂已经很少被作为工作犬使用，但它们仍保留着守卫和放牧的本能，并会有效地为主人看家护院。虽然曾被称作“短腿苏格兰牧羊犬(Dwarf Scotch Shepherd)”，它们却是经典的迷你型，而不是像腊肠犬那样的短腿型。它们是大型工作型苏格兰牧羊犬的缩小版。迷你化也必须付出代价：它们细长的腿骨很容易骨折，而且还有较高的遗传性消化疾病和眼疾的发病率。

顶层被毛为粗糙的长毛

褐色

三色

蓝-灰色

黑色/茶色

黑色/白色

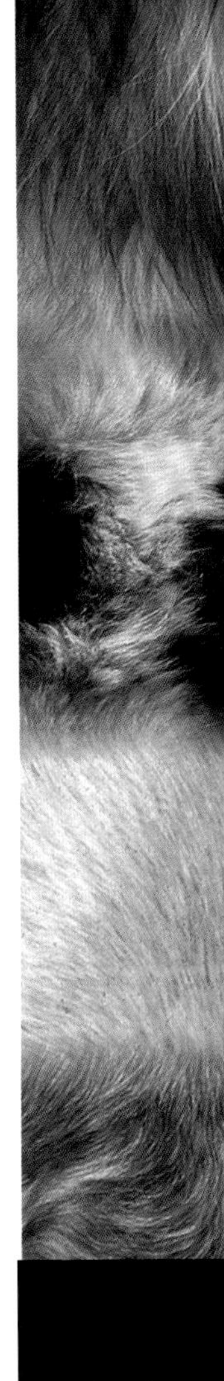

品种历史

这种狗也许是粗毛柯利犬和苏格兰射德兰群岛的本地狗杂交后的结晶

关键要素

起源国： 英国

起源时间： 18世纪

最初用途： 牧羊

现代用途： 陪伴，牧羊

寿命： 12～14年

体重范围： 6～7 kg(14～16 lb)

身高范围： 35～37 cm(14～15 in.)

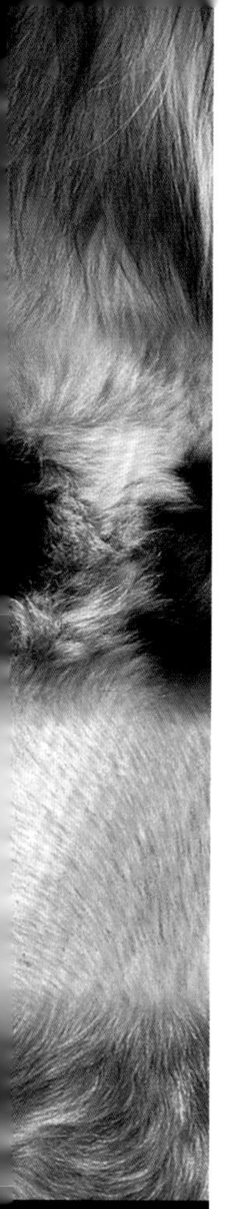

古代长鬃牧羊犬 (Bearded Collie)

这种古老的牧羊犬最大的特点就是精力旺盛。1944年，就在作为工作犬的古代长鬃快要消失的时候，威利森夫人(Mrs.Willison)和她的“珍妮”(Jeannie)看到了正在英国海滩边玩耍的“贝利”(Bailie)。事实上，我们今天看到的所有的古代长鬃几乎都是这对“亚当”和“夏娃”的后代。这种极具灵气而又友好的狗需要持续的精神和身体刺激，它们适合那些有充沛精力和充裕时间的人。

关键要素

起源国： 英国

起源时间： 16世纪

最初用途： 牧羊

现代用途： 陪伴

寿命： 12～13年

别名： 胡须犬(Beardie)

体重范围： 18～27 kg(40～60 lb)

身高范围： 51～56 cm(20～22 in.)

垂下的耳朵被埋在了长毛里

前腿被长而粗糙的毛发所覆盖

品种历史

传说古代长鬃牧羊犬有着波兰低地牧羊犬这样的祖先。在成功“征服”了英国之后，它们又开始在美国和加拿大开始了“殖民”。

灰色 黄褐色

蓝色 棕色

黑色

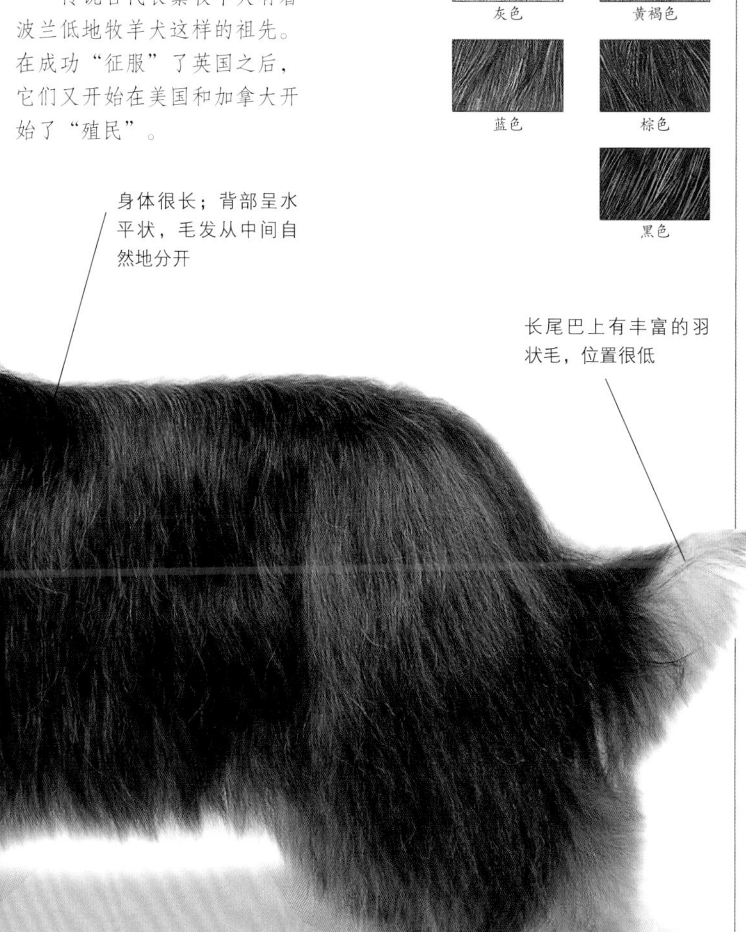

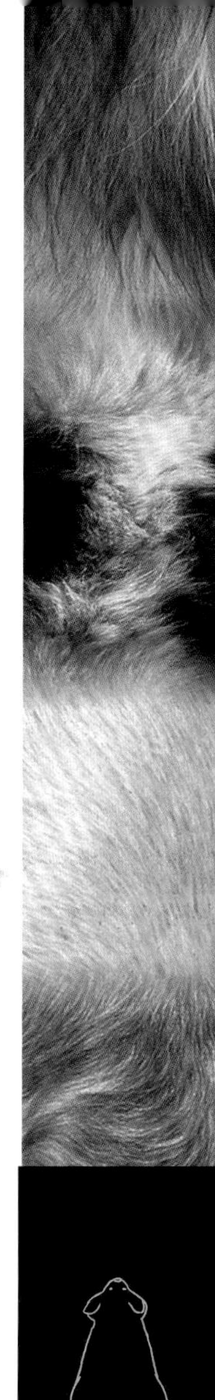

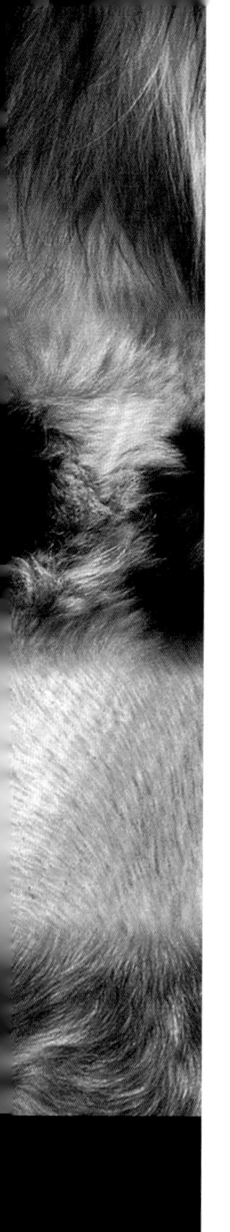

古代英国牧羊犬

(Old English Sheepdog)

1961年，一个英国油漆制造商刊登了一则电视广告，使用的就是古代英国牧羊犬作为标志。于是，这种狗的销量也像那个油漆商的油漆销量一样随之迅速上升。它们具有攻击性的本能偶尔会浮现出来，所以在幼年时需要进行更多的训练以控制它们对关爱的过度要求。尽管这个魁梧的家伙有时行动鲁莽、毛手毛脚，但它仍是不可多得的伙伴和守卫。

在小狗长大的过程中，被毛会越来越硬，越来越蓬松

蓝色

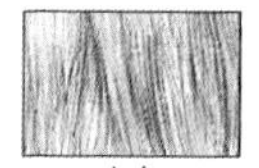
灰色

关键要素

起源国：英国

起源时间：19世纪

最初用途：牧羊

现代用途：陪伴

寿命：12～15年

别名：短尾犬(Bobtail)

体重范围：29.5～30.5 kg(65～67 lb)

身高范围：56～61 cm(22～24 in.)

品种历史

要说起古代英国牧羊犬的祖先，可以追溯到欧洲大陆的那些牧羊犬，比如伯瑞犬。它们的选择培育是从19世纪80年代开始的。

头部几乎呈方形；强
壮的下颚很长，呈长
方形，并为截状
狗站立的时候肩膀
比腰部还低
丰富的被毛下
有防水的内层
被毛

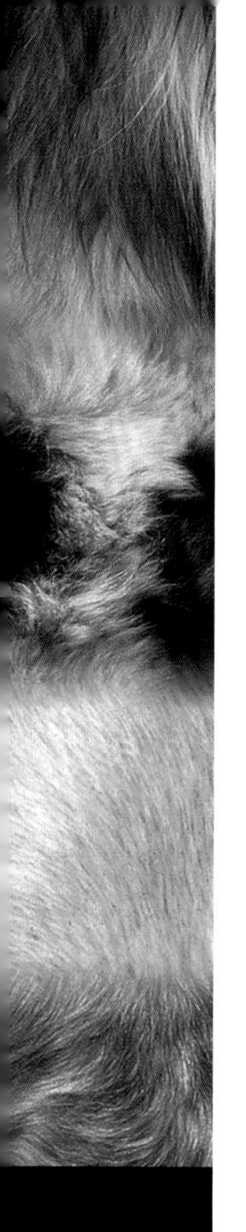

卡地更威尔士柯基犬
(Cardigan Welsh Corgi)

当你待在一条卡地更威尔士柯基犬旁边时，别光顾着看狗，最好留神你的脚踝吧！这种健壮的工作犬曾是靠咬牲口的脚跟来赶牲口的，所以它们会本能地“上鞋跟”。它们长得很矮，足够贴近地面，所以不会被棍棒打到。“Cur”曾经指“照看”的意思，“gi”在古代威尔士语中意思是“狗”。柯基犬并没有辜负这个名字，它们是警惕而又敏感的财产守护者、羊和牲口的驱赶者，也是精力旺盛的伴侣犬。

关键要素

起源国： 英国

起源时间： 中世纪

最初用途： 赶牲口

现代用途： 陪伴，赶牲口

寿命： 12～14年

体重范围： 11～17 kg(25～38 lb)

身高范围： 27～32 cm(10.5～12.5 in.)

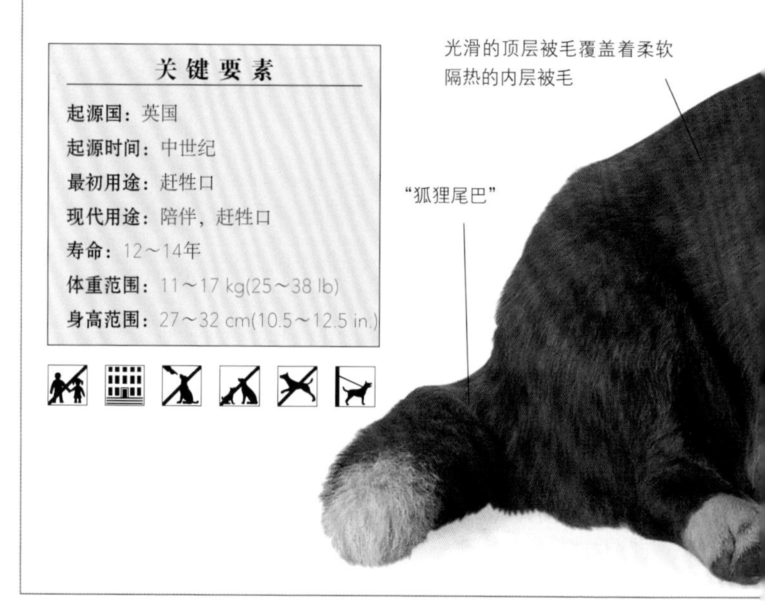

任何颜色

中等大小的黑眼睛略微倾斜，分得很开

轻微拱起的有力的脖子连着倾斜的肩膀

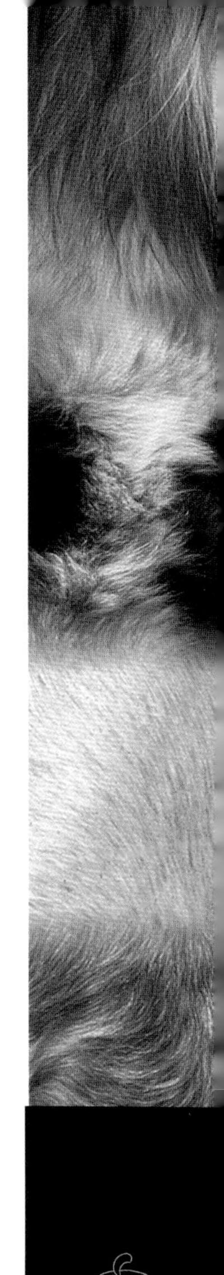

品种历史

一些专家说这些狗随着凯尔特人于3000多年前来到了英国。而另一些人则说它们是欧洲大陆巴塞特的远亲，是1000多年前才抵达英国的。19世纪，随着和彭布罗克威尔士柯基犬的杂交，两种狗彼此之间的差异也减少了。

彭布罗克威尔士柯基犬

(Pembroke Welsh Corgi)

彭布罗克威尔士柯基犬和瑞典瓦汗德犬有着惊人的相似之处。也许是维京人将这些坚定的小家伙的祖先从英国带到了斯堪的纳维亚。到了19世纪，英国人甚至用它们把牲口赶到集市上。彭布罗克祖先的优秀耐力和能力使它们成为了流行的工作犬。如今，尽管仍有一些彭布罗克还在工作，它们已经主要被当作伴侣犬来饲养了，而培育者们也已经比较成功地减少了它们性格中喜欢啃咬的一面。

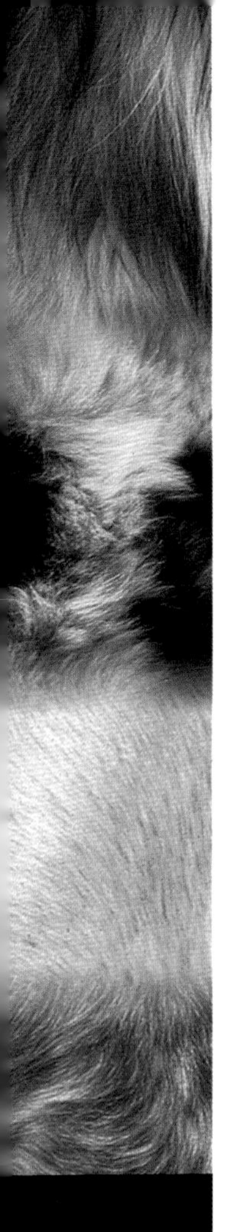

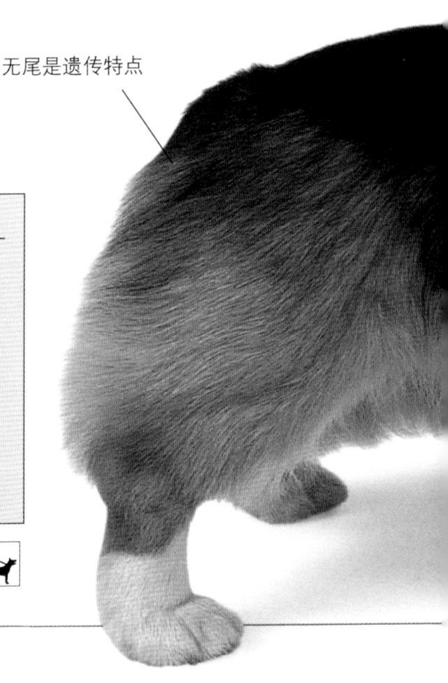

关键要素

起源国： 英国

起源时间： 10世纪

最初用途： 赶牲口

现代用途： 陪伴，赶牲口

寿命： 12～14年

体重范围： 10～12 kg(20～26 lb)

身高范围： 25～31 cm(10～12 in.)

褐色　浅黄褐色　黑色/茶色　红色

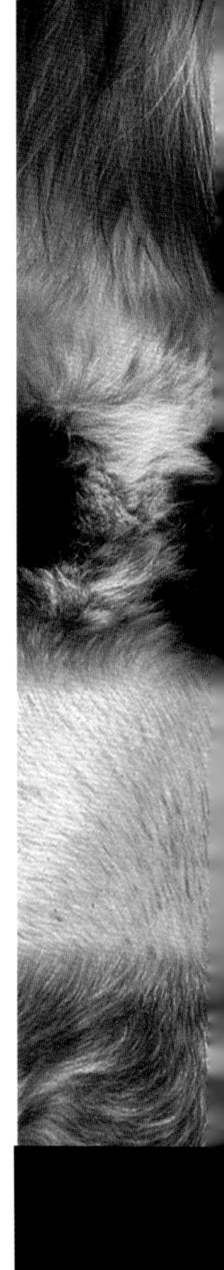

品种历史

古代的记录表明，彭布罗克威尔士柯基犬至少在公元920年就出现在英国。有一个故事曾说，英王亨利一世将许多佛兰德斯织布工带去了英国，而这种狗也就陪伴着他们一同去了英国。

兰开夏赫勒犬

(Lancashire Heeler)

随着机械化运输时代的到来，工作着的老式赫勒犬已经再无用武之地了。在英国，约克夏和诺福赫勒犬、驱赶犬(Drover's Cur)，以及伦敦史密斯菲尔德柯利牧羊犬都开始逐渐灭绝。今天的兰开夏赫勒犬尽管和它们的同名祖先有着相同的体形和毛色(黑色带褐色斑纹)，但它们已不再作为赶牲口的狗，甚至连类似的行为都没有了。它们所拥有的只是警觉和㹴犬家族捕鼠捕兔的潜能而已。兰开夏赫勒犬是种非常快乐的伴侣犬。

尾巴位置很高，并向前翻在背上

品种历史

赫勒犬喜欢啃牲口的脚腕，这是它们赶牲口的独门绝招。所以，它们在牛群前往集市的地方很常见。兰开夏赫勒犬在20世纪初期曾一度灭绝。今天的品种是20世纪60年代通过威尔士柯基犬和曼彻斯特㹴广泛杂交的“再造版本”。

后肢肌肉十分发达

相对身体而言，腿很短

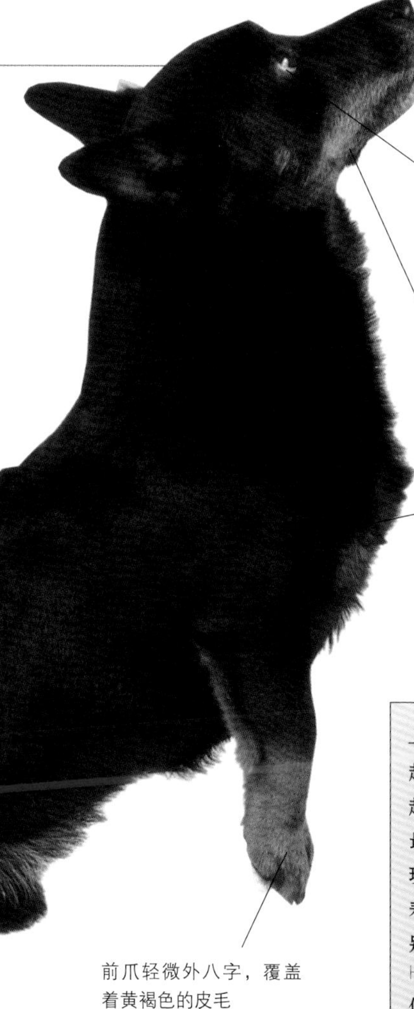
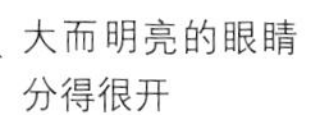

关键要素

起源国：英国

起源时间：17世纪/20世纪60年代

最初用途：牧牛

现代用途：陪伴

寿命：12～13年

别名：沃姆斯科克赫勒犬(Ormskirk Heeler)

体重范围：3～6 kg(6～13 lb)

身高范围：25～31 cm(10～12 in.)

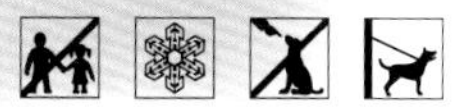

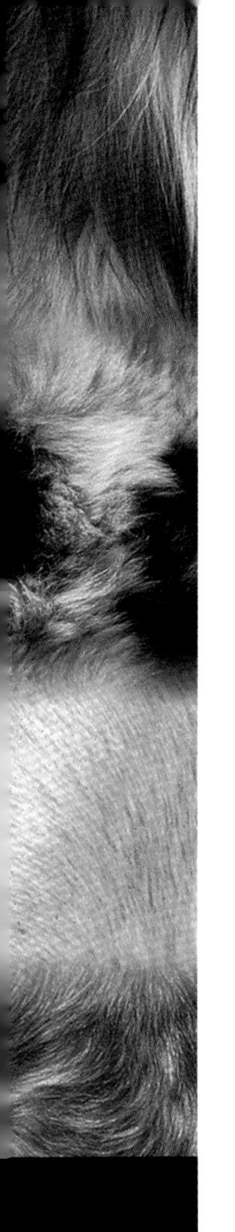

瑞典瓦汗德犬

(Swedish Vallhund)

尽管在瑞典被定义为了本地品种，这个精力充沛的放牧者怎么看都像是欧洲大陆巴塞特犬的后裔。坚韧而且顽强，这种忠诚的工作犬有着赫勒犬典型的不计后果的勇猛。作为出色的农场狗，它们守护并驱赶牲畜，保护财产，并且消灭老鼠。对于经验丰富的养狗人而言，这是一个很好的伙伴，但它们喜欢啃咬的本能从未消失过。当饲养一大群时，它们有时候也会起内讧。

长长的脖子，颈背肌肉十分发达

被毛坚硬、致密但并不算长，伴有细腻紧密的内层被毛

关键要素

起源国： 瑞典

起源时间： 中世纪

最初用途： 牧牛，守卫，抓老鼠

现代用途： 陪伴，放牧，守卫，抓老鼠

寿命： 12～14年

别名： 瑞典牧牛犬(Swedish Cattle Dog)，瓦汗德(Vallhund),Vasgötaspets

体重范围： 11～15 kg(25～35 lb)

身高范围： 31～35 cm(12～14 in.)

灰色

红色-黄色

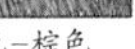

红色-棕色

灰色-棕色

品种历史

从外观和脾气上来看，它们与彭布罗克威尔士柯基犬十分相似。这种可以赶牲口、可以看门还可以抓老鼠的多用途小狗很有可能是一些维京人带回斯堪的纳维亚的。它们曾在威尔士的彭布罗克郡定居过。20世纪40年代，瑞典培育者冯·罗森(von Rosen)确保了这些狗得以繁衍。

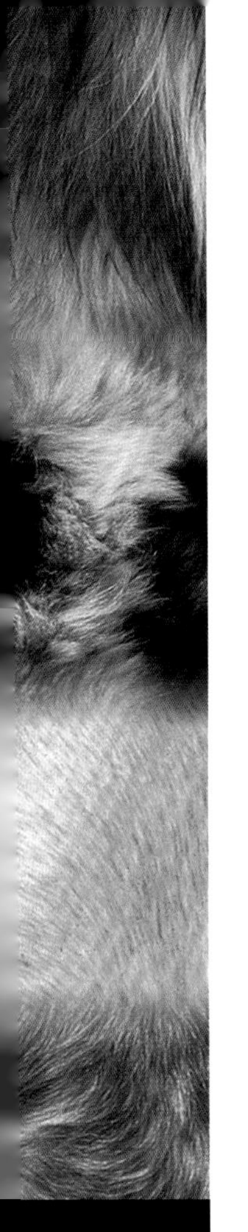

澳大利亚畜牛犬
(Australian Cattle Dog)

在英国，有一种已经绝迹的蓝赫勒犬(Blue Heeler)曾在码头上工作，它们负责将羊群和牛群赶到船上。尽管澳大利亚畜牛犬和它们的祖先完全不同，却和老式的码头犬种长得很像。19世纪中期，一名澳大利亚农场主托马斯·史密斯·霍尔想要一只类似的狗，但希望它能够健壮些，以经得起赶牛的艰苦。霍尔利用了丁哥犬会在攻击前悄悄匍匐到猎物身边的特性，创造出了与今天的牧牛犬极其相似的狗。这种狗天生警惕性高，必须在它们小时候就让它们认识别的动物和人。

关键要素

起源国： 澳大利亚

起源时间： 19世纪

最初用途： 牧牛

现代用途： 陪伴，牧牛

寿命： 12年

别名： 蓝色赫勒犬(Blue Heeler)，霍尔斯赫勒犬(Hall's Heeler)，昆士兰赫勒犬(Queensland Heeler)

体重范围： 16～20 kg(35～45 lb)

身高范围： 43～51 cm(17～20 in.)

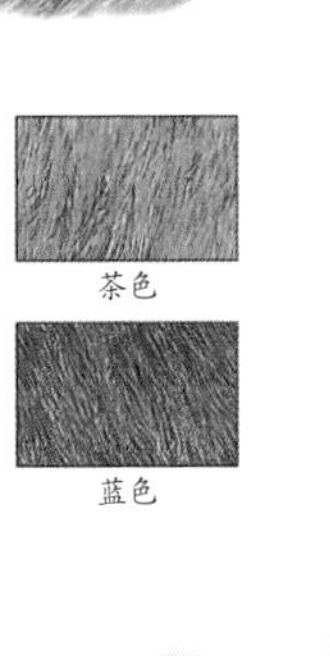
茶色

蓝色

品种历史

全能而又勇敢的澳大利亚畜牛犬是60年杂交的结果。它们的前身包括了红色短尾(Red Bobtail)、苏格兰蓝山雀柯利犬(Scotland's bluemerle Collie)和丁哥犬(Dingo)。

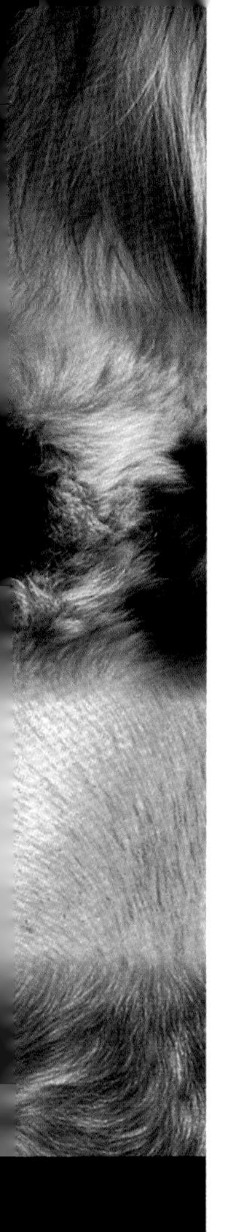

澳大利亚牧羊犬
(Australian Shepherd Dog)

事实上，这种狗在美国以外鲜为人知。不过这几年，由于它们顺从的天性和姣好的外表，澳大利亚牧羊犬的拥护者也开始慢慢增多。最初它们只是被当作能适应加州多变天气的工作犬来培育，但由于它们适应性很强，后来便同时服务于家庭生活和工作，尤其是搜救工作。澳大利亚牧羊犬热情、爱玩，但又保留了工作的本能。这不是一种可以被“设计”的狗，虽然有不少培育者以减小它们的体形为目标。

后腿覆盖的羽状毛发

关键要素

起源国： 美国/澳大利亚/新西兰

起源时间： 20世纪

最初用途： 牧羊

现代用途： 陪伴，牧羊

寿命： 12～13年

体重范围： 16～32 kg(35～70 lb)

身高范围： 46～58 cm(18～23 in.)

品种历史

尽管这种狗的祖先包括了来自澳大利亚和新西兰的牧羊犬，它们却起源于20世纪的加利福尼亚。

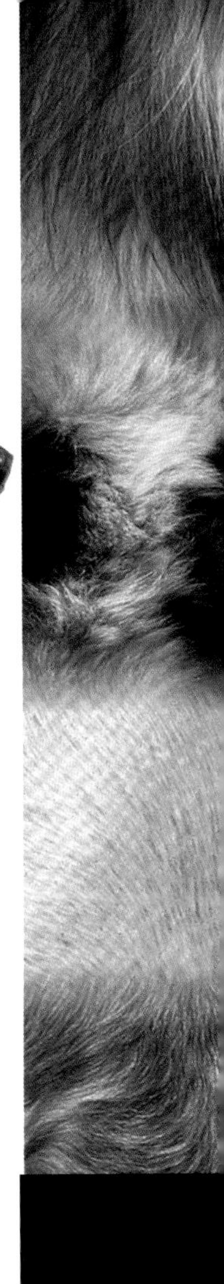

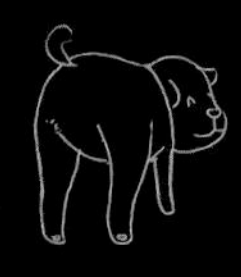

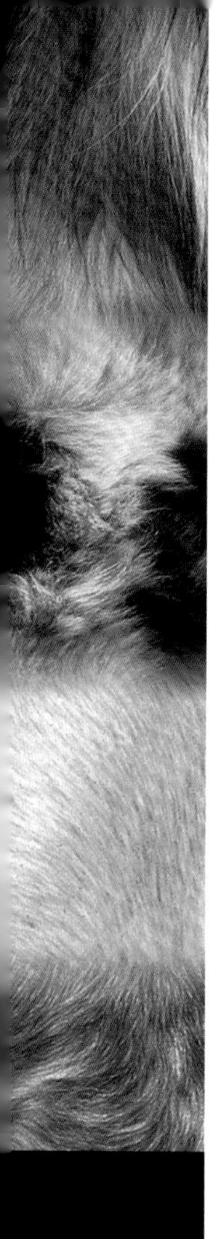

马雷马牧羊犬

(Maremma Sheepdog)

马雷马牧羊犬是一种经典的欧洲羊群守护犬。它们可能是东方的白色大型牧羊犬的嫡亲后代。那种狗早在1000多年前就在欧洲慢慢迁移、传播了。而土耳其的卡拉巴什(Karabash)和阿克巴什(Akabash)牧羊犬、斯洛伐克的库瓦克犬、匈牙利的库瓦兹犬和可蒙犬，还有法国的大白熊犬都是属于这个迁移链中的一员。马雷马的祖先在保留了独立和孤僻的同时，也进化为了比它们的兄弟们更小的体形。尽管现在经常在英国看到这种狗，但它仍在意大利以外的国家都很少见。马雷马牧羊犬有着很强的意志，也很难驯服，不过它们的确是一流的守护者。

V字形的耳朵

关键要素

起源国： 意大利

起源时间： 古代

最初用途： 牧羊

现代用途： 陪伴，警戒

寿命： 11～13年

别名： 马雷马(Maremma)，Pastore Abruzzese, Cane da Pastore, Maremmano-Abruzzese

体重范围： 30～45 kg(66～100 lb)

身高范围： 60～73 cm(23.5～28.5 in.)

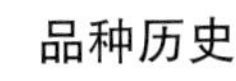

品种历史

今天的马雷马牧羊犬是毛较短的马雷马诺犬(Maremmano)和身体较长的埃布鲁泽斯山地犬(Abruzzese Mountain Dog)的后代。

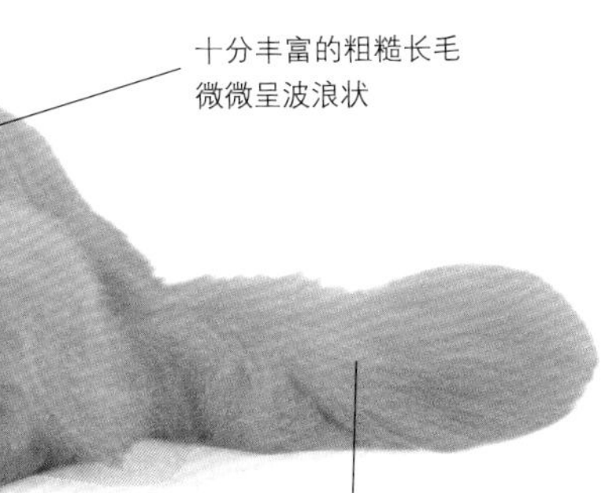

深陷且可以良好外展的胸腔一直延伸到肘部

十分丰富的粗糙长毛微微呈波浪状

尾巴位置很低，覆盖着浓密的羽状被毛

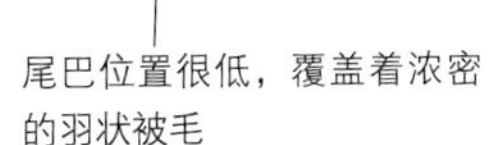

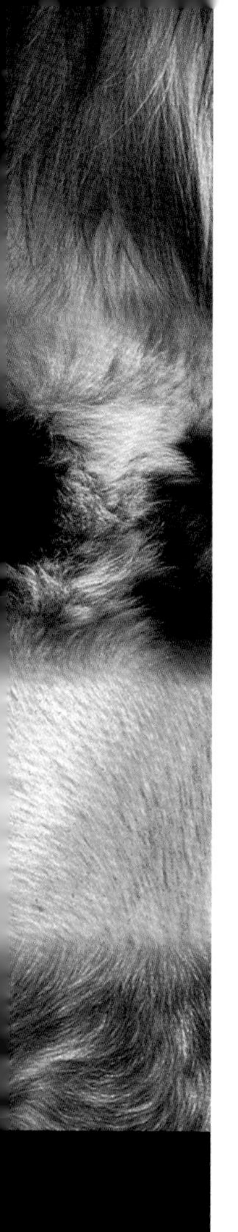

阿那托尔(卡拉巴什)犬

[Anatolian (Karabash) Dog]

土耳其的牧羊人从不用狗去放羊，只是让它们去保护羊群不受侵扰。这些牧羊犬被统称为“coban kopegi”。但在20世纪70年代，培育者们开始调查区域性的变种。结果，他们在土耳其中部发现阿那托尔型的牧羊犬，和土耳其东部的牧羊犬很像。在它们的祖国，阿那托尔仍是一个守护神，保护着羊群不受狼群、熊和豺狼的伤害。尽管在得到一定的社交训练后，阿那托尔可以不错地适应家庭生活，但是有着强烈意志和独立性的它们终究不是完全称职的伴侣犀。

关键要素

起源国：土耳其

起源时间：中世纪

最初用途：牧羊

现代用途：牧羊

寿命：10～11年

别名：Coban Kopegi，卡拉巴斯(Karabas)，Kangal Dog，安娜托利亚牧羊犬(Anatolian Shepherd Dog)

体重范围：41～64 kg(90～141 lb)

身高范围：71～81 cm(28～32 in.)

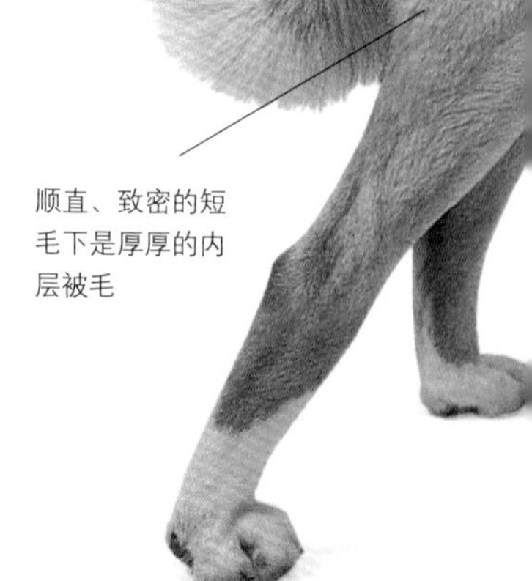

顺直、致密的短毛下是厚厚的内层被毛

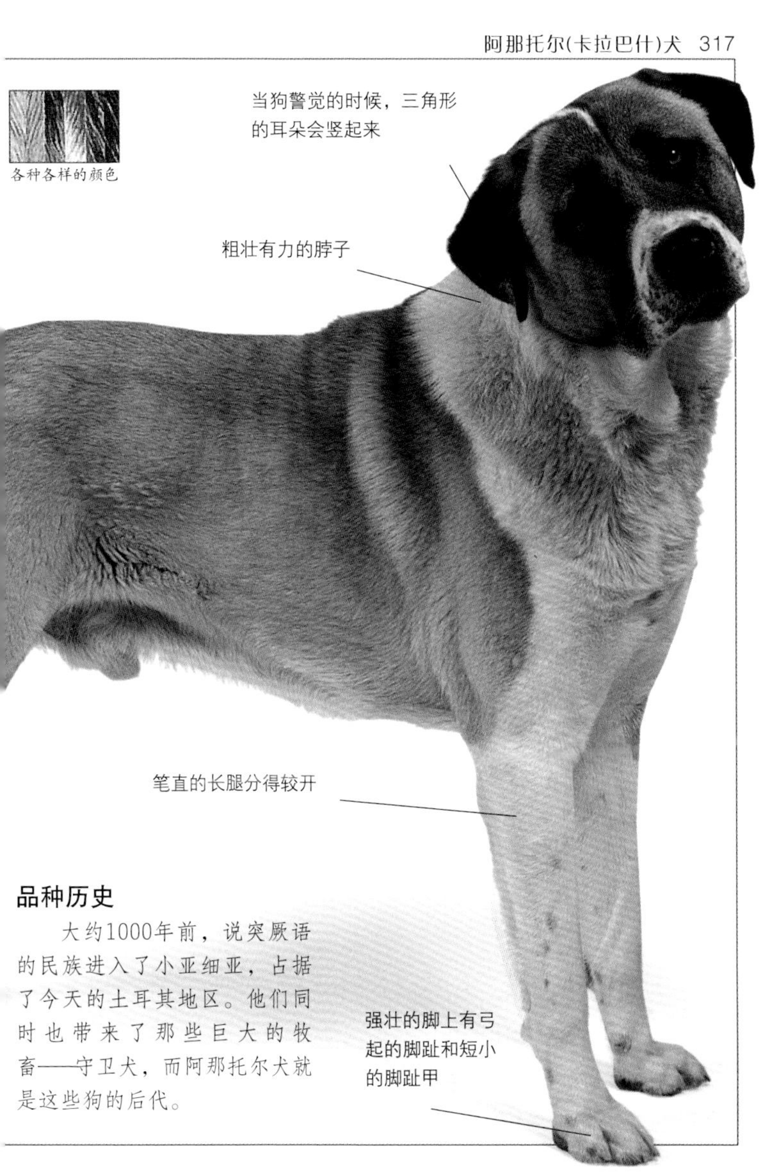

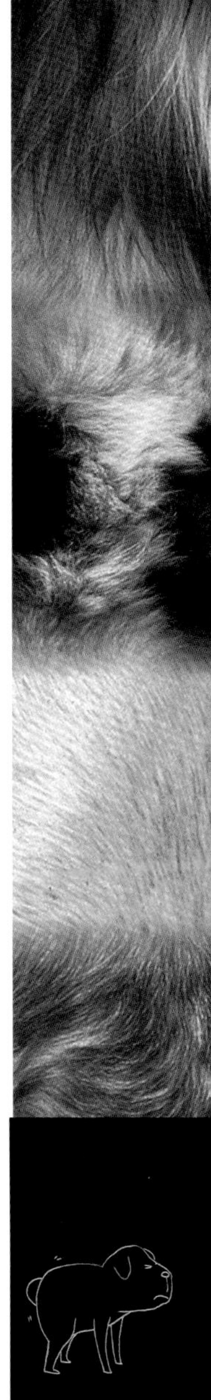

品种历史

大约1000年前，说突厥语的民族进入了小亚细亚，占据了今天的土耳其地区。他们同时也带来了那些巨大的牧畜——守卫犬，而阿那托尔犬就是这些狗的后代。

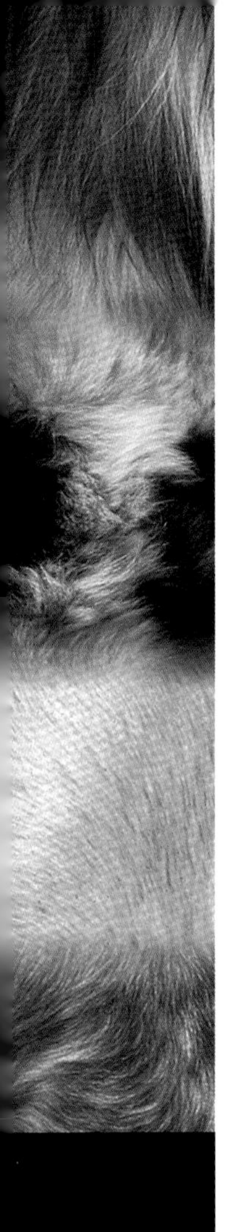

可蒙犬

(Komondor)

可蒙犬在匈牙利作为羊群和牛群的守护神已经好几个世纪了。它们一身绳索状的被毛，在历史上既使得它们不受恶劣天气的影响，又保护了它们不被狼群袭击。它们超强的守护能力如今又被用在了北美，保护着羊群不受土狼的袭击。这种狗从小就和它们的羊群生活在一起，剪羊毛的时候，它们也得修剪毛发。它们是顺从的伴侣，只是它们的被毛需要不断地特殊护理，以防那些被毛粘起来。

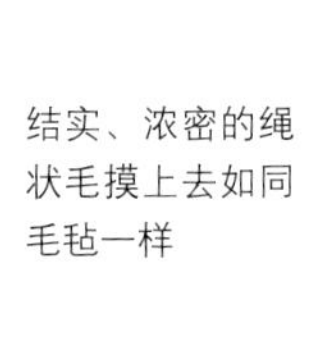

关键要素

起源国： 匈牙利

起源时间： 古代

最初用途： 守卫羊群

现代用途： 守卫畜群，陪伴

寿命： 12年

别名： 匈牙利牧羊犬(Hungarian Sheepdog)

体重范围： 36～61 kg(80～135 lb)

身高范围： 65～90 cm(26.5～35.5 in.)

结实、浓密的绳状毛摸上去如同毛毡一样

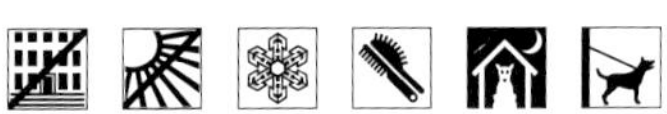

品种历史

有人认为，大约1000多年前，来自东方的马扎尔部落(Magyar tribe)在匈牙利定居。与他们一起到来的，还有匈牙利牧羊人最大的牧羊犬——可蒙犬。尽管它们的名字被第一次提到是在1544年，可是直到1910年，可蒙犬才被作为现代品种正式确立下来。

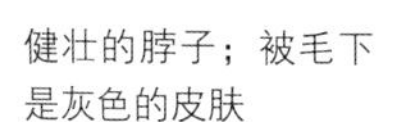

茂密、粗糙的顶层被毛覆盖着致密、羊毛般柔软的内层被毛

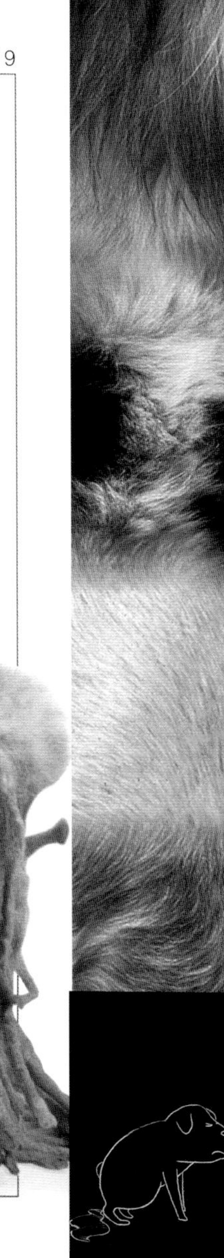

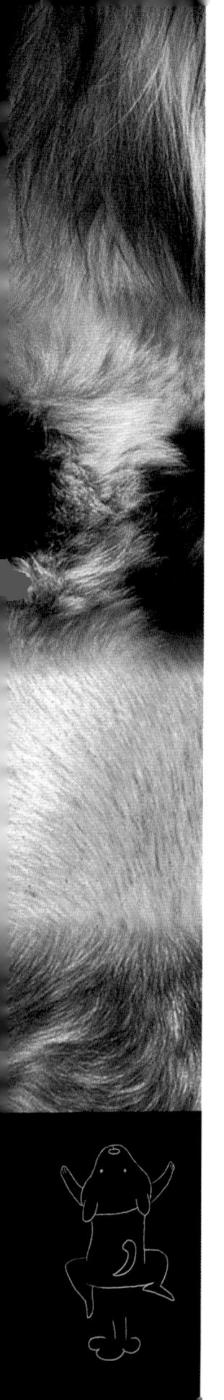

匈牙利库瓦兹犬
(Hungarian Kuvasz)

尽管匈牙利的历史书上说，15世纪时，玛蒂亚斯一世国王用库瓦兹犬狩猎野猪，但这种狗可不是天生的猎手，它们不过是固执的卫兵罢了。库瓦兹宁愿去和它们的羊群聊天，也未必想去参加什么国王的打猎。强壮的库瓦兹会死死守护自己的领地。最好还是把它们交给经验丰富的养狗人。但是，匈牙利库瓦兹是极其忠诚的伙伴，并且通常对它们的人类家庭来说非常可靠。

品种历史

一些专家认为，在公元10世纪，大型白色守卫犬随着流浪的土耳其牧羊人——库曼人一同来到了匈牙利。17世纪，它们第一次以一个品种为人所注意。“库瓦兹”来源于土耳其语中的“kavas”或者“kawasz”，意思是“武装守卫”，看来还真没说错。

关键要素

起源国： 匈牙利
起源时间： 中世纪
最初用途： 畜群守卫
现代用途： 陪伴，警戒
寿命： 12～14年
别名： 库瓦兹(Kuvasz)
体重范围： 30～52 kg(66～115 lb)
身高范围： 66～75 cm(26～29.5 in.)

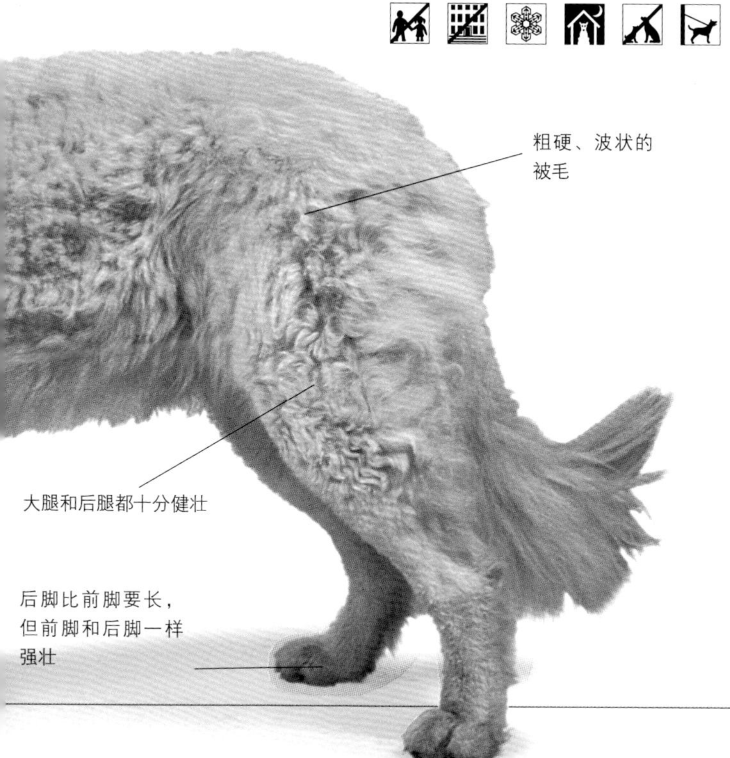

粗硬、波状的被毛

大腿和后腿都十分健壮

后脚比前脚要长，但前脚和后脚一样强壮

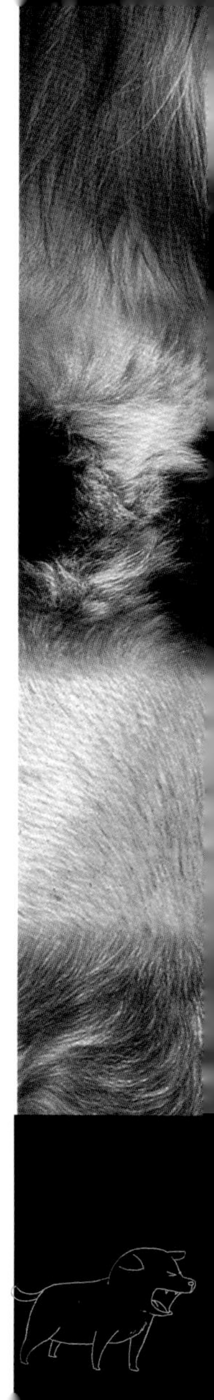

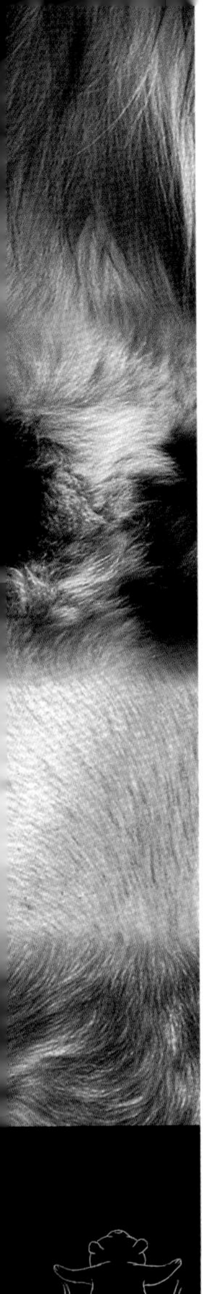

波兰低地牧羊犬
(Polish Lowland Sheepdog)

一群培育狂认为，波兰低地牧羊犬是连接1000多年前来到欧洲的古代亚洲绳状毛牧羊犬和近代粗毛牧羊犬(如苏格兰古代长鬃和荷兰牧羊犬)的重要纽带。这种狗就是由勤奋的波兰培育者在“二战”以后“复活”的。波兰低地牧羊犬在波兰和其他地方都很受欢迎，虽然它们仍是出色的牧羊犬，但已被普遍作为家庭伴侣。

浓密蓬乱的长毛覆盖着全身

品种历史

这种健壮的中型牧羊犬可能是从匈牙利平原古老的“绳毛”牧羊犬进化而来的。那些古老的牧羊犬曾和一些长毛的小型山地牧羊犬一起放牧。但“二战”的劫掠使得这种狗快要灭绝了。

关键要素

起源国： 波兰

起源时间： 16世纪

最初用途： 狩猎

现代用途： 陪伴，放牧

寿命： 13～14年

别名： Polski Owczarek Nizinny

体重范围： 14～16 kg(30～35 lb)

身高范围： 41～51 cm(16～20 in.)

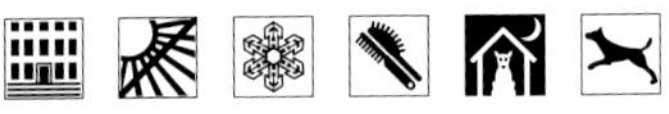

前额、脸
颊和下巴
上都有大
量毛发
背部水平且
十分宽阔
肋骨的外展性
较好
腿上覆盖着
浓密粗糙的
毛发
任何颜色

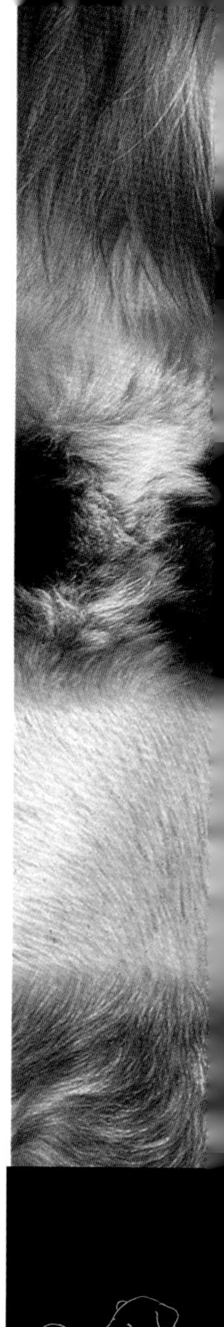

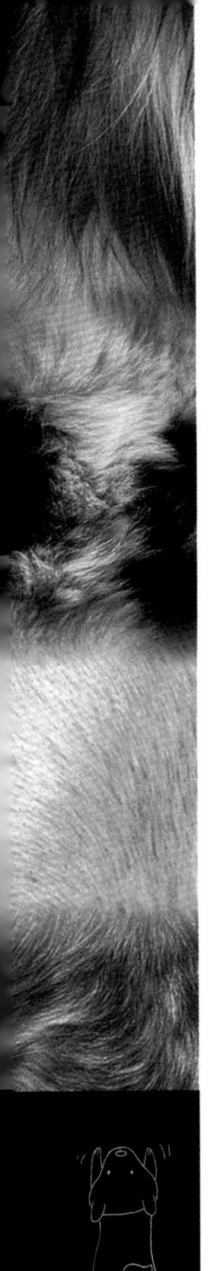

伯瑞犬 (Briard)

"一战"以后，一名美军士兵将这种粗壮的狗带回了美国，但是伯瑞犬却用了50年才确立了自己的牢固地位。尽管20世纪70年代，培育者们指出了它们害羞和紧张攻击性的问题，但如今的它们已成为法国最讨人喜欢的伴侣犬。只要精心挑选培育，它们会和人类家庭成员和睦相处，并且还保留着一流的护卫本能。伯瑞犬同时还是出色的牧羊犬，隔热良好的厚厚的被毛帮助它们抵御恶劣的天气。

品种历史

伯瑞犬的古老祖先是谁恐怕已无法知晓，但它们曾被认定为法国狼犬的"山羊毛"变种。有人推测它们可能是由法国狼犬和法国须裂犬(French Barbet，可能是贵宾犬的前身)杂交而来。在法国，以伯瑞省名字命名的伯瑞犬可是牧羊人的守护神！

浅黄褐色

黑色

关键要素

起源国：法国

起源时间：中世纪/19世纪

最初用途：牧畜，畜群守卫

现代用途：陪伴，警戒

寿命：11～13年

别名：布里牧羊犬(Berger de Brie)

体重范围：33.5～34.5 kg(74～76 lb)

身高范围：57～69 cm(23～27 in.)

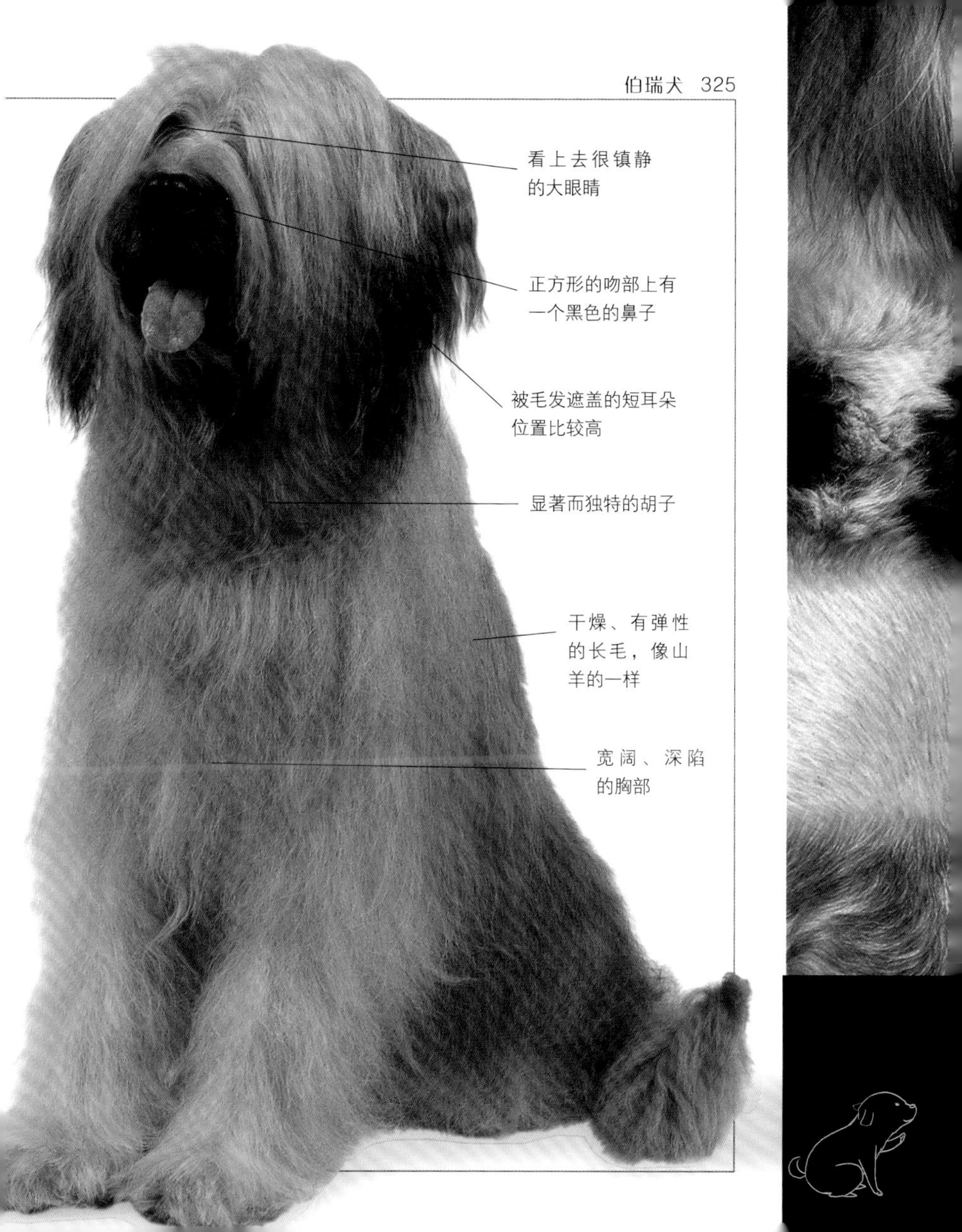
看上去很镇静
的大眼睛
正方形的吻部上有
一个黑色的鼻子
被毛发遮盖的短耳朵
位置比较高
显著而独特的胡子
干燥、有弹性
的长毛，像山
羊的一样
宽阔、深陷
的胸部

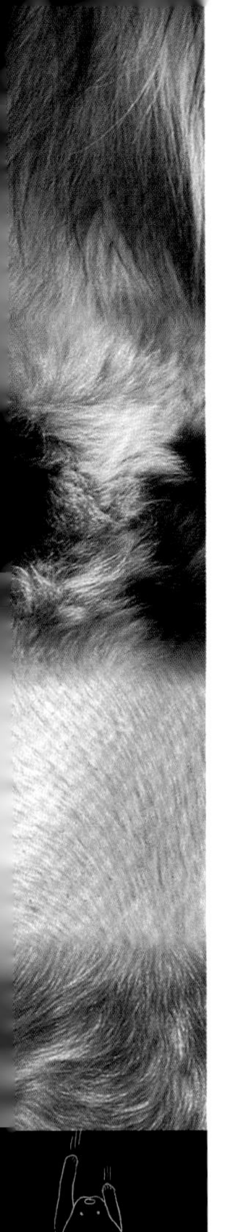

法国狼犬 (Beauceron)

意志坚定而又活跃的法国狼犬需要有力的管束和大量的锻炼，作为回报，你会得到它们一生的陪伴和保护。它们的生理构造很简单，有着敏捷、平滑有力的身体。对它们进行服从训练有时不是件容易的事情，而且在它们第一次和别的成年狗见面的时候，最好有人在旁边监督它们，以防它们惹麻烦。但是，和伯瑞犬一样，法国狼犬几乎一直是家中安全、负责的一员。作为可靠的工作犯，它们在欧洲的狗展上也开始日渐受欢迎。

关键要素

起源国：法国

起源时间：中世纪

最初用途：牧猪，守卫畜群，狩猎野猪

现代用途：陪伴

寿命：11～13年

别名：博斯牧羊犬(Berger de Beauce)，波什罗奇(Bas Rouge)，博斯牧羊犬((Beauce Shepherd)

体重范围：30～39 kg(66～85 lb)

身高范围：64～71 cm(25～28 in.)

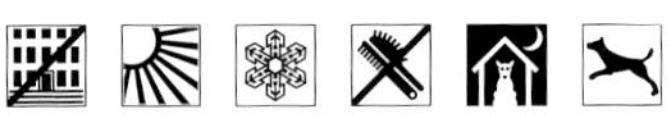

品种历史

法国狼犬起源于法国的伯瑞省，它们和伯瑞犬应该算是近亲了，都有双悬趾(后腿上的第五个脚趾)。从外观上看，它们像是马斯提夫和多伯曼犬的混合体。而它们的解剖结构和法国东部发现的一具有2000多年历史的遗骸十分相似。

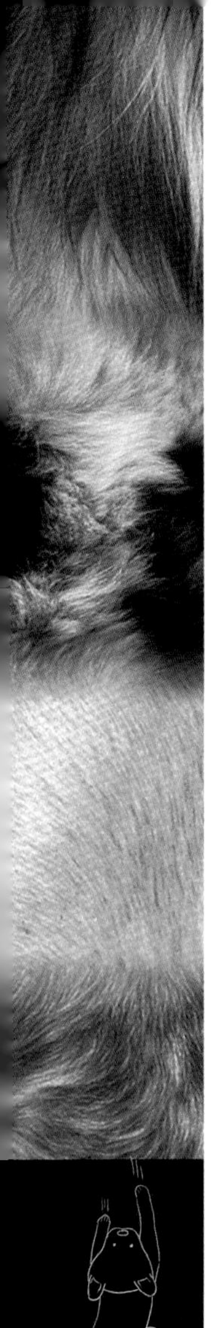

法兰德斯畜牧犬

(Bouvier des Flandres)

直到1965年现行标准诞生，这种健壮、可以赶牲口、愿意拉车的狗都有着各种被毛和不同毛色。“一战”期间，法军将法兰德斯畜牧犬用在医疗队里，但此后它们的数量就开始急剧减少。比利时养犬俱乐部的介入拯救了这种狗，使它们免于被人遗忘。这种有力而又通常友善的狗有时也会极具攻击性(别忘了，它们可遗传着畜牧犬的血脉)，这也使它们可以成为一流的警卫犬。它们不仅在祖国受欢迎，即便是在北美，法兰德斯畜牧犬也以伴侣犬和农场犬的身份得到了很高的评价。

各种各样的颜色

短而紧凑的圆形脚

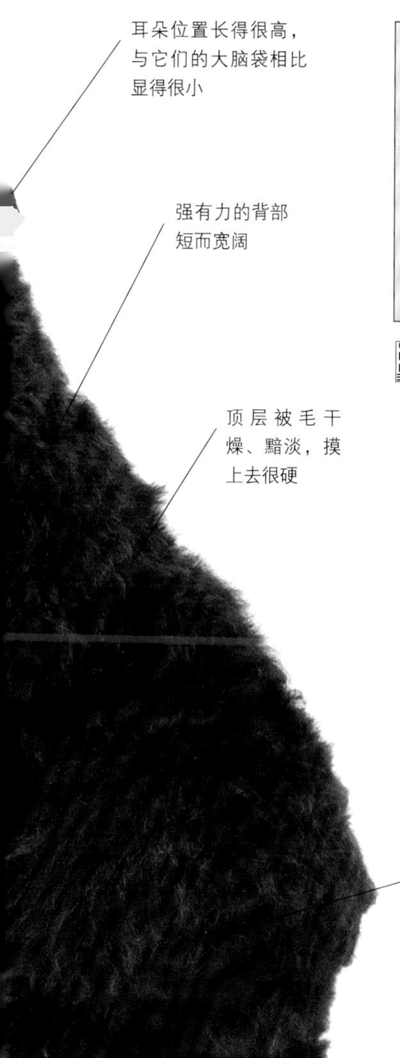

关键要素

起源国： 比利时/法国

起源时间： 17世纪

最初用途： 牧牛

现代用途： 陪伴，守卫

寿命： 11～12年

体重范围： 27～40 kg(60～88 lb)

身高范围： 58～69 cm(23～27 in.)

品种历史

比利时牧羊犬或牧牛犬的变种曾经遍地都是。但如今，除了几乎灭绝的亚尔丁牧羊犬(Bouvier des Ardennes)以外，这也是仅有的幸存者了。它们可能是从格里芬犬(粗毛嗅觉狩猎犬)和老式法国狼犬培育而来的。

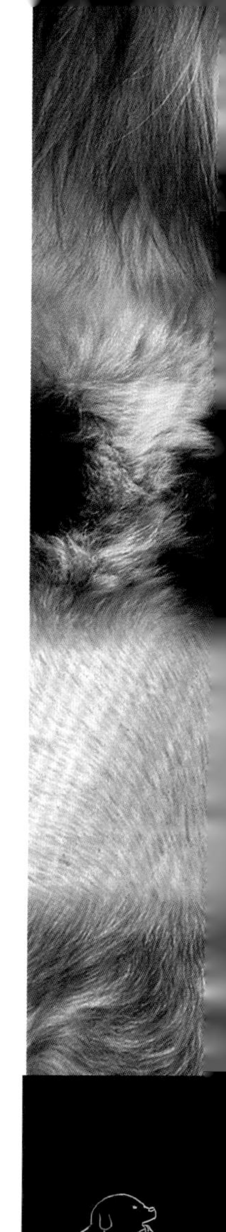

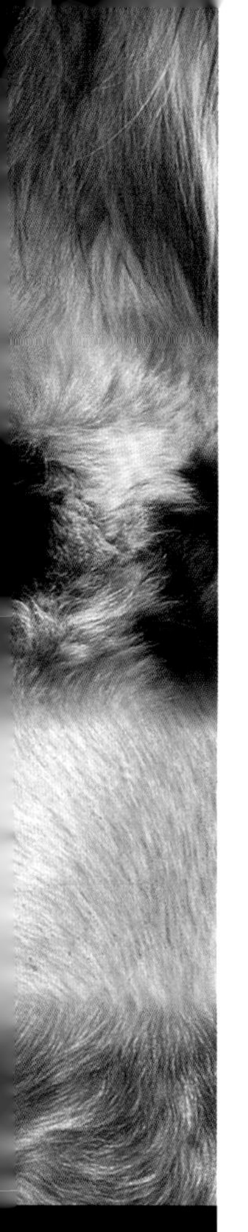

贝加马斯卡犬 (Bergamasco)

我们发现贝加马斯卡的坚强和高适应性与伯瑞犬有着惊人的相似。尽管如此，当伯瑞犬在法国内外都大受追捧的时候，贝加马斯卡却在它们的祖国内外都默默无闻；不仅如此，还经常濒临灭绝。这种优秀的工作犬独特的绳状被毛使它们不怕恶劣的天气，也不会被其他牲口所伤。热心、勇敢、忠诚的贝加马斯卡犬是一流的伴侣犬和守护犬，不过，它们可不太适合在城市里生活。

小狗身上的被毛没有“毛丛”

野兔一般的脚上有精瘦的肉垫和黑色的趾甲

关键要素

起源国： 意大利

起源时间： 古代

最初用途： 畜群守卫

现代用途： 陪伴，守卫

寿命： 11～13年

别名： 贝加摩牧羊犬(Bergamese Shepherd), Cane da Pastore Bergamasco

体重范围： 26～38 kg(57～84 lb)

身高范围： 56～61 cm(22～24 in.)

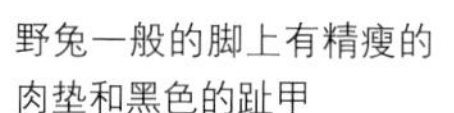

品种历史

2000年前，罗马的农业作家描述了他们理想中的牧羊犬：既没有猎犬那样敏捷，也没有警犬那样强壮，但是它们灵巧并且有足够的勇气击退并追击狼群。如今，以意大利的北部贝加摩地区命名的贝加马斯卡犬，已经完全符合了这些要求。

质地细腻的毛发遮住了锥形的吻部

柔软的长毛形成结实、波浪状的绳状毛或是“毛丛”

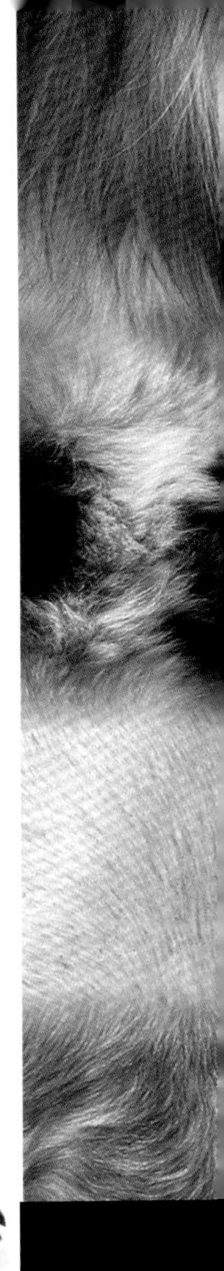

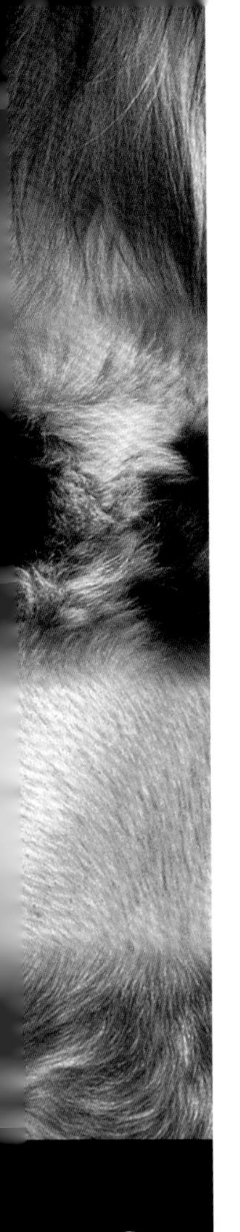

葡萄牙牧羊犬

(Portuguese Shepherd Dog)

在20世纪的大部分时间里，葡萄牙牧羊犬都在葡萄牙南部陪伴着穷困的牧羊人。但是到了20世纪70年代，它们几乎消失殆尽。好在，它们美丽的被毛和顺从的性格吸引了培育者们。现在，它们的主人大多是葡萄牙的中产阶级，这使得它们的生存不再受到威胁。这种出色的狗很容易接受服从训练，和孩子及其他狗也都能和平相处。只要不受到挑衅，它们也不像是会咬人的样子。虽然它们在葡萄牙以外鲜为人知，但这种看上去蓬乱不堪的狗却是经典的犬种，值得全世界的人都来为它们叫好呢！

关键要素

起源国：葡萄牙

起源时间：19世纪

最初用途：牧畜

现代用途：陪伴，放牧

寿命：12～13年

别名：Cão da Serra de Aires

体重范围：12～18 kg(26～40 lb)

身高范围：

41～56 cm(16～22 in.)

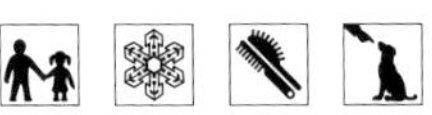

品种历史

葡萄牙牧羊犬是可以放牧、赶牲口、守卫的万能狗。这种看上去有些乱蓬蓬的狗来自葡萄牙的南方平原，它们可能是卡斯特罗·吉马良斯伯爵(Count de Castro Guimaraes)带来的伯瑞犬与当地的山地犬配种的后代，也可能是西班牙的加泰罗尼亚牧羊犬的后代。

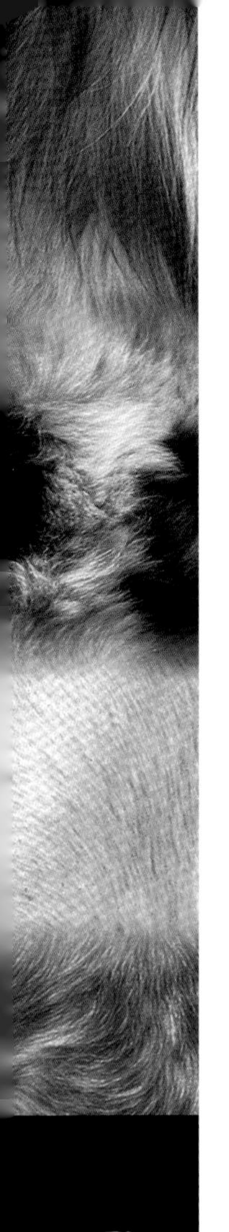

埃什特雷拉山地犬
(Estrela Mountain Dog)

几个世纪以来，这种马斯提夫犬陪伴着牧羊人在葡萄牙的埃什特雷拉山区一同放羊，守卫着羊群不被狼群袭击。致密而且是双层的被毛，尤其是长毛变种，在严酷的气候里也能得到足够的保护。尽管埃什特雷拉山地犬如今仍从事着几种工作，但这种镇静且天生有支配欲望的狗仍被当作了伴侣犬。除了葡萄牙以外，它们在英国也经常抛头露面，尤其是在狗展上。尽管它们有髋关节发育不良的问题，但仍是个健康的品种，也是个需要严加管束的品种。

关键要素

起源国： 葡萄牙

起源时间： 中世纪

最初用途： 畜群守护

现代用途： 陪伴，牧羊

寿命： 11～13年

别名： Cão da Serra da Estrela，葡萄牙牧羊犬(Portuguese Sheepdog)

体重范围： 30～50 kg(66～110 lb)

身高范围： 62～72 cm(24.5～28.5 in.)

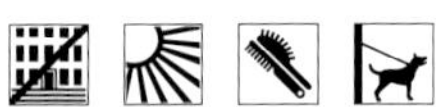

品种历史

这种葡萄牙犬种中最常见的狗也是伊比利亚半岛最古老的犬种之一。它们遗传自很久以前就来到西方的古老的亚洲马斯提夫，和西班牙马斯提夫是亲戚。20世纪，它们曾饱受和德国牧羊犬非正统杂交的痛苦，不过现在已经回归纯种了。

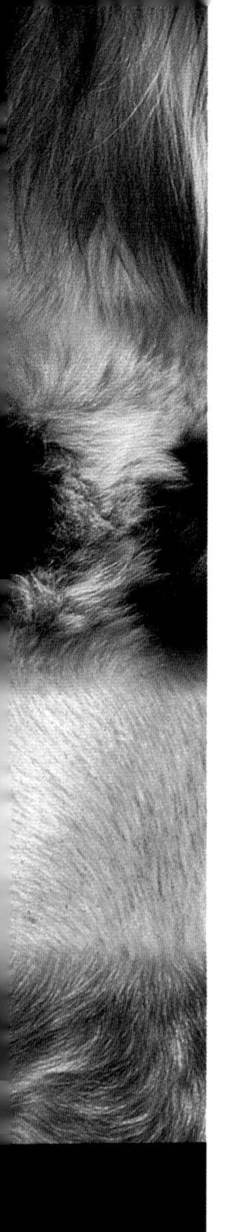

大白熊犬

(Pyrenean Mountain Dog)

第一只被人当作宠物饲养的大白熊犬有着武士一般的性格。近年来，培育者们已经成功地将这种性格削弱了。而与此同时，它们耐心、高贵和勇敢的可贵品质仍得以保留。不过，当它们的领地被侵犯时，它们还是会进入防御状态。如今，大白熊犬已经在英国、北美和法国建立了自己的牢固地位。它们巨大的体形使它们不适合城市的生活，除非你们家附近有一大片空地。

关键要素

起源国： 法国

起源时间： 古代

最初用途： 牧羊

现代用途： 陪伴，守卫

寿命： 11～12年

别名： 大比利牛斯犬(Great Pyrenees)，Chien de Montagne des Pyrénées

体重范围： 45～60 kg(99～132 lb)

身高范围： 65～81 cm(26～32 in.)

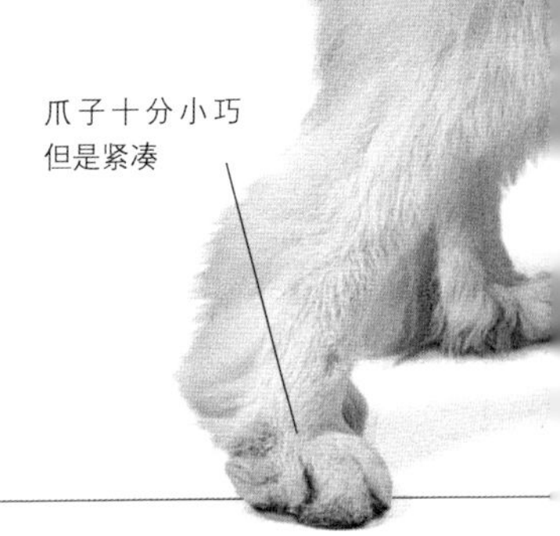

爪子十分小巧但是紧凑

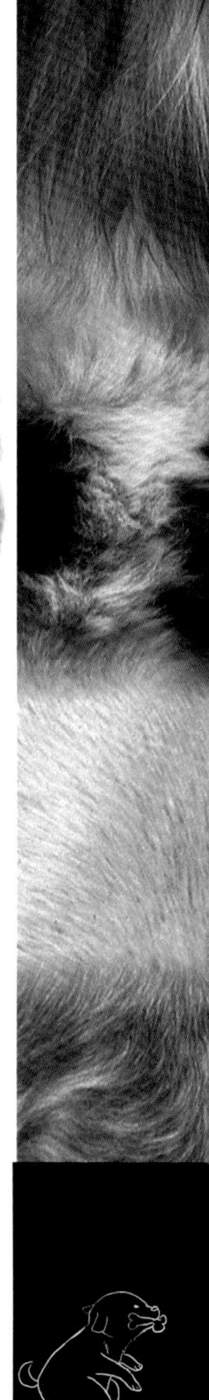

品种历史

作为遍布欧洲的大型白色守护马斯提夫的一种，这种出色的狗可能是意大利马雷马牧羊犬、匈牙利库瓦兹牧羊犬以及土耳其卡拉巴什牧羊犬的亲戚。

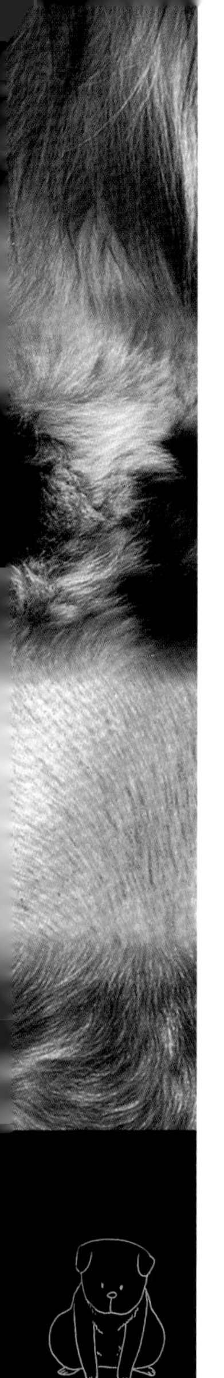

比利牛斯牧羊犬

(Pyrenean Sheepdog)

这种活泼的狗是为了速度、耐力和活跃的生活而生的。它们的三种不同的被毛足以说明：它们是为了适应在不同气候下工作而被培育出来的，而不是为了什么狗展。在比利牛斯牧羊犬的山区老家中，它们曾和大白熊犬一起赶羊牧羊，而大白熊犬还要负责羊群免受山狼的袭击。长毛变种的被毛则为它们提供了全天候的保护，即便在严冬也全然不必担心。这种狗相对较小的体形和可训练性使它们成为了很好的家养伴侣犬。

品种历史

轻盈小巧的比利牛斯牧羊犬是西班牙加泰罗尼亚牧羊犬的亲戚，它们有长毛、短毛和山羊毛三种形态。这种灵巧而又耐力好的狗在法国路德(Lourdes)和加瓦尔尼(Gavarnie)地区进化着，逐渐适应了高山牧羊的需要。

关键要素

起源国： 法国

起源时间： 18世纪

最初用途： 牧羊，羊群守卫

现代用途： 陪伴，放牧，守卫

寿命： 12年

别名： Labrit, Berger des Pyrénées

体重范围： 8～15 kg(18～33 lb)

身高范围： 38～56 cm(15～22 in.)

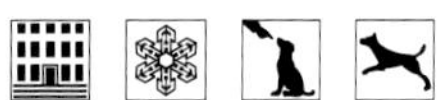

浅黄褐色

灰色

红色条纹

蓝色

黑色条纹

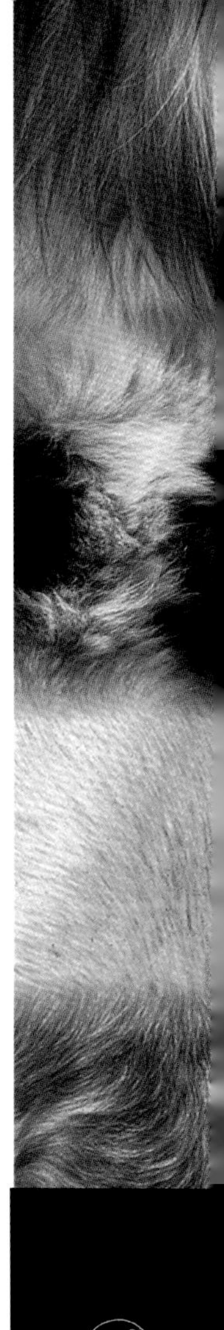

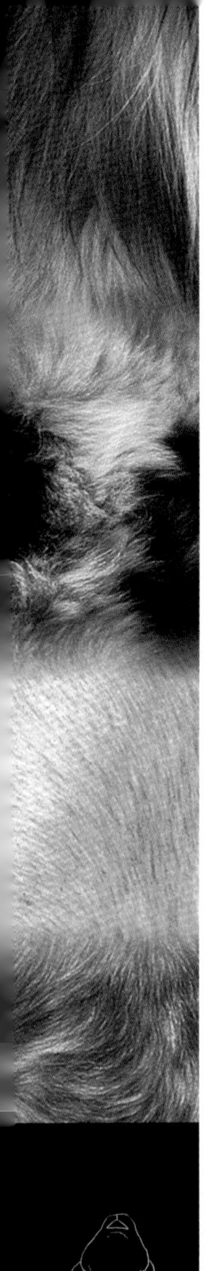

伯恩山地犬

(Bernese Mountain Dog)

在北美和欧洲，人们对伯恩山地犬的热情正在迅速升温。20世纪30年代，一些培育者开始培育具有更大体形和守卫能力的伯恩山地犬，结果由于基因库过小，导致它们出现了性格不稳定的因素，甚至有无端攻击的倾向，另外还可能出现跛行的问题。作为一种被用作放牧和拉车的狗而言，它们很快就能学会服从，还能在狗展上取得成功。伯恩山地犬也许是马虎、热情的巨狗，不过最好还是把它们交给有经验的养狗人吧！

关键要素

起源国： 瑞士

起源时间： 古代/20世纪

最初用途： 拉车

现代用途： 陪伴

寿命： 10～12年

别名： 伯尔尼山地犬(Berner Sennenhund)，比利时牧羊犬(Bernese Cattle Doge)

体重范围： 40～44 kg(87～90 lb)

身高范围： 58～70 cm(23～27.5 in.)

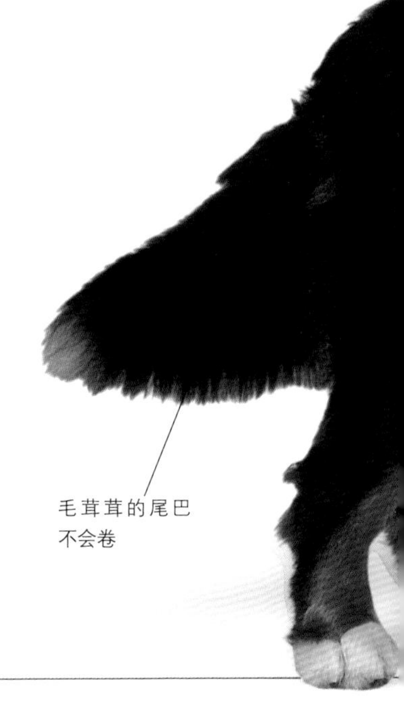

毛茸茸的尾巴不会卷

品种历史

另一种古老的品种。在19世纪晚期，伯恩山地犬几乎消失殆尽，犬类培育者弗兰茨·斯哥登利(Franz Schertenlieb)在研究瑞士山地犬的历史时，于伯尔尼地区发现了不少良好的个体。1908年，这种狗以现在的名字被命名。

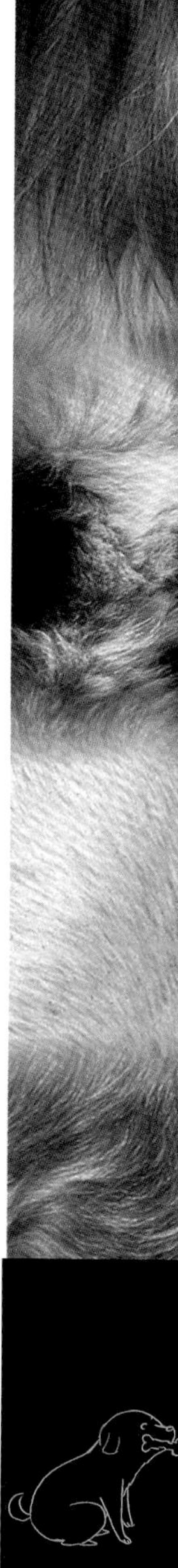

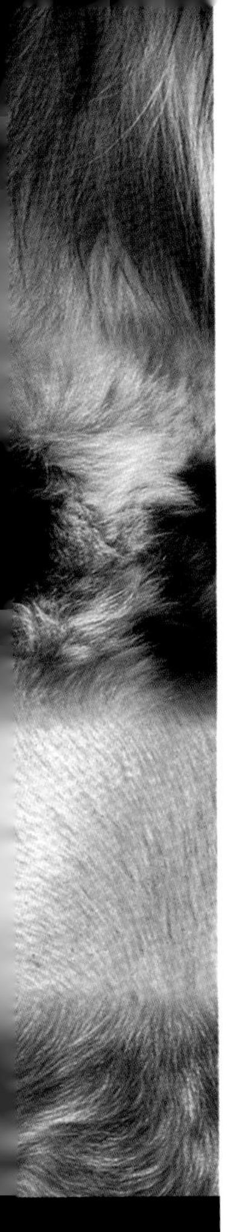

大瑞士山地犬

(Great Swiss Mountain Dog)

除了圣伯纳犬以外，这种狗可能是最大的瑞士山地犬了，同时也可能是最古老的。几个世纪以来，它们都是村庄或者农场里常见的牵引狗。20世纪纪初，在弗兰茨·斯哥登利(Franz Schertenlieb)和阿尔伯特·汉姆(Albert Heim)的努力下，大瑞士山地犬家族得到了振兴，它们的数量已基本稳定。大瑞士山地犬对人十分温顺，不过有时候对别的狗就有麻烦了。

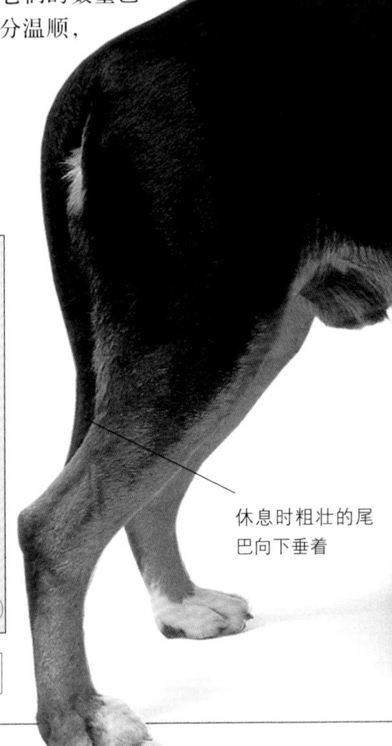

休息时粗壮的尾巴向下垂着

关键要素

起源国： 瑞士

起源时间： 古代/20世纪

最初用途： 拉车

现代用途： 陪伴

寿命： 10～11年

别名： 大瑞士山地犬(Grosser Schweizer Sennenhund)，大瑞士牧牛犬(Great Swiss Cattle Dog)

体重范围： 59～61 kg(130～135 lb)

身高范围： 60～72 cm(23.5～28.5 in.)

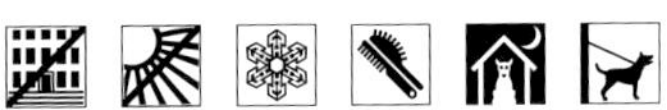

品种历史

另一种可能传承自大罗马马斯提夫的狗。20世纪初，弗兰茨·斯哥登利发现了这种狗，当时的阿尔伯特·汉姆认为这种犬已经灭绝，他便将自己的发现带给阿尔伯特·汉姆看。在他们二人的努力下，这种狗终于在1910年以现在的名字被认可。

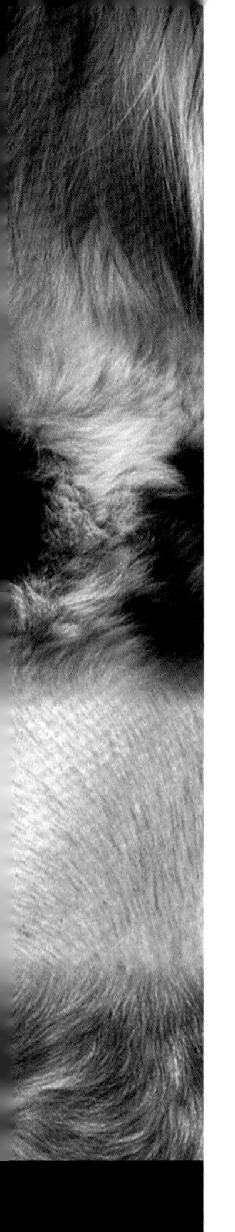

圣伯纳犬 (St .Bernard)

关于圣伯纳犬是否真的援救过阿尔卑斯山中被大雪困住的游客，始终存在争议，但此种形象已经无可辩驳地建立起来了。圣伯纳救济院从17世纪60年代起就开始饲养这种友善的大狗，救济院的僧侣们用它们来做牵引的工作，尤其以圣伯纳犬的搬运能力为傲。它们也被用来在新的雪地上留下足迹。这个仁慈的大家伙是一个令人印象深刻的健壮的巨人。它们硕大的身躯已经不再适合生活在室内了。

下唇有些下垂

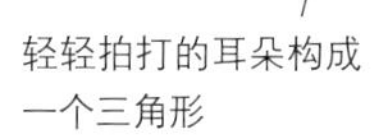

细密的顶层被毛
和内层被毛

关键要素

起源国： 瑞士

起源时间： 中世纪

最初用途： 牵引，陪伴

现代用途： 陪伴

寿命： 11年

别名： 阿尔卑斯马斯提夫(Alpine Mastiff)

体重范围： 50～91 kg(110～200 lb)

身高范围： 61～71 cm(24～28 in.)

品种历史

传承自最初随罗马军队进入瑞士的阿尔卑斯马斯提夫犬，圣伯纳犬曾经是富有攻击性的短毛犬。它们一度曾几乎灭绝，但可能通过纽芬兰犬和大丹犬的血统而复苏。从1865年起，这个名字被广泛使用。

友好的眼睛长在正前方

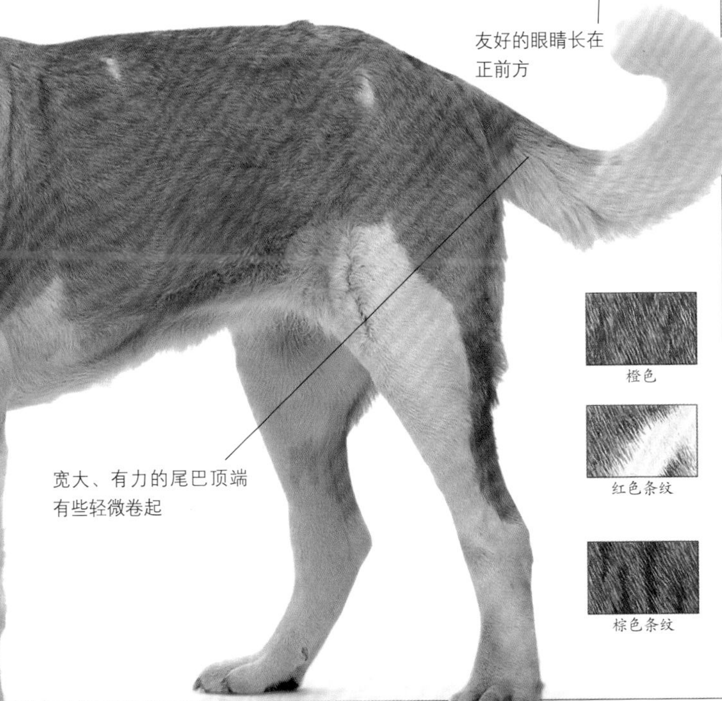

宽大、有力的尾巴顶端有些轻微卷起

橙色

红色条纹

棕色条纹

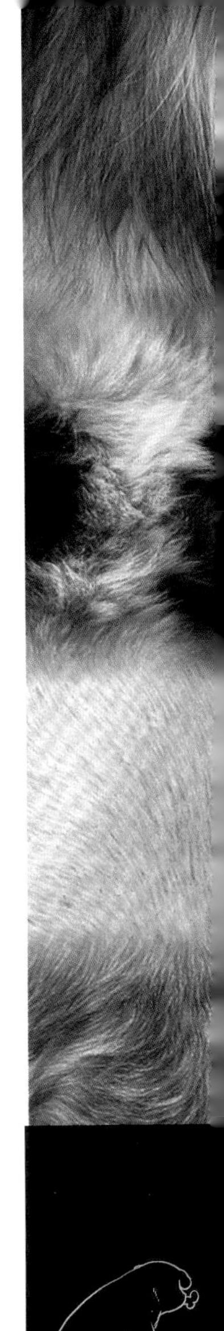

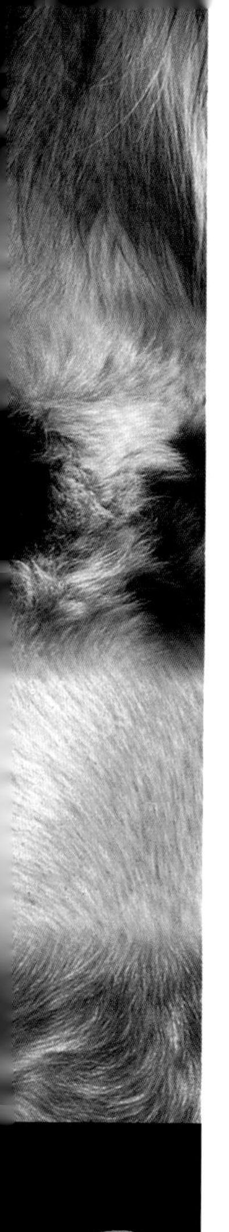

兰伯格犬 (Leonberger)

这种和蔼的巨狗在“二战”期间差一点就灭绝了。好在，近20年来，它们又重新找到了自己的立足点，除了祖国以外，还在北美和英国开始了新的生活。当兰伯格犬第一次被展出的时候，它们被当作几种狗的杂交而赶了回去(它们的确就是如此)。无论如何，这都是一种极帅的狗。作为天生的游泳好手，兰伯格犬可以在最冷的水里用狗刨式划水。不过它们巨大的体形使得它们不太适合在城市中生活。就和其他“再现”的狗一样，髋关节发育不良成了不少培育者的心病。

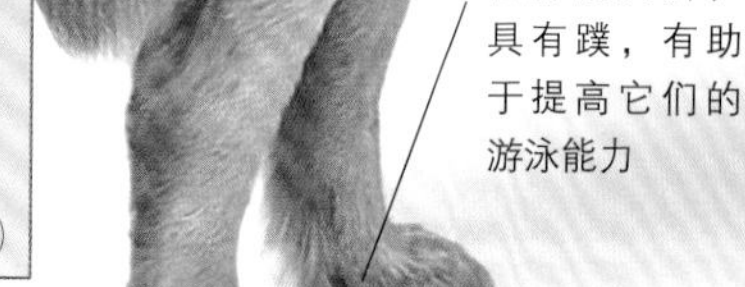

圆形的大脚，具有蹼，有助于提高它们的游泳能力

关键要素

起源国： 德国

起源时间： 19世纪

最初用途： 陪伴

现代用途： 陪伴

寿命： 11年

体重范围： 34～50 kg(75～110 lb)

身高范围： 65～80 cm(26～31.5 in.)

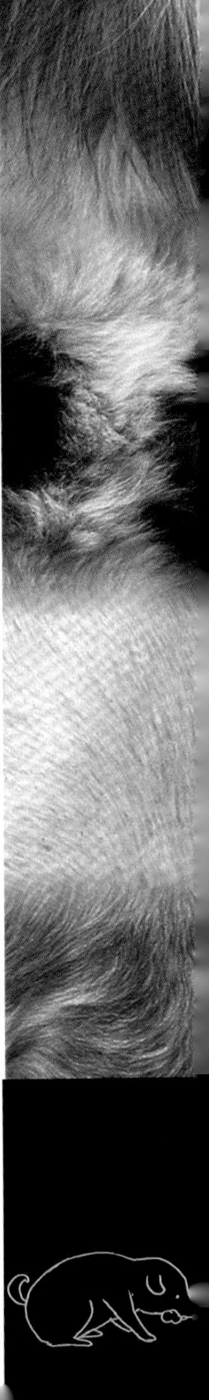

品种历史

这种著名的狗四肢上的被毛与德国兰伯格市政厅的狮子十分相似。它们是由纽芬兰犬、兰西尔犬(Landseer，在北美和英国被认定为纽芬兰犬的异色变种)、圣伯纳犬以及大白熊犬培育而来的。

纽芬兰犬 (Newfoundland)

纽芬兰犬是世界上最友好的狗之一，它们原本在鳕鱼养殖场工作，专门负责将网和船拉到岸边。今天，一些纽芬兰犬生活在了法国，协助人类进行海上的紧急搜救活动。基于陆地的测试包括了牵引工作和跨越障碍。如果要说这种友好、开朗的狗有什么行为上的缺陷，恐怕就是它们会把任何落水的人都救上来，从不考虑自己是否身处险境。尽管它们的口水可能会多了一些，但它们不仅是仁慈的巨狗，还是无比忠诚的朋友。

顶层被毛顺直、细密，稍有些粗糙和细腻

宽阔的大脚，脚趾间有宽宽的蹼

很厚的尾巴被毛发完全盖住

品种历史

继承自现已灭绝的大圣约翰犬(Great St.John's Dog)，这种喜欢水的大狗已经按照现代标准培育100多年了。北美本土、维京和伊比利亚的狗也许影响了这种狗的培育。

关键要素

起源国： 加拿大

起源时间： 18世纪

最初用途： 帮助渔夫

现代用途： 陪伴，救援

寿命： 11年

体重范围： 50～68.5 kg(110～150 lb)

身高范围： 66～71 cm(26～28 in.)

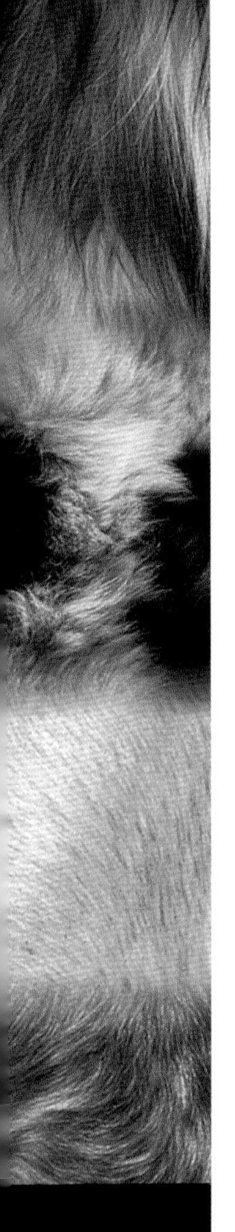

霍夫瓦特犬 (Hovawart)

早在100多年前，霍夫瓦特犬就已经作为勤奋的德国经典品种得以培育。为了尝试复活这种中世纪看守庄园的大狗，一群专注的培育者特地从德国的黑森林地区(Black Forest)和哈兹山区(Hartz Mountain)挑选了农场犬，也许还有匈牙利库瓦兹犬、德国牧羊犬和纽芬兰犬，终于培育出了现在这种优雅的工作犬，并在1936年得到承认。尽管个别霍夫瓦特有时会出现胆怯，甚至因恐惧而咬人的情况，但它们仍是内向但很快乐的家庭犬。而且它们很容易接受服从训练，并能和孩子还有其他狗和平相处。

笔直强壮的前腿，有着穗状的毛发，脚不算很大

品种历史

1220年，一种庄园守卫犬以“Hofwarth”的名字在埃克·冯·雷普戈(Eike von Repgow)所写的著作《萨克森明镜》(*Sachsenspiegel*)中被提到。15世纪，一些插画和叙述记录它们会追踪强盗。如今的霍夫瓦特犬已经是这种古老守卫犬的20世纪重塑版了。

关键要素
起源国： 德国
起源时间： 中世纪/20世纪
最初用途： 畜群/家庭守卫
现代用途： 陪伴，守卫
寿命： 12～14年
体重范围： 25～41 kg(55～90 lb)
身高范围： 58～70 cm(23～28 in.)

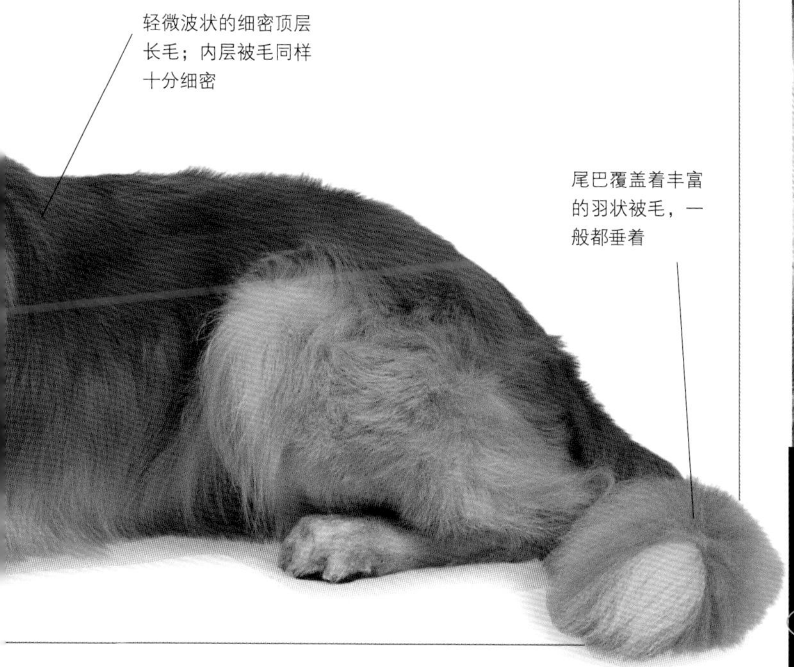

轻微波状的细密顶层长毛；内层被毛同样十分细密

尾巴覆盖着丰富的羽状被毛，一般都垂着

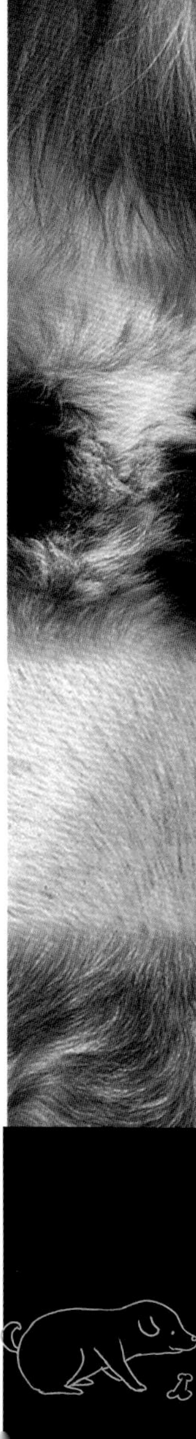

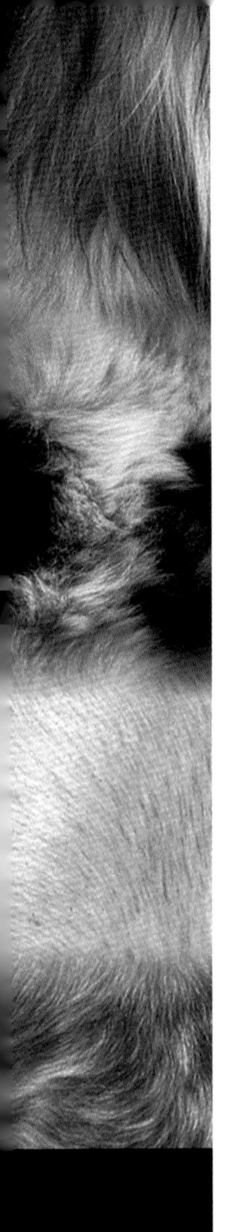

罗威纳犬 (Rottweiler)

拥有强壮的身体和有力的颌骨，罗威纳犬能够以令人生畏的力量保护主人。现如今，这条遗传自古代野猪杀手的帅狗已经风靡世界，成为家养犬和守卫犬。虽然易于服从训练，但它们有时还是会耍耍脾气。不过，培育者们尤其是斯堪的纳维亚的培育者们已经削弱了它们这个特点。

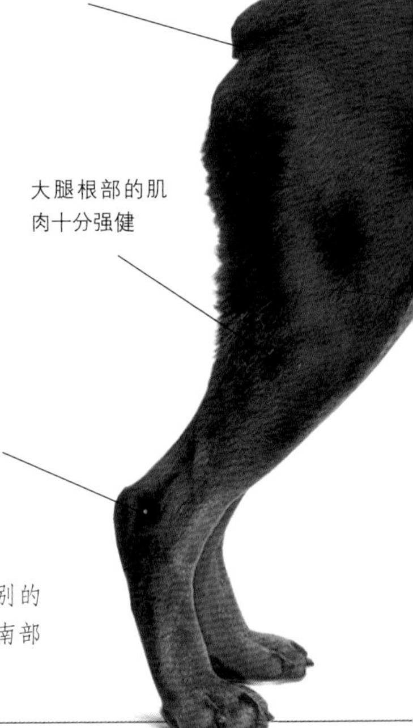

关键要素

起源国： 德国

起源时间： 19世纪20年代

最初用途： 牧牛犬，守卫犬

现代用途： 陪伴，警犬

寿命： 11～12年

体重范围： 41～50 kg(90～110 lb)

身高范围： 58～69 cm(23～27 in.)

品种历史

19世纪的时候，罗威纳犬以特别的赶牲口犬和守卫犬的身份，在德国南部的罗威尔(Rottweil)被培育出来。

耳朵位置较高，分得很开，
整体上看感觉比较小
微微弓起的脖
子很强壮，肌
肉十分发达，
呈圆柱状
顶层被毛粗糙、顺直
腿部骨骼粗壮

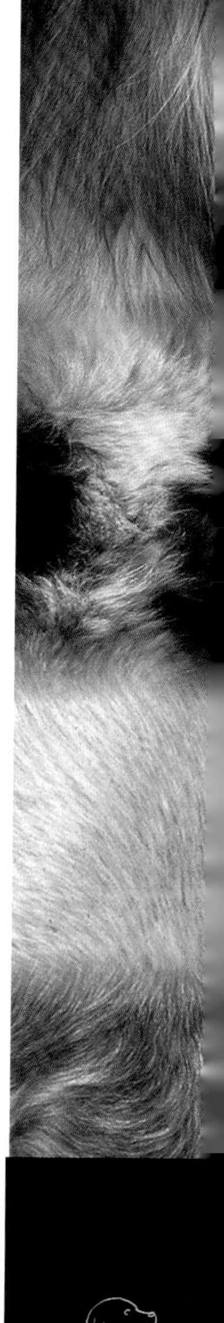

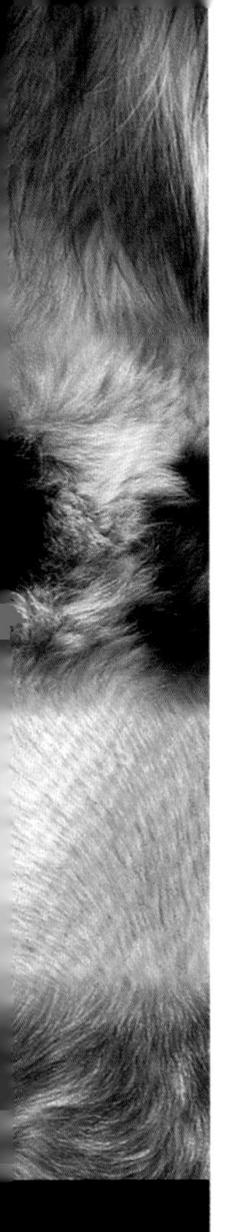

多伯曼犬 (Dobermann)

优雅、热情的多伯曼犬是100多年前勤奋而又成功的德国犬类血统繁殖计划的经典产物。如今，这种顺从、警觉而又机智的狗已经为世界各国的人们所喜爱，成为伴侣犬和帮助犬。但是问题又出现了，由于毫无节制的繁育，部分个体会出现神经质和因恐惧而咬人的症状。良好的培育者应该注意让他们的狗既不害羞又不凶恶，并且在它们去新家之前养成良好的社交习惯。不幸的是，这种狗的心脏问题日趋严重。

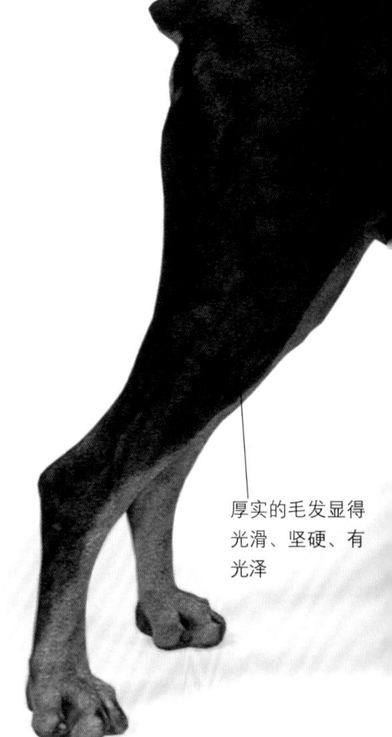

厚实的毛发显得光滑、坚硬、有光泽

关键要素

起源国： 德国

起源时间： 19世纪

最初用途： 守卫

现代用途： 陪伴，警戒

寿命： 12年

别名： 多伯曼平犬(Doberman Pinscher)

体重范围： 30～40 kg(66～88 lb)

身高范围： 65～69 cm(25.5～27 in.)

品种历史

起源于19世纪70年代，一位德国的税收官——路易·多伯曼(Louis Dobermann)利用罗威纳犬、德国杜宾犬、魏玛猎犬、英国灵猩和曼彻斯特㹴培育出了这种狗。

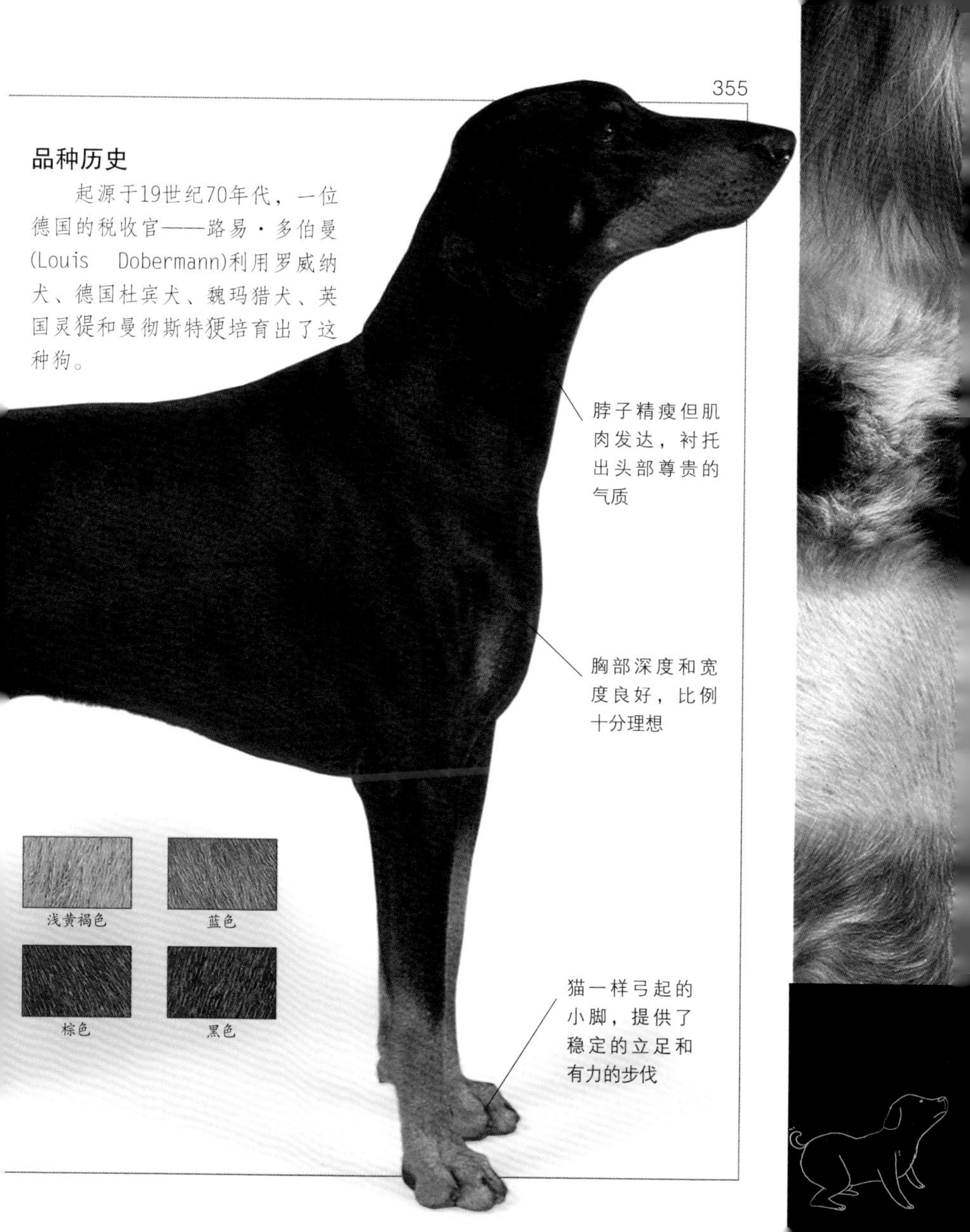

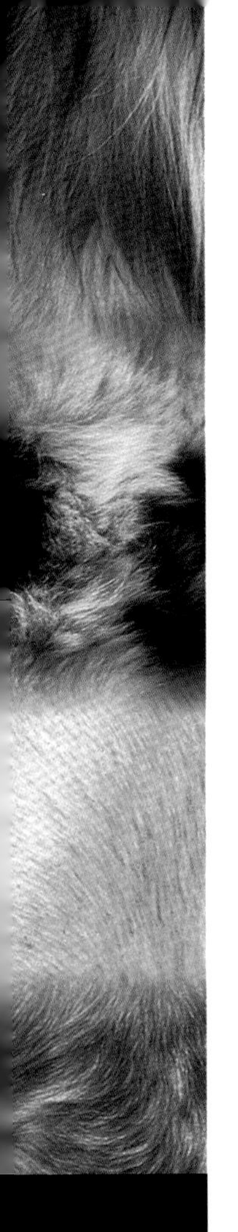

雪纳瑞犬 (Schnauzer)

雪纳瑞犬是天生警觉的守卫，日后，它们又演化出了迷你品种和大型品种。德国画家阿尔布雷希特·丢勒(Albrecht Dürer)和荷兰画家伦勃朗(Rembrandt)都曾画过与雪纳瑞犬极为相像的狗。这种古老的犬种可能是尖嘴犬和守卫犬的混血。尽管今天雪纳瑞犬只是被当作伴侣犬，但它们仍不失为一种出色的牧羊犬。它们很快可以学会服从，并且可以从地面和水中追踪寻回目标。

关键要素

起源国： 德国

起源时间： 中世纪

最初用途： 捕鼠，守卫

现代用途： 陪伴

寿命： 12～14年

别名： 中型雪纳瑞犬(Mittelschnauzer)

体重范围： 14.5～15.5 kg32～34 lb)

身高范围： 45～50 cm(18～20 in.)

胡椒色/盐色

黑色

结实、粗糙而又细密的顶层被毛覆盖着细腻、厚实的内层被毛

品种历史

曾经是捕鼠高手和警卫的雪纳瑞犬，经常会被归为㹴犬。这种狗起源于德国南部及与之相邻的法国和瑞士。它们曾以雪纳瑞犬——平犬而闻名。

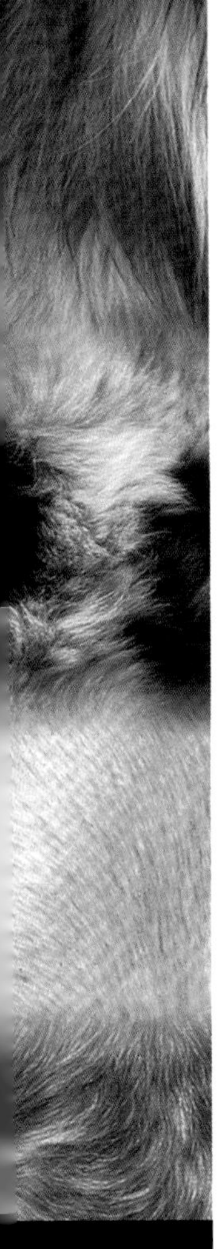

巨型雪纳瑞犬

(Giant Schnauzer)

在德国南部，巨型雪纳瑞犬曾在一个时期是十分常见的牧羊犬，但是它们夸张的食量在困难时期使得它们的数量大量减少。到了19世纪末，它们又重新兴旺了起来，只不过角色变成了为屠夫赶牲口和守卫的狗。尽管它们坚强而又精力旺盛，却逃不脱肩关节和髋关节的关节炎。巨型雪纳瑞犬不需要没完没了的锻炼，这使得它们更适合在城市生活。不过，在保卫自己领地的时候，它们是不会吝惜自己可观的力量的。

健壮有力的前腿靠得不算太近

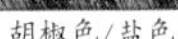

胡椒色/盐色

黑色

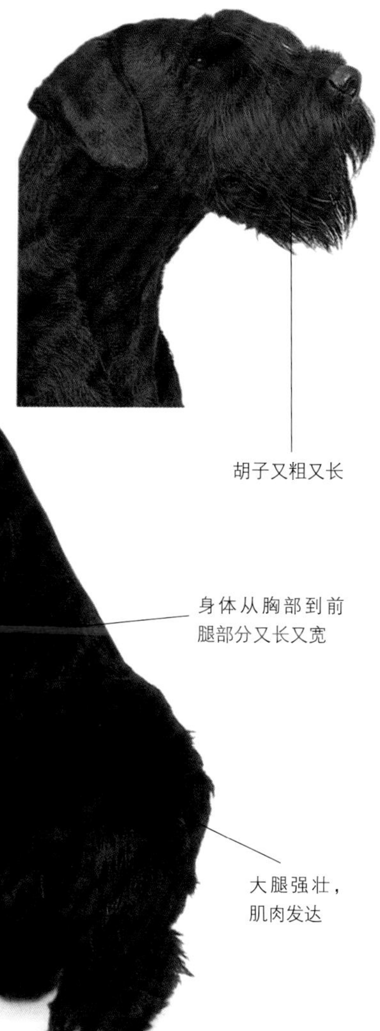

关键要素

起源国：德国

起源时间：中世纪

最初用途：放牛

现代用途：陪伴，服务

寿命：11～12年

别名：Riesenschnauzer

体重范围：32～35 kg(70～77 lb)

身高范围：59～70 cm(23.5～27.5 in.)

品种历史

德国雪纳瑞犬中最为强有力的品种。这种可靠的狗是通过增大雪纳瑞犬的体形而获得的。1909年，当这种狗第一次在德国慕尼黑向人们展示的时候，人们称之为“俄罗斯猎熊雪纳瑞犬”。

马斯提夫犬

(Mastiff)

在马斯提夫犬漫长的历史中，它们为许多种狗的诞生做出了巨大的贡献。它们的名字可能是由盎格鲁萨克逊语的“masty”演变而来，意思是“有力的”。现在，人们已经很难见到马斯提夫犬了。作为世界上最大的狗之一，它们极其有力，并且需要充足的生存空间以及大量食物。一般它们都比较随和，但也会十分保护它们的主人，必须小心管束。

笔直的前腿坚定地分开，骨骼十分强健

圆形的大脚上有弓起的脚趾和黑色的脚趾甲

关键要素

起源国：英国

起源时间：古代

最初用途：守卫

现代用途：陪伴，守卫

寿命：10～12年

别名：英国马斯提夫犬((English Mastiff)

体重范围：79～86 kg(175～190 lb)

身高范围：70～76 cm(27.5～30 in.)

品种历史

马斯提夫犬在英国已经生活了2000多年，并被作为军犬和斗犬出口到了罗马。它们可能是随着腓尼基商人从亚洲穿越地中海来到英国的，也可能是随着翻过乌拉尔山和北欧的商人进入英国的。

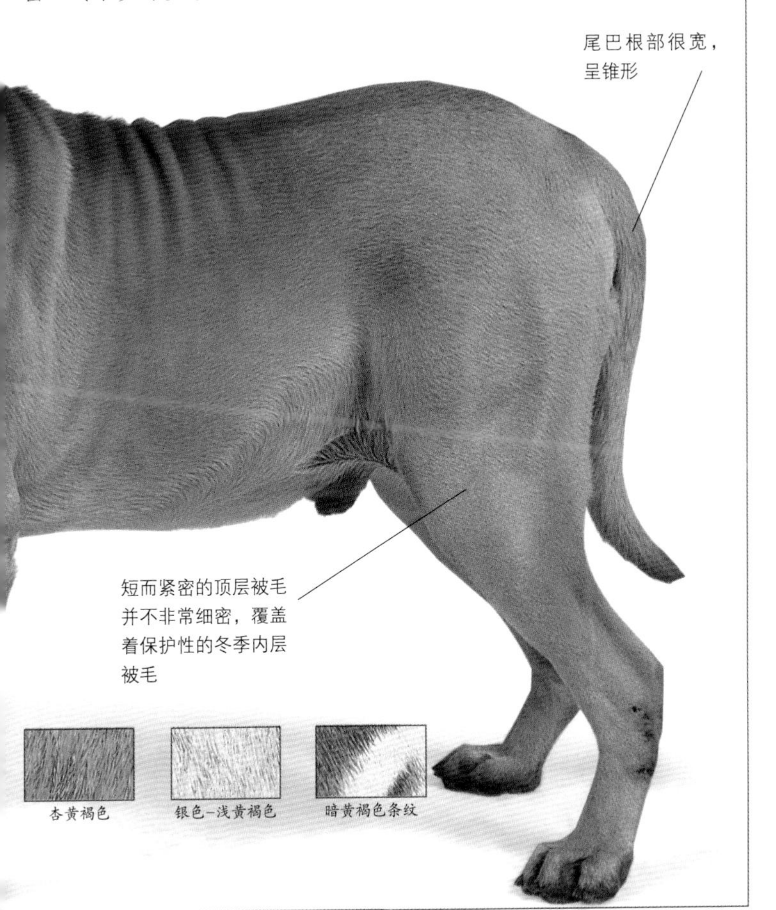

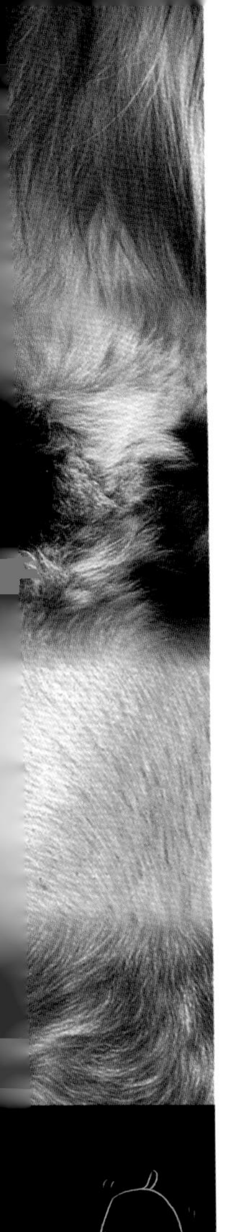

法国獒犬 (French Mastiff)

相比同样古老的英国獒犬而言，法国獒犬与最近培育出来的斗牛獒犬更为相似。在法国南部，它们曾被广泛用于捕猎野猪和熊，随后又被用于赶牛。由于法国獒犬天生无畏，它们常出现在斗兽场和斗狗场。直到1989年，法国獒犬和汤姆·汉克斯(Tom Hanks)一同出现在电影里，它们才在法国以外的国家得到认可。和《特纳和霍奇》(*Turner and Hooch*)里的那个懒散的明星可不一样，法国獒犬有着令人敬畏的特点，比如近乎残酷的力量、对陌生人的警觉以及恐吓陌生人的倾向。

关键要素

起源国：法国

起源时间：古代

最初用途：守卫，捕猎

现代用途：陪伴，守卫

寿命：10～12年

别名：波尔多犬(Dogue de Bordeaux)

体重范围：36～45 kg(80～100 lb)

身高范围：58～69 cm(23～27 in.)

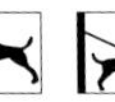

品种历史

几个世纪以来，法国的波尔多地区长期被英王所控制。那个地区的大型守卫犬大多理所当然地和英国獒犬杂交，再加上类似的来自西班牙的狗，就产生了这种有力并一度十分凶猛的獒犬。

金黄，浅黄褐色

红褐色

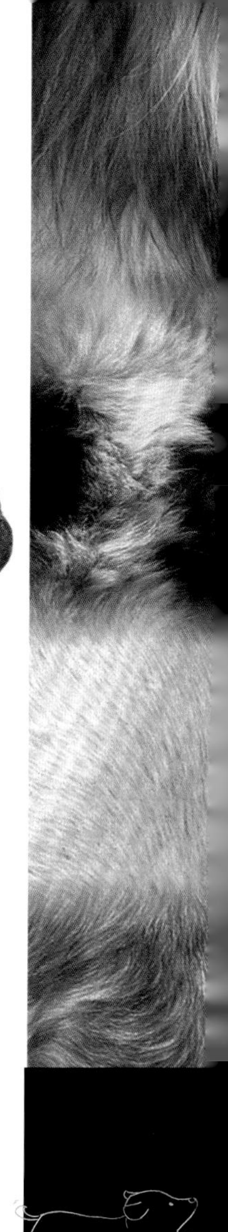

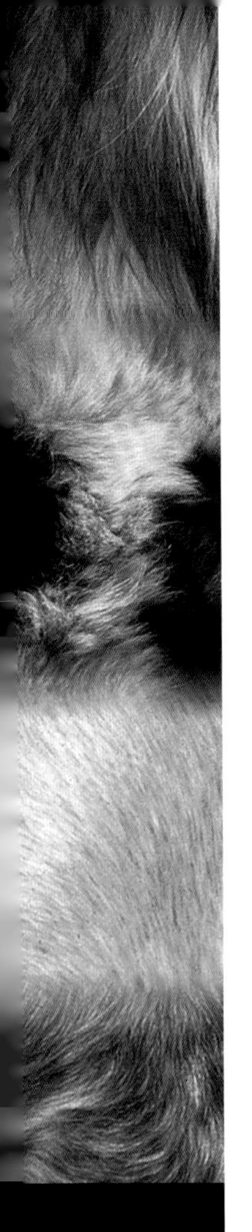

拿波里顿獒犬

(Neapolitan Mastiff)

这头笨重的大狗正像罗马作家哥伦梅拉描述的那样，是一个完美的看家护院者。然而40多年前，它们曾差点消失。这个口水丰富的家伙需要从小培养社交能力并进行服从训练，尤其是雄性。它们并不需要经常锻炼，但它们那难看的吃相和硕大的体形恐怕是没法让它们待在家里了。最好还是把这种狗交给有经验的饲养者。

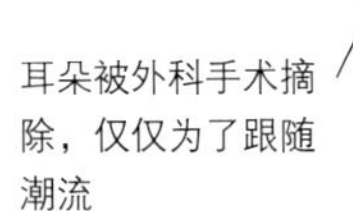

耳朵被外科手术摘除，仅仅为了跟随潮流

关键要素

起源国：意大利

起源时间：古代

最初用途：畜群守卫，斗犬

现代用途：陪伴，警戒

寿命：10～11年

别名：Mastino Napoletano

体重范围：50～68 kg(110～150 lb)

身高范围：68～75 cm(26～29 in.)

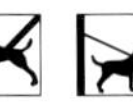

灰色

棕色

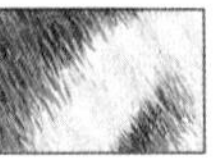
红色条纹

黑色条纹

蓝色

黑色

品种历史

自古代起，它们就生活在意大利中部的坎帕尼亚(Campania)地区，但是直到1947年才被正式展出。拿波里顿獒犬可能是罗马战犬和马戏团獒犬的后代。多亏了亚历山大大帝，这些狗从亚洲运到了希腊，又从希腊来到了罗马。

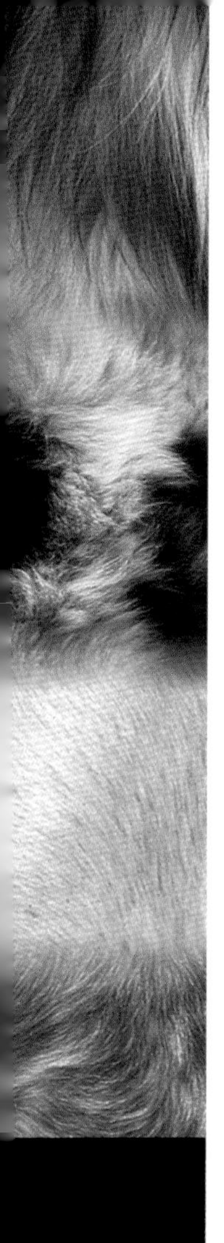

藏獒

(Tibetan Mastiff)

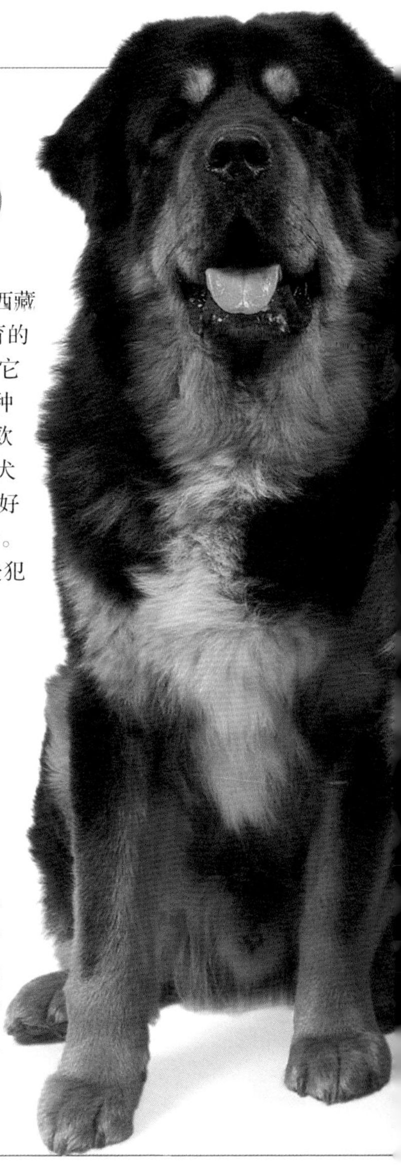

藏獒一度是喜玛拉雅地区和西藏的牲畜保护神，现在是欧洲培育的展会狗。虽然还不是很常见，但它们在欧洲各国已经开始兴起。这种骨骼粗壮的大脑袋巨狗实际上是欧洲、美国以及日本山地犬、畜牧犬和斗犬的祖先。藏獒性情随和友好中带着冷漠，凡事宁愿做旁观者。不过当它们觉得自己的领地受侵犯时，会毫不犹豫地挺身捍卫。

品种历史

在19世纪时，英国的培育者拯救了快要灭绝的藏獒，它们可是大多数欧洲獒犬的祖先。藏獒最早是被用来赶牲口或者看家护院的。它们以过人的勇气和惊人的体形获得了无数赞赏。

关键要素

起源国： 中国西藏

起源时间： 古代

最初用途： 畜群守卫

现代用途： 陪伴，守卫

寿命： 11年

别名： 多启(Do-Khyi)

体重范围： 64～82 kg(140～180 lb)

身高范围： 67～71 cm(24～28 in.)

灰色 金色

黑色 棕色

黑色/茶色

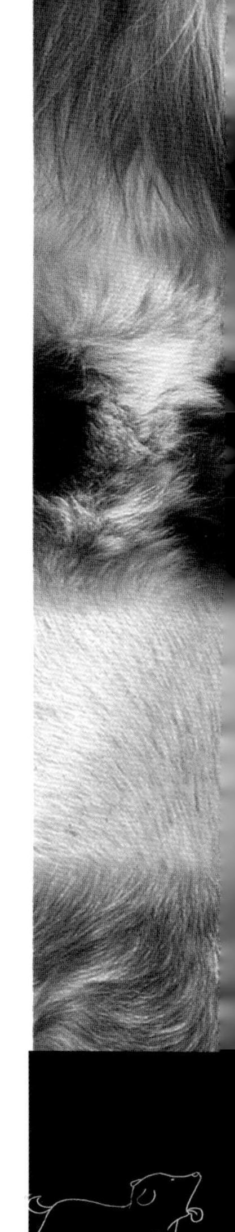

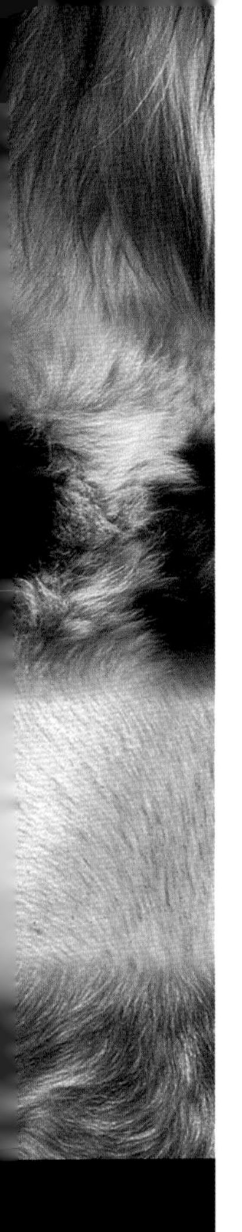

斗牛犬 (Bulldog)

几乎没有任何一种狗会像斗牛犬一样在形态、功能和性格上完全被改变。“斗牛犬”(Bulldog)这个名字是从17世纪开始使用的，意指这种狗是“引诱公牛”的斗牛獒犬和坚强的㹴犬的混血。由于斗牛犬强壮而又果敢，它们便成了理想的斗兽场犬。它们完全不考虑自己的伤痛，会无情地咬向公牛。今天我们所见到的这条温柔的小狗完完全全只是为了狗展而培育的，所以也附带了很多健康问题。这的确很可惜，因为斗牛犬是性格很开朗的优秀伴侣犬。

关键要素

起源国： 英国

起源时间： 19世纪

最初用途： 纵犬咬牛

现代用途： 陪伴

寿命： 9～11年

别名： 英国斗牛犬(English Bulldog)

体重范围： 23～25 kg(50～55 lb)

身高范围： 31～36 cm(12～14 in.)

品种历史

自从19世纪30年代，“纵犬咬牛运动”在英国成为了违法活动，这种凶猛顽强的狗就濒临灭绝了。但一名培育者比尔·乔治(Bill George)成功地将斗牛犬变成了现在的样子，并减少了它们攻击性强的本性。

各种各样的颜色

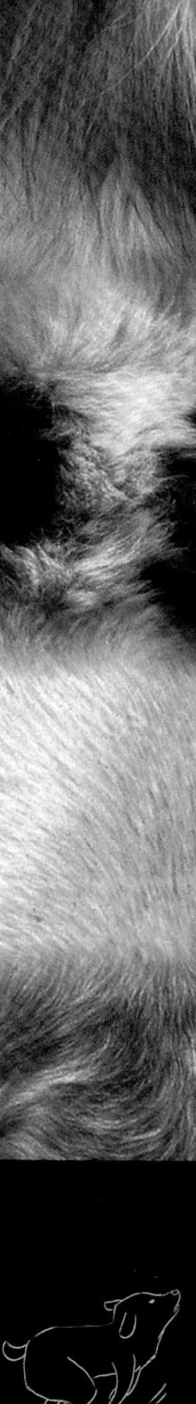

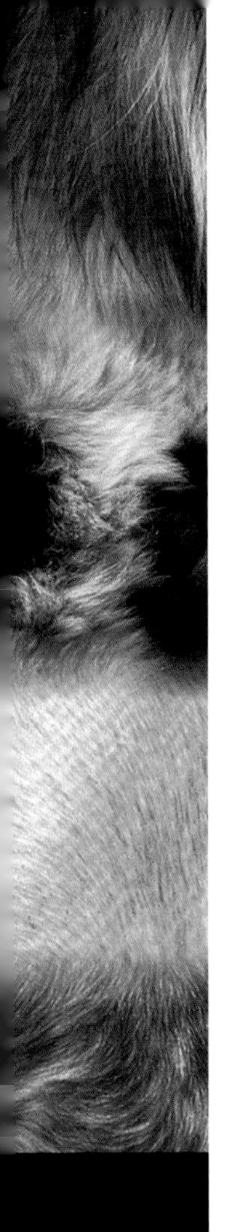

斗牛獒犬

(Bullmastiff)

理论上来说，斗牛獒犬应该是世界上最受欢迎的守卫犬之一。它们的耐力、强壮和速度足以使它们在不抓伤或是杀死入侵者的情况下就制服对手。帅气而又有力的它们早已遍布各大陆，但它们却输给了和自己旗鼓相当的德国狗——罗威纳。原因就在于斗牛獒犬十分固执，甚至拒绝接受服从训练，并且过分保护自己的人类家庭。

关键要素

起源国： 英国

起源时间： 19世纪

最初用途： 守卫

现代用途： 陪伴，守卫

寿命： 10～12年

体重范围： 41～59 kg(90～130 lb)

身高范围： 64～69 cm(25～27 in.)

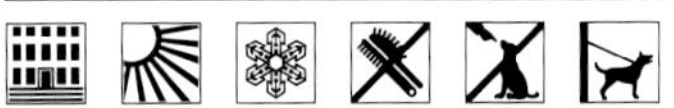

粗壮的脖子和胸部连为一体

笔直有力的前腿十分粗壮

猫一样紧凑的大脚上长着圆圆的脚趾

品种历史

这种令人生畏的狗有着60%的英国獒犬血统和40%的斗牛犬血统。斗牛獒犬主要被用作猎场看护人的助手，它们能够追击并制服庄园里的偷猎者。

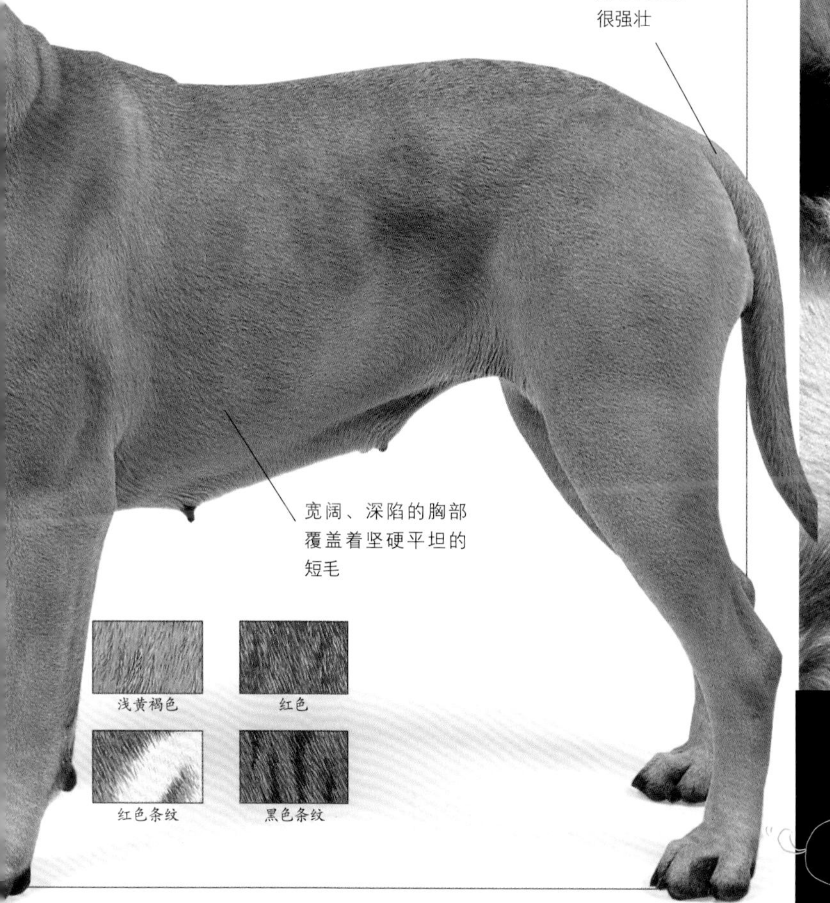

拳师犬 (Boxer)

吵闹而又自信的拳师犬堪称是100年前德国犬类血统繁殖计划的杰作。尽管如今每个国家的拳师犬体形都不太一样，它们的性格却是一致的：活跃、积极、强壮并且爱玩。拳师犬从许多方面来说都是理想的家庭犬，但由于一生都是小狗一样的行为，反应过快而体形又相对庞大，这种狗也惹出了不少无法预计的大混乱。这种狗有强有力的肌肉、令人畏惧的外表，是出色的住宅守卫者。同时它们在孩子的身边会温顺得像只小羊羔。

光滑闪亮的短毛覆盖着令人惊叹的胸部（一直向下延伸到肘部）

紧凑的大脚上有强壮的脚趾

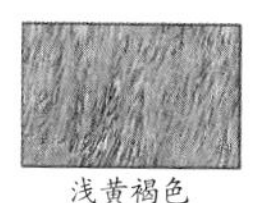
浅黄褐色

黑色条纹

关键要素

起源国： 德国

起源时间： 19世纪50年代

最初用途： 守卫，纵犬咬牛

现代用途： 陪伴

寿命： 12年

体重范围： 25～32 kg(55～70 lb)

身高范围： 53～63 cm(21～25 in.)

肌肉发达的有力腰部使得它们能够自由地活动并且以优雅的步态阔步行走

长长的大腿宽阔、弯曲、十分有力

品种历史

拳师犬的主要祖先——老式马士提夫犬(Bullenbeisser)在德国和荷兰主要被用来猎捕野猪和鹿。如今的拳师犬是由丹斯格和布拉班特马士提夫犬(Danziger and Brabanter Bullenbeisser)与巴伐利亚以及外国品种杂交而来。

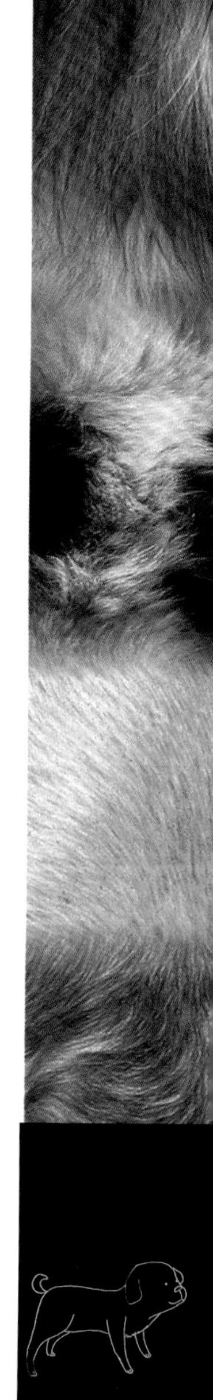

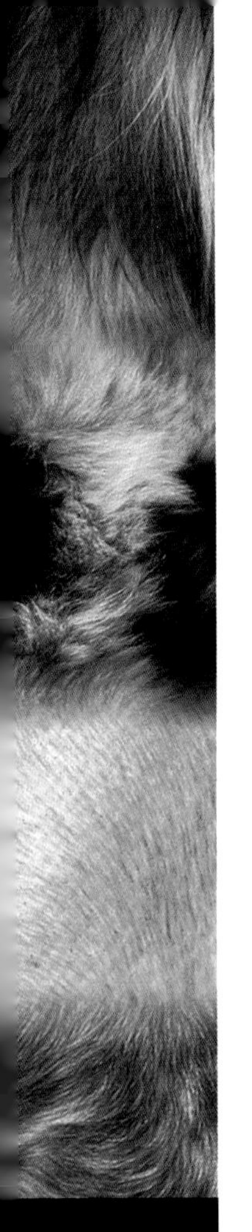

大丹犬 (Great Dane)

庄严而又热情的大丹犬是德国的国犬。它们的起源几乎可以追溯到黑海地区塞西亚部族(Scythian)的阿兰人(Alans)带去欧洲的狗。这些打斗用的獒犬可能与灵猩杂交，从而产生了我们今天所见到的优雅、特别而又温顺的大丹犬。这些体形硕大的狗也会有不少身体问题，其中就包括了相对高发的髋部和肘部关节炎及骨肉瘤。

锥形的长尾巴，尾尖较容易受伤

细密的短毛覆盖着有力的大腿

关键要素

起源国： 德国

起源时间： 中世纪/19世纪

最初用途： 军犬，猎捕大型哺乳动物

现代用途： 陪伴，守卫

寿命： 10年

别名： 德国獒犬(German Mastiff)

体重范围： 46～54 kg(100～120 lb)

身高范围： 71～76 cm(28～30 in.)

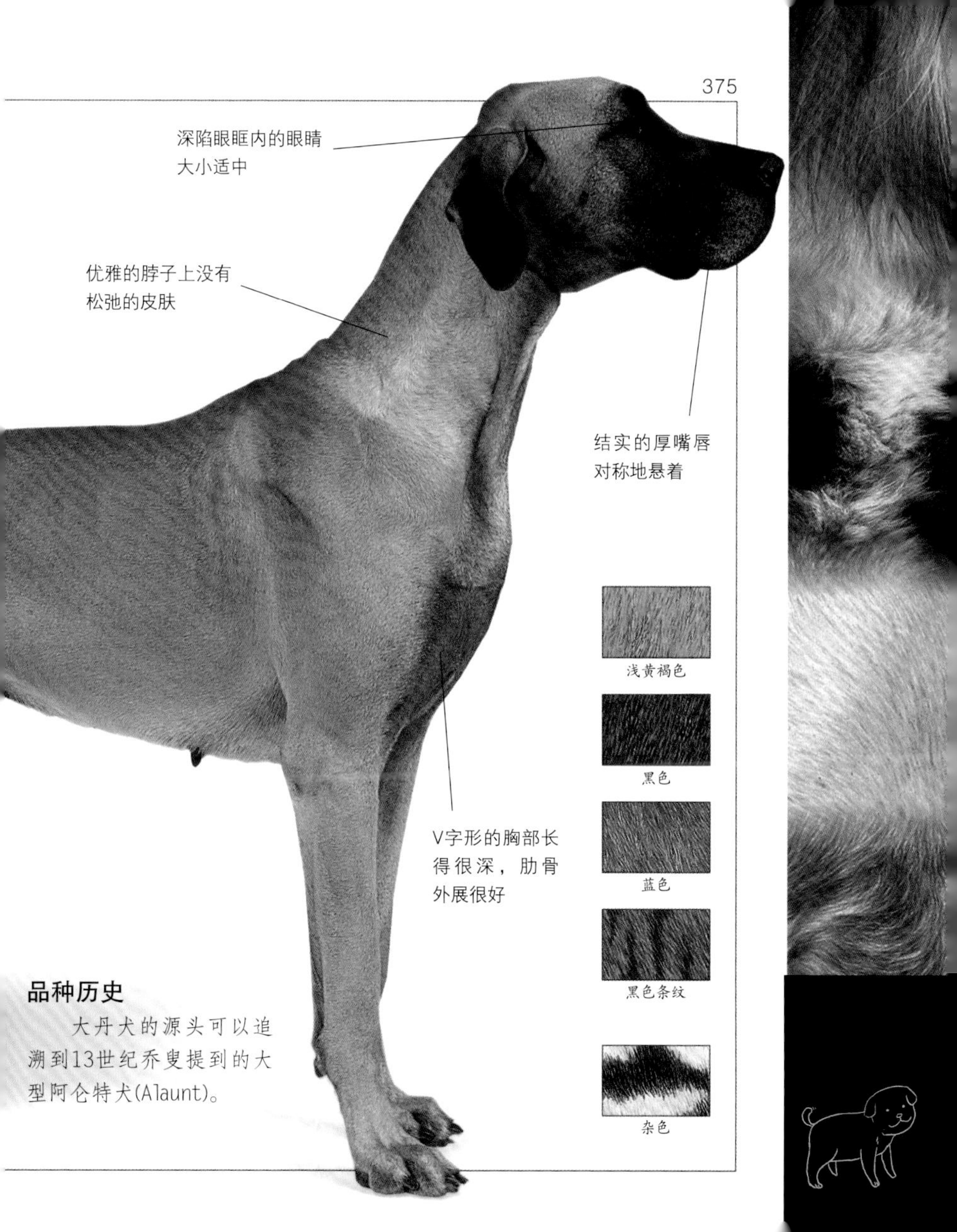

品种历史

大丹犬的源头可以追溯到13世纪乔叟提到的大型阿仑特犬(Alaunt)。

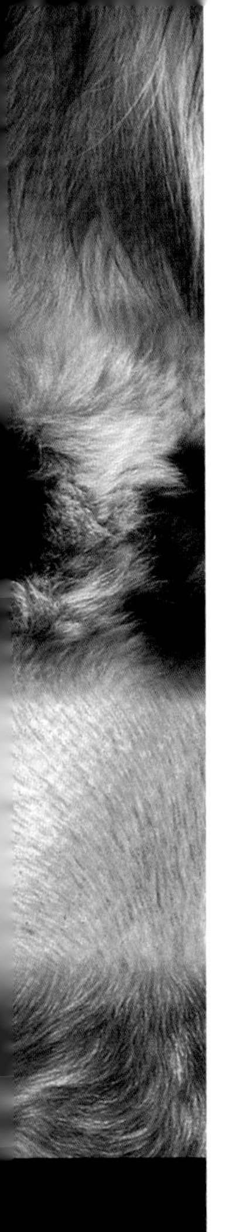

沙皮犬 (Shar Pei)

在狗的王国里，恐怕没有任何一种狗长得像沙皮犬一样了。它们在中国的标准极其形象地描述了它们的形态：蛤蜊状的耳朵，蝴蝶般的鼻子，瓜形的脑袋，祖母般的面孔，水牛一样的脖子，马一样的屁股，还有飞龙一样的腿。第一只从香港来到美国的沙皮犬有着严重的眼疾，迫使医生们只好再动外科手术。尽管接连的培育已经减轻了这个症状，却没能减轻严重高发的皮肤病问题。沙皮犬偶尔才会有攻击性表现。它们适合于对狗不过敏而且愿意经常给它们洗澡的主人。

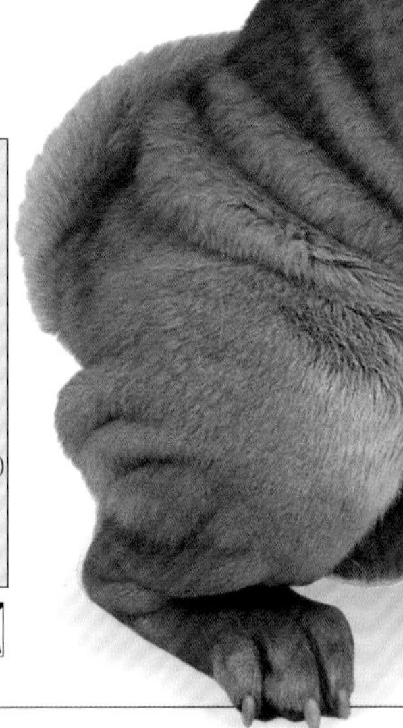

关键要素

起源国： 中国

起源时间： 16世纪

最初用途： 斗狗，放牧，捕猎

现代用途： 陪伴

寿命： 11～12年

别名： 中国斗犬(Chinese Fighting Dog)

体重范围： 16～20 kg(35～45 lb)

身高范围： 46～51 cm(18～20 in.)

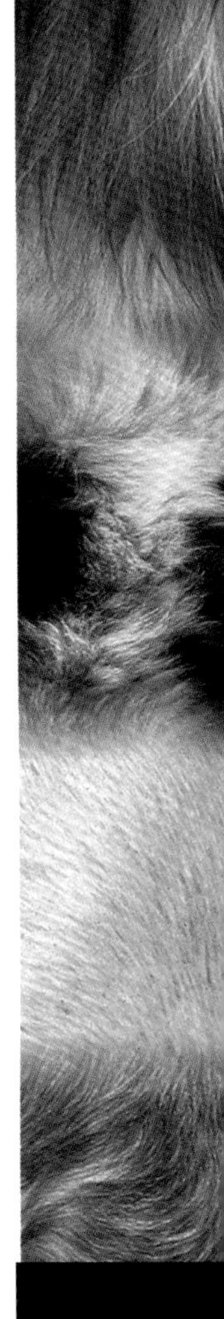

品种历史

沙皮犬看上去像是獒犬和尖嘴犬的后代，它们在中国南方的广东省生活了很长时间。它们是松狮犬的近亲。由于当时中国内地的禁狗令，这种狗几乎要灭绝了。最后是一名香港的培育者——罗锡壕(Matgo Law)挽救了这个品种。

奶油色　浅黄褐色

红色　黑色

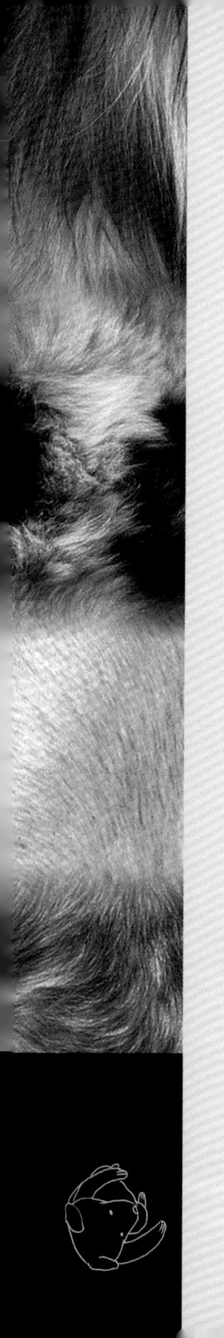

伴侣犬(Companion Dogs)

所有的狗都可以成为伴侣，而且大多数狗都会将和它一起生活的人们当成自己的家人。几乎在所有的文明中，人们都会养宠物，通常都是狗。一些品种的发展并不是为了什么特定的功能，只是为了给人温暖、愉悦、亲切的感觉。这些狗通常都是小狗，起初是为了取悦贵妇人们而创造的。

西施犬

迷你犬的前身

头骨变大变拱，长骨头变短，关节变粗，侏儒症会在原始犬类的身上自然发生。而这些矮小的狗便是如今短腿的腊肠狗和巴塞特犬的前身。虽然有时也会伴随侏儒症的发生，迷你化(所有的骨骼都相应变小)创造出了许多新品种，比如北京犬——被承认的最古老的伴侣犬。北京犬可能还与西施犬，一些诸如拉萨犬、西藏㹴、西藏猎犬之类的小型工作犬，以及所有的放牧犬和警戒犬有关系。今天，这些品种的狗不仅成为人们的朋友，数量增长上也要比其他绝大多数伴侣犬品种快得多。中国古代喜欢饲养一些小型无毛犬，一方面是因为它们珍奇，另一方面也因为它们还是舒服的“热水袋”。

尊贵的象征

在日本，日本狆是一种贵族才能拥有的高级伴侣犬，就像北京犬在中国宫廷中的地位一样。当然还有那位远在英格兰的迷你小猎犬(后来以查理王的名字命名)。这种狗从来不在田地里工作，却是国王与他好友们温情而又坚贞的伴侣犬。在整个欧洲，比雄犬(浅色的小狗)是王公贵族们的伴侣。至于罗成犬、马耳他犬、卷毛比雄犬和博洛尼亚犬的祖先，我们可以在葡萄牙、西班牙、法国、意大利和德国的那些统治阶级的画像中经常看到。棉花面纱犬在马达加斯加陪伴着那些法国统治者的太太们，而哈瓦那犬则渐渐成为那些先在阿根廷、后在古巴十分富有的意大利人的家庭宠物。

吉娃娃犬是活跃的伴侣犬和守卫犬，而大一些的哈巴狗及法国和美国的斗牛犬都是不同工作犬的迷你版。所以，迷你犬、玩赏犬和中等贵宾犬完全都可当作伴侣犬，只要对标准贵宾犬持续训练。大麦町犬原先是猎犬，但在不断为获得显眼的黑斑点皮毛的培育后丧失了嗅觉捕猎能力。今天，它那活跃的个性使其成为机智的、令人愉悦的伴侣。

卷毛比雄犬

吉娃娃犬（长毛变种）

新品种和杂交

在北美和荷兰，小型的贵宾犬被用来与其他品种杂交，创造出那些既受欢迎又很快就会被认可为新品种的伴侣犬。在别处，尤其是澳大利亚，标准贵宾犬和拉布拉多寻回犬杂交的品种被称为拉布拉多贵宾犬。类似的这些杂交品种有着不会褪毛的特点，并且它们通常会被训练为导盲犬。由于有些残障人士会对狗褪下的毛过敏，所以让这些狗作为他们的导盲犬再合适不过了。斯塔福郡牛头㹴拳师犬是一个英俊而又健壮的家伙；而卷毛比雄犬与约克夏㹴则是机灵活泼的伴侣犬。迷你化同样也创造出了新品种，比如迷你沙皮犬。其实有些“新”品种事实上就是从未被养犬俱乐部正式承认的古老品种。随机繁育的狗仍是世界上最受欢迎的伴侣犬和家养犬。

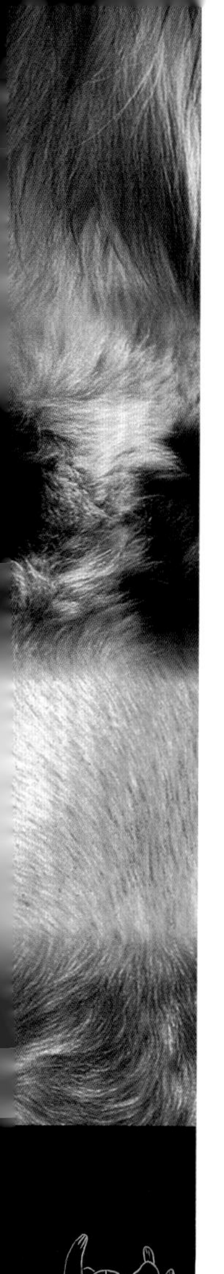

卷毛比雄犬 (Bichon Frise)

诱人、适应性强、快乐、勇敢并且活泼的比雄犬在经历了20世纪70年代的一段沉默以后，又一次找到了大量的追捧者。同样是极品的伴侣犬，这种狗好斗而又坚强。所以在挪威，农夫们近来发现这种狗在训练之后可以被用来圈羊。除了日常梳理十分重要以外，还得注意它们的牙齿和牙龈，因为它们可能会有牙石和牙龈炎的问题。尽管不少白毛的品种都有慢性皮肤病的困扰，不过卷毛比雄犬倒是幸免于难，没有皮肤过敏的麻烦。

尾巴上的毛向背倒长，但并不紧贴

关键要素

起源国： 地中海地区

起源时间： 中世纪

最初用途： 陪伴

现代用途： 陪伴

寿命： 14年

别名： 特内里费狗(Tenerife Dog)

体重范围： 3～6 kg(7～12 lb)

身高范围： 23～30 cm(9～11 in.)

品种历史

这种热情而又活泼的狗的准确起源仍是个未知数。只知道在14世纪，水手们将这种狗带到了特内里费岛，并在公元15世纪得到了皇家的宠幸。

乌黑发亮的鼻子在出
生时是粉红色的
圆圆的黑眼睛
也有黑眼圈
垂下的耳朵比
贵宾犬的耳朵
要小
尽管培育者们喜欢黑趾
甲，但是它们的趾甲通
常是白的

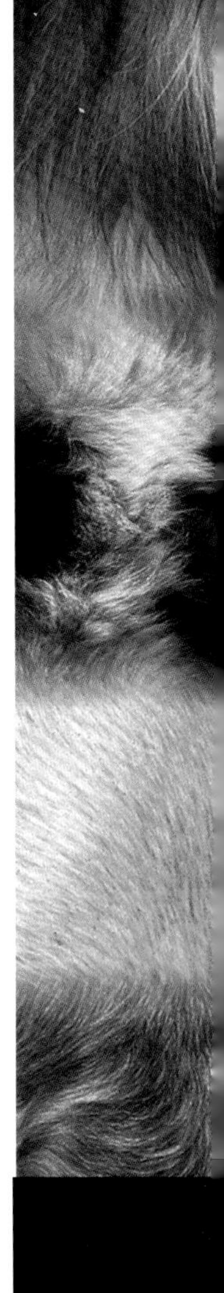

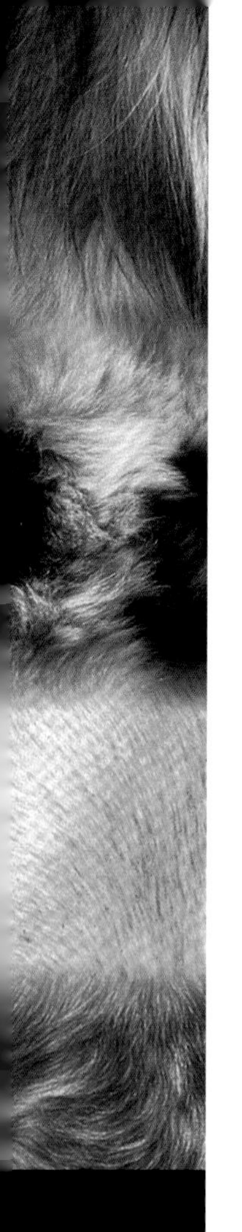

马耳他犬 (Maltese)

这种狗曾被叫做“马耳他㹴”(Maltese Terrier)。它们天性温良，天生好脾气，有时又有些敏感，不会换毛。它们那身华贵的长毛很容易粘作一团，尤其是在它们大约八个月大，小狗的被毛被成犬被毛所替代的时候。所以，每天梳理它们的毛发就成了必不可缺的工作。马耳他犬无一例外都能和孩子友好相处。虽然它们也十分喜欢运动，但是如果没有条件的话，它们也能适应宁静的生活。

丰富的长毛的重量使得它们的尾巴弯向一边

关键要素

起源国： 地中海地区

起源时间： 古代

最初用途： 陪伴

现代用途： 陪伴

寿命： 14～15年

别名： 马耳他比雄犬(Bichon Maltaise)

体重范围： 2～3 kg(4～6 lb)

身高范围： 20～25 cm(8～10 in.)

品种历史

有可能是腓尼基商人在2000多年前将“Melita”(马耳他的旧称)品种带到了马耳他。如今的马耳他犬可能是迷你西班牙猎犬和迷你贵宾犬杂交的成果。

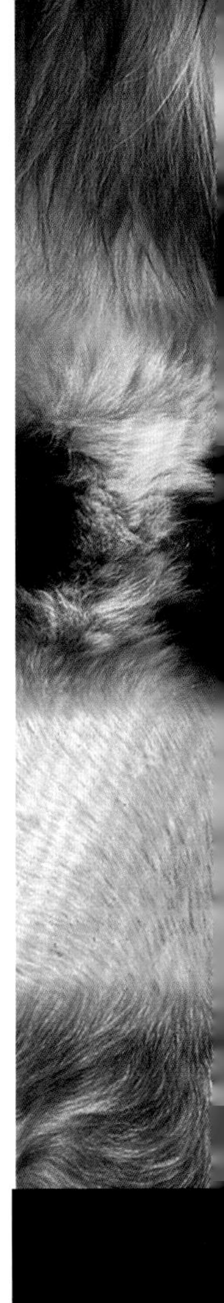

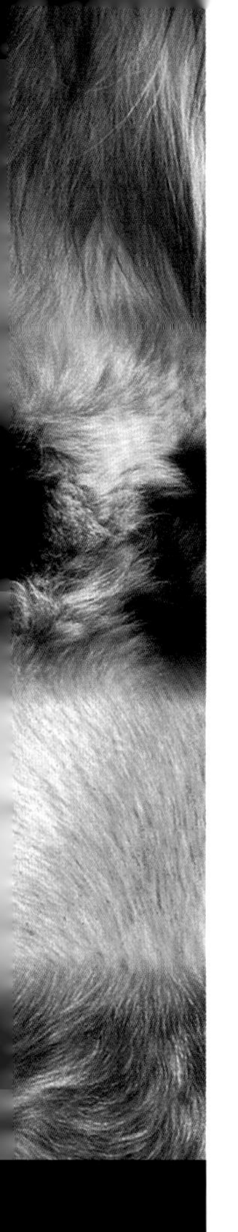

博洛尼亚犬 (Bolognese)

博洛尼亚犬与马耳他犬很相似，并且在一般家庭和意大利文艺复兴时期的贵族家庭中所扮演的角色也相似。然而时至今日，即便在意大利它们也很少见了。与它们的那位热门弟兄——卷毛比雄犬相比，博洛尼亚犬有些内向也有些害羞。它们白色棉絮状的被毛使它们更适合较热的气候。博洛尼亚犬喜欢与人为伴，并且和主人的关系非常亲近。

关键要素

起源国：意大利

起源时间：中世纪

最初用途：陪伴

现代用途：陪伴

寿命：14～15年

别名：博洛尼亚比雄犬(Bichon Bolognese)

体重范围：3～4 kg(5～9 lb)

身高范围：25～31 cm(10～12 in.)

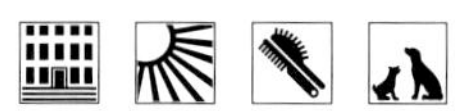

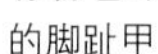

小巧的脚丫子上有粉色或者黑色的脚趾甲

品种历史

尽管博洛尼亚犬以意大利北方城市博洛尼亚的名字命名，它们却可能是意大利南方比雄犬的后裔。从13世纪起，关于这种狗的描述就有了记录。

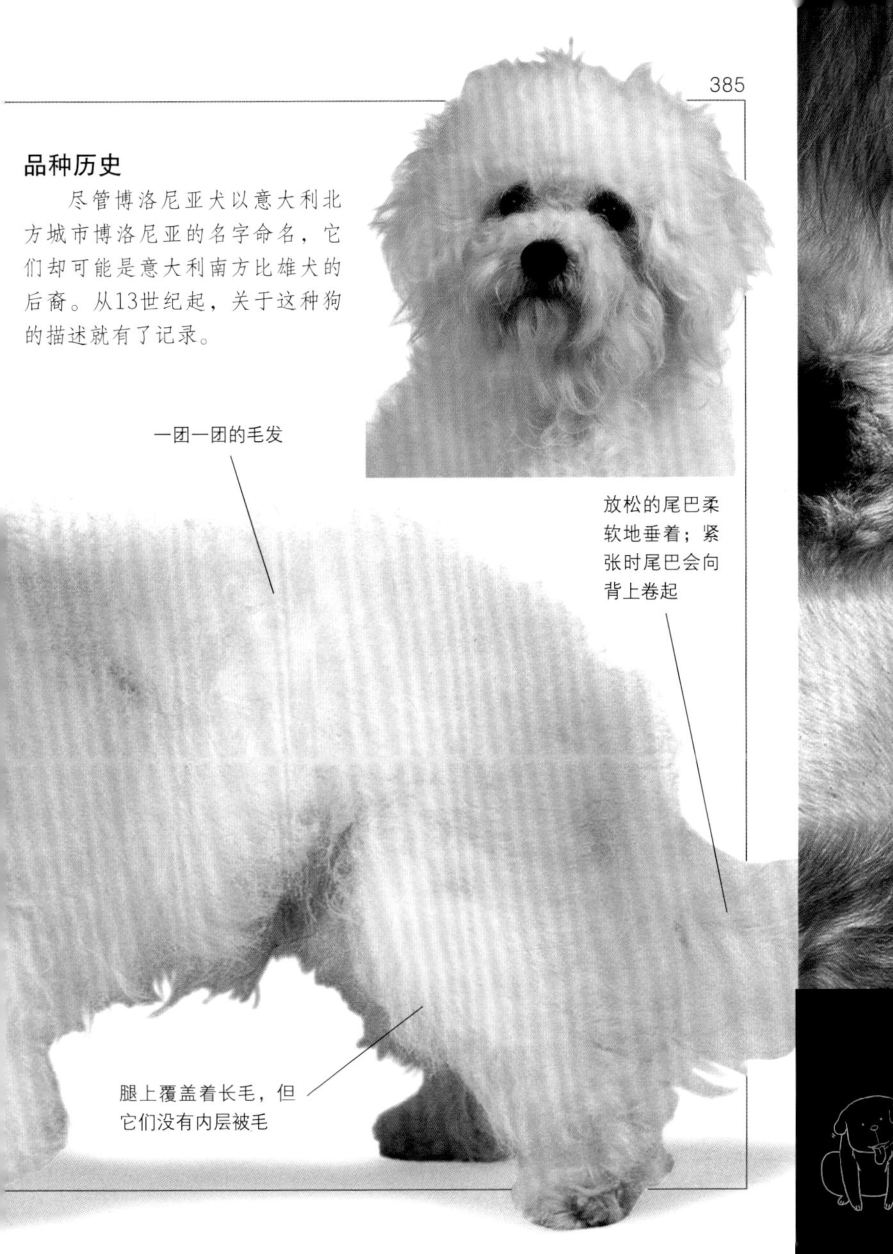

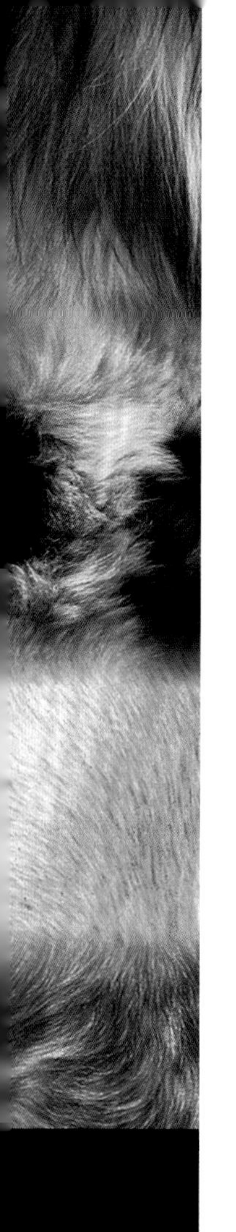

哈瓦那犬 (Havanese)

革命对于狗而言往往是灾难性的。新政权往往会找一些纯种狗作为旧体制的图腾。无论是法国大革命，还是俄国十月革命，抑或是古巴革命之后，那些被推翻的阶级所珍爱的狗便会自动或是被动灭绝。虽然现在在古巴已经很难见到哈瓦那犬了，但是它们在美国却又得到了人们的青睐。有时害羞但总是十分温顺、敏感的哈瓦那犬天生是伴侣犬。它们总是和自己的人类家庭紧密联系在一起，并且十分乐意和孩子在一起。

关键要素

起源国： 地中海地区/古巴

起源时间： 18～19世纪

最初用途： 陪伴

现代用途： 陪伴

寿命： 14～15年

别名： 哈瓦那比雄犬(Bichon Havanais)，哈瓦那丝毛犬(Havana Silk Dog)

体重范围： 3～6 kg(7～13 lb)

身高范围： 20～28 cm(8～11 in.)

大大的黑眼睛被毛发给遮住了

笔直的腿；精瘦的脚趾

很尖的耳朵，被浓密的毛发压得有点折

品种历史

哈瓦那犬可能是博洛尼亚犬和贵宾犬杂交的后代，也可能是西班牙人的马耳他犬的后裔。

奶油色

银灰色

金色

蓝色

黑色

茂盛的毛从波浪状变成卷曲状

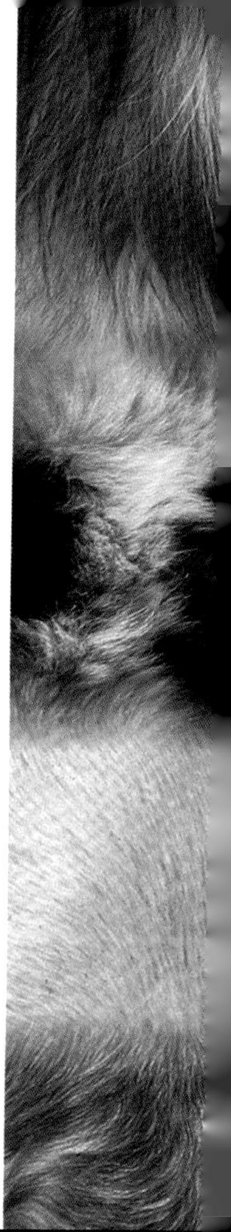

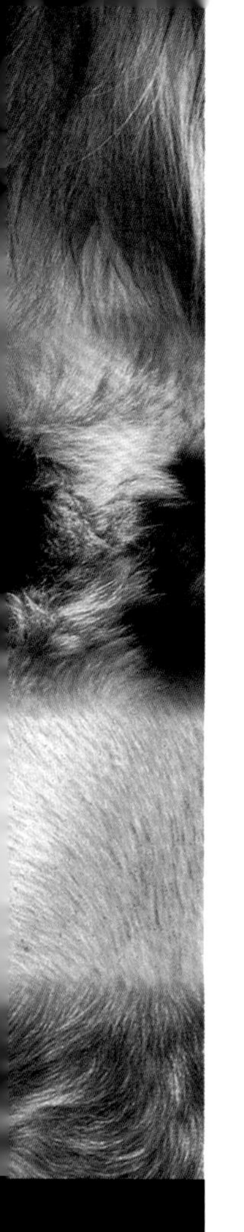

棉花面纱犬 (Coton de Tulear)

几个世纪以来，棉花面纱犬一直是马达加斯加南部图莱亚尔(Tulear)的富人们的最爱，并且继续在那里繁衍。曾有另一个与它们同源的犬种，在马达加斯加岛东海岸的法属留尼汪岛(Reuion)一度非常流行，但现在已经绝迹了。棉花面纱犬是一种典型的比雄犬(小型、浅色毛的伴侣犬)，有着一身蓬松的长毛，需要每天精心梳理。和欧洲比雄犬不同的是，它们会有一块块黄色或者黑色的毛发。这种温顺、热情而又警觉的狗在美国正日趋流行。

关键要素

起源国： 马达加斯加/法国

起源时间： 17世纪

最初用途： 陪伴

现代用途： 陪伴

寿命： 12～14年

体重范围： 5.5～7 kg(12～15 lb)

身高范围： 25～30 cm(10～12 in.)

品种历史

作为法国比雄犬和意大利博洛尼亚犬的亲戚，它们可能是跟随法国军队或是随后的统治者来到马达加斯加的。后来，它们差不多快要无人知晓了。直到最近20年，它们才又被重新引入到欧洲和美国。

白色

黑色/白色

长长的顶层被毛；没有内层被毛

毛茸茸的毛发完全覆盖了肌肉不多的腿

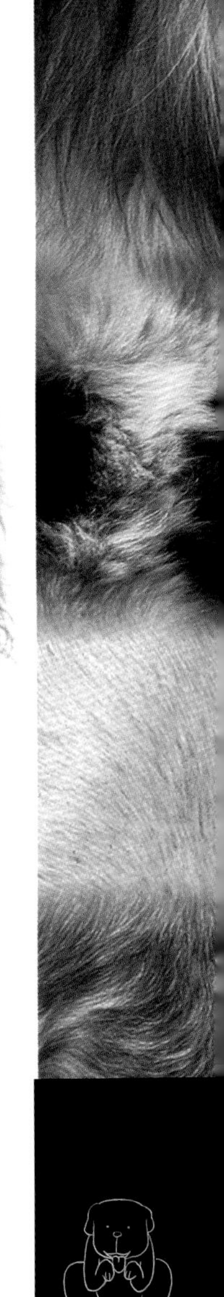

罗成犬 (Lowchen)

这种充满活力的法国小狗是正宗的欧洲品种，它们的祖先来自南欧国家。包括戈雅(Goya)在内的许多画家都曾把这种生动的小狗留在画布上。修剪成狮形的被毛让它们看上去脆弱而不威严，尽管这其实无关紧要。其实罗成犬不仅健壮，还是一条自负的悍犬。尤其是雄性，为了当老大，它们十分喜欢向其他更大的家养犬挑战。至于剪毛的问题，罗成犬只是在参展的时候才需要修建被毛。

关键要素

起源国： 法国

起源时间： 17世纪

最初用途： 陪伴

现代用途： 陪伴

寿命： 12～14年

别名： 小狮子狗(Little Lion Dog)

体重范围： 4～8kg(9～18lb)

身高范围： 25～33cm(10～13in.)

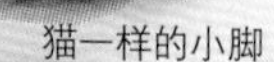

猫一样的小脚

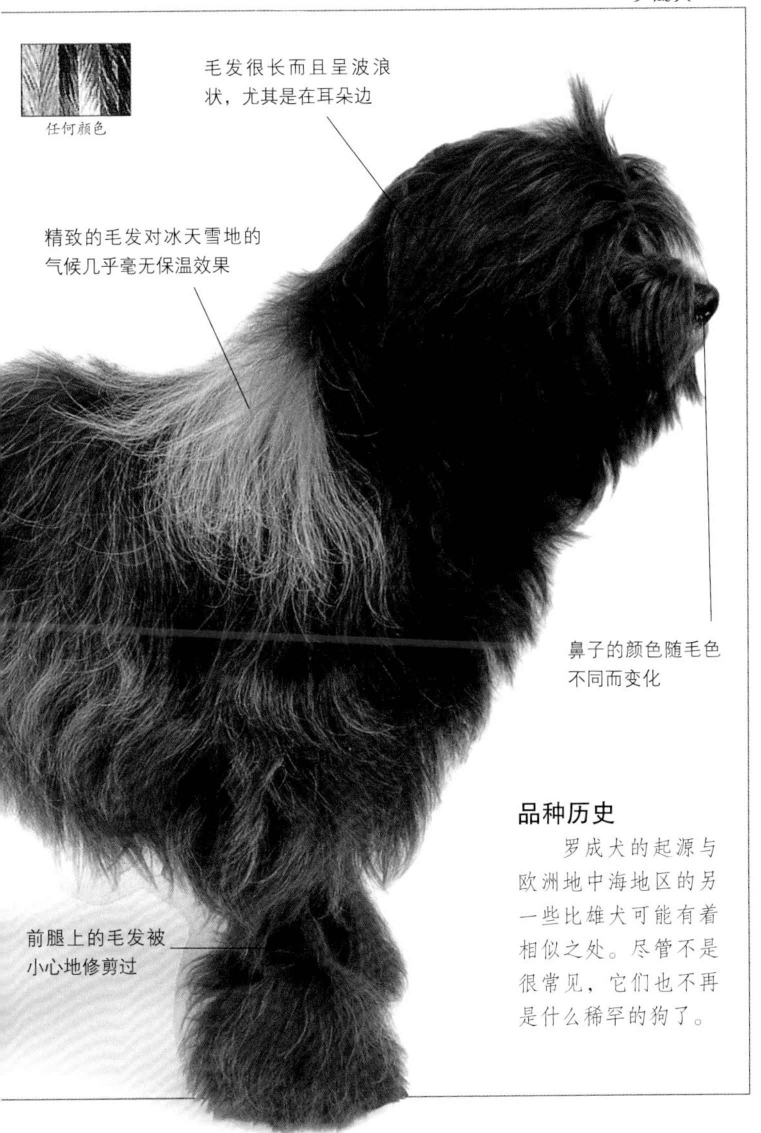

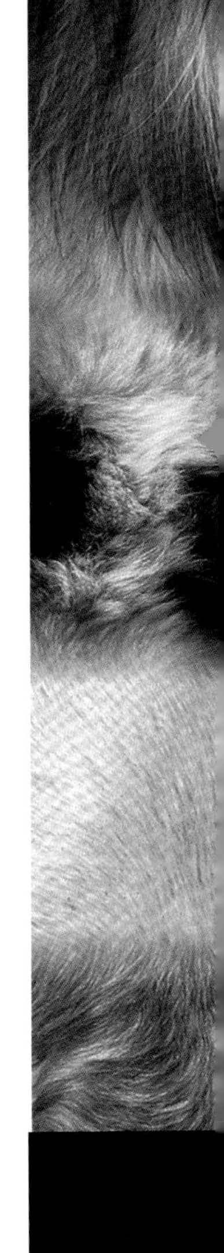

品种历史

罗成犬的起源与欧洲地中海地区的另一些比雄犬可能有着相似之处。尽管不是很常见，它们也不再是什么稀罕的狗了。

拉萨犬 (Lhasa Apso)

藏民们培育这种狗时更注重它们的性格，而不是外观。拉萨犬主要被用作室内守卫：它们会向一切不寻常的事物和声音猛烈吠叫。所以它们藏语名字意思就是：会叫的长毛狗。这样的狗在达赖喇嘛的宫殿里尤其受到欢迎。在它们被传到西方之初，还引起过混淆，居然把它们与西藏㹴和西施犬分为一组。到了1934年，这些狗才被分别认定为独立品种。

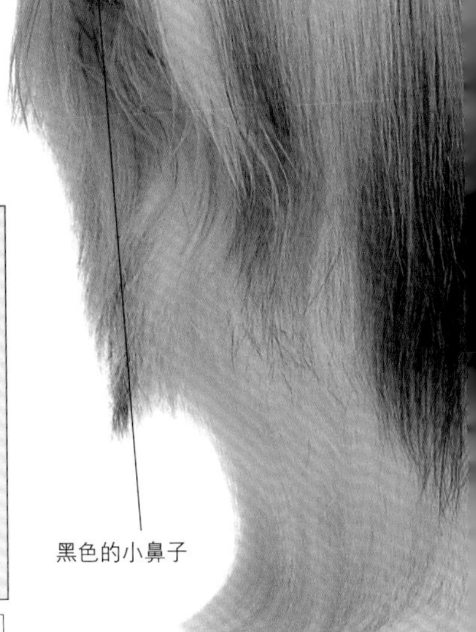
黑色的小鼻子

关键要素

起源地区： 中国西藏

起源时间： 古代

最初用途： 僧侣的伴侣犬

现代用途： 陪伴

寿命： 13～14年

别名： Apso Seng Kyi

体重范围： 6～7 kg(13～15 lb)

身高范围： 25～28 cm(10～11 in.)

品种历史

在很长一段时间里，这种狗只生活在西藏。直到1921年，第一只拉萨犬才来到了西方。

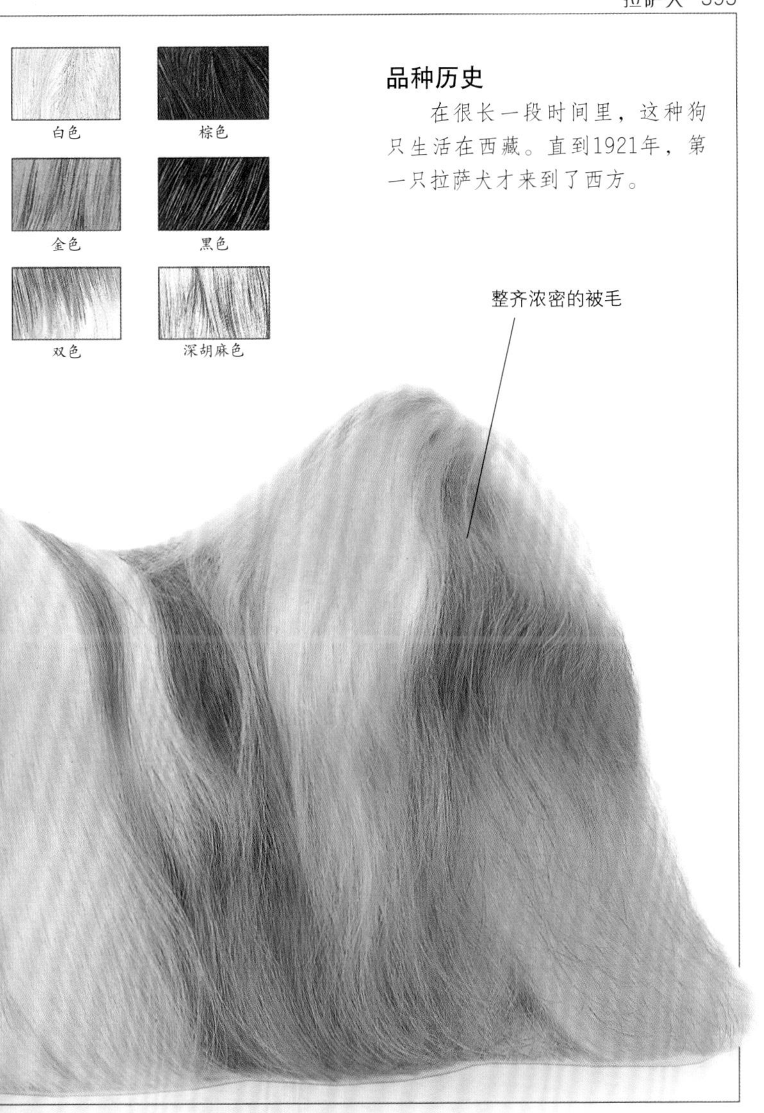

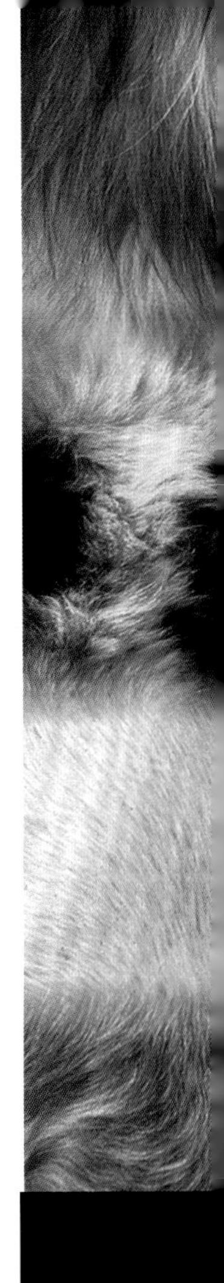

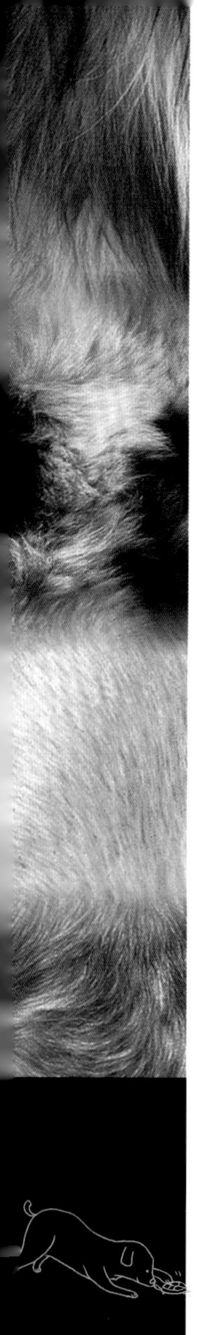

西施犬 (Shih Tzu)

尽管西施犬看上去和拉萨犬长得很像，它们各自的祖先和性格却都完全不同。在过去的北京养犬俱乐部中，关于西施犬的标准是这样描述的，它们必须有：狮子的脑袋，熊一般的身体，骆驼一样的脚，拂尘般的尾巴，棕榈叶似的耳朵，米饭一样的牙齿，花瓣珍珠般的舌头，还要像金鱼一般移动。西施犬要比那位看上去很像的西藏朋友更亲切也更爱玩。也许正是如此，使西施犬在世界上受到了更多的青睐。由于它们鼻梁上的毛经常会向上长，所以也就经常将这些毛系在头顶上。

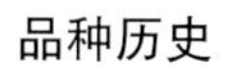

品种历史

尽管西施犬是中国的宫廷培育出来的，毋庸置疑的是，它们是由西藏的狗和如今的北京犬祖先杂交而来的。

关键要素

起源国： 中国

起源时间： 17世纪

最初用途： 宫廷犬

现代用途： 陪伴

寿命： 13～14年

别名： 菊花狗(Chrysanthemum Dog)

体重范围： 5～7 kg(10～16 lb)

身高范围： 25～27 cm(10～11 in.)

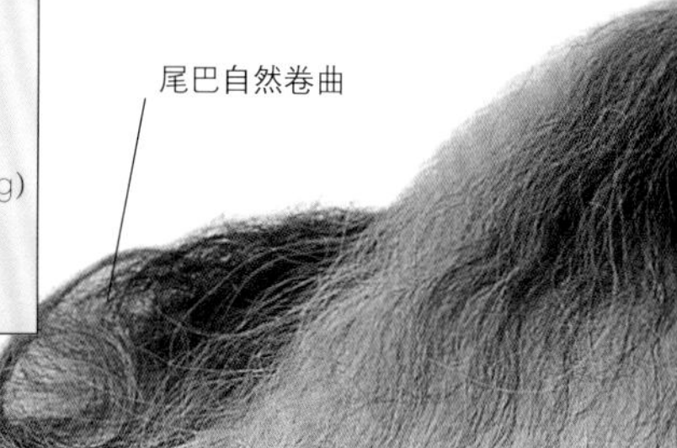

尾巴自然卷曲

任何颜色
鼻子上的毛会
向上长
特别的小胡
子围绕着黑
色的鼻子
长长的被毛
十分浓密

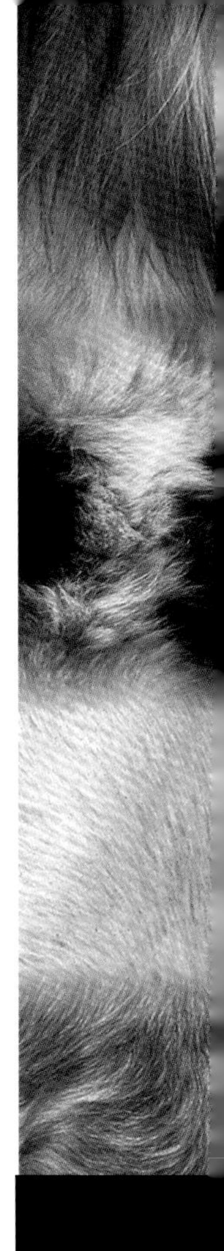

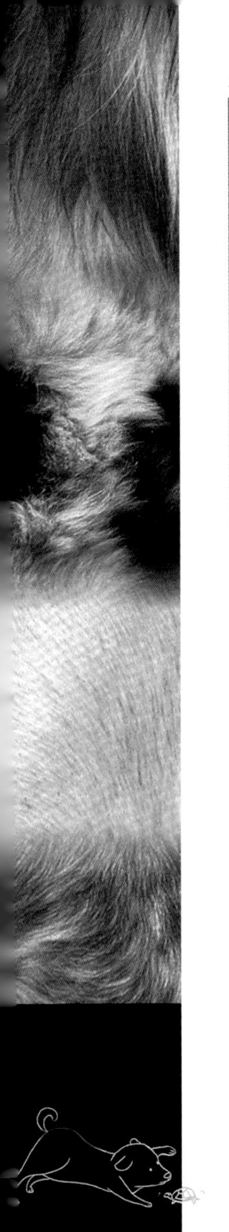

北京犬 (Pekingese)

根据慈禧太后制定的标准，北京犬应该有着短而弯曲的腿，使它们不能跑远；脖子上有一圈流苏般的皮毛给予它们尊贵的光环；挑剔的味蕾令它们只享用精美饮食。遗憾的是，她省去了很多关键的部分，包括像骡子一样顽固，屈尊俯就的高傲，还有蜗牛一般的速度。不过，北京犬是一种有趣、安静而又独立的狗。甚至传说它们是狮子和猴子结婚生出来的，因为它们既有前者的尊贵，又有后者的优雅。

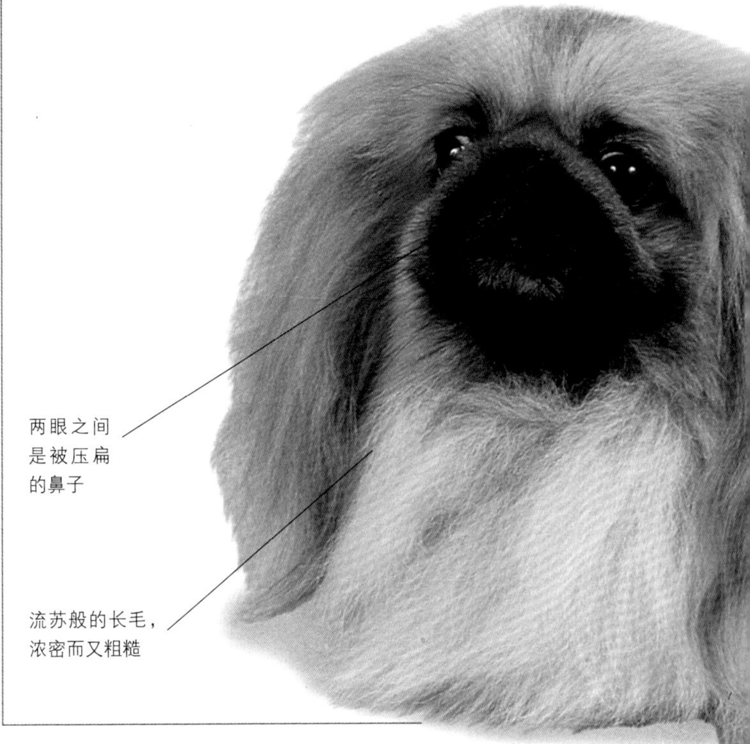

品种历史

在一个时期，北京犬曾是中国宫廷的御用宠物，并与“老佛爷”有着紧密的联系。1860年，四只北京犬首次来到了西方。

关键要素

起源国： 中国

起源时间： 古代

最初用途： 陪伴

现代用途： 陪伴

寿命： 12～13年

别名： 北京叭喇狗(Peking Palasthund)

体重范围： 3～6 kg(7～12 lb)

身高范围： 15～23 cm(6～9 in.)

任何颜色

丰富的双层被毛
遮住了罗圈腿

日本狆 (Japanese Chin)

英国的培育者们也许曾将这种狗和英国的玩具型小猎犬杂交，所以今天的狆与查理王小猎犬相似。和其他平脸的狗一样，它们都有着心脏和呼吸系统问题，但活泼的小狆独立而又健壮。在日本，这些狗的主人往往都是贵妇人，而在欧洲和美国，它们也渐渐成为富人的伴侣。

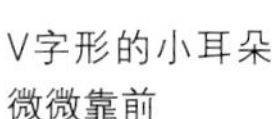

V字形的小耳朵微微靠前

关键要素

起源国：日本

起源时间：中世纪

最初用途：陪伴

现代用途：陪伴

寿命：12年

别名：日本小猎犬(Japanese Spaniel)，狆(Chin)

体重范围：2～5 kg(4～11 lb)

身高范围：23～25 cm(9～10 in.)

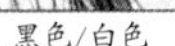

黑色/白色

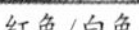

红色/白色

品种历史

这种狗可能是从西藏狮子犬进化而来的。17世纪的时候，它们首次抵达欧洲，葡萄牙的水手们将它们送给了布拉甘萨王室(Braganza)的凯瑟琳公主(Princess Catherine)。在美国海军准将佩里(Commodore Perry)的舰队造访日本之后，维多利亚女王(Queen Victoria)从他那里也得到一对日本狆。

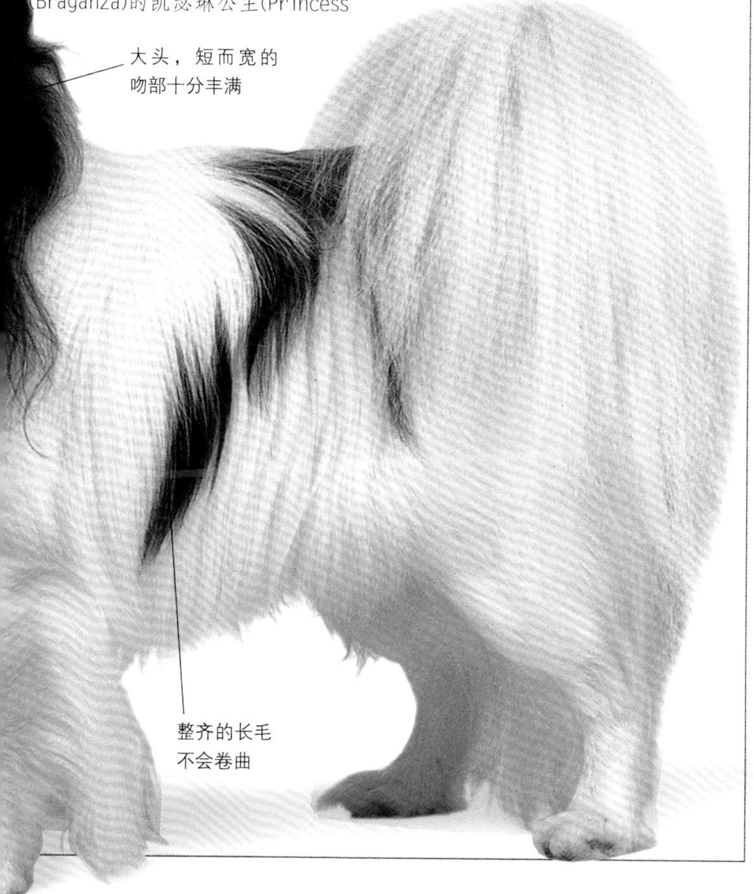

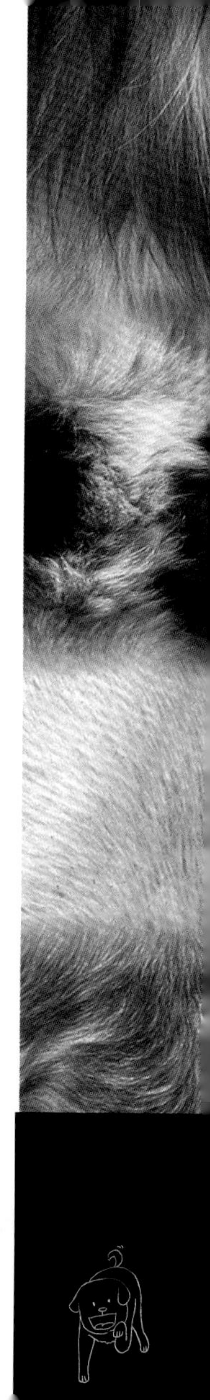

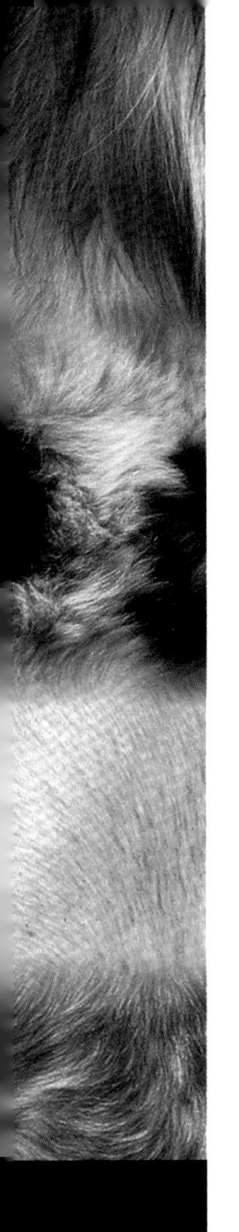

西藏猎犬 (Tibetan Spaniel)

猎犬对它们而言不过是个名字而已，其实它们从未参加过狩猎。传说在中国西藏，西藏猎犬是“祈祷者的狗”，它们被训练用来为僧侣转动转经轮。几个世纪以来，它们一直是寺院的伴侣犬，也许还是守卫犬。西藏猎犬在生理结构上与北京犬相似，只是腿稍长一些，脸也稍长一些，而且患背部和呼吸疾病的概率更低一些。独立而且自信的西藏猎犬是一个令人愉快的伴侣。

关键要素

起源地区： 中国西藏

起源时间： 古代

最初用途： 寺庙伴侣犬

现代用途： 陪伴

寿命： 13～14年

体重范围： 4～7kg(9～15lb)

身高范围： 24.5～25.5cm(10in.)

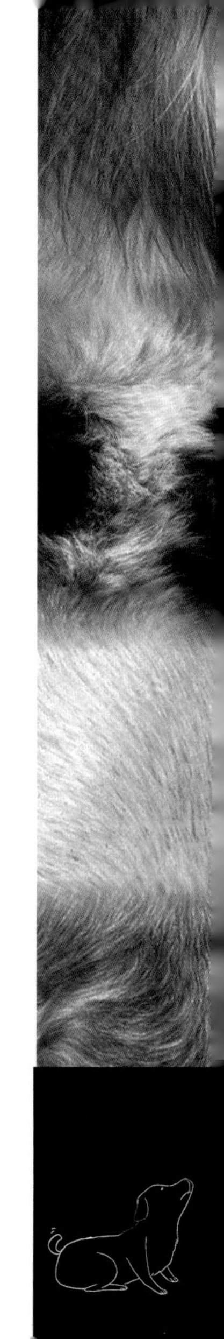

品种历史

早在8世纪，在今天的韩国就已经有类似的狗出现。至于它们是从中国西藏还是从中国其他地方过去的，仍是一个未解之谜。西藏猎犬很可能是日本狆的缔造者。

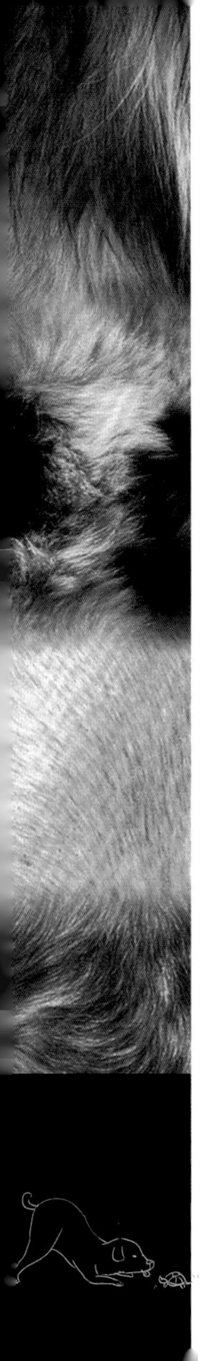

西藏㹴 (Tibetan Terrier)

西藏㹴并不是真正的㹴犬，它们从来不会钻到地下去。历史上，它们都是作为伴侣犬被中国西藏的僧侣们所豢养，它们还是“直言不讳”的守卫犬。最初它们是由一名英国医生葛瑞格(Dr. Greig)带到西方的，然而这种警觉并且好奇的狗并没有像它们的近亲——拉萨犬那样引起人们的兴趣。无论如何，它们都是可爱的伙伴，几乎不需要什么锻炼，而且比较容易进行服从训练。由于西藏㹴仍保留着守卫犬的特性，因此它们对陌生人尤为警惕，并会用嘹亮的“嗓音”警告对方。

关键要素

起源地区： 中国西藏

起源时间： 中世纪

最初用途： 守卫

现代用途： 陪伴

寿命： 13～14年

别名： Dhoki Apso

体重范围： 8～14 kg(18～30 lb)

身高范围： 36～41 cm(14～16 in.)

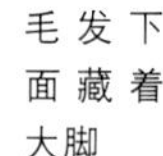

毛发下面藏着大脚

品种历史

西藏㹴在历史上曾是贵重的贡品。传说僧侣们曾将这些狗赠送给游牧民族以求好运。它们在20世纪30年代传入英国。

各种各样的颜色

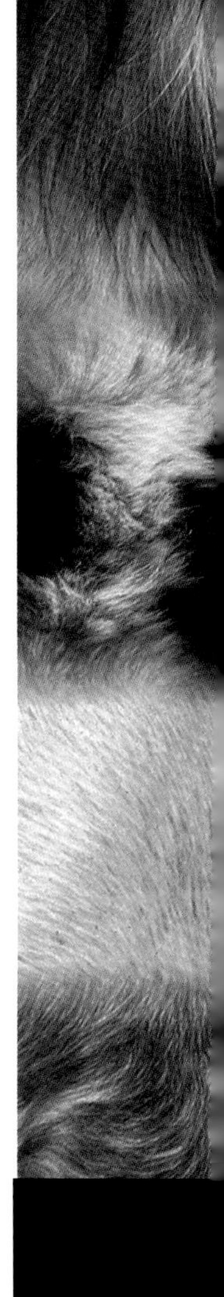

中国冠毛犬 (Chinese Crested)

中国冠毛犬和无毛的非洲犬结构上的相似性暗示了这些品种可能是彼此的远亲。遗传学上来讲，无毛狗并不容易成功培育，它们通常会长出畸形的牙齿或者脚趾甲。无论如何，当两只无毛犬交配的时候，往往生出的是有毛的小狗，称之为“粉扑”(powderpuffs)。如果将无毛犬和基因更为健康的“粉扑”交配，就能保证这种特别的品种继续延续下去。中国冠毛犬活泼而且热情，是友善的伴侣犬，但是主人也必须要注意保护它们的环境不会过冷，也不会过热。

品种历史

历史上，中国人一直被认为是最为成功的动物驯养者。不过，并没有证据表明中国冠毛犬起源于中国。事实上，一些证据显示无毛狗先出现在非洲，然后被商人带到亚洲和美洲。

各种各样的颜色

关键要素

起源国： 中国/非洲

起源时间： 古代

最初用途： 陪伴/安慰

现代用途： 陪伴

寿命： 12～13年

别名： 无毛犬(Hairless)，粉扑(Powderpuff)

体重范围： 2～5.5 kg(65～12 lb)

身高范围： 23～33 cm(9～13 in.)

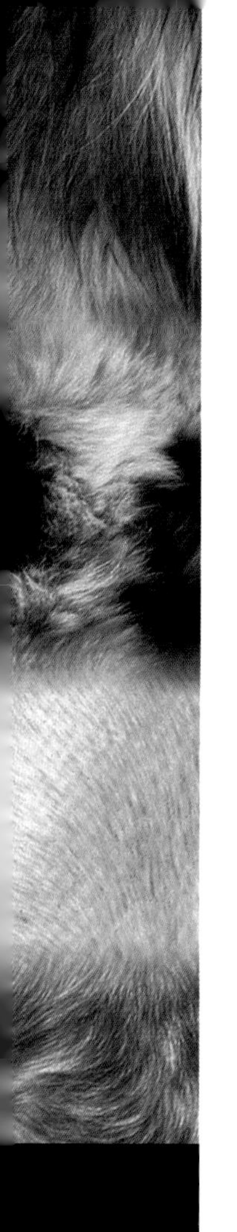

巴哥犬 (Pug)

巴哥犬原本只是你生活的一部分，但它们会让你上瘾。它们好斗并且自私，这种充满活力的狗有些顽固不化，并且自作主张。它们独立而又果敢，知道自己需要什么并会毫不犹豫地霸占它。巴哥犬紧凑而健壮的身体、扁平的脸和坚定的眼神给予了它们强健的风采和性格。尽管它们意志坚强，却很少有攻击性。巴哥犬和人类家庭十分亲热，它们是有趣且值得豢养的家庭伴侣。

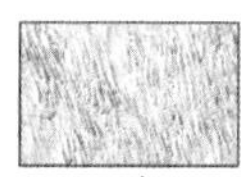

银色

杏黄色，浅黄褐色

黑色

强壮、笔直的腿

品种历史

2400多年前，一些迷你化的獒犬在远东成为巴哥的祖先，陪伴着僧侣们。时至16世纪，通过荷兰东印度公司，这些狗被引入荷兰，成为君主和贵族的伴侣。

关键要素

起源国： 中国
起源时间： 古代
最初用途： 陪伴
现代用途： 陪伴
寿命： 13～15年
别名： 卡林(Carlin)，莫普斯(Mops)
体重范围： 6～8 kg(14～18 lb)
身高范围： 25～38 cm(10～11 in.)

查理王小猎犬

(King Charles Spaniel)

萨缪尔·佩皮斯(Samuel Pepys)和一些英国日记作家说，查理王二世似乎在他的小猎犬身上花的时间远比在国家大事上花的时间多。当然，他的狗要比我们现在看到的品种大一些，鼻子也要长一些，但随着时尚的渐渐改变，这种狗的体形和鼻子都逐渐缩水到了现在的比例。这种改变也许是通过和日本狆的杂交才获得的。这种令人愉快的热情的狗会是极好的城市伴侣犬。

关键要素

起源国： 英国

起源时间： 17世纪

最初用途： 陪伴

现代用途： 陪伴

寿命： 12年

别名： 英国玩具小猎犬(English Toy Spaniel)

体重范围： 4～6 kg(8～14 lb)

身高范围： 25～27 cm(10～11 in.)

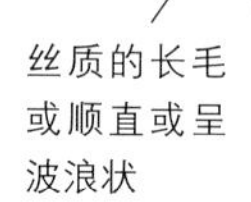

丝质的长毛或顺直或呈波浪状

品种历史

到了17世纪，从最小的小猎犬选择培育出了一种玩具小猎犬。随后，这种小猎犬便以它们最执著的追随者——查理王二世的名字命名。

骑士查理王小猎犬

(Cavalier King Charles Spaniel)

友好、亲切而又精力充沛的骑士查理王小猎犬是近年来十分成功也十分受欢迎的狗。从很多角度来看，它们都是城市中最理想的伴侣犬。在天气糟糕的时候，它们愿意安静地蜷缩在沙发上；而在阳光明媚的日子里，它们也很乐意出去散散步，小跑几英里。不幸的是，随着人们对它们日益青睐，无节制的培育也急速增加，并直接导致了它们普遍出现致命的心脏问题。患病犬的平均寿命从14岁降低到了只有10～11岁。这可能是所有狗患的所有遗传病中最为严重的病症了。因此，当你选择这种狗的时候，千万要记得检查它们前几代的疾病史。

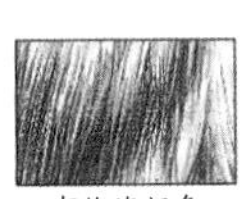
布伦海姆色（红白色）

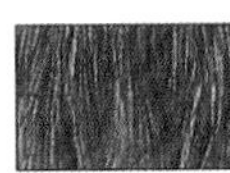
红宝石色

黑色/茶色

三色

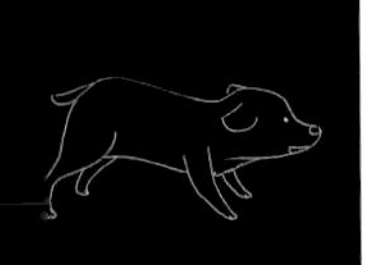

品种历史

20世纪20年代的美国，在克拉福(Cruft)的犬展上，任何展出长鼻子查理王小猎犬(如范·戴克那幅《查理王二世和他的小猎犬》中的一样)的人，都将获得罗斯威尔·埃尔德里奇(Roswell Eldridge)的奖金。到了20世纪40年代，这些狗被认定为特别的品种，并冠以“骑士(Cavalier)”的前缀，以区别于它们的前辈。

关键要素

起源国：英国
起源时间：1925年
最初用途：陪伴
现代用途：陪伴
寿命：10～14年
体重范围：5～8 kg(10～18 lb)
身高范围：31～33 cm(12～13 in.)

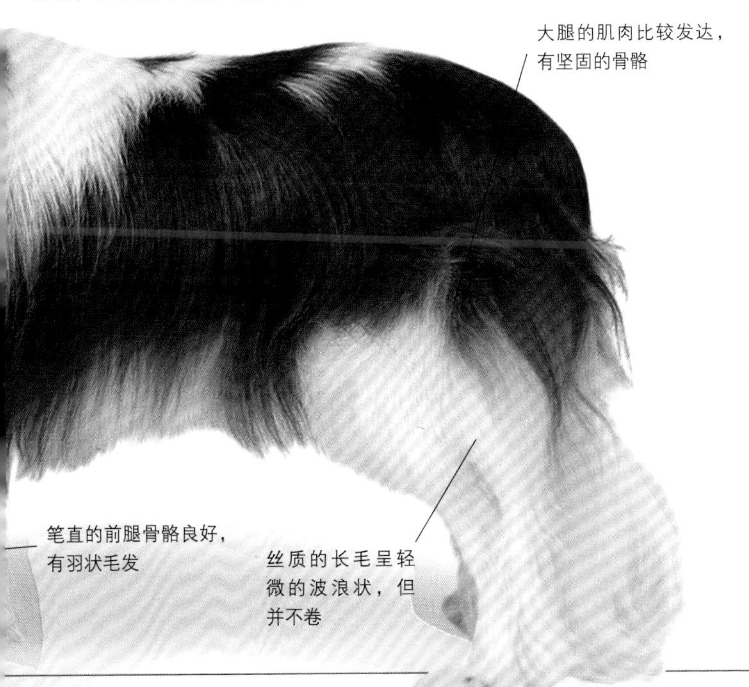

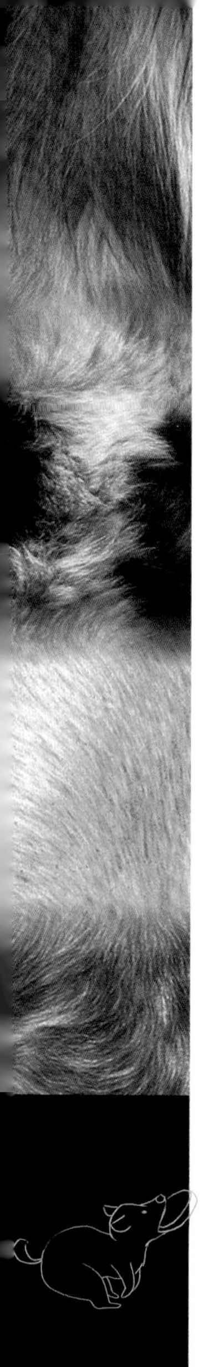

吉娃娃 (Chihuahua)

尽管吉娃娃犬看上去小巧、脆弱，但它们却十分警觉和勇敢。它们因墨西哥的一个州而得名，它们从那里首次去美国。关于吉娃娃犬有着不少故事。故事之一是关于它们的阿兹特克名字：Xoloitzcuintli，可能是一个错名，因为这个名字曾属于一种比它们大出许多的中美洲动物。另一个怪异的故事是说蓝色被毛的吉娃娃是神圣的，而红色被毛的狗是用来作仪式祭品的，这当然是荒谬的。无论如何，毋庸置疑的是吉娃娃犬是膝上小狗中的极品。在微风中轻轻颤抖的吉娃娃最喜欢待在人类的膝盖上了。无论是短毛品种还是保温较好的长毛品种，它们都是幽默、安逸并且忠诚的好伙伴。

长毛的品种有大量流苏般的顶层毛发，脖子上围着完整的内层被毛

小巧的脚丫子上有十分弯曲的脚趾甲

品种历史

吉娃娃犬的起源始终笼罩着神秘的气氛。部分专家认为应该是一些西班牙来的小狗。它们在1519年随赫尔南多·考第斯(Hernando Cortes)的军队来到了美洲。另一个理论则认为，中国的船队比欧洲人更早来到了美洲，并带来了他们的迷你小狗。吉娃娃第一次去美国是在19世纪50年代。

关键要素

起源国： 墨西哥

起源时间： 19世纪

最初用途： 陪伴

现代用途： 陪伴

寿命： 12～14年

体重范围： 1～3 kg(2～6 lb)

身高范围： 15～23 cm(6～9 in.)

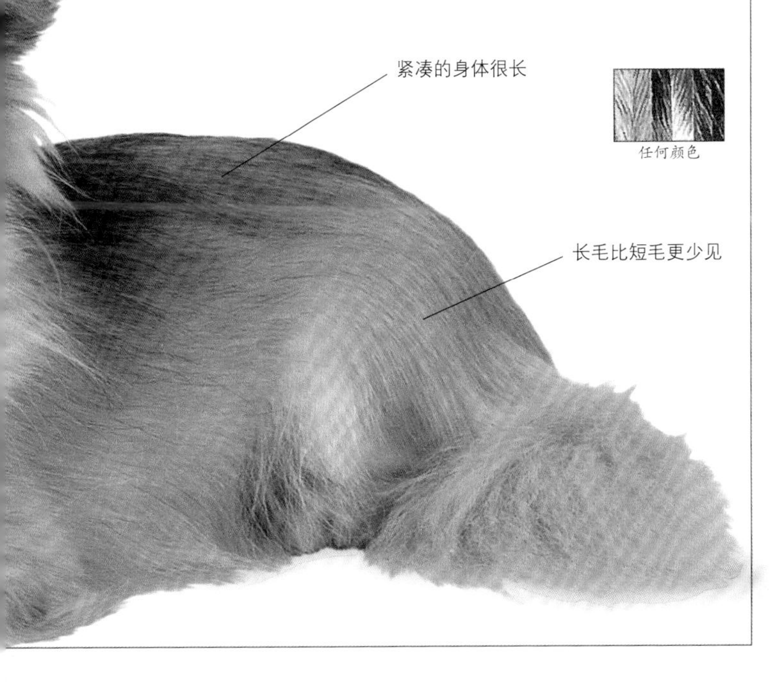

任何颜色

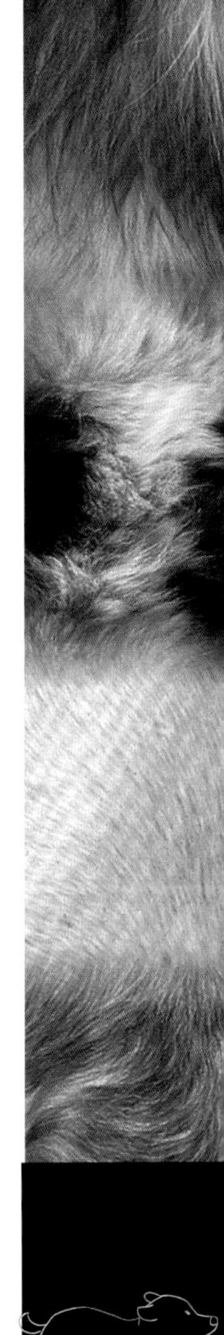

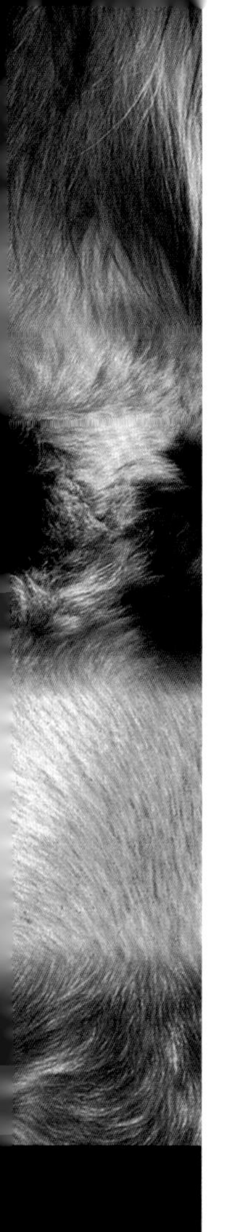

法国斗牛犬 (French Bulldog)

尽管一直传说法国斗牛犬是西班牙布尔戈斯犬(Dogue de Burgos)的后代，不过有确切的证据表明，这种喜欢自作主张的小狗传承自“迷你型”的英国斗牛犬。奇怪的是，法国斗牛犬最初被认定为独立品种的地点既不是英国也不是法国，而是在美国。其实这个品种最初被培育出来仅仅是为了抓老鼠，但这位健壮的朋友到后来居然成为巴黎上班族们的时尚附属品。虽然法国斗牛犬现在的数量已不像当初那么多，不过它们的社会地位倒是提高了——它们入住富人家庭啦。

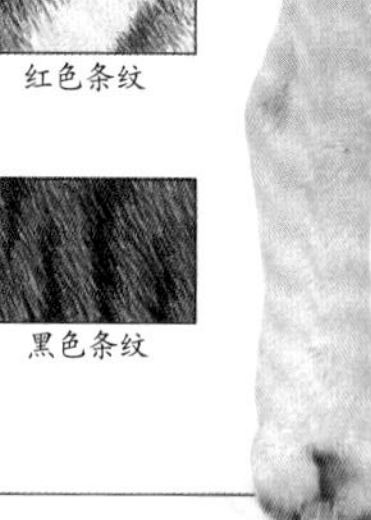

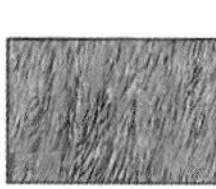
浅黄褐色

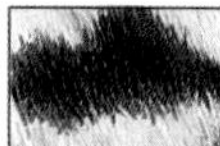
斑驳杂色

红色条纹

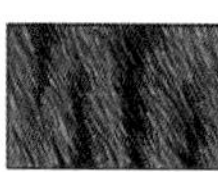
黑色条纹

关键要素

起源国： 法国
起源时间： 19世纪
最初用途： 纵犬咬牛
现代用途： 陪伴
寿命： 11～12年
别名： Bouledogue Français
体重范围： 10～13 kg(22～28 lb)
身高范围： 30.5～31.5 cm(12 in.)

品种历史

在19世纪60年代，法国的犬类培育者们从英国引进了一些很小的斗牛犬，并将它们与法国㹴犬杂交。到了20世纪，法国斗牛犬作为屠夫和马车夫的伴侣犬十分受欢迎。

宽阔、短平的鼻子有着两个笔直的鼻孔

耳朵只是为了时尚才进行修剪

水桶一样的圆柱形胸腔

十分浓密、光滑、柔软的短毛

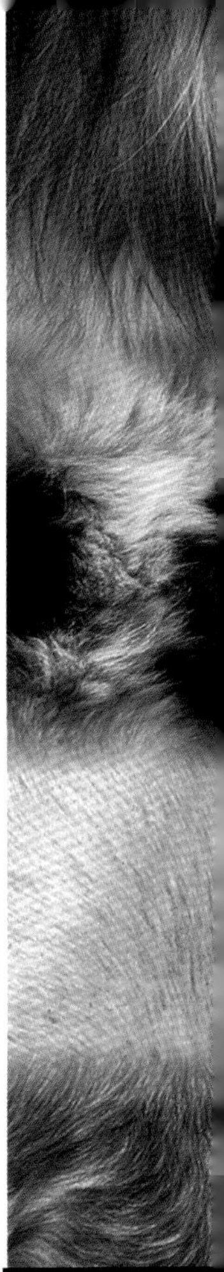

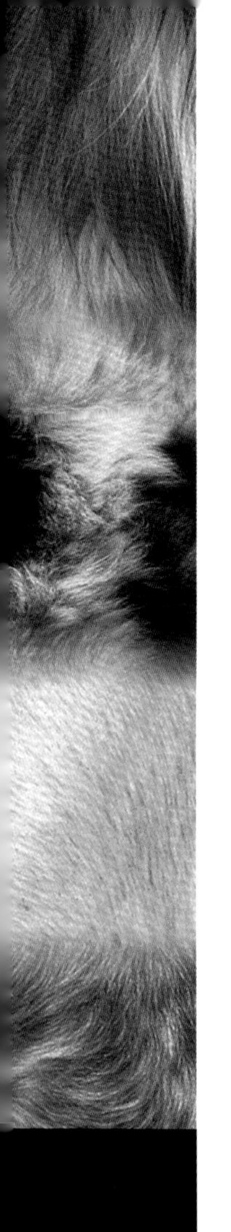

贵宾犬 (Poodles)

50年前，贵宾犬是世界上最热门的狗，是世界各地大城市里的时尚附属品。尽管人们热情高涨，但是随之而来的无节制繁殖带来的只是数量而不是质量。身体和行为上的问题渐渐在这种警觉而又极富训练性的狗身上出现，这使得它们从万众瞩目的皇冠上跌落下来。如今，经过知识丰富的培育者们的努力，小巧的贵宾犬再一次成为可靠的伴侣犬。迷你型的犬有时会像小狗一样对人类有更高的依赖性，但是对贵宾犬而言，健康的个体仍保持着强烈的独立个性。最佳的贵宾犬极为敏感、易训练并且极为体贴。

关键要素

起源国：法国

起源时间：16世纪

最初用途：陪伴

现代用途：陪伴

寿命：14～17年

别名：猎鸭犬(Caniche)

体重范围：玩具型:6.5～7.5 kg(14～16.5 lb)，迷你型:12～14 kg(26～30 lb)，中型:14～19 kg(30～42 lb)

身高范围：玩具型:25～28 cm(10～11 in.)，迷你型:28～38 cm(11～15 in.)，中型:34～38 cm(13～15 in.)

品种历史

大约在500多年前，懂得畜群守卫和水中寻回的标准贵宾犬从德国来到了法国。就在那时候，它们被缩小到了今天玩具贵宾犬的体形。

各种单色

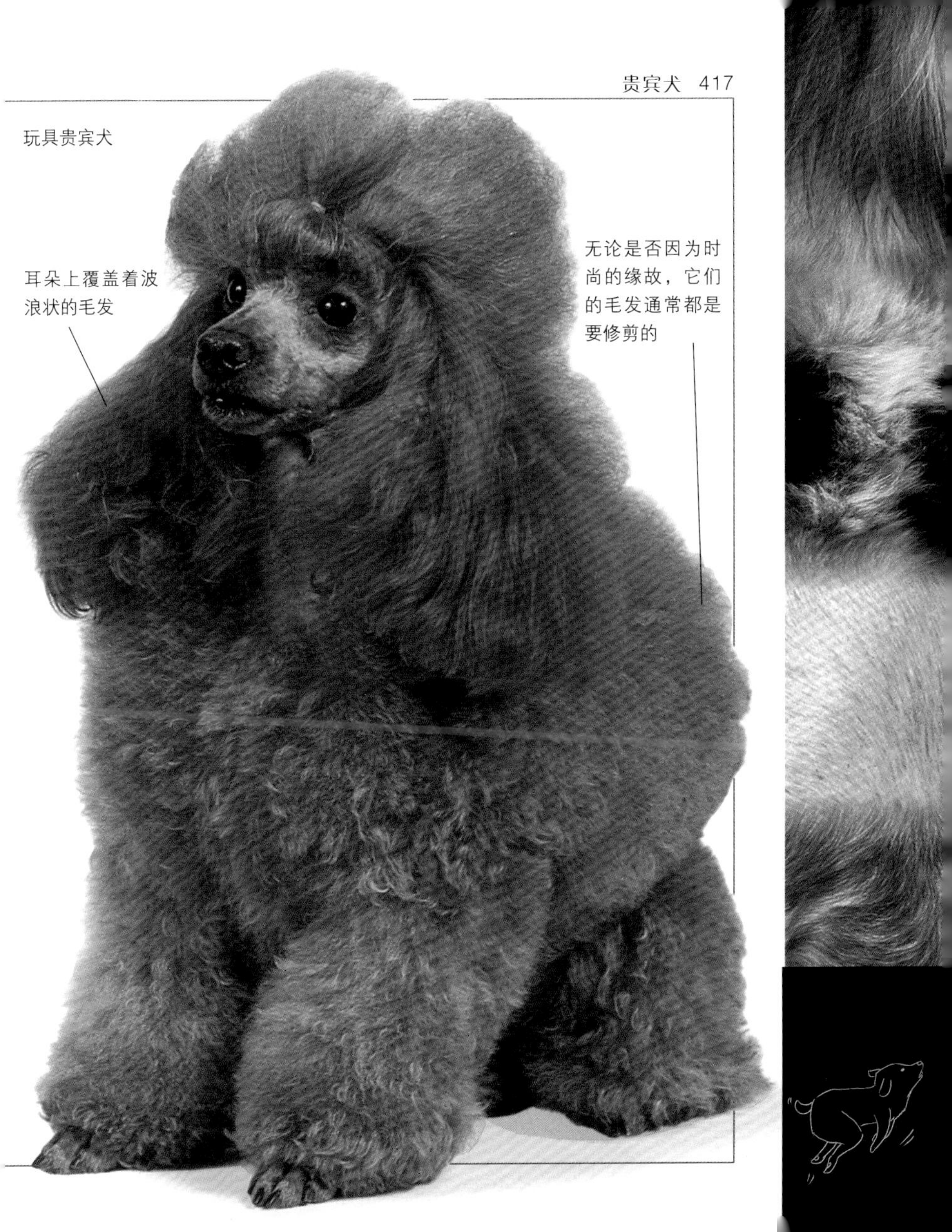
玩具贵宾犬
耳朵上覆盖着波浪状的毛发
无论是否因为时尚的缘故，它们的毛发通常都是要修剪的

品种历史

标准贵宾犬的迷你版本——迷你贵宾犬在20世纪五六十年代开始盛行。这种灵巧的狗要比玩具型贵宾犬大一些，它们是马戏团里常见的表演者。

品种历史

中型贵宾犬的体形介于迷你贵宾犬和标准贵宾犬之间，尽管并不是在所有的地方都被承认，但在有些国家却会被认定为独立的品种。

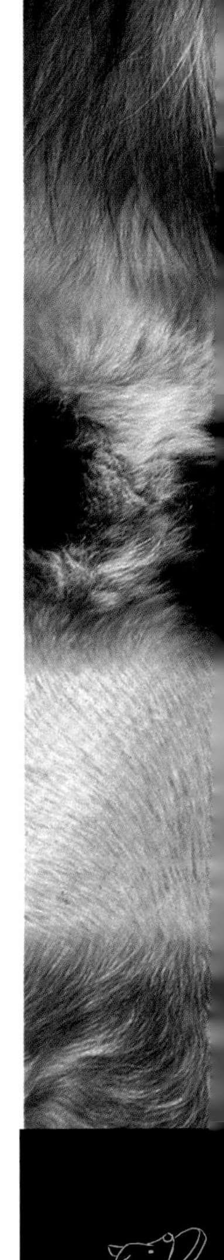

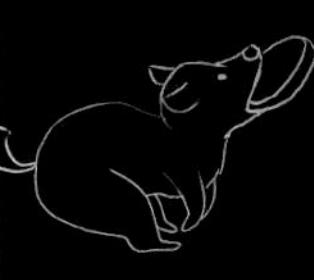

大麦町犬 (Dalmatian)

尽管今天的大麦町犬只是被人们作为伴侣犬来饲养，不过几个世纪以来，它们都是一流的工作犬。在属于大麦町犬的那个时代，它们曾是集体出动的猎犬：既是寻回猎犬，又是猎鸟犬。它们甚至曾被用来牧羊和捕捉害虫。到了更近的时代，它们曾在马戏团里参加过表演。在机械化交通时代到来前，它们还拉过车。在所有的狗中，尤为特别的是，它们会行走在马车旁，在居住区为马车开道。到了19世纪，在美国有暖气炉的公寓里，它们被用来控制拉动取暖装置的马。今天，这种生气勃勃的狗已成为人们的伴侣犬。它们几乎都十分友好，只是个别雄性犬可能会对其他雄性犬有攻击性。大麦町犬是唯一一种在泌尿系统中会产生尿结石的狗。

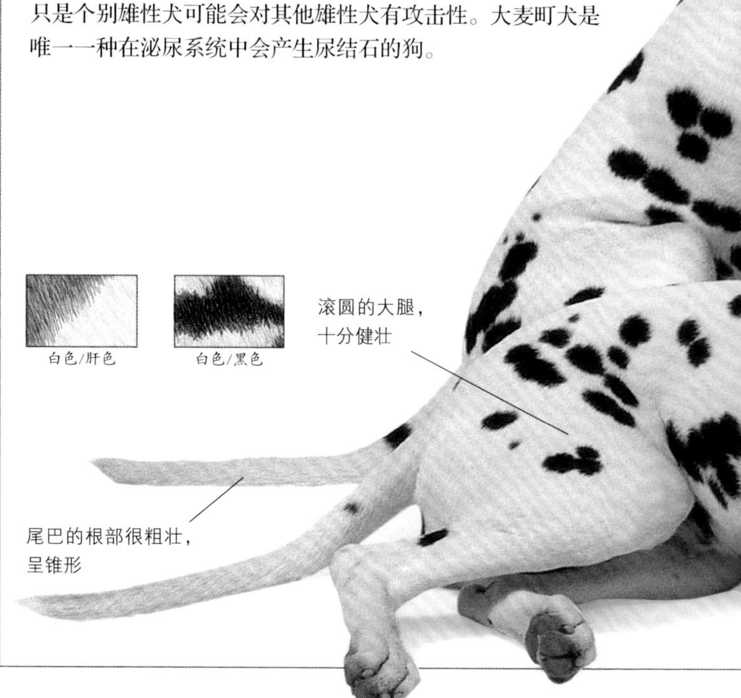

关键要素

起源国： 巴尔干半岛/印度

起源时间： 中世纪

最初用途： 狩猎，马车狗

现代用途： 陪伴

寿命： 12～14年

体重范围： 23～25 kg(50～55 lb)

身高范围： 50～61 cm(20～24 in.)

品种历史

4000多年前的古希腊建筑装饰中，有一种狗和今天的大麦町犬十分相像。尽管位于亚德里亚海西岸的达尔马提亚(Dalmatia)一直被认为是这种特别的狗的故乡，但是有证据表明，这种狗实际发源于印度，是被商人带到古希腊的。

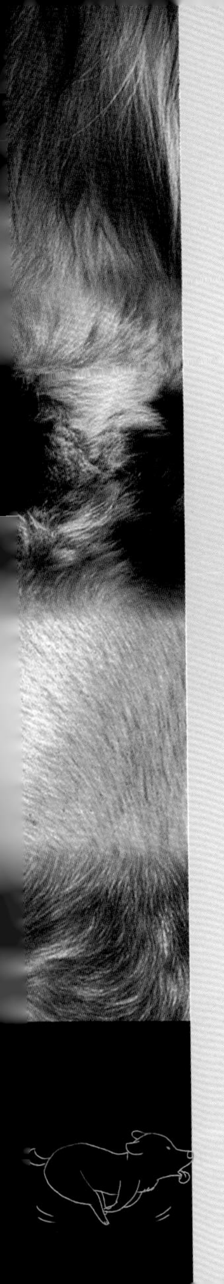

随机繁育犬种

说起混血狗和随机繁育的狗，它们都有着共同的特点。由于它们不是为某个特定目的而培育的，所以相对于那些相应的纯种狗，它们也更远离那些讨厌的遗传疾病，罹患失明、心脏病和髋关节发育不良的概率也就小得多。随机繁育的狗很多，而且价格也并不昂贵，作为伴侣犬，它们一点也不逊色。

性格上的影响

一只狗的性格会由很多因素决定，其中最主要的两点当然首推基因血统和幼年经历。要说培育两只脾气相似的狗，更像是在说制造两只性情相近的狗。那种概率要远比培育两只性情不同的狗高得多。这当然是基于选择培育而言的。通过选择一个特定的品种，你可以知道你将要得到的那只狗的行为特征；而如果你选择一只随机繁育的狗的话，就无法准确获知这些信息了。尽管如此，基因并不能决定狗的全部性格，幼年的经历同样起着关键性的作用。一只随机繁育的小狗如果在一个家庭中正常成长，也可以变成一只可靠的成犬。不过遗憾的是，随机繁育的狗经常会意外怀孕，而它们的主人有时并不关心它们，甚至遗弃它们。这些狗就会一直表现出高度焦虑的相关行为问题。

警惕的守卫

流浪狗

流浪狗是随机繁育的狗，吃喝、交配、生育……一切生存行为都是在户外的。它们的生存也有赖于人类的住所。尽管在北美和欧洲北部几乎没有什么流浪狗，但在中南美洲、巴尔干半岛的部分地区以及前苏联、土耳其、中东、非洲及亚洲，流浪狗都是屡见不鲜的。它们随机繁殖，一如它们所属的这个类别名称。不过话又说回来了，如果它

精力充沛的杂交品种

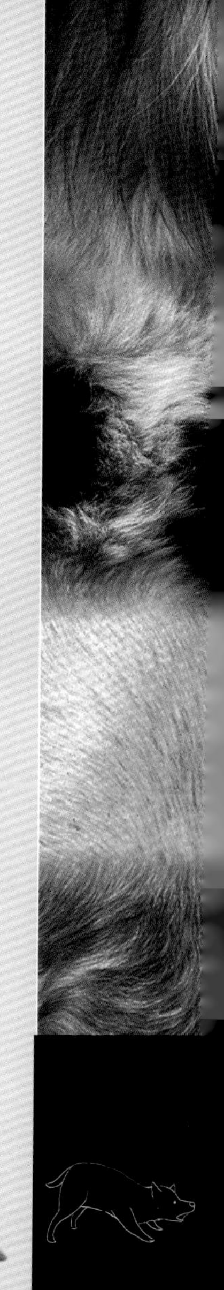

们的繁育都是在人类的控制下完成的，那各地的这些“随机繁育”的狗恐怕又要被归入纯种狗的行列里了。

得到一只随机繁育的狗

想要得到一只随机繁育的狗，最好的办法就是去找你的邻居或者朋友，也许它们正有一窝小狗仔呢！而且，这时候你也有机会了解到这些小狗们的父母脾气如何。选择一只小狗的好处就是它们都是白纸张，不会有任何你所不知道的对以后性情产生不良影响的经历。

在狗的藏身之处，总有一些过剩的随机繁育的狗，需要一个温暖的家。有些幸运的小家伙会被一些团体和组织救助。经过服从、复杂辨声等技巧方面的训练后，最终成为残障人士的辅助犬。在最后长成成犬后，你的确很难想象这些狗居然是和另一些随机繁育的小狗出自同一个狗窝，它们之间已经天差地别了(包括被毛的长度和质地)。

性情测试

与生活在稳定家庭中的狗相比，从救助中心出来的狗在情绪和行为上往往有着更多的问题。所以一些避难所会测试狗的性格，而有心的主人也可以模拟设置一些场景，来了解狗狗们的性格。当然，就陪伴、喜欢家人以及吠叫警告入侵者这些能力而言，随机繁育狗一般而言完全不会逊色于任何纯种狗。而在顽强不懈的品种方面，恐怕没有任何狗能比它们更优秀了。

忠诚的伴侣

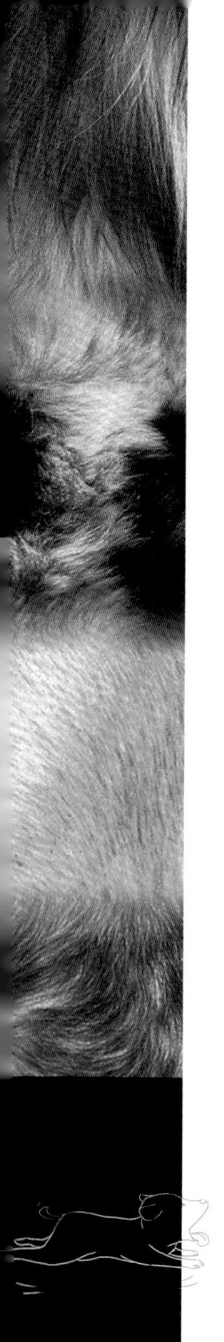

索引

A

B

C

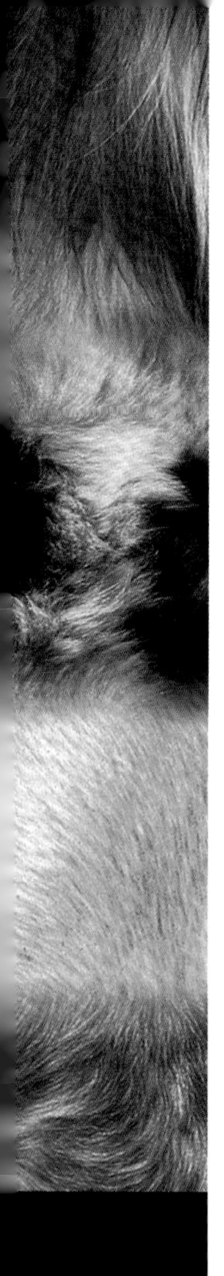

D

EF

G

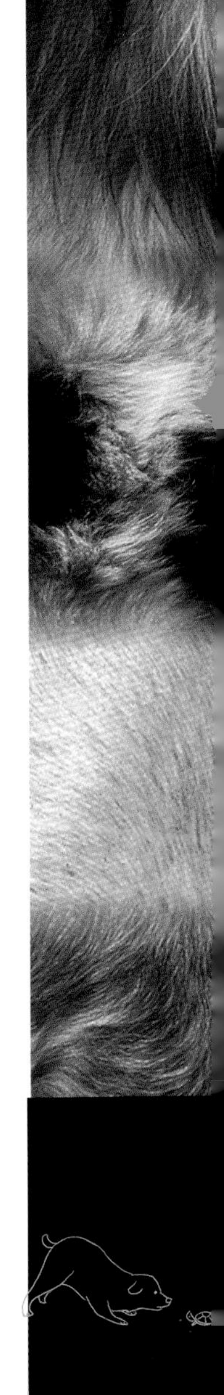

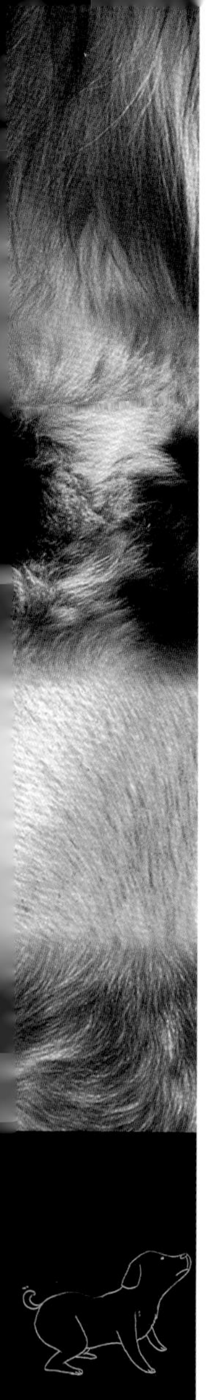

H

I

J

K

L

M

N

OPQ

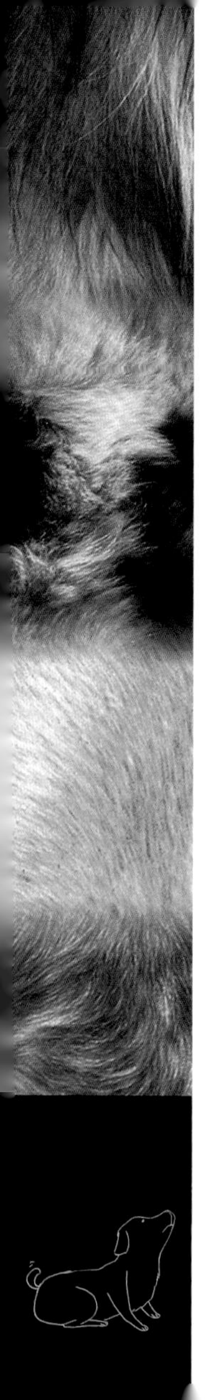

R

S

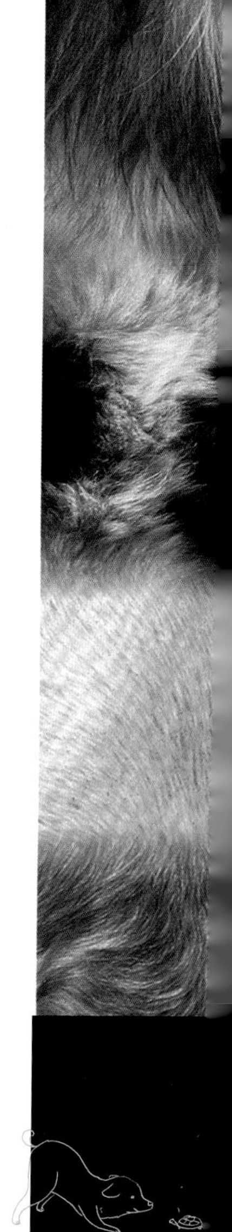

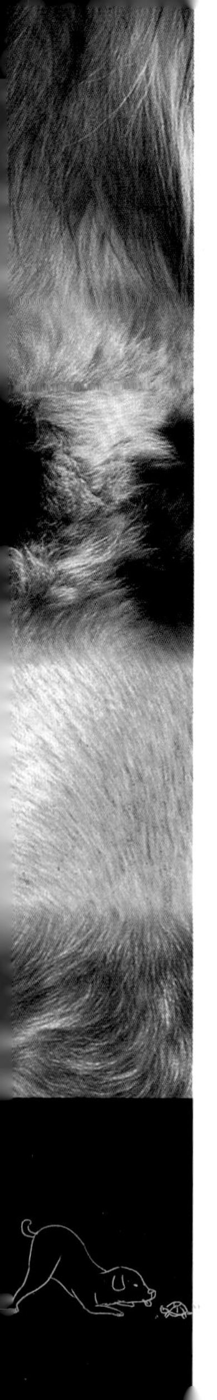

T

UVW

XYZ